# MATLAB 2024 中文版数学计算与工程分析从入门到精通

胡仁喜　郑　敏　编著

机械工业出版社
CHINA MACHINE PRESS

本书以 MATLAB 2024 为基础，结合高等学校教师的教学经验以及 MATLAB 在计算科学中的应用案例，讲解数学计算和仿真分析的各种方法和技巧，是一本面向学生与零基础读者学习指南，帮助他们最终脱离书本，应用于工业生产实践中。

本书内容包括 MATLAB 概述，MATLAB 基础知识，数组，矩阵，二维图形绘制，三维图形绘制，图像处理，数据分析，高等数学计算，微分方程，App 设计与动画演示，优化设计，概率统计分析。本书覆盖数学计算与仿真分析的各个方面，既有 MATLAB 基本函数的介绍，也有用 MATLAB 编写的专门计算程序，利用函数解决不同数学应用问题，实例丰富而典型，包括两章经典实例，将重点知识融入应用，指导读者有的放矢地进行学习。

本书既可作为初学者的入门用书，也可作为工程技术人员、本科生、研究生的教材。

**图书在版编目（CIP）数据**

MATLAB 2024 中文版数学计算与工程分析从入门到精通 / 胡仁喜，郑敏编著. -- 北京：机械工业出版社，2025. 2. -- ISBN 978-7-111-77533-1

Ⅰ. O245

中国国家版本馆 CIP 数据核字第 20251WE173 号

机械工业出版社（北京市百万庄大街 22 号　邮政编码 100037）
策划编辑：黄丽梅　　　　　　责任编辑：黄丽梅　王　珑
责任校对：龚思文　张　薇　　责任印制：任维东
北京中兴印刷有限公司印刷
2025 年 4 月第 1 版第 1 次印刷
184mm × 260mm · 24.75 印张 · 628 千字
标准书号：ISBN 978-7-111-77533-1
定价：99.00 元

电话服务　　　　　　　　　　网络服务
客服电话：010-88361066　机　工　官　网：www.cmpbook.com
　　　　　010-88379833　机　工　官　博：weibo.com/cmp1952
　　　　　010-68326294　金　　书　　网：www.golden-book.com
**封底无防伪标均为盗版**　　机工教育服务网：www.cmpedu.com

# 前　言

MATLAB 是美国 MathWorks 公司出品的一款优秀的数学计算软件，其强大的数值计算能力和数据可视化能力令人震撼。经过多年的发展，MATLAB 已经发展到了 2024 版本，功能日趋完善。MATLAB 已经发展成为多种学科必不可少的计算工具，成为自动控制、应用数学、信息与计算科学等专业大学生与研究生必须掌握的基本技能。

目前，MATLAB 已经得到了很大程度的普及，成为各大公司和科研机构的专用软件，在各高校中同样也得到了普及。越来越多的学生借助 MATLAB 来学习数学分析、图像处理、仿真分析。

为了帮助零基础读者快速掌握 MATLAB 的使用方法，本书从基础着手，详细对 MATLAB 的基本函数功能进行介绍，同时根据不同学科读者的需求，在数学计算、图形绘制、仿真分析、最优化设计和外部接口编程等不同的领域进行了详细的介绍。

MATLAB 本身是一个极为丰富的资源库。因此，对大多数用户来说，一定有部分 MATLAB 内容看起来是“透明”的，也就是说用户能明白其全部细节；另有些内容表现为“灰色”，即用户虽明白其原理但是对于具体的执行细节不能完全掌握；还有些内容则“全黑”，也就是用户对它们一无所知。

## 一、本书特色

**作者权威**

本书由大学资深专家教授团队执笔编写，是编者总结多年的设计经验以及教学的心得体会，历时多年精心编著，力求全面细致地展现出 MATLAB 在工程分析与数学计算应用领域的各种功能和使用方法。

**实例专业**

本书有很多实例本身就是工程分析与数学计算项目案例，经过作者精心提炼和改编。不仅保证了读者能够学好知识点，更重要的是能帮助读者掌握实际的操作技能。

**提升技能**

本书结合大量的案例来讲解如何利用 MATLAB 进行工程分析与数学计算，帮助读者了解并掌握计算机辅助工程分析与数学计算。

**内容全面**

本书共 13 章，分别介绍了 MATLAB 概述，MATLAB 基础知识，数组，矩阵，二维图形绘制，三维图形绘制，图像处理，数据分析，高等数学计算，微分方程，APP 设计与动画演示，优化设计，概率统计分析。

**知行合一**

本书提供了使用 MATLAB 解决数学问题的实践性指导（基于 MATLAB 2024 版），内容由浅入深，特别是对每一条命令的使用格式都作了详细又简单明了的说明，并为用户提供了大量的例题加以说明其用法，对于初学者自学是很有帮助的；同时，又对数学中的一些深入问题，如优化理论的算法介绍以及各种数学问题（概率问题、数理统计等）进行了较为详细的介绍，因此，本书也可作为科技工作者的科学计算工具书。

## 二、电子资料包使用说明

本书随书配送了电子资料包。包含全书讲解实例和练习实例的源文件素材，并制作了全程实例动画同步 AVI 文件。为了增强教学的效果，进一步方便读者学习，编者对实例动画进行了配音讲解，通过扫描封四或者下面二维码（提取码 swsw），下载本书实例操作过程视频 AVI 文件，读者可以通过看视频轻松愉悦地学习本书。

本书由河北工程技术学院胡仁喜博士和郑敏老师编写，其中郑敏执笔编写了第 1 ~ 7 章，胡仁喜执笔编写了第 8 ~ 13 章。

读者在学习过程中，若发现错误，请联系 714491436@qq.com，编者将不胜感激。欢迎加入三维书屋 MATLAB 图书学习交流群 QQ：656116380 交流探讨。

编　者

# 目　录

前言

第 1 章　MATLAB 概述 …… 1

1.1　MATLAB 简介 …… 1
1.2　MATLAB 的特点 …… 2
1.3　MATLAB 2024 的新功能 …… 4
1.4　MATLAB 2024 的工作界面 …… 5
1.4.1　标题栏 …… 5
1.4.2　功能区 …… 6
1.4.3　工具栏 …… 11
1.4.4　命令行窗口 …… 11
1.4.5　命令历史记录窗口 …… 13
1.4.6　当前文件夹窗口 …… 14
1.4.7　工作区窗口 …… 15
1.4.8　图像窗口 …… 15
1.5　MATLAB 的通用命令 …… 16
1.6　设置 MATLAB 搜索路径 …… 17
1.6.1　MATLAB 的搜索路径 …… 17
1.6.2　扩展 MATLAB 的搜索路径 …… 18
1.7　MATLAB 的帮助系统 …… 19
1.7.1　联机帮助系统 …… 19
1.7.2　帮助命令 …… 20

第 2 章　MATLAB 基础知识 …… 24

2.1　数据类型基本概念 …… 24
2.1.1　整数类型 …… 25
2.1.2　浮点类型 …… 26
2.1.3　复数 …… 29
2.1.4　数值类型的显示格式 …… 29
2.1.5　常量与变量 …… 30
2.1.6　数据转换函数 …… 33
2.2　MATLAB 命令的组成 …… 35

2.2.1 基本符号 ······ 35
2.2.2 功能符号 ······ 36
2.2.3 常用指令 ······ 37
2.3 运算符数学函数 ······ 38
2.3.1 三角函数 ······ 39
2.3.2 整数与小数转换函数 ······ 41
2.3.3 基本数学函数 ······ 43
2.4 复数运算 ······ 44
2.4.1 复数的基本元素函数 ······ 44
2.4.2 复数的基本参数 ······ 44
2.5 字符串 ······ 45
2.5.1 创建字符串 ······ 46
2.5.2 字符串操作函数 ······ 48
2.6 字典 ······ 51
2.6.1 创建字典 ······ 52
2.6.2 字典操作函数 ······ 53
2.7 MATLAB 程序设计 ······ 55
2.7.1 表达式、表达式语句与赋值语句 ······ 55
2.7.2 程序结构 ······ 55
2.7.3 程序流程控制指令 ······ 60
2.7.4 人机交互语句 ······ 61
2.7.5 MATLAB 程序的调试命令 ······ 63

**第 3 章 数组 ······ 66**

3.1 MATLAB 中的数组 ······ 66
3.2 数组的创建 ······ 66
3.2.1 一维数组 ······ 66
3.2.2 二维数组 ······ 68
3.2.3 多维数组 ······ 68
3.3 特殊数值数组 ······ 69
3.3.1 无穷数组和非数值量数组 ······ 69
3.3.2 全 0 数组 ······ 70
3.3.3 测试数组 ······ 71
3.3.4 随机数组 ······ 73
3.3.5 单位数组 ······ 75
3.4 特殊数组 ······ 76
3.4.1 元胞数组 ······ 76

3.4.2 结构体数组 …… 80

3.5 数组元素运算 …… 83

3.5.1 数组编辑器 …… 84

3.5.2 数组元素的引用 …… 84

3.5.3 数组元素的修改 …… 86

3.5.4 数组的变维 …… 87

3.5.5 数组元素状态 …… 88

3.6 操作数组 …… 88

3.6.1 基本运算 …… 88

3.6.2 向量的点积与叉积 …… 91

3.6.3 判断数组类型 …… 92

3.6.4 旋转与镜像 …… 93

3.6.5 抽取数组元素 …… 94

3.6.6 串联数组 …… 96

3.6.7 其他常用的操作命令 …… 98

**第 4 章　矩阵 …… 102**

4.1 基本的矩阵函数 …… 102

4.1.1 矩阵的基本参数 …… 102

4.1.2 矩阵的转置 …… 105

4.1.3 矩阵范数 …… 108

4.1.4 特征值和特征向量的基本概念 …… 112

4.2 矩阵分解 …… 116

4.2.1 奇异值分解 …… 116

4.2.2 楚列斯基（Cholesky）分解 …… 118

4.2.3 三角分解 …… 119

4.2.4 $LDM^T$ 与 $LDL^T$ 分解 …… 122

4.2.5 QR 分解 …… 125

4.3 变换矩阵 …… 130

4.3.1 常见的变换矩阵 …… 130

4.3.2 Vandermonde 矩阵 …… 132

4.3.3 Hadamard 矩阵 …… 132

4.3.4 豪斯霍尔德矩阵 …… 133

4.3.5 Jacobian 矩阵 …… 134

4.3.6 吉文斯变换矩阵 …… 135

4.3.7 稀疏矩阵 …… 138

4.3.8 复数矩阵 …… 140

4.3.9 阶梯矩阵 …… 143

第 5 章 二维图形绘制 …… 145

5.1 二维曲线的绘制 …… 145
5.1.1 绘制二维图形 …… 145
5.1.2 多图形显示 …… 151
5.1.3 函数图形的绘制 …… 155
5.2 图形属性设置 …… 159
5.2.1 图形窗口的属性 …… 159
5.2.2 坐标系与坐标轴 …… 164
5.2.3 图形注释 …… 167

第 6 章 三维图形绘制 …… 174

6.1 三维绘图 …… 174
6.1.1 三维曲线绘图命令 …… 174
6.1.2 三维网格命令 …… 179
6.1.3 三维曲面命令 …… 182
6.1.4 柱面与球面 …… 185
6.1.5 三维图形等值线 …… 187
6.2 三维图形修饰处理 …… 193
6.2.1 视角处理 …… 193
6.2.2 颜色处理 …… 195
6.2.3 光照处理 …… 199

第 7 章 图像处理 …… 203

7.1 图像文件的读写 …… 203
7.1.1 图像的读入 …… 203
7.1.2 图像的写入 …… 208
7.1.3 图像信息查询 …… 211
7.1.4 像素及其统计特性 …… 216
7.1.5 像素值统计 …… 216
7.2 图像的几何运算 …… 219
7.2.1 剪切图像 …… 219
7.2.2 图像平移 …… 220
7.2.3 图像旋转 …… 221
7.2.4 图像镜像 …… 222

7.2.5 图像转置 …… 223
7.2.6 图像合成 …… 224
7.3 图像帧制作影片 …… 226
7.3.1 帧的基础知识 …… 226
7.3.2 多帧图像制作影片 …… 226
7.3.3 播放图像影片 …… 228
7.4 动画演示 …… 228
7.4.1 动画帧 …… 229
7.4.2 动画线条 …… 230
7.4.3 生成动画 …… 233

**第 8 章　数据分析 …… 235**

8.1 数值插值 …… 235
8.1.1 拉格朗日（Lagrange）插值 …… 235
8.1.2 埃尔米特（Hermite）插值 …… 237
8.1.3 分段线性插值 …… 239
8.1.4 三次样条插值 …… 242
8.1.5 多维插值 …… 244
8.2 曲线拟合 …… 246
8.2.1 直线的最小二乘拟合 …… 246
8.2.2 多项式拟和 …… 249
8.2.3 稳健最小二乘拟合 …… 251
8.3 傅里叶分析 …… 254
8.3.1 傅里叶变换的定义 …… 254
8.3.2 傅里叶变换滤波 …… 255
8.3.3 傅里叶变换在图像变换中的应用 …… 257

**第 9 章　高等数学计算 …… 262**

9.1 极限、导数 …… 262
9.1.1 极限 …… 262
9.1.2 导数 …… 263
9.2 积分 …… 264
9.2.1 定积分与广义积分 …… 264
9.2.2 不定积分 …… 266
9.2.3 多重积分 …… 267
9.3 积分变换 …… 269

9.3.1 傅里叶（Fourier）积分变换 …… 269
9.3.2 傅里叶（Fourier）逆变换 …… 270
9.3.3 快速傅里叶（Fourier）变换 …… 271
9.3.4 拉普拉斯（Laplace）变换 …… 273
9.3.5 拉普拉斯（Laplace）逆变换 …… 273
9.4 复杂函数 …… 275
9.4.1 泰勒（Taylor）展开 …… 275
9.4.2 傅里叶（Fourier）展开 …… 276

第 10 章 微分方程 …… 278

10.1 常微分方程的数值解法 …… 278
10.1.1 欧拉（Euler）方法 …… 278
10.1.2 龙格 - 库塔（Runge-Kutta）方法 …… 281
10.1.3 龙格 - 库塔（Runge-Kutta）方法解刚性问题 …… 286
10.2 时滞微分方程的数值解法 …… 287
10.3 PDE 模型方法 …… 289
10.3.1 PDE 模型函数 …… 289
10.3.2 几何图形 …… 291
10.3.3 网格图 …… 295
10.4 求解偏微分方程 …… 298
10.4.1 偏微分方程介绍 …… 298
10.4.2 区域设置及网格化 …… 299
10.4.3 设置边界条件 …… 302
10.4.4 PDE 求解 …… 304
10.4.5 解特征值方程 …… 307

第 11 章 App 设计与动画演示 …… 310

11.1 用户界面概述 …… 310
11.1.1 用户界面对象 …… 310
11.1.2 图形用户界面 …… 311
11.2 图形用户界面设计 …… 313
11.2.1 App 设计工具概述 …… 313
11.2.2 放置组件 …… 316
11.2.3 编辑组件属性 …… 317
11.3 组件编程 …… 323
11.3.1 代码视图编辑环境 …… 324

11.3.2 回调管理……325
11.3.3 添加辅助函数……327

第 12 章 优化设计……330

12.1 优化问题概述……330
12.2 MATLAB 中的工具箱……331
12.2.1 MATLAB 中常用的工具箱……331
12.2.2 工具箱和工具箱函数的查询……332
12.3 优化工具箱中的函数……336
12.4 优化函数的变量……337
12.5 参数设置……339
12.5.1 optimoptions 命令……339
12.5.2 optimset 命令……340
12.5.3 optimget 命令……344
12.6 模型输入时需要注意的问题……344
12.7 句柄函数……345
12.8 优化算法介绍……345
12.8.1 参数优化问题……346
12.8.2 无约束优化问题……346
12.8.3 拟牛顿法实现……348
12.8.4 最小二乘优化……349
12.8.5 非线性最小二乘实现……350
12.8.6 约束优化……350
12.8.7 SQP 实现……351

第 13 章 概率统计分析……352

13.1 概率问题……352
13.2 数据可视化……352
13.2.1 离散情况……352
13.2.2 连续情况……354
13.3 正交试验分析……356
13.3.1 正交试验的极差分析……356
13.3.2 正交试验的方差分析……358
13.4 MATLAB 数理统计基础……361
13.4.1 样本均值……361
13.4.2 样本方差与标准差……363

13.4.3 协方差和相关系数…………365
13.5 特殊图形…………366
13.5.1 统计图形…………366
13.5.2 离散数据图形…………373
13.6 回归分析…………377
13.6.1 一元线性回归…………377
13.6.2 多元线性回归…………378
13.6.3 偏最小二乘回归…………381

# 第 1 章　MATLAB 概述

**内容指南**

本章主要介绍了 MATLAB 的发展历程及 MATLAB 的工作界面。

**内容要点**

- MATLAB 简介
- MATLAB 的特点
- MATLAB 2024 的新功能
- MATLAB 2024 的工作界面
- MATLAB 的通用命令
- 设置 MATLAB 搜索路径
- MATLAB 的帮助系统

## 1.1　MATLAB 简介

MATLAB 是 Matrix Laboratory（矩阵实验室）的缩写。它是以线性代数软件包 LINPACK 和特征值计算软件包 EISPACK 中的子程序为基础发展起来的一种开放式程序设计语言，是一种高性能的工程计算语言，其基本的数据单位是没有维数限制的矩阵。它的指令表达式与数学、工程中常用的形式十分相似，故用 MATLAB 进行计算要比用仅支持标量的非交互式的编程语言（如 C、FORTRAN 等语言）简捷得多，尤其是解决那些包含了矩阵和向量的工程技术中的问题。在高等院校，它是很多数学类、工程和科学类的初等和高等课程的标准指导工具。在生产实践中，MATLAB 是产品研究、开发和分析常用的工具。

MATLAB 将高性能的数值计算、可视化和编程集成在一个易用的开放式环境中，在此环境下，用户可以按照符合其思维习惯的方式和熟悉的数学表达形式来书写程序，并且可以非常方便地对其功能进行扩充。除了具备卓越的数值计算能力之外，MATLAB 还具有专业水平的符号计算和文字处理能力，集成了 2D 和 3D 图形功能，可完成可视化建模仿真和实时控制等功能。其典型的应用主要包括如下几个方面：

- ◆ 数值分析和计算
- ◆ 算法开发
- ◆ 数据采集
- ◆ 系统建模、仿真和原型化
- ◆ 数据分析、探索和可视化
- ◆ 工程和科学绘图
- ◆ 数字图像处理
- ◆ 应用软件开发，包括图形用户界面的建立

MATLAB 的一个重要特色是它具有一系列称为工具箱（Toolbox）的特殊应用子程序。工具箱是 MATLAB 函数的子程序库，每一个工具箱都是为某一类学科和应用而定制的，可以分为功能性工具箱和学科性工具箱。功能性工具箱主要用来扩充 MATLAB 的符号计算、可视化建模仿真、文字处理以及与硬件实时交互的功能，可用于多种学科；而学科性工具箱则是专业性比较强的工具箱，如控制工具箱、信号处理工具箱、通信工具箱等都属于此类。简言之，工具箱是 MATLAB 函数（M 文件）的全面综合，这些文件把 MATLAB 的环境扩展到解决特殊类型问题上，如信号处理、控制系统、神经网络、模糊逻辑、小波分析和系统仿真等。

MATLAB 的开放性广受用户欢迎。除内部函数以外，所有 MATLAB 核心文件和各种工具箱文件都是可读可修改的源文件，用户可通过对源程序进行修改或加入自己编写的程序来构造新的专用工具箱。

MATLAB Compiler 是一种编译工具，它能够将 MATLAB 编写的函数文件生成函数库或可执行文件 COM 组件等，提供给其他高级语言（如 C/C++、Java、Python 等）进行调用，由此扩展 MATLAB 的应用范围，将 MATLAB 的开发效率与其他高级语言的运行效率结合起来，取长补短，丰富程序开发的手段。

Simulink 是基于 MATLAB 的可视化设计环境，可以用来对各种系统进行建模、分析和仿真。它的建模范围面向任何能够使用数学来描述的系统，如航空动力学系统、航天控制制导系统和通信系统等。Simulink 提供了利用鼠标拖放的方法建立系统框图模型的图形界面，还提供了丰富的功能模块，利用它几乎可以不书写代码就能完成整个动态系统的建模工作。

此外，MATLAB 还有基于有限状态机理论的交互设计工具以及自动化的代码设计生成工具 Real-Time Workshop 和 Stateflow Coder。

## 1.2 MATLAB 的特点

MATLAB 提供了一种交互式的高级编程语言——M 语言，用户可以利用 M 语言编写脚本或用函数文件来实现自己的算法。

一种语言之所以能够如此迅速地普及，显示出如此旺盛的生命力，是由于它有着不同于其他语言的特点，正如 FORTRAN 和 C 等高级语言使人们摆脱了需要直接对计算机硬件资源进行操作一样，被称为第四代计算机语言的 MATLAB，利用其丰富的函数资源，使编程人员从繁琐的程序代码中解放出来。MATLAB 最突出的特点就是简洁，它用更直观、符合人们思维习惯的代码代替了 C 语言和 FORTRAN 语言的冗长代码。MATLAB 给用户带来的是直观、简洁的程序开发环境。MATLAB 的主要特点如下：

（1）语言简洁紧凑，库函数极其丰富，使用方便灵活。MATLAB 程序书写形式自由，利用丰富的库函数避开了繁杂的子程序编程任务，压缩了一切不必要的编程工作。由于库函数都由本领域的专家编写，用户不必担心函数的可靠性。可以说，用 MATLAB 进行科技开发是站在专家的肩膀上。

利用 FORTRAN 或 C 语言编写程序，尤其是当涉及矩阵运算和画图时，编程会很麻烦。例如，用 FORTRAN 和 C 这样的高级语言编写求解一个线性代数方程的程序，至少需要四百多行代码，调试这种几百行的计算程序很困难，而使用 MATLAB 编写这样一个程序则很直观简洁。

**例 1-1**：用 MATLAB 求解方程 $Ax=b$，并求解矩阵 $A$ 的特征值。

其中：$A=\begin{pmatrix} 32 & 13 & 45 & 67 \\ 23 & 79 & 85 & 12 \\ 43 & 23 & 54 & 65 \\ 98 & 34 & 71 & 35 \end{pmatrix}$，$b=\begin{pmatrix} 1 \\ 2 \\ 3 \\ 4 \end{pmatrix}$

**解**：$x=A\backslash b$；设 $A$ 的特征值组成的向量为 $e$，$e=\text{eig}(A)$。

要求解 $x$ 及 $A$ 的特征值，只需要在 MATLAB 命令行窗口输入以下几行代码：

```
>> A=[32    13    45    67;23    79    85    12;43    23    54    65;98
34    71    35]
A =
    32    13    45    67
    23    79    85    12
    43    23    54    65
    98    34    71    35
>> b=[1;2;3;4]
b =
     1
     2
     3
     4
>> x=A\b                                  %求解方程
x =
    0.1809
    0.5182
   -0.5333
    0.1862
>> e=eig(A)                               %计算A的特征值
e =
  193.4475
   56.6905
  -48.1919
   -1.9461
```

其中，“>>”为命令提示符。

可见，MATLAB 的程序极其简短。更难能可贵的是，MATLAB 具有一定的智能，如解上面的方程时，MATLAB 会根据矩阵的特性选择方程的求解方法。

（2）运算符丰富。由于 MATLAB 是用 C 语言编写的，因此 MATLAB 提供了和 C 语言几乎一样多的运算符，灵活使用 MATLAB 的运算符将使程序变得极为简短。

（3）MATLAB 既具有结构化的控制语句（如 for 循环、while 循环、break 语句和 if 语句），又有面向对象编程的特性。

（4）程序设计自由度大。例如，在 MATLAB 中用户无须对矩阵预定义就可使用。

（5）程序的可移植性很好，基本上不做修改就可以在各种型号的计算机和操作系统上运行。

（6）图形功能强大。在 FORTRAN 和 C 语言中绘图都很不容易，但在 MATLAB 中，数据的可视化非常简单。MATLAB 还具有较强的编辑图形界面的能力。

（7）与其他高级程序相比，程序的执行速度较慢。由于 MATLAB 的程序不用编译等预处理，也不生成可执行文件，程序为解释执行，所以速度较慢。

（8）功能强大的工具箱。MATLAB 包含两个部分：核心部分和各种可选的工具箱。核心部分中有数百个核心内部函数。工具箱又分为两类：功能性工具箱和学科性工具箱。这些工具箱都是由该领域内学术水平很高的专家编写，所以用户无须编写自己学科范围内的基础程序，可直接进行高、精、尖的研究。

（9）源程序的开放性。

## 1.3 MATLAB 2024 的新功能

2024 年 3 月 20 日，MathWorks 公司正式发布了 MATLAB R2024a 版（本书简称 MATLAB 2024）和 Simulink 产品系列版本 2024a（R2024a）。推出的新功能能够简化从事人工智能、无线通信系统的工程师和研究人员的工作流。

与上一版本相比，MATLAB R2024a 带来数百项 MATLAB 和 Simulink 特性更新和函数更新，拥有更友好的面向对象的开发环境、更快速精良的图形可视化界面、更广博的数学和数据分析资源，以及更多的应用开发工具。

（1）Computer Vision Toolbox 增强：支持 YOLOx 目标检测算法的部署，执行基于团队的标注，以及实时视觉 SLAM。这些更新使得计算机视觉任务的处理更加高效和准确。

（2）Deep Learning Toolbox 扩展：新增了对 Transformer 等先进架构的支持，允许用户导入 PyTorch 和 TensorFlow 模型并进行协同仿真。这为用户构建和训练复杂的深度学习模型提供了更大的灵活性。

（3）GPU Coder 更新：能够生成用于深度学习的泛型 CUDA 代码，使用单一内存管理器和探查代码以进行 MEX 代码生成。这一功能优化了 GPU 的使用效率，提升了深度学习应用的性能。

（4）Instrument Control Toolbox 更新：通过仪器资源管理器管理具有 IVI 和 VXIplug&play 驱动程序的设备，无需编写代码。这一更新简化了仪器控制的操作流程。

（5）Satellite Communications Toolbox 更新：提供了基于标准的工具来设计、仿真和验证卫星通信系统与链路。此外，工程师还可以在设计射频组件和地面站接收器的同时设计物理层算法，生成测试波形，并执行黄金参考设计验证。

（6）UAV Toolbox 更新：支持使用 PX4 硬件在环仿真设计和部署垂直起降（VTOL）无人机的飞行控制器，与 PX4 Cube Orange Plus 和 Pixhawk 6c 自动驾驶对接。

（7）Simulink 3D Animation 和 SoC Blockset 的更新：Simulink 3D Animation 在 Unreal Engine 5.1 中使用新的预置场景、交通参与者和传感器对动态系统进行仿真和可视化。SoC Blockset 支持包为 Xilinx 设备提供了在 SDR 和视觉硬件上进行原型构建和测试的功能。

（8）编辑器拼写检查器和 Simulink 编辑器的改进：包括检查 MATLAB 代码文件中文本和注释的拼写，以及在移动模块和调整模块大小时保留信号线形状的功能。

# 1.4　MATLAB 2024 的工作界面

本节将介绍 MATLAB 2024 的工作界面，使读者初步认识 MMATLAB 2024 的主要窗口，并掌握其操作方法。

第一次使用 MATLAB 2024，将进入其默认设置的工作界面，如图 1-1 所示。

图 1-1　MATLAB 2024 工作界面

MATLAB 2024 的工作界面形式简洁，主要由标题栏、功能区、工具栏、命令行窗口、当前文件夹窗口和工作区窗口等组成。

## 1.4.1　标题栏

MATLAB 2024 标题栏位于图 1-1 所示的工作界面顶部，如图 1-2 所示。

图 1-2　标题栏

在工作界面右上角显示三个图标，单击 – 按钮，将最小化显示工作界面；单击 □ 按钮，将最大化显示工作界面（在工作界面最大化显示时，该按钮显示为“向下还原” ⧉ ）；单击 × 按钮，关闭工作界面。

在命令行窗口中输入“exit”或“quit”命令，或按快捷键 Alt+F4，同样可以关闭 MATLAB。

## 1.4.2　功能区

MATLAB 2024 以功能区的形式显示应用命令。MATLAB 2024 将所有的功能命令分类别放置在三个选项卡中。

1.“主页”选项卡

选择标题栏下方的“主页”选项卡，可以看到文件、变量、代码及环境等操作命令，如图 1-3 所示。

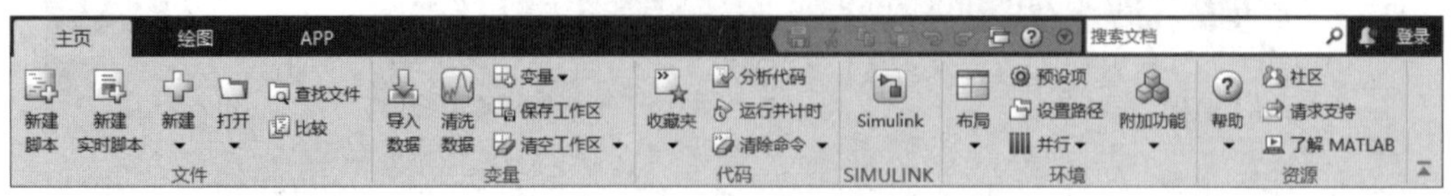


图 1-3　“主页”选项卡

该选项卡下的主要按钮功能如下：

（1）“文件”选项组：

◆“新建脚本”按钮：单击该按钮，新建一个 M 文件。

◆“新建实时脚本”按钮：单击该按钮，在打开的“实时编辑器”中新建一个实时脚本，如图 1-4 所示。

◆“新建”按钮：在该按钮的子菜单包中选择新建的文件类型，如图 1-5 所示。选择不同的文件类型命令，将创建不同的文件。

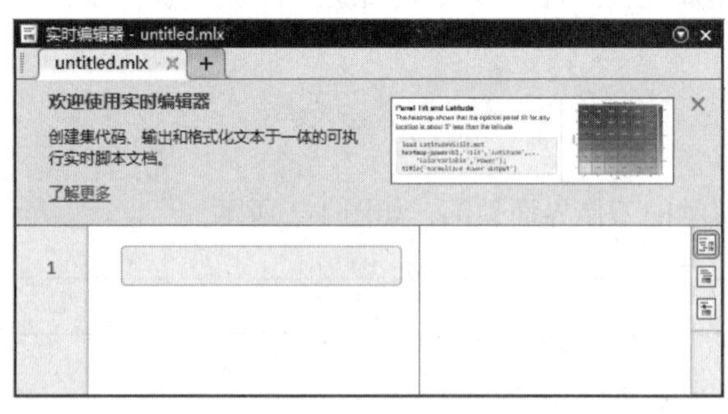


图 1-4　实时编辑器

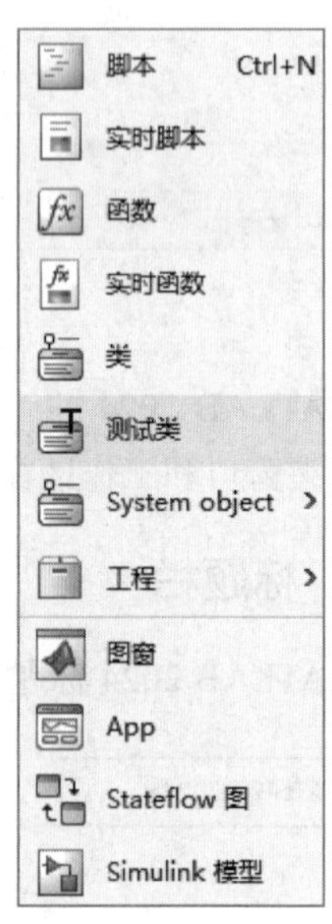


图 1-5　新建文件类型

◆“打开”按钮：单击该按钮，弹出“打开”对话框，在文件路径下打开所选择的不同类型的数据文件。

◆“查找文件”按钮：单击该按钮，弹出“查找文件”对话框，如图 1-6 所示，在其中可查找文件。

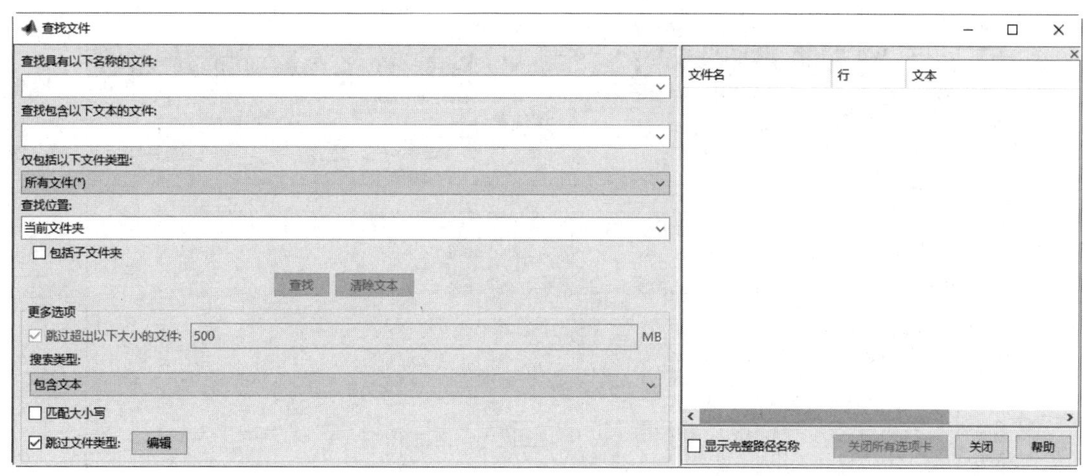


图 1-6　“查找文件”对话框

◆“比较”按钮：单击该按钮，弹出“选择要进行比较的文件或文件夹”对话框，如图 1-7 所示，在其中可比较指定的文件或文件夹。

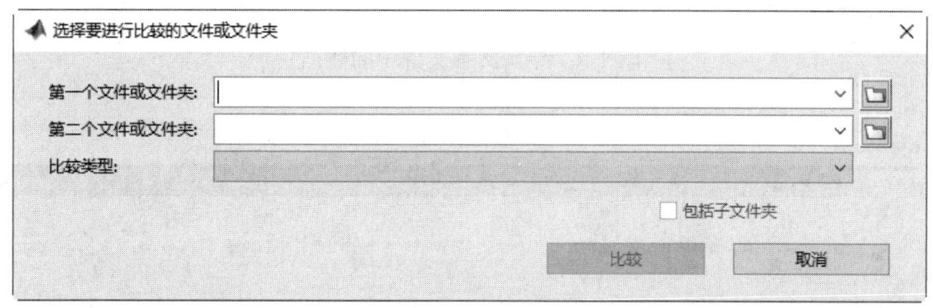


图 1-7　“选择要进行比较的文件或文件夹”对话框

（2）“变量”选项组：

◆“导入数据”按钮：单击该按钮，弹出“导入数据”对话框，在其中可选择需要的数据文件导入到工作空间。

◆“清理数据”按钮：这是 MATLAB 2024 新增的功能，它提供了一个数据清洗器应用程序，能以交互方式识别和清理混乱的时间表数据。单击该按钮，打开如图 1-8 所示的“数据清洗器”对话框，导入文本文件、电子表格文件或工作区的时间表（见图 1-9），然后单击“导入所选内容”按钮，即可启动数据清洗器对导入的数据进行清理，如图 1-10 所示。如果工作区的表不是时间表，可使用 table2timetable 函数将表转换为时间表。

图 1-8　“数据清洗器”对话框

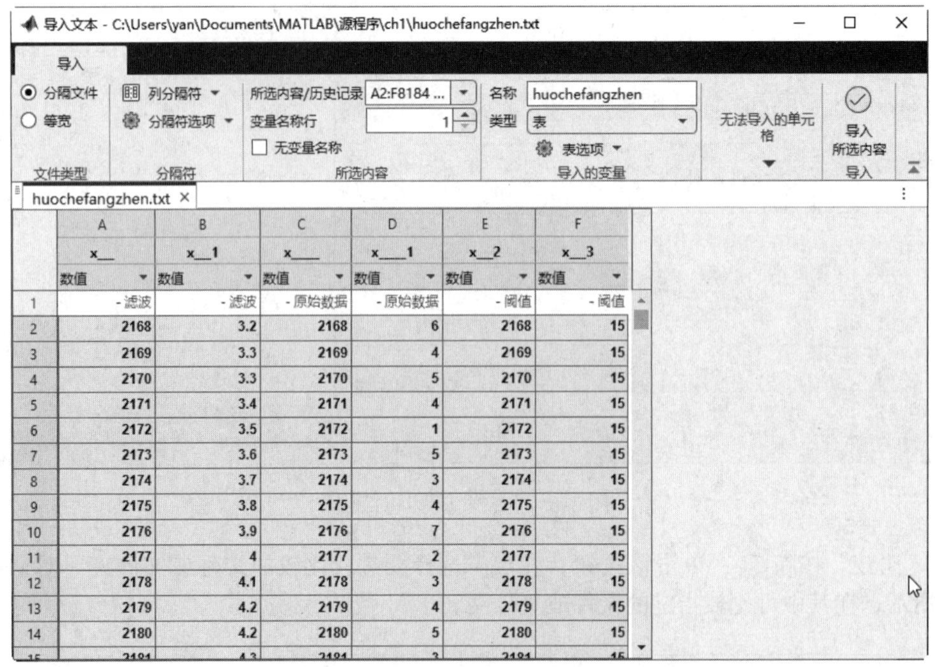


图 1-9　导入文本文件中的数据

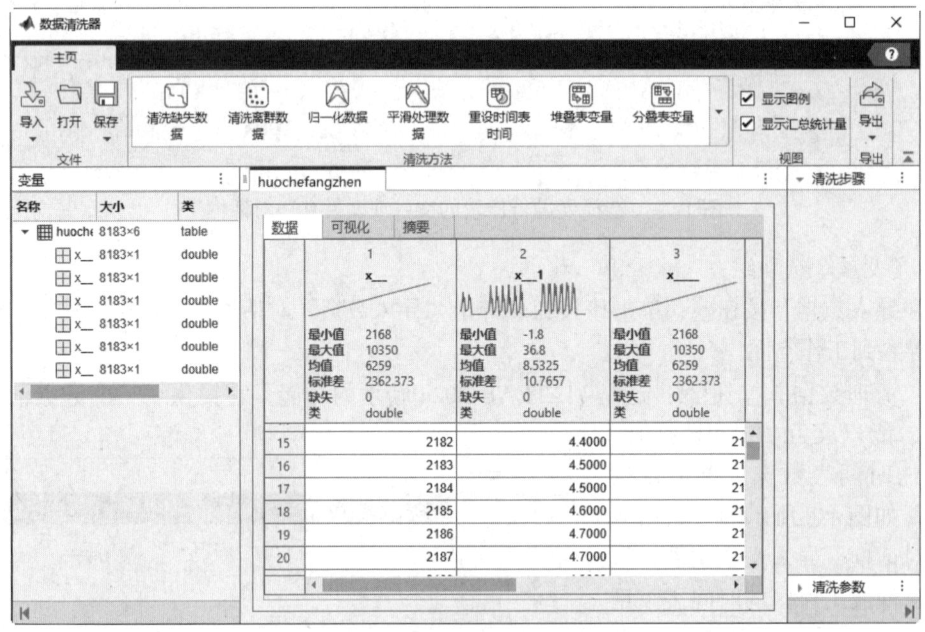


图 1-10　清理导入的数据

◆“变量”按钮：单击该按钮，在弹出的下拉菜单中可以选择新建一个变量或打开已有的变量。新建变量时，自动打开“变量”编辑器，默认名称为“unnamed”，在编辑器中可以输入变量参数，如图 1-11 所示。如果选择打开某个变量，将进入“变量”编辑器，在这里可以对数据进行各种编辑操作。

◆ “保存工作区”按钮：单击该按钮，弹出“另存为”对话框，将工作区的变量保存到指定的 mat 文件中。

◆ “清空工作区”按钮：单击该按钮，可清除在执行程序过程中创建的所有函数和变量。

（3）“代码”选项组：

◆ “收藏夹”按钮：单击该按钮，可使用一种简单的方法来运行一组要经常执行的 MATLAB 语句，可以使用收藏命令来设置开始工作的环境，或为创建的图形窗口设置相同的属性。

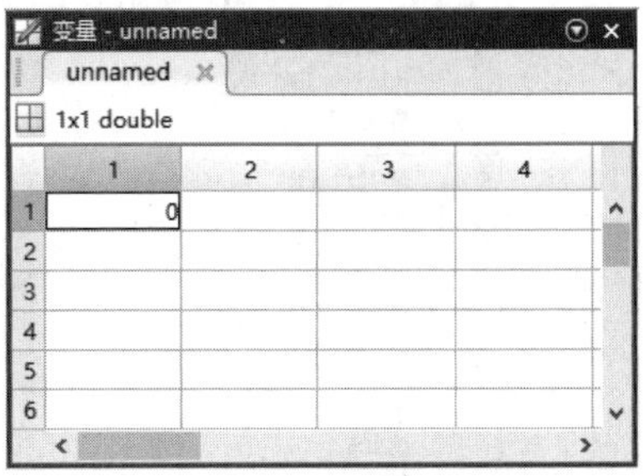

图 1-11 “变量”编辑器

◆ “分析代码”按钮：单击该按钮，打开代码分析器报告窗口，在其中可显示对当前目录中的代码进行的分析，提出一些程序优化建议并生成报告。

◆ “运行并计时”按钮：单击该按钮，弹出“探查器”对话框，在其中可显示改善性能的探查器，如图 1-12 所示。

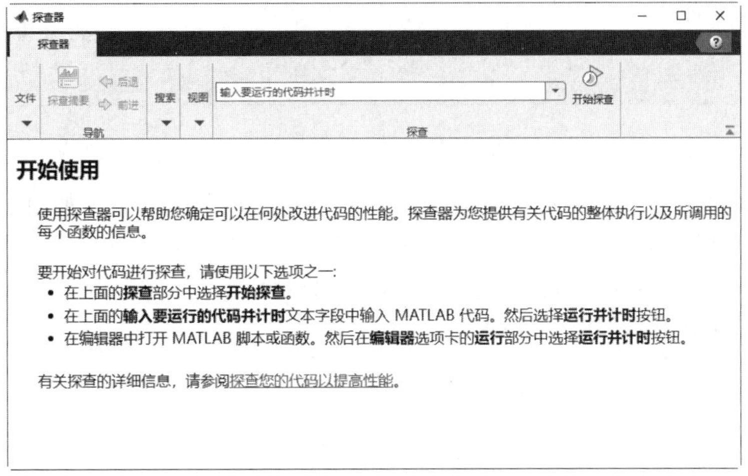


图 1-12 “探查器”对话框

◆ “清除命令”按钮：该按钮包含“命令行窗口”和“命令历史记录”两个命令，可分别用于清空命令行窗口和命令历史记录窗口。

（4）“SIMULINK”选项组：

◆ Simulink 按钮：打开 Simulink 主窗口。

（5）“环境”选项组：

◆ “布局”按钮：用于设置 MATLAB 界面窗口的布局与显示。单击该按钮，弹出如图 1-13 所示的子菜单，在其中可选择相应的命令进行设置。

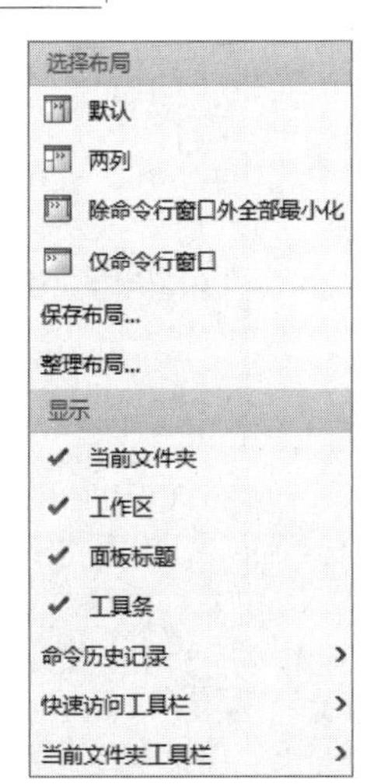


图 1-13 布局子菜单

◆ “预设项”按钮：单击该按钮，弹出“预设项”对话框，在其中可设置 MATLAB 工具、Simulink 以及工具箱的预设参数，如图 1-14 所示。

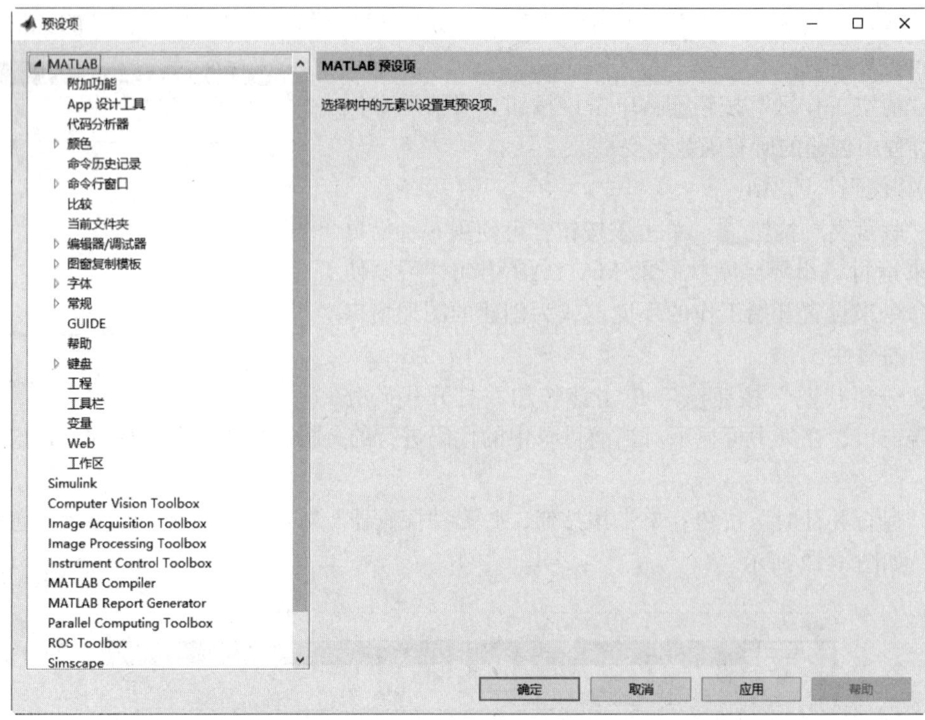


图 1-14 “预设项”对话框

◆“设置路径”按钮：单击该按钮，弹出“设置路径”对话框，如图 1-15 所示。单击“添加文件夹”按钮，或者单击“添加并包含子文件夹”按钮，打开文件夹进行浏览。前者只把某一目录下的文件包含在搜索范围而忽略子目录，后者则将子目录也包含进来。最好选后者，以避免一些可能的错误。具体操作请参见 1.5 节的介绍。

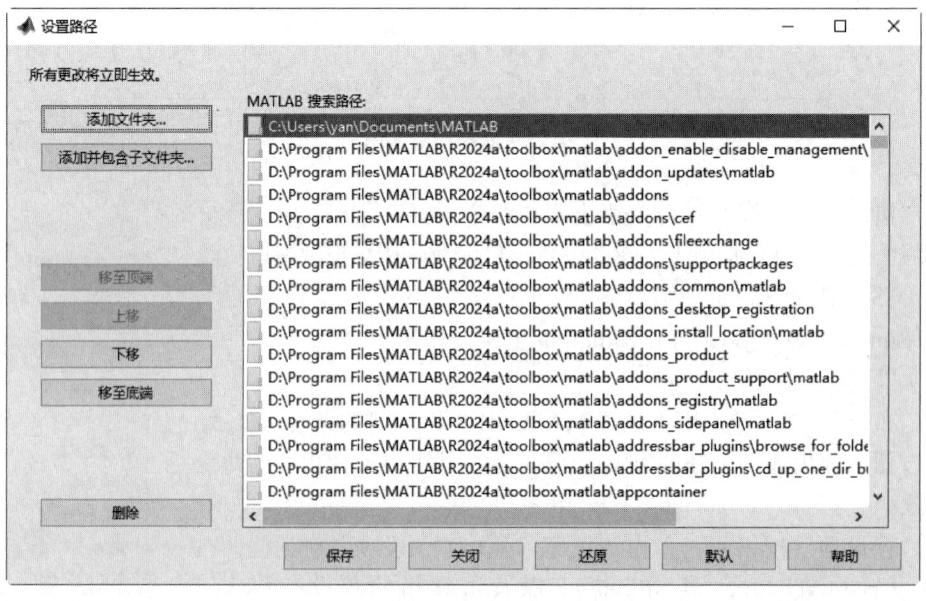


图 1-15 “设置路径”对话框

◆“并行”按钮：设置 cluster（集群）相关命令。

◆“附加功能”按钮：获取、管理附加功能和硬件支持包，打包 App 或将工程文件打包为工具箱。

（6）“资源”选项组：用于设置 MATLAB 帮助相关命令。

2.“绘图”选项卡

打开标题栏下方的“绘图”选项卡可以看到关于图形绘制的编辑命令，如图 1-16 所示。

图 1-16　“绘图”选项卡

3.“APP”（应用程序）选项卡

打开标题栏下方的“APP”（应用程序）选项卡，可以看到多种应用程序命令，如图 1-17 所示。

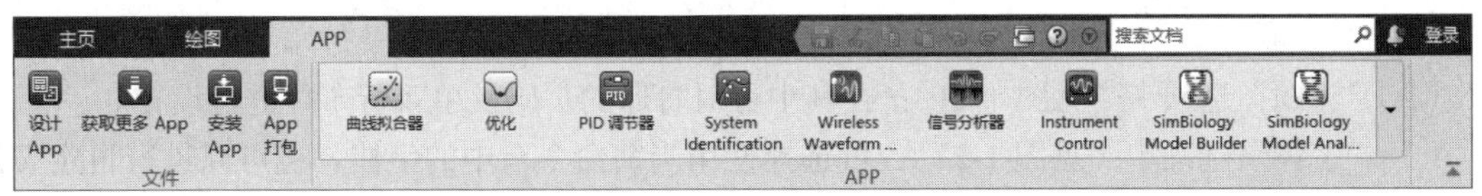


图 1-17　“APP”（应用程序）选项卡

## 1.4.3　工具栏

工具栏分为两部分，一部分以图标的形式汇集了常用的操作命令，位于功能区上方；另一部分用于设置工作路径，位于功能区下方。下面简要介绍工具栏中部分常用按钮的功能。

◆ ：保存 M 文件。

◆ 、、：剪切、复制或粘贴已选中的对象。

◆ 、：撤销或恢复上一次操作。

◆ ：切换窗口。

◆ ：打开 MATLAB 帮助系统。

◆ ：向前、向后、向上一级、浏览路径文件夹。

◆ C: ▸ Users ▸ yan ▸ Documents ▸ MATLAB ▸：当前路径设置栏。

## 1.4.4　命令行窗口

MATLAB 的命令行窗口用于执行命令，是读者首先要掌握的组成部分。

1. 基本界面

MATLAB 命令行窗口如图 1-18 所示，在该窗口中可以进行各种计算操作，也可以使用命令打开各种 MATLAB 工具，还可以查看各种命令的帮助说明等。

2. 基本操作

单击命令行窗口右上角的⊙按钮，弹出如图 1-19 所示的下拉菜单。在该下拉菜单中，单击“⇥最小化”选项，可将命令行窗口最小化到主窗口左侧，以页签形式存在，当光标指针移到上面时，将显示窗口内容。此时单击⊙下拉菜单中的⊞按钮，即可恢复显示。

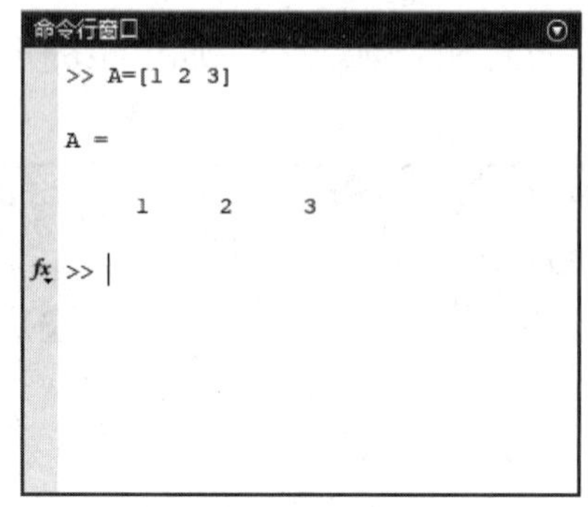


图 1-18　命令行窗口

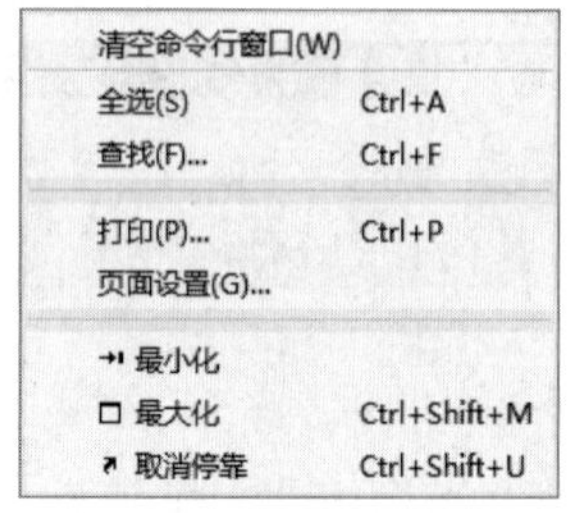


图 1-19　下拉菜单

选择“页面设置”命令，弹出如图 1-20 所示的“页面设置：命令行窗口”对话框，该对话框中包括“布局”“标题”“字体”三个选项卡。

（1）“布局”选项卡（见图 1-20）：在其中可设置文本的打印对象及打印颜色进行设置。

（2）“标题”选项卡（见图 1-21）：在其中可对打印的页码及单双行布局进行设置。

（3）“字体”选项卡（见图 1-22）：可选择使用当前命令行中的字体，也可以进行自定义设置，在下拉列表中选择字体名称及字体大小。

3. 快捷操作

选中命令行窗口中的命令，单击鼠标右键，弹出如图 1-23 所示的快捷菜单，选择其中的命令，即可进行相应的操作。

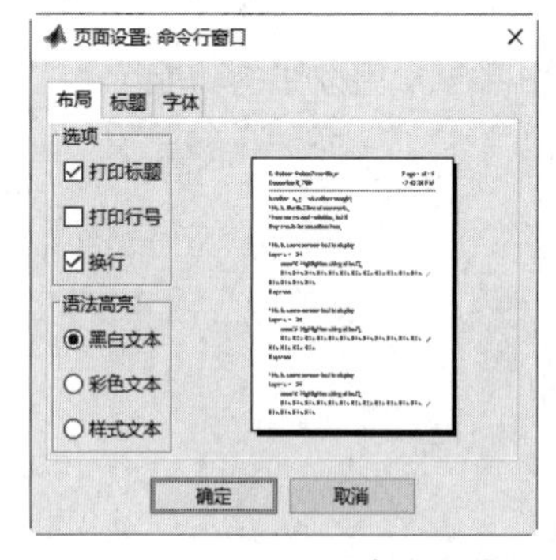


图 1-20　“页面设置：命令行窗口”对话框

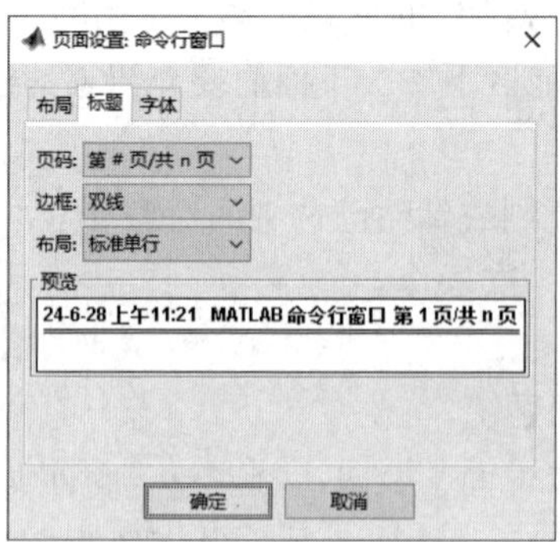


图 1-21　“标题”选项卡

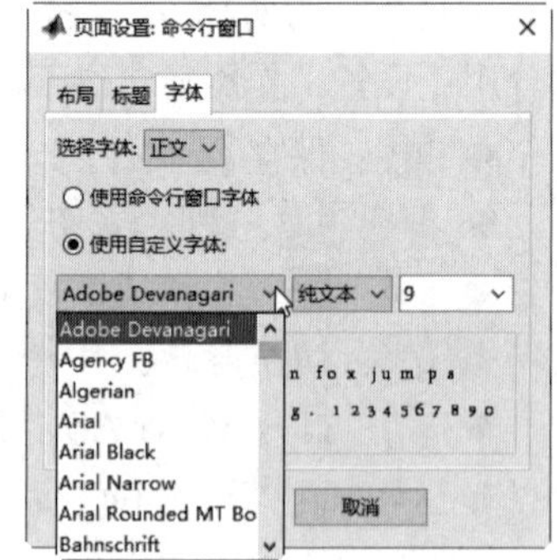


图 1-22　“字体”选项卡

（1）执行所选内容：执行选中的命令。

（2）打开所选内容：用于找到所选内容所在的文件，并在命令行窗口显示该文件中的内容。

（3）关于所选内容的帮助：执行该命令，弹出关于所选内容的相关帮助窗口，如图 1-24 所示。

图 1-23　快捷菜单

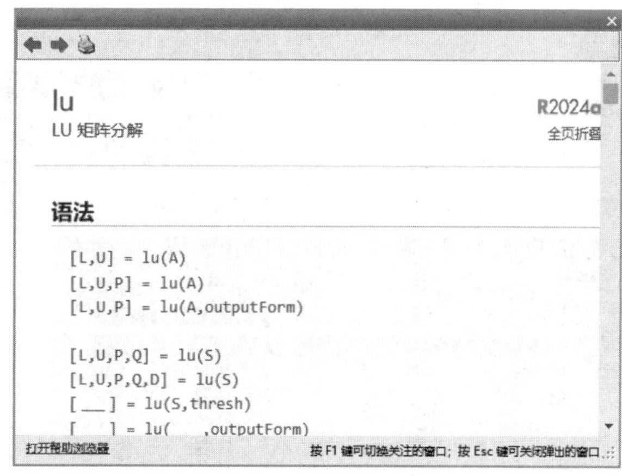


图 1-24　帮助窗口

（4）函数浏览器：执行该命令，弹出如图 1-25 所示的函数窗口，在该窗口中可以选择需要的函数，并对该函数进行安装与介绍。

（5）剪切：用于剪切选中的文本。

（6）复制：用于复制选中的文本。

（7）粘贴：由于粘贴选中的文本。

（8）全选：用于将显示在命令行窗口中的文本全部选中。

（9）查找：执行该命令后，弹出“查找”对话框，如图 1-26 所示。在“查找内容”文本框中输入要查找的文本关键词，即可在庞大的命令程序历史记录中迅速定位所需对象的位置。

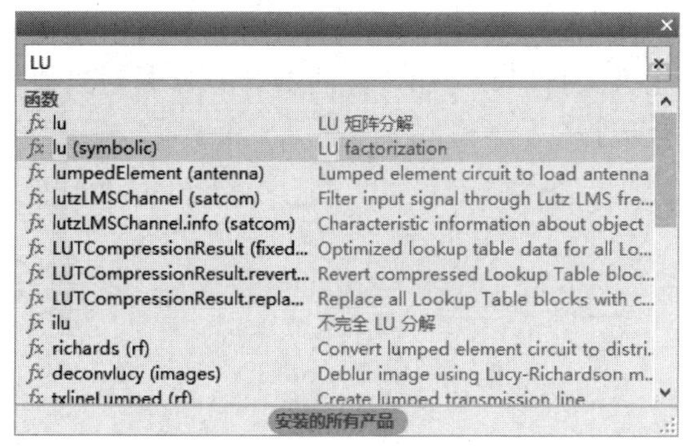


图 1-25　函数窗口

图 1-26　“查找”对话框

（10）清空命令行窗口：删除命令行窗口中显示的所有命令。

## 1.4.5　命令历史记录窗口

“命令历史记录”窗口主要用于记录所有执行过的命令，系统默认会保存自安装以来所有运行过的命令的历史记录，并记录运行时间，以方便查询。

如果 MATLAB 工作界面没有“显示命令历史”记录窗口，在“主页”选项卡中单击“布局”下拉按钮，在弹出的下拉菜单中选择“命令历史记录”→“停靠”命令（见图 1-27），即可将“命令历史记录”窗口显示在工作界面上，如图 1-28 所示。

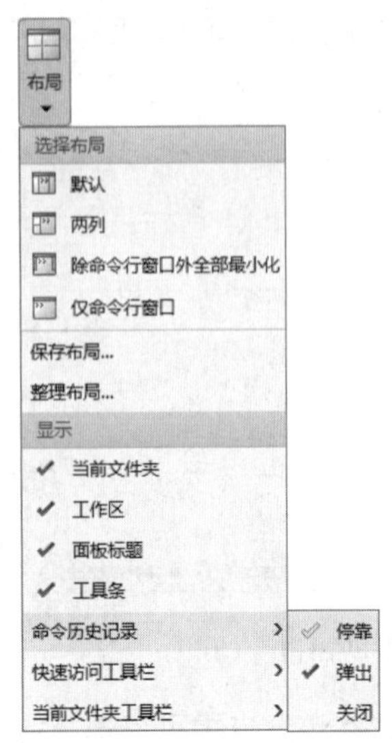


图 1-27 “布局”下拉菜单

图 1-28 显示“命令历史记录”窗口

在“命令历史记录”窗口中双击某一命令，即可在命令行窗口中执行该命令。

## 1.4.6 当前文件夹窗口

当前文件夹窗口如图 1-29 所示，可显示或改变当前目录，查看当前目录下的文件，单击工具栏右侧的按钮，可以在当前目录或子目录下搜索文件。

单击右上角的按钮，在弹出的下拉菜单中可以选择常用的操作，如图 1-30 所示。例如，在当前目录下新建文件或文件夹（还可以指定新建文件的类型）、生成文件分析报告、查找文件、显示 / 隐藏文件信息、将当前目录按某种指定方式排序和分组等。图 1-30 所示是对当前目录中的代码进行分析，提出一些程序优化建议并生成报告。

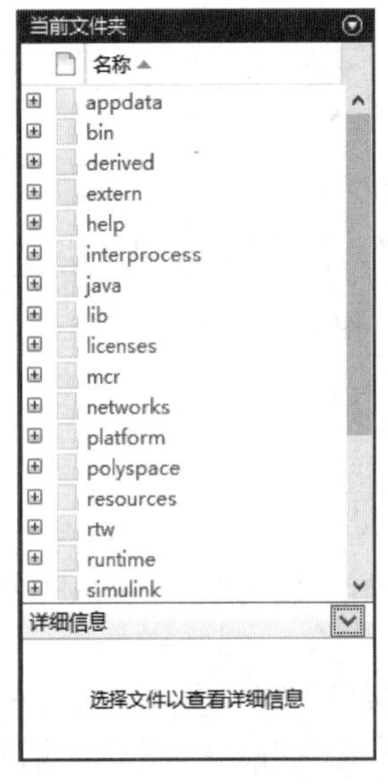


图 1-29 当前文件夹窗口

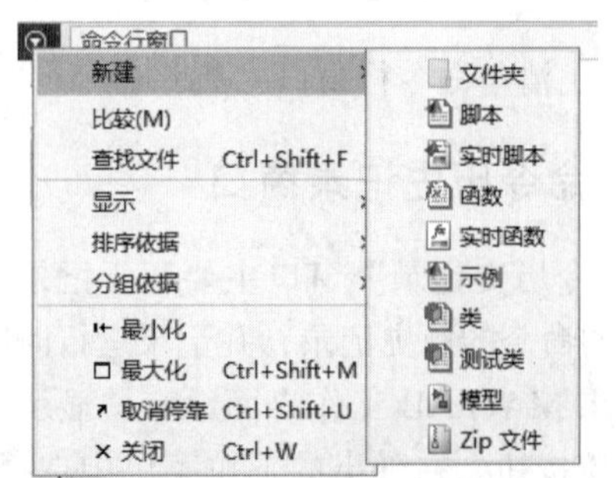


图 1-30 下拉菜单

## 1.4.7　工作区窗口

工作区可以显示目前内存中所有的 MATLAB 变量名、数据结构、字节数与类型。不同的变量类型有不同的变量名图标。

在命令行窗口输入下面的程序：

```
>> a=2
a =
       2
>> b=5
b =
       5
```

上面的语句表示在 MATLAB 中创建了变量 a、b，并给变量赋值，同时将变量保存在计算机的一段内存中，在“工作区”窗口中的显示如图 1-31 所示。

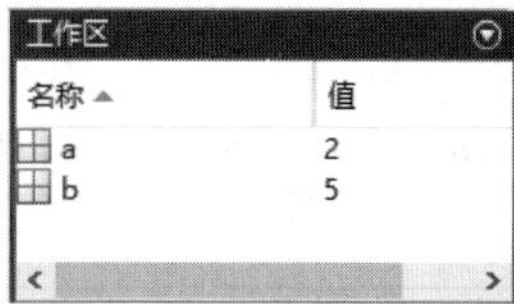


图 1-31　“工作区”窗口

## 1.4.8　图像窗口

图像窗口主要用于显示 MATLAB 图像。MATLAB 显示的图像可以是数据的二维或三维坐标图、图片或图形用户界面。

在命令行窗口输入下面的程序：

```
>> x=0:0.2:10;
>> y=sin(x)+cos(x);
>> plot(x,y)
```

弹出图形窗口，显示程序中输入的函数图形，如图 1-32 所示。

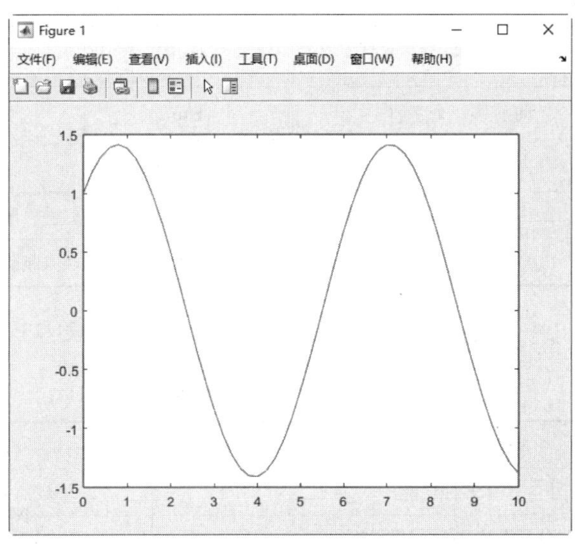


图 1-32　函数图形

利用图形窗口中的菜单命令或工具按钮可以保存图形文件，如果要在程序中使用该图形，不需要再输入上面的程序，只需要将保存的图形文件拖放到命令行窗口就可以运行文件并显示图形。

# 1.5 MATLAB 的通用命令

表 1-1 列出了一些 MATLAB 的通用命令。

**表 1-1 通用命令**

| 命令 | 说明 | 命令 | 说明 |
|---|---|---|---|
| cd | 改变当前目录 | hold | 图形保持命令 |
| dir | 显示文件夹目录 | disp | 显示变量或文字内容 |
| type | 显示文件内容 | path | 显示搜索目录 |
| clear | 清理内存变量 | save | 保存内存变量到指定文件 |
| clf | 清空图形窗口 | load | 加载指定文件的变量 |
| clc | 清空命令行窗口 | diary | 将命令行窗口文本记录到日志文件中 |
| echo | 在函数或脚本执行期间显示语句开关 | pack | 合并工作区内存 |
| quit | 退出 MATLAB | close | 关闭图形窗口 |

◆ 键盘：MATLAB 有一些键盘输入技巧，使用这些技巧可以使命令行窗口的操作变得简单易行，达到事半功倍的效果。表 1-2 列出了一些常用的键盘按键。

**表 1-2 常用的键盘按键**

| 键盘按键 | 说明 | 键盘按键 | 说明 |
|---|---|---|---|
| ↑ | 重调前一行 | Home | 移动到行首 |
| ↓ | 重调下一行 | End | 移动到行尾 |
| ← | 向前移一个字符 | Esc | 清除一行 |
| → | 向后移一个字符 | Del | 删除光标处字符 |
| Ctrl+ ← | 左移一个字 | Backspace | 删除光标前的一个字符 |
| Ctrl+ → | 右移一个字 | Alt+Backspace | 删除光标所在行的所有字符 |

◆ 标点：M 语言中，一些标点符号被赋予了特殊的含义，见表 1-3。

**表 1-3 标点符号及其含义**

| 标点 | 含义 | 标点 | 含义 |
|---|---|---|---|
| : | 冒号：具有多种功能 | . | 小数点：小数点及域访问符 |
| ; | 分号：区分行及取消运行显示等 | … | 续行符号 |
| , | 逗号：区分列及函数参数分隔符等 | % | 百分号：注释标记 |
| ( ) | 圆括号：指定运算过程中的优先顺序 | ! | 叹号：调用操作系统运算 |
| [ ] | 方括号：矩阵定义的标志 | = | 等号：赋值标记 |
| { } | 大括号：用于构成单元数组 | ‘ | 单引号：字符串标记符 |

## 1.6　设置 MATLAB 搜索路径

MATLAB 的功能是通过指令来实现的，MATLAB 中有数千条指令，对大多数用户来说，全部掌握这些指令是不可能的，但在特殊情况下，需要用到某个指令时，可以对该指令进行查找。在查找指令之前，首先需要设置搜索路径。

### 1.6.1　MATLAB 的搜索路径

1. 搜索路径

在 MATLAB 工作界面中选择“主页”→“设置路径”选项，打开“设置路径”对话框，如图 1-33 所示。

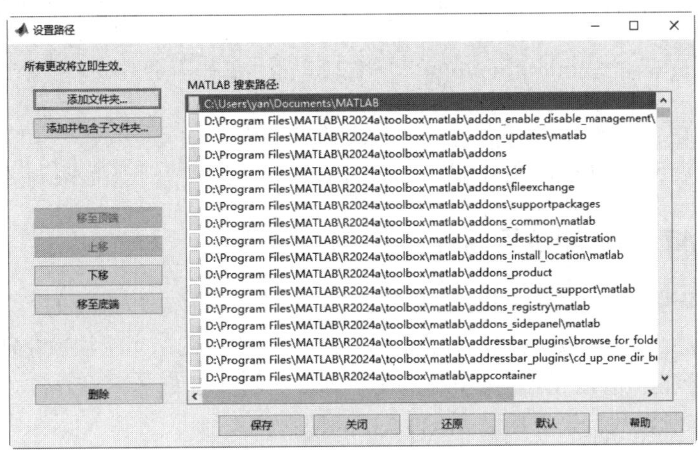


图 1-33　“设置路径”对话框

这里的列表框中所列出的目录就是 MATLAB 的所有搜索路径。

2. path 命令

在命令行窗口中输入 path 命令，可得到 MATLAB 的所有搜索路径，结果如下：

```
>> path
    MATLABPATH

    C:\Users\yan\Documents\MATLAB
  D:\Program
  Files\MATLAB\R2024a\toolbox\matlab\addon_enable_disable_management\
matlab
  D:\Program Files\MATLAB\R2024a\toolbox\matlab\addon_updates\matlab
  D:\Program Files\MATLAB\R2024a\toolbox\matlab\addons
  D:\Program Files\MATLAB\R2024a\toolbox\matlab\addons\cef
  D:\Program Files\MATLAB\R2024a\toolbox\matlab\addons\fileexchange
  D:\Program Files\MATLAB\R2024a\toolbox\matlab\addons\supportpackages
  D:\Program Files\MATLAB\R2024a\toolbox\matlab\addons_common\matlab
     ...
```

其中，“…”表示在 MATLAB 中显示的搜索路径有很多，这里由于版面限制进行了省略。

3. genpath 命令

在命令行窗口中输入 genpath 命令，可以得到由 MATLAB 所有搜索路径连接而成的一个长字符串，结果如下：

```
>> genpath
ans =

   'D:\Program Files\MATLAB\R2024a\toolbox;D:\Program
Files\MATLAB\R2024a\toolbox\5g;D:\Program
Files\MATLAB\R2024a\toolbox\5g\5g;D:\Program
Files\MATLAB\R2024a\toolbox\5g\5g\en;D:\Program
Files\MATLAB\R2024a\toolbox\DesignCostEstimation;D:\Program
Files\MATLAB\R2024a\toolbox\DesignCostEstimation\Presentations;D:\
Program
Files\MATLAB\R2024a\toolbox\DesignCostEstimation\Presentations\
Report;D:\
                              ……
```

其中，“…”表示在 MATLAB 中显示的内容有很多，这里由于版面限制进行了省略。

### 1.6.2 扩展 MATLAB 的搜索路径

MATLAB 的一切操作都是在它的搜索路径（包括当前路径）中进行的，如果调用的函数在搜索路径之外，MATLAB 则认为此函数不存在。初学者常犯的一个错误就是明明看到自己编写的程序在某个路径下，但是 MATLAB 就是找不到，并报告此函数不存在。这个问题很容易解决，只需要把程序所在的目录扩展成 MATLAB 的搜索路径即可。

1. 利用“设置路径”对话框设置菜单

在 MATLAB 工作界面中选择“主页”选项卡中的“设置路径”选项，打开图 1-33 所示的“设置路径”对话框。如果只想把某一目录下的文件包含在搜索范围内而忽略其子目录，则单击对话框中的“添加文件夹”按钮，否则单击“添加并包含子文件夹”按钮，打开图 1-34 所示的“添加到路径时包含子文件夹”对话框。

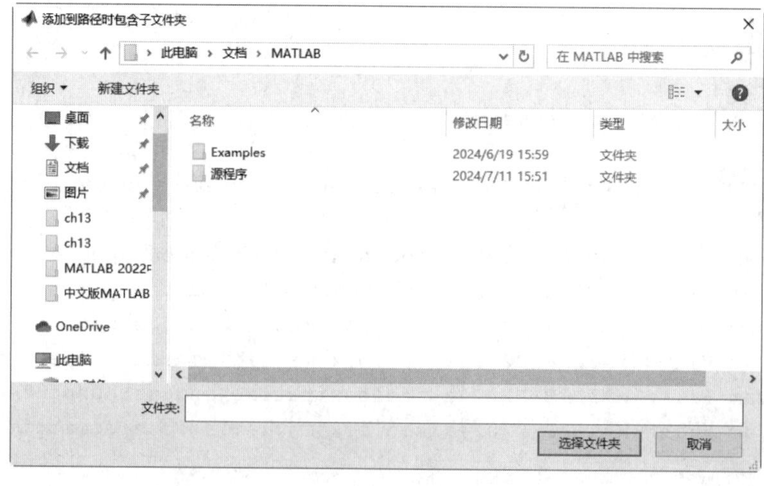


图 1-34 “添加到路径时包含子文件夹”对话框

选中文件夹，单击“选择文件夹”按钮，新的目录将出现在“MATLAB 搜索路径”的列表中。单击“保存”按钮保存新的搜索路径，再单击“关闭”按钮关闭对话框，新的搜索路径设置完毕。

为了便于理解添加搜索路径的方法，这里再简单介绍一下“设置路径”对话框中其他几个按钮的作用：

◆ 移至顶端：将选中的目录移动到搜索路径的顶端。

◆ 上移：将选中的目录在搜索路径中向上移动一位。

◆ 下移：将选中的目录在搜索路径中向下移动一位。

◆ 移至底端：将选中的目录移动到搜索路径的底部。

◆ 删除：在搜索路径中删除选中的目录。

◆ 还原：恢复到本次改变之前的搜索路径列表。

◆ 默认：恢复到 MATLAB 默认的搜索路径列表。

2. 使用 path 命令扩展目录

使用 path 命令也可以扩展 MATLAB 的搜索路径。例如，把 D:\matlabfile 扩展到搜索路径的方法是在 MATLAB 命令行窗口中输入以下命令：

```
>> path(path,'D:\matlabfile')
```

3. 使用 addpath 命令扩展目录

在早期的 MATLAB 版本中，用得最多的扩展目录命令就是 addpath,，如果要把 D:\matlabfile 添加到整个搜索路径的开始，则在命令行窗口中输入以下命令：

```
>> addpath D:\matlabfile -begin
```

如果要把 D:\matlabfile 添加到整个搜索路径的末尾，则在命令行窗口中输入以下命令：

```
>> addpath D:\matlabfile -end
```

4. 使用 pathtool 命令扩展目录

在 MATLAB 命令行窗口中输入 pathtool 命令，可在打开的“设置路径”对话框中进行路径设置。

# 1.7　MATLAB 的帮助系统

与其他科学计算软件相比 MATLAB 的帮助系统非常完善，这也是其一个突出的特点，要熟练掌握 MATLAB，就必须熟练掌握 MATLAB 帮助系统的应用，所以在学习 MATLAB 的过程中，理解、掌握和熟练应用 MATLAB 帮助系统是非常重要的。

## 1.7.1　联机帮助系统

MATLAB 的联机帮助系统非常系统全面，进入联机帮助系统的方法有以下几种：

◆ 单击 MATLAB 工作界面工具栏上的“帮助”按钮?。

◆ 在命令行窗口输入 doc 命令。

◆ 在 MATLAB 工作界面的“主页”选项卡中单击“资源”选项组中的“帮助”按钮，打开如图 1-35 所示的下拉菜单，选中前 3 项中的任何一项，即可打开 MATLAB 联机帮助系统。

联机帮助文档窗口如图 1-36 所示，在“搜索文档”文本框中输入想要查询的内容，按 Enter 键，即可显示相关的帮助内容。

图 1-35 “帮助”下拉菜单

图 1-36 联机帮助窗口

## 1.7.2 帮助命令

为了使用户更快捷地获得帮助，MATLAB 提供了一些帮助命令，包括 help 命令、lookfor 命令和其他常用的帮助命令。

1. help 命令

（1）help 命令是最常用的帮助命令。在命令行窗口中直接输入“help”将会显示与先前操作相关的内容。

**例 1-2：** 搜索所有目录文件。

**解：** MATLAB 程序如下：

```
>> pi
ans =
    3.1416
>> help
--- pi 的帮助 ---

 pi - 圆的周长与其直径的比率
    此 MATLAB 函数以 IEEE 双精度形式返回最接近 π 值的浮点数。有关浮点数的详细信息，请参阅浮点数。
```

```
语法
  p = pi

示例
  Pi 的值
  圆的面积
  球体的表面积和体积

另请参阅 sin, cos, sinpi, cospi, rad2deg

已在 R2006a 之前的 MATLAB 中引入
pi 的文档
```

（2）help+ 函数（类）名。如果已经准确知道所要求助的主题词或指令名称，那么使用 help 命令是获得在线帮助的最简单有效的途径。在平时的使用中，help+ 函数（类）名命令是最有用的，能最快、最好地解决用户在使用过程中碰到的问题。调用格式如下：

```
>> help 函数（类）名
```

**例 1-3：** 查询 eig 函数。

**解：**MATLAB 程序如下：

```
>> help eig
 eig - 特征值和特征向量
     此 MATLAB 函数 返回一个列向量，其中包含方阵 A 的特征值

    e = eig(A)
    [V,D] = eig(A)
    [V,D,W] = eig(A)

    e = eig(A,B)
    [V,D] = eig(A,B)
    [V,D,W] = eig(A,B)

    [___] = eig(A,balanceOption)
    [___] = eig(A,B,algorithm)

    [___] = eig(___,outputForm)

    输入参数
        A - 输入矩阵
            方阵
        B - 广义特征值问题输入矩阵
            方阵
        balanceOption - 均衡选项
            'balance' （默认值） | 'nobalance'
        algorithm - 广义特征值算法
            'chol' | 'qz'
        outputForm - 特征值的输出格式
            'vector' | 'matrix'
```

```
    输出参数
        e - 特征值（以向量的形式返回）
            列向量
        V - 右特征向量
            方阵
        D - 特征值（以矩阵的形式返回）
            对角矩阵
        W - 左特征向量
            方阵

    打开示例
        矩阵特征值
        矩阵的特征值和特征向量
        排序的特征值和特征向量
        左特征向量
        不可对角化（亏损）矩阵的特征值
        广义特征值
        病态矩阵使用 QZ 算法得出广义特征值
        一个矩阵为奇异矩阵的广义特征值

  另请参阅 eigs, polyeig, balance, condeig, cdf2rdf, hess, schur, qz

    已在 R2006a 之前的 MATLAB 中引入
    eig 的文档
    eig 的其他用法
```

2. lookfor 命令

如果知道某个函数的名称，但是不知道该函数的具体用法，使用 help 系列命令便可以解决这些问题。然而用户在很多情况下并不知道某个函数的确切名称，这时就需要用到 lookfor 命令。lookfor 命令可以根据用户提供的关键字搜索到相关函数。

**例 1-4：** 搜索随机矩阵函数。

**解：** MATLAB 程序如下：

```
>> lookfor rand
rand                                - 均匀分布的随机数
randi                               - 均匀分布的伪随机整数
randn                               - 正态分布的随机数
randperm                            - 整数的随机排列
sprand                              - 稀疏均匀分布随机矩阵
sprandn                             - 稀疏正态分布随机矩阵
sprandsym                           - 稀疏对称随机矩阵
RandStream                          - 随机数流
quantum.gate.QuantumState.randsample - Random sample of quantum state
RandStream.reset                    - 重置随机数流
......
```

其中，“……”表示 MATLAB 中显示的内容有很多，这里由于版面限制进行了省略。

执行 lookfor 命令后，它对 MATLAB 搜索路径中的每个 M 文件的注释区的第一行进行扫描，如果发现此行中包含所要查询的字符串，则将该函数名和第一行注释全部显示在显示器上。当然，用户也可以在自己的文件中加入在线注释，并且最好加入。

3. 其他帮助命令

MATLAB 中还有许多其他常用查询帮助命令，如：

◆ who：内存变量列表。

◆ whos：列出工作区中的变量、大小和类型。

◆ what：目录中的文件列表。

◆ which：确定函数和文件的位置。

◆ exist：检查变量、脚本、函数、文件夹或类的存在情况。

# 第 2 章　MATLAB 基础知识

**内容指南**

本章简要介绍了 MATLAB 的基本功能，正是因为有了这些基本的功能，才使得 MATLAB 可以完成功能各异的函数运算，成为一款优秀的、深受用户欢迎的数学软件。

**内容要点**

- 数据类型基本概念
- MATLAB 命令的组成
- 运算符数学函数
- 复数运算
- 字符串
- 字典
- MATLAB 程序设计

## 2.1　数据类型基本概念

数据类型在数据结构中的定义是一个值的集合以及定义在这个值集上的一组操作。MATLAB 中支持的数据类型包括：

（1）逻辑型（logical）：该类型变量值为 1 或 0。

（2）字符型（char）：MATLAB 的字符型输入使用单引号，字符串存储为字符数组，每个元素占一个 ASCII 字符。

（3）数值型（numeric）：数值型分为有符号 / 无符号整数（int）、单精度（float）、双精度（double）、浮点数。

（4）元胞数组（cell）：MATLAB 的元胞数组可存储任意类型和维度的数组。访问元胞数组的变量可使用 {}。

（5）结构体（structure）：MATLAB 的结构体与 C 语言类似，一个结构体可以通过不同字段存储不同类型的数据。

（6）表格（table）：表格可以包含不同类型的数组，用于存储各类的数据。其中，时间表是表格形式的具有时间戳的数据。

（7）函数句柄（function handle）：函数句柄可用于间接调用一个函数的 MATLAB 值或数据类型。

（8）字典：字典是使用对值（keys,values）进行索引的键映射数据。

（9）时间序列：时间序列是在一段时间内采样的数据向量。

### 2.1.1　整数类型

整型数据是不包含小数部分的数值型数据，用字母 I 表示。整型数据只用来表示整数，以二进制形式存储。

1. 整型数据的分类

◆ char：字符型数据，属于整型数据的一种，占用 1 个字节。

◆ unsigned char：无符号字符型数据，属于整型数据的一种，占用 1 个字节。

◆ short：短整型数据，属于整型数据的一种，占用 2 个字节。

◆ unsigned short：无符号短整型数据，属于整型数据的一种，占用 2 个字节。

◆ int：有符号整型数据，属于整型数据的一种，占用 4 个字节。

◆ unsigned int：无符号整型数据，属于整型数据的一种，占用 4 个字节。

◆ long：长整型数据，属于整型数据的一种，占用 4 个字节。

◆ unsigned long：无符号长整型数据，属于整型数据的一种，占用 4 个字节。

MATLAB 默认情况下以双精度浮点形式（double）存储数值数据。若要以整数形式存储数据，需要从 double 转换为所需的整数类型。表 2-1 列出了 8 个整数类可存储的值的范围，以及创建该类型所需的 MATLAB 转换函数、类及值的范围。

**表 2-1　转换函数、类及值的范围**

| 转换函数 | 类 | 值的范围 |
| --- | --- | --- |
| int8 | 有符号 8 位整数 | $-2^{7} \sim 2^{7}-1$ |
| int16 | 有符号 16 位整数 | $-2^{15} \sim 2^{15}-1$ |
| int32 | 有符号 32 位整数 | $-2^{31} \sim 2^{31}-1$ |
| int64 | 有符号 64 位整数 | $-2^{63} \sim 2^{63}-1$ |
| uint8 | 无符号 8 位整数 | $0 \sim 2^{8}-1$ |
| uint16 | 无符号 16 位整数 | $0 \sim 2^{16}-1$ |
| uint32 | 无符号 32 位整数 | $0 \sim 2^{32}-1$ |
| uint64 | 无符号 64 位整数 | $0 \sim 2^{64}-1$ |

**例 2-1：**显示整数不同类型数据。

**解：**MATLAB 程序如下：

```
>> x = int16(123)
x =
  int16
   123
>> x = int8(123)
x =
  int8
   123
>> x = uint64(123)
x =
  uint64
   123
```

2. 整数数据的最小值和最大值

在 MATLAB 中，intmin 命令用来确定整数类型的最小值，其调用格式见表 2-2。

**表 2-2　intmin 命令**

| 调用格式 | 说　明 |
| --- | --- |
| v = intmin | 返回在 MATLAB 中表示的最小值。默认数据类型为 ‘int32’ |
| v = intmin(type) | 返回整数类 type 指定类型的最小正值。type 可以是 ‘int8’、‘int16’、‘int32’、‘int64’、‘uint8’、‘uint16’、‘uint32’、‘uint64’ |
| v = intmin(“like”,p) | 返回与整数变量 p 具有相同数据类型和复 / 实性（实数或复数）的整数类型的最小值 |

**例 2-2：**64 位有符号整数的最小值。

**解：**MATLAB 程序如下：

```
>> v = intmin('int64')
v =

  int64

   -9223372036854775808
```

在 MATLAB 中，intmax 命令用来确定整数类型的最大值，其调用格式见表 2-3。

**表 2-3　intmax 命令**

| 调用格式 | 说　明 |
| --- | --- |
| v = intmax | 返回 MATLAB 中 32 位有符号整数的最大值 |
| v = intmax(type) | 返回指定整数类型的最大值。type 可以是 ‘int8’、‘int16’、‘int32’、‘int64’、‘uint8’、‘uint16’、‘uint32’、‘uint64’ |
| v = intmax(“like”,p) | 返回与整数变量 p 具有相同数据类型和复 / 实性（实数或复数）的整数类型的最大值 |

## 2.1.2　浮点类型

浮点数是有理数中某特定子集的数的数字表示，在计算机中用以近似表示任意某个实数。具体来说，这个实数由一个整数或定点数（即尾数）乘以某个基数（计算机中通常是 2）的整数次幂得到，这种表示方法类似于基数为 10 的科学计数法。

1. 浮点数据表示形式

在数学中，浮点型数据只采用十进制，有两种形式，即十进制数形式和指数形式。

（1）十进制数形式：由数码 0 ~ 9 和小数点组成，如 0.0、0.25、5.789、0.13、5.0、300.0、–267.8230。

**例 2-3：**显示十进制数字。

**解：**MATLAB 程序如下：

```
>> 3.00000
ans =
     3
>> 3
```

```
ans =
     3
>> .3
ans =
     0.3000
>> .06
ans =
     0.0600
```

（2）指数形式：由十进制数加阶码标志“e”或“E”以及阶码（只能为整数，可以带符号）组成。其一般形式为：

a E n

其中，a 为十进制数，n 为十进制整数，表示的值为 $a*10^n$。

例如，2.1E5 等于 $2.1*10^5$，3.7E-2 等于 $3.7*10^{-2}$，0.5E7 等于 $0.5*10^7$，–2.8E-2 等于 $-2.8*10^{-2}$。

**例 2-4**：显示指数。

**解**：MATLAB 程序如下：

```
>> 3E6
ans =
      3000000
>> 3e6
ans =
      3000000
>> 4e0
ans =
      4
>> 0.5e5
ans =
          50000
```

常见的不合法的实数形式有以下几种：

◆ E7：阶码标志 E 之前无数字。

◆ 53-E3：负号位置不对。

◆ 2.7E：无阶码。

2. 浮点数据分类

在 MATLAB 中，浮点数可分为两类：单精度型和双精度型。

◆ float：单精度说明符，占 4 个字节（32 位）内存空间，其数值范围为 3.4E-38 ~ 3.4E+38，只能提供 7 位有效数字。

◆ double：双精度说明符，占 8 个字节（64 位）内存空间，其数值范围为 1.7E-308 ~ 1.7E+308，可提供 16 位有效数字。

一般使用双精度来存储大于 $3.4\times10^{38}$ 或小于 $-3.4\times10^{38}$ 的值。对于位于这两个范围之间的数值，可以使用双精度，也可以使用单精度，但单精度需要的内存更少。

在 MATLAB 中，浮点数默认为双精度，可以通过一个简单的转换函数将任何数值转换为单精度数值，调用格式见表 2-4。

**表 2-4　单、双精度转换函数**

| 调用格式 | 说　明 |
| --- | --- |
| double | 双精度数组或将数组转换为双精度数组 |
| single | 单精度数组或将数组转换为单精度数组 |

（1）双精度浮点：MATLAB 根据适用于双精度的 IEEE 754 标准构造双精度（即 double）数据类型。以 double 形式存储的任何值都需要 64 位，并按照表 2-5 进行格式化。

**表 2-5　双精度浮点**

| 位 | 用　法 |
| --- | --- |
| 63 | 符号（0 = 正号、1 = 负号） |
| 62 ~ 52 | 指数，偏差为 1023 |
| 51 ~ 0 | 数值 1.f 的小数 f |

（2）单精度浮点：MATLAB 根据适用于单精度的 IEEE 754 标准构造单精度（即 single）数据类型。以 single 形式存储的任何值都需要 32 位，并按照表 2-6 所示进行格式化。

**表 2-6　单精度浮点**

| 位 | 用　法 |
| --- | --- |
| 31 | 符号（0 = 正号、1 = 负号） |
| 30 ~ 23 | 指数，偏差为 127 |
| 22 ~ 0 | 数值 1.f 的小数 f |

3. 浮点数据的最大值和最小值

double 和 single 类都存在可以用该类型表示的最大数和最小数。内存中浮点数表示法是以 2 为底的指数。在 MATLAB 中，realmax 命令用来确定最大的正浮点数，其调用格式见表 2-7。

**表 2-7　realmax 命令**

| 调用格式 | 说　明 |
| --- | --- |
| f = realmax | 返回 IEEE 双精度形式的最大有限浮点数 |
| f = realmax(precision) | 返回 IEEE 单精度或双精度形式的最大有限浮点数 |
| f = realmax(“like”,p) | 返回与浮点变量 *p* 具有相同数据类型、稀疏性和复 / 实性（实数或复数）的最大有限浮点数 |

**例 2-5：** 最大浮点数。

**解：** MATLAB 程序如下：

```
>> f = realmax                          % 返回 IEEE 双精度中最大的有限浮点数
f =
  1.7977e+308
```

realmin 命令用来返回 double 数据类型表示的最小的标准浮点数，其调用格式见表 2-8。

表 2-8　realmin 命令

| 调用格式 | 说　明 |
| --- | --- |
| f = realmin | 返回双精度最小标准正浮点数 |
| f = realmin(precision) | 返回单精度或双精度中最小标准正浮点数 |
| f = realmin("like",p) | 返回与浮点变量 *p* 具有相同数据类型、稀疏性和复 / 实性（实数或复数）的最小正规化正浮点数 |

## 2.1.3　复数

数学上把形如 z = a + bi（a,b 均为实数）的数称为复数，其中，a 称为实部，记作 Rez = a；b 称为虚部，记作 Imz = b；i 称为虚数单位。

当虚部等于 0（即 b = 0）时，这个复数可以视为实数；当 z 的虚部不等于 0，实部等于 0（即 a=0 且 b $\neq$ 0）时，z = bi，常称 z 为纯虚数。

**例 2-6**：练习复数的显示。

**解**：MATLAB 程序如下：

```
>> 1+2i
ans =
   1.0000 + 2.0000i
>> 2-3i
ans =
   2.0000 - 3.0000i
>> 5+6i
ans =
   5.0000 + 6.0000i
>> 2i
ans =
   0.0000 + 2.0000i
>> -3i
ans =
   0.0000 - 3.0000i
```

## 2.1.4　数值类型的显示格式

一般而言，在 MATLAB 中数据的存储与计算都是以双精度进行的，但有多种显示形式。在默认情况下，若数据为整数，就以整数表示；若数据为实数，则以保留小数点后 4 位的精度近似表示。

可以使用 format 命令改变数字显示格式，其调用格式见表 2-9。

表 2-9　format 命令

| 调用格式 | 说　明 |
| --- | --- |
| format short | 默认的格式设置，短固定十进制小数点格式，小数点后包含 4 位数 |
| format long | 长固定十进制小数点格式，double 值的小数点后包含 15 位数，single 值的小数点后包含 7 位数 |
| format shortE | 短科学记数法，小数点后包含 4 位数 |

（续）

| 调用格式 | 说　　明 |
|---|---|
| format longE | 长科学记数法，double 值的小数点后包含 15 位数，single 值的小数点后包含 7 位数 |
| format shortG | 使用短固定十进制小数点格式或科学记数法中更紧凑的一种格式，总共 5 位 |
| format longG | 使用长固定十进制小数点格式或科学记数法中更紧凑的一种格式 |
| format shortEng | 短工程记数法，小数点后包含 4 位数，指数为 3 的倍数 |
| format longEng | 长工程记数法，包含 15 位有效位数，指数为 3 的倍数 |
| format hex | 16 进制格式表示 |
| format + | 在矩阵中，用符号 +、– 和空格表示正号、负号和零 |
| format bank | 货币格式，小数点后包含 2 位数 |
| format rational | 以有理数形式输出结果 |
| format compact | 输出结果之间没有空行 |
| format loose | 输出结果之间有空行 |
| format | 将输出格式重置为默认值，即浮点表示法的短固定十进制小数点格式和适用于所有输出行的宽松行距 |

**例 2-7**：控制数字显示格式。

**解**：MATLAB 程序如下：

```
>> format long , pi  %将常量 pi 的格式设置为长固定十进制小数点格式，包含 15 位数
ans =
3.141592653589793
>> format   %恢复默认显示格式
```

## 2.1.5　常量与变量

1. 变量

变量是任何程序设计语言的基本元素之一，MATLAB 语言当然也不例外。在 MATLAB 中，变量的命名应遵循如下规则：

◆ 变量名必须以字母开头，之后可以是任意的字母、数字或下划线。

◆ 变量名中的字母区分大小写。

◆ 变量名不超过 31 个字符，第 31 个字符以后的字符将被忽略。

与其他的程序设计语言相同，MATLAB 中的变量也存在作用域的问题。在未加特殊说明的情况下，MATLAB 将所识别的一切变量视为局部变量，仅在其使用的 M 文件内有效。若要将变量定义为全局变量，则应当在该变量前加关键字 global 进行说明。一般来说，全局变量均用大写的英文字符表示。

2. 变量赋值

将数值赋给变量，那么此变量称为数值变量。在 MATLAB 下进行简单数值运算，只需将运算式直接键入提示号“>>”之后，并按 Enter 键即可。例如，要计算 145 与 25 的乘积，可以直接输入：

```
>> 145*25
ans =
        3625
```

用户也可以输入：

```
>> x=145*25
x =
        3625
```

此时 MATLAB 把计算值赋给指定的变量 x。

3. 预定义变量

MATLAB 语言本身也具有一些预定义的变量，这些特殊的变量称为常量。表 2-10 给出了 MATLAB 语言中经常使用的一些预定义变量。

**表 2-10　MATLAB 中的预定义变量**

| 预定义变量名称 | 说　明 |
|---|---|
| ans | MATLAB 中默认变量 |
| pi | 圆周率 |
| eps | 浮点运算的相对精度 |
| inf | 无穷大，如 1/0 |
| NaN | 不定值，如 0/0、∞ / ∞、0* ∞ |
| i(j) | 复数中的虚数单位 |
| realmin | 最小正浮点数 |
| realmax | 最大正浮点数 |

**例 2-8：** 显示圆周率 pi 的值。

**解：** 在 MATLAB 命令行窗口提示符“>>”后输入 pi，然后按 Enter 键，出现以下内容：

```
>> pi                                    % 查看常量 pi 的值
ans =
    3.1416
```

这里“ans”是指当前的计算结果，若计算时用户没有为表达式指定结果变量，系统就自动将当前结果赋给特殊变量“ans”。

在定义变量时应避免与常量名相同，以免改变这些常量的值。如果已经改变了某个常量的值，可以通过“clear+ 常量名”命令恢复该常量的初始设定值。当然，重新启动 MATLAB 也可以恢复这些常量值。

**例 2-9：** 给圆周率 pi 赋值 1，然后恢复。

**解：** MATLAB 程序如下：

```
>> pi=1                             % 修改常量 pi 的值
pi =
     1
>> clear pi                         % 恢复常量 pi 的初始值
>> pi                               % 查看常量 pi 的值
ans =
    3.1416
```

所有变量都具有数据类型，变量的数据类型决定了将代表这些值的位存储到计算机内存中的方式。在声明变量时也可指定它的数据类型。

默认情况下，MATLAB 将所有数值变量存储为 8 字节（64 位）双精度浮点值。这些变量的数据类型为 double。

4. 变量的显示

（1）disp 命令：disp 命令用于显示变量的值，而不打印变量名称。函数调用格式如下：

```
disp(X)
```

**例 2-10**：显示变量。

**解**：在 MATLAB 命令行窗口提示符“>>”后输入程序，然后按 Enter 键执行：

```
>> A =1;   % 使用 "=" 给变量 A 赋值
>> S = 'Hello World.';
>> disp(A)      % 显示变量 A 的值
     1
>> disp(S)   % 显示变量 S 的值
Hello World.
```

（2）who 命令：who 命令用于列出工作区中的变量，其主要调用格式见表 2-11。

**表 2-11　who 命令**

| 调用格式 | 说　明 |
|---|---|
| who | 按字母顺序列出当前活动工作区中的所有变量的名称 |
| who -file filename | 列出指定的 MAT 文件中的变量名称 |
| whos global | 列出全局工作区中的变量 |
| whos ⋯ variables | 只列出指定的变量 |
| who ___ -regexp expr1 ... exprN | 只列出与指定的正则表达式匹配的变量 |
| S = whos(⋯⋯) | 将变量的信息存储在结构体数组 S 中 |

whos 命令用于列出工作区中的变量、大小和类型，它的主要调用格式与 who 命令类似。

**例 2-11**：变量的显示信息。

**解**：MATLAB 程序如下：

```
>> x = 10;
>> who x
您的变量为：
x
>> whos x
  Name        Size                Bytes  Class     Attributes
  x           1x1                     8  double
```

**例 2-12**：变量的显示信息。

**解**：MATLAB 程序如下：

```
>> who -file wind.mat     % 列出 wind.mat 文件中变量的名称
您的变量为：
u  v  w  x  y  z
>> whos ('-file','wind.mat') % 列出 wind.mat 文件中变量的名称、大小、类型
```

```
  Name        Size              Bytes  Class     Attributes
   u          35x41x15          172200  double
   v          35x41x15          172200  double
   w          35x41x15          172200  double
   x          35x41x15          172200  double
   y          35x41x15          172200  double
   z          35x41x15          172200  double
```

### 2.1.6　数据转换函数

MATLAB 提供了几种转换函数，可用来将数值转换成特定数据类型。

1. 整数数据类型转换

数据类型一般包括 'uint8'、'int8'、'uint16'、'int16'、'uint32'、'int32'、'uint64'、'int64'、'single' 或 'double'。

MATLAB 利用 cast 命令将变量转换为不同的数据类型，其调用格式见表 2-12。

**表 2-12　cast 命令**

| 调用格式 | 说　明 |
|---|---|
| B = cast(A,newclass) | 将 *A* 转换为类 newclass，其中 newclass 是与 *A* 兼容的内置数据类型的名称 |
| B = cast(A,'like',p) | 将 *A* 转换为与变量 *p* 相同的数据类型和稀疏性。如果 *A* 和 *p* 都为实数，则 *B* 也为实数。否则 *B* 为复数 |

MATLAB 利用 typecast 命令在不更改基础数据的情况下转换数据类型，其调用格式见表 2-13。

**表 2-13　typecast 命令**

| 调用格式 | 说　明 |
|---|---|
| Y = typecast(X,type) | 将 *X* 中的数值转换为 type 指定的数据类型。输入 *X* 必须是完整的非复数数值标量或向量 |

**注意：**

cast 函数截断 A 中太大而无法映射到 newclass 的任何值。typecast 函数在输出 Y 中返回的字节数始终与输入 X 中的字节数相同。

Class 命令用于显示数据对象的类别，返回对象的类名称，其调用格式见表 2-14。

**表 2-14　class 命令**

| 调用格式 | 说　明 |
|---|---|
| className = class(obj) | 返回 obj 的类名称 |

**例 2-13：** 将 int8 值转换为 uint8，转换数值数据类型。

**解：** MATLAB 程序如下：

```
>> a = int8(pi)             % 定义 8 位整数标量
```

```
a =
  int8
   3
>> class(a)    % 返回 a 的类的名称
ans =
     'int8'
>> b = cast(a,'uint8')    %将 a 转换为 8 位无符号整数
b =
  uint8
   3
>> class(b)    % 返回对象的类名称
ans =
'uint8'
```

**例 2-14**：转换数据格式。

**解**：MATLAB 程序如下：

```
>> typecast(uint8(255),'int8')%将 255 从默认的双精度转变为 uint8，再转变为 int8
格式
ans =
  int8
   -1
>> typecast(int16(-1),'uint16') %将 -1 从默认的双精度转变为 int16，再转变为
uint16 格式
ans =
  uint16
   65535
```

**例 2-15**：根据向量生成一个 32 位值。

**解**：MATLAB 程序如下：

```
>> format hex    %将数据定义为 16 进制格式
>> typecast(uint8([120 86 52]),'uint32') % 由于输入中的字节数不足，因此 MAT-
LAB 会弹出错误
错误使用 typecast
第一个输入项必须包含 4 个元素的倍数，才能从 uint8(8 位) 转换为 uint32(32 位)
>> typecast(uint8([120 86 52 1]),'uint32')
ans =
 uint32
   01345678
>> format  %恢复默认显示格式
```

2. 数据类型转换

MATLAB 利用 int2str 命令将整数转换为字符类型，其调用格式见表 2-15。

**表 2-15　in2str 命令**

| 调用格式 | 说　明 |
| --- | --- |
| int2str(N) | 将整数 N 转换为表示整数的字符数组 |

**例 2-16：** 整数转换。

**解：** MATLAB 程序如下：

```
>> pi
ans =
    3.1416
>> chr = int2str(pi)
chr =
    '3'
```

3. 图像数据转换

（1）索引图像数据转换。下面的程序将 uint8 类型的索引图像数据 X8 转换为 double 类型：

```
X64 = double(X8) + 1;      % 要将索引图像数据从整数类型转换为 double 类型，需要加 1
```

下面的程序将 double 类型的索引图像数据 X64 转换为 uint8：

```
X8 = uint8(round(X64 - 1)); % 将索引图像数据从 double 类型转换为整数类型，减 1，使用 round 确保所有值都为整数
```

（2）RGB 图像数据转换。如果要将 uint8 类型的真彩色图像数据 RGB8 其转换为 double，可以执行以下语句：

```
RGB64 = double(RGB8)/255; % 将真彩色图像数据从整数类型转换为 double 类型，需重新缩放数据
```

如果要将 double 类型的图像数据 RGB64 转换为 uint8，可以执行以下语句：

```
RGB8 = uint8(round(RGB64*255)); %将真彩色图像数据从 double 类型转换为整数类型，重新缩放数据并使用 round 确保所有值都为整数
```

## 2.2　MATLAB 命令的组成

MATLAB 语言是基于 C++ 语言，因此语法特征与 C++ 语言极为相似，而且更加简单，更加符合科技人员对数学表达式的书写格式，更利于非计算机专业的科技人员使用。而且这种语言可移植性好、可拓展性极强。

### 2.2.1　基本符号

命令行“头首”的“>>”（见图 2-1）是“命令输入提示符”，它是自动生成的，表示 MATLAB 处于准备就绪状态。

在提示符后输入一条命令或一段程序后按 Enter 键，MATLAB 将给出相应命令的执行结果，并将结果保存在工作区中，然后再次显示一个运算提示符，为下一段程序的输入做准备。

注意在输入命令时，一定要在英文状态下进行。在中文状态下输入的括号和标点等不被认为是命令的一部分。

下面介绍几种在命令输入过程中常见的错误及显示的警告与错误信息。

（1）输入的括号为中文格式。

```
>> sin（）
 sin（）
```

```
     ↑
错误：文本字符无效。请检查不受支持的符号、不可见的字符或非 ASCII 字符的粘贴。
```

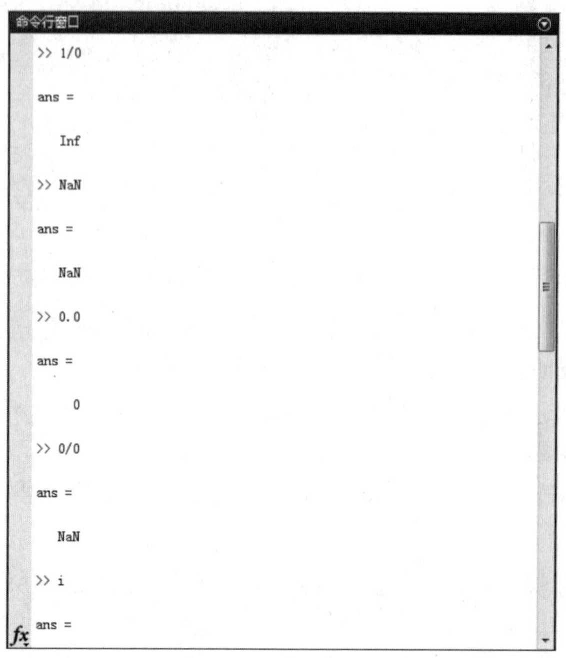


图 2-1　命令行窗口

（2）函数使用格式错误。

```
>> sin( )
错误使用 sin
输入参数的数目不足。
```

（3）缺少步骤，未定义变量。

```
>> sin(x)
函数或变量 'x' 无法识别。
```

（4）正确格式。

```
>> x=1
x =
     1
>> sin(x)
ans =
    0.8415
```

## 2.2.2　功能符号

除了命令输入必需的符号外，MATLAB 为了解决命令输入过于繁琐、复杂的问题，采取了分号、续行符及插入变量等方法。

1. 分号

一般情况下，在 MATLAB 命令行窗口中输入命令，系统会随即执行命令给出计算结果。

例如：

```
>> A=[1 2;3 4]
A =
     1     2
     3     4
>> B=[5 6;7 8]
B =
     5     6
     7     8
```

如果不想让 MATLAB 每次都显示运算结果，可在运算式最后加上分号（；），例如：

```
>> A=[1 2;3 4];
>> B=[5 6;7 8];
>> A,B
A =
     1     2
     3     4
B =
     5     6
     7     8
```

2. 续行号

由于命令太长，或出于某种需要，输入的指令必须多行书写时，可以使用特殊符号“…”来处理，如图 2-2 所示。

MATLAB 用 3 个或 3 个以上的连续黑点表示“续行”，即表示下一行是上一行的继续。

```
命令行窗口
>> y=1-1/2+1/3-1/4+...
1/5-1/6+1/7-1/8

y =

    0.6345

fx >>
```

图 2-2　多行输入

### 2.2.3　常用指令

在使用 MATLAB 语言编制程序时，掌握常用的操作命令或技巧，可以起到事半功倍的效果，下面详细介绍常用的命令。

（1）cd：显示或改变工作目录。

```
>> cd
C:\Users\yan\Documents\MATLAB                    % 显示工作目录
```

（2）clc：清除工作窗。

在命令行输入“clc”后，按 Enter 键执行该命令，则自动清除命令行中所有程序，如图 2-3 所示。

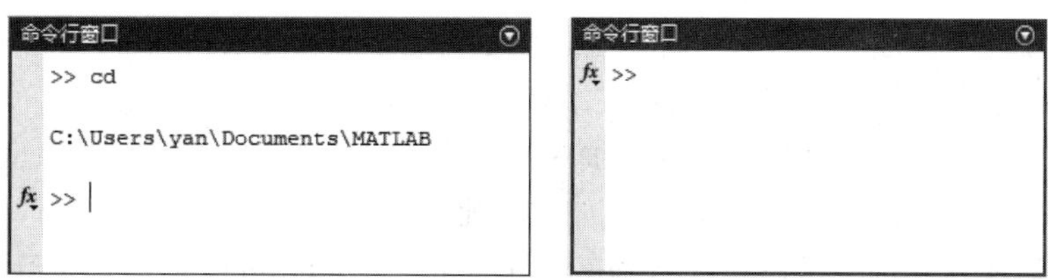


图 2-3　执行 clc 命令前、后的命令行窗口

（3）clear：清除内存变量。

在命令行输入“clear”，按 Enter 键执行该命令，则自动清除内存中定义的变量。例如，给变量 a 赋值 1，然后清除赋值。

```
>> a=1
a =
    1
>> clear a
>> a
函数或变量 'a' 无法识别。
```

其他常用的命令见表 1-1。

## 2.3 运算符数学函数

MATLAB 提供了丰富的运算符，能满足用户的各种应用。这些运算符包括算术运算符、关系运算符和逻辑运算符三种。本节将简要介绍各种运算符的功能。

1. 算术运算符

MATLAB 语言的算术运算符见表 2-16。

**表 2-16　MATLAB 语言的算术运算符**

| 运算符 | 定　义 |
|---|---|
| + | 算术加 |
| - | 算术减 |
| * | 算术乘 |
| .* | 点乘 |
| ^ | 算术乘方 |
| .^ | 点乘方 |
| \ | 算术左除 |
| .\ | 点左除 |
| / | 算术右除 |
| ./ | 点右除 |
| ‘ | 矩阵转置。当矩阵是复数时，求矩阵的共轭转置 |
| .’ | 矩阵转置。当矩阵是复数时，不求矩阵的共轭 |

其中，算术运算符加减乘除及乘方与传统意义上的加减乘除及乘方类似，用法基本相同，而点乘、点乘方等运算有其特殊的一面。点运算是指元素点对点的运算，即矩阵内元素对元素之间的运算。点运算要求参与运算的变量在结构上必须是相似的。

MATLAB 的除法运算较为特殊。对于简单数值而言，算术左除与算术右除也不同。算术右除与传统的除法相同，即 a/b = a ÷ b；而算术左除则与传统的除法相反，即 a\b = b ÷ a。对矩阵而言，算术右除 A/B 相当于求解线性方程 X*B = A 的解；算术左除 A\B 相当于求解线性方程 A*X = B 的解。点左除与点右除与上面点运算相似，是变量对应于元素进行点除。

2. 关系运算符

关系运算符主要用于对矩阵与数、矩阵与矩阵进行比较，返回表示二者关系的由数 0 和 1 组成的矩阵，0 和 1 分别表示不满足和满足指定关系。

MATLAB 语言的关系运算符见表 2-17。

**表 2-17　MATLAB 语言的关系运算符**

| 运算符 | 定　　义 |
|---|---|
| == | 等于 |
| ~= | 不等于 |
| > | 大于 |
| >= | 大于等于 |
| < | 小于 |
| <= | 小于等于 |

3. 逻辑运算符

MATLAB 语言进行逻辑判断时，所有非零数值均被认为真，而零为假。在逻辑判断结果中，判断为真时输出 1，判断为假时输出 0。

MATLAB 语言的逻辑运算符见表 2-18。

**表 2-18　MATLAB 语言的逻辑运算符**

| 运算符 | 定　　义 |
|---|---|
| & | 逻辑与。两个操作数同时为逻辑值 1 时，结果为 1，否则为 0 |
| \| | 逻辑或。两个操作数同时为逻辑值 0 时，结果为 0，否则为 1 |
| ~ | 逻辑非。当操作数为逻辑值 0 时，结果为 1，否则为 0 |
| xor | 逻辑异或。两个操作数相同时，结果为 0，否则为 1 |

在算术、关系、逻辑三种运算符中，算术运算符优先级最高，关系运算符次之，而逻辑运算符优先级最低。在逻辑运算符中，“非”的优先级最高，“与”和“或”有相同的优先级。

## 2.3.1　三角函数

MATLAB 中的三角函数计算是以弧度或度为单位的标准三角函数值、以弧度为单位的双曲三角函数值以及每个函数的反函数。

MATLAB 常用的三角函数见表 2-19。

**表 2-19　三角函数**

| 名称 | 说　　明 |
|---|---|
| sin(x) | 正弦函数，以弧度为单位 |
| cos(x) | 余弦函数，以弧度为单位 |
| tan(x) | 正切函数，以弧度为单位 |
| sind(x) | 正弦函数，以度为单位 |
| cosd(x) | 余弦函数，以度为单位 |
| tand(x) | 正切函数，以度为单位 |
| sinpi(x) | 准确地计算 sin(x*pi) |

（续）

| 名称 | 说　　明 |
| --- | --- |
| cospi(x) | 准确地计算 cos(x*pi) |
| asin(x)<br>asind(x) | 反正弦函数 |
| acos(x)<br>acosd(x) | 反余弦函数 |
| atan(x)<br>atand(x) | 反正切函数 |
| sinh(x) | 超越正弦函数 |
| cosh(x) | 超越余弦函数 |
| tanh(x) | 超越正切函数 |
| asinh(x) | 反超越正弦函数 |
| acosh(x) | 反超越余弦函数 |
| atanh(x) | 反超越正切函数 |

1. 角度弧度转换函数

MATLAB 中角度弧度转换函数见表 2-20。

**表 2-20　角度弧度转换函数**

| 名称 | 说明 | 调用格式 |
| --- | --- | --- |
| deg2rad | 将角的单位从度转换为弧度 | R = deg2rad(D) |
| rad2deg | 将 R 中每个元素的角单位从弧度转换为度 | D = rad2deg(R) |

**例 2-17：** 计算以度为单位的正弦函数。

**解：** MATLAB 程序如下：

```
>> D = rad2deg(pi)   % 将 pi 转换为以度为单位
D =
    180
>> sind(D)    % 正弦函数，以度为单位
ans =
     0
```

2. 四象限函数

表 2-21 中的四象限函数是基于图 2-4 中所示的 Y 和 X 的值返回闭区间 [–pi,pi] 中的值。

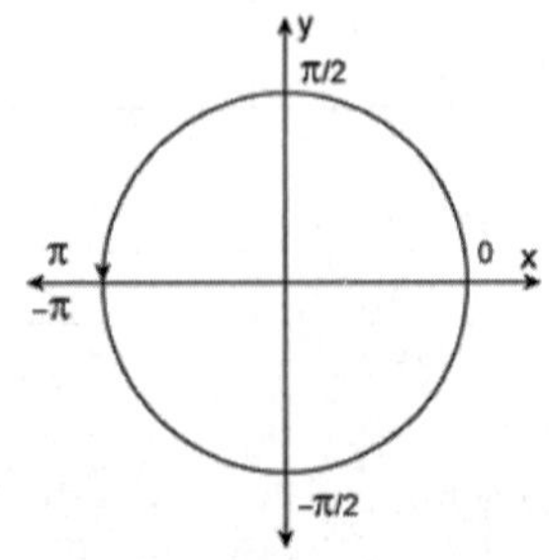


图 2-4　四象限坐标

**表 2-21　四象限函数**

| 名称 | 说明 | 调用格式 |
| --- | --- | --- |
| atan2 | 四象限反正切函数，以弧度为单位 | P = atan2(Y,X) |
| atan2d | 四象限反正切函数，以度为单位 | P = atan2d(Y,X) |

**例 2-18：** 计算四象限反正切。

**解：** MATLAB 程序如下：

```
>> atan2(12,4)
ans =

    1.2490
```

## 2.3.2　整数与小数转换函数

1. 小数转换为整数数值

如果要转换为整数的数值带有小数部分，MATLAB 将舍入到最接近的整数。如果小数部分正好是 0.5，则 MATLAB 会从两个同样临近的整数中选择绝对值更大的整数。

**例 2-19：** 显示带小数整数的转换。

**解：** MATLAB 程序如下：

```
>> int16(123.499)
ans =
  int16
   123
>> int16(123.999)
ans =
  int16
   124
```

如果需要使用非默认舍入对数值进行舍入，可以使用 MATLAB 提供的 round、fix、floor 和 ceil 四种舍入函数。

在 MATLAB 中，round 命令表示将带有小数的整数数值四舍五入为最近的小数或整数，其调用格式见表 2-22。

**表 2-22　round 命令**

| 调用格式 | 说　明 |
| --- | --- |
| Y = round(X) | 返回一个数值，该数值是按照指定的小数位数进行四舍五入运算的结果 |
| Y = round(X,N) | 将 $X$ 四舍五入到 $N$ 数。$N > 0$，舍入到小数点右侧的第 $N$ 位数；$N$=0，四舍五入到最接近的整数；$N < 0$，舍入到小数点左侧的第 $N$ 位数 |
| Y = round(X,N,type) | type 指定舍入的类型 |
| Y = round(t) | 将 duration 数组 $t$ 的每个元素四舍五入到最接近的秒数 |
| Y = round(t,unit) | 将 $t$ 的每个元素四舍五入到指定单位时间的最接近的数 |

**例 2-20：** 带小数整数的四舍五入。

**解：** MATLAB 程序如下：

```
>> round(6.5293,3,'significant') %x 四舍五入为 3 位有效数，从最左位数开始计数
ans =
    6.5300
```

Fix 命令能够覆盖默认的舍入方案，将带有小数的整数数值无论正负朝零舍入（如果存在非零的小数部分）至最近整数，其调用格式见表 2-23。

表 2-23　fix 命令

| 调用格式 | 说　明 |
| --- | --- |
| Y = fix(X) | 返回一个数值，该数值是元素 *X* 最接近于零的整数 |

**例 2-21：** 数值取整。

**解：** MATLAB 程序如下：

```
>> X = fix(3.22)
X =
     3
>> Y = fix(2.88)
Y =

     2
```

在 MATLAB 中，floor 命令可将带有小数的整数数值向负无穷大方向取整，其调用格式见表 2-24。

表 2-24　floor 命令

| 调用格式 | 说　明 |
| --- | --- |
| Y = floor(X) | 将 *X* 向负无穷大方向取整 |
| Y = floor(t) | *t* 为输入的持续时间 |
| Y = floor(t,unit) | 使用指定的时间单位 unit，将 *t* 的每个元素四舍五入到小于或等于该元素的最接近数。Unit 可指定为 'seconds'、'minutes'、'hours'、'days' 或 'years' |

在 MATLAB 中，ceil 命令可表示将带有小数的整数数值向正无穷大方向取整，其调用格式见表 2-25。

表 2-25　ceil 命令

| 调用格式 | 说　明 |
| --- | --- |
| Y = ceil(X) | 将 *X* 向正无穷大方向取整 |
| Y = ceil(t) | 将 duration 数组 *t* 的每个元素四舍五入到大于或等于此元素的最接近的秒数 |
| Y = ceil(t,unit) | 使用指定的时间单位 unit，将 *t* 的每个元素四舍五入到大于或等于此元素的最接近的数。unit 为时间单位，可指定为 'seconds'、'minutes'、'hours'、'days' 或 'years' |

**例 2-22：** 数值取整。

**解：** MATLAB 程序如下：

```
>> X = floor(pi)
X =
     3
>> Y = ceil(pi)
Y =
     4
```

2. 小数转换为分数

有理逼近是通过截断连续分式展开而生成的，通过反复取整数部分，然后取分数部分的倒数得到。逼近 $X$ 形式的连续分数表示为：

$$\frac{N}{D}=D_1+\cfrac{1}{D_2+\cfrac{1}{\ddots+\cfrac{1}{D_k}}}$$

近似的精度随项数的增加呈指数增长。

在 MATLAB 中，rat 命令可通过有理分数逼近将实数 x 转化为分数表示，其调用格式见表 2-26。

**表 2-26　rat 命令**

| 调用格式 | 说　明 |
|---|---|
| R = rat(X) | 在默认的公差范围内，返回 $X$ 的有理分式近似值 |
| R = rat(X,tol) | 在容差 tol 内求 $X$ 的近似值 |
| [N,D] = rat(…) | 返回分子 $N$、分母 $D$ |

**例 2-23：**π 近似值。

**解：**MATLAB 程序如下：

```
>> format rat
>> pi
ans =
      355/113
>> R = rat(pi)
R =
      '3 + 1/(7 + 1/(16))'
>> format
```

## 2.3.3　基本数学函数

MATLAB 常用的基本数学函数见表 2-27。

**表 2-27　基本数学函数**

| 名称 | 说明 | 名称 | 说明 |
|---|---|---|---|
| +_*/ | 加减乘除基本运算 | ^ | 平方运算 |
| abs(x) | 数量的绝对值或向量的长度 | sign(x) | 符号函数 (signum function)。当 $x$<0 时，sign($x$)=−1；当 $x$=0 时，sign($x$)=0；当 $x$>0 时，sign($x$)=1 |
| sqrt(x) | 开平方 | rem | 求两整数相除的余数 |
| mod | 除后的余数（取模运算） | idivide | 带有舍入选项的整除 |
| hypot | 平方和的平方根（斜边） | | |

# 2.4 复数运算

## 2.4.1 复数的基本元素函数

若存在复数 $c_1=a_1+b_1\mathrm{i}$ 和复数 $c_2=a_2+b_2\mathrm{i}$，那么它们的加、减、乘、除运算定义如下：

$$c_1+c_2=(a_1+a_2)+(b_1+b_2)\mathrm{i}$$

$$c_1-c_2=(a_1-a_2)+(b_1-b_2)\mathrm{i}$$

$$c_1\times c_2=(a_1a_2-b_1b_2)+(a_1b_2+b_1a_2)\mathrm{i}$$

$$\frac{c_1}{c_2}=\frac{(a_1a_2+b_1b_2)}{(a_2^2+b_2^2)}+\frac{(b_1a_2-a_1b_2)}{(a_2^2+b_2^2)}\mathrm{i}$$

当两个复数进行二元运算，MATLAB将会用上面的法则进行加法、减法、乘法和除法运算。

**例 2-24：** 复数运算。

**解：** MATLAB 程序如下：

```
>> A=1+2i;
>> B=3+5i;
>> C=A+B
C =
   4.0000 + 7.0000i
>> C=A-B
C =
  -2.0000 - 3.0000i
>> C=A*B
C =
  -7.0000 +11.0000i
>> C=A/B
C =
   0.3824 + 0.0294i
```

## 2.4.2 复数的基本参数

复数除基本表达方式外，在平面内还有另一种表达方式，即用极坐标表示为：

$$c=a+b\mathrm{i}=z\angle\theta$$

式中，$z$ 代表向量的模；$\theta$ 代表辐角。直角坐标中的 $a$、$b$ 和极坐标 $z$、$\theta$ 之间的关系为：

$$a=z\cos\theta$$

$$b=z\sin\theta$$

$$z=\sqrt{a^2+b^2}$$

$$\theta=\arctan\frac{b}{a}$$

表 2-28 中显示复数的基本参数求解函数

表 2-28　复数基本参数求解函数

| 名称 | 调用格式 | 说明 |
|---|---|---|
| abs | Y = abs(X) | 模 |
| real | X = real(z) | 复数 z 的实部 |
| imag | Y = imag(z) | 复数 z 的虚部 |
| angle | theta = angle(z) | 复数的相角 |
| complex | z = complex(a,b)<br>z = complex(x) | 用实部和虚部构造一个复数 |

**例 2-25**：复数求模运算。

**解**：MATLAB 程序如下：

```
>> A=1+2i;
>> B=angle(A)                                  % 得到复数的辐角 θ
B =
    1.1071
>> C=abs(A)                                    % 得到复数的模
C =
    2.2361
```

**例 2-26**：求复数的实数与虚数部分。

**解**：MATLAB 程序如下：

```
>> A=1+2i;
>> B=real(A)                                   % 得到复数的实数部分
B =
     1
>> C=imag(A)                                   % 得到复数的虚数部分
C =
     2
```

**例 2-27**：复数构造运算。

**解**：MATLAB 程序如下：

```
>> complex(1,3)                                % 函数构造复数
ans =
   1.0000 + 3.0000i
>> 1+3i                                        % 直接输入复数
ans =
   1.0000 + 3.0000i
```

## 2.5　字符串

在 MATLAB 中，字符包括数字、字母与符号，多个字符可组成字符串，一个字符串可视为一个行向量，在存储上类似于字符数组。

字符和字符串运算是各种高级语言必不可少的部分。MATLAB 作为一种高级的数字计算语言，字符串运算功能同样是很丰富的，特别是 MATLAB 增加了符号运算工具箱（Symbolic toolbox）之后，字符串函数的功能进一步得到增强。

### 2.5.1 创建字符串

MATLAB 将所有变量视为数组，并将字符串视为字符数组。

1. 字符串的生成

在 MATLAB 中，可应用单引号直接赋值生成 char 类型的字符串（也可称为字符数组），应用双引号直接赋值生成 string 类型的字符串（也可称为字符串数组）。

字符数组是一个字符序列，就像数值数组是一个数字序列一样。它的典型用途是将一小段文本作为一行字符存储在字符向量中。

字符串数组的每个元素存储一个字符序列。序列可以具有不同长度，无需填充。只有一个元素的字符串数组也称为字符串标量。

**例 2-28：** 直接生成字符串。

**解：** MATLAB 程序如下：

```
>> s='MATLAB 2024'     % 使用单引号创建字符串
s =
     'MATLAB 2024'
>> whos     % 显示创建变量的数据信息
Name        Size             Bytes  Class    Attributes
  s          1x11               22   char
>>  s1="MATLAB 2024"      % 使用双引号创建字符串
s1 =
     "MATLAB 2024"
>>  whos
  Name        Size             Bytes  Class      Attributes
  s           1x11               22  char
  s1          1x1               182  string
```

**例 2-29：** 利用单引号生成字符串。

**解：** MATLAB 程序如下：

```
>> s='matrix laboratory'
s =
     'matrix laboratory'
```

**说明：**

```
1）在 MATLAB 中，字符串与字符数组基本上是等价的。可以用函数 size 来查看数组的维数。如：
>> size(s)
ans =
     1    17
2）字符串的每个字符（包括空格）都是字符数组的一个元素，如：
>> s(9)
ans =
      'a'
```

字符串类型判断与转换函数见表 2-29 所示。

**表 2-29　字符串类型判断与转换函数**

| 命令名 | 说　　明 |
|---|---|
| char | 将字符串数组转换为字符数组 |
| string | 将字符数组转换为字符串数组 |
| ischar | 确定项是否为字符数组 |
| isstring | 确定输入是否为字符串数组 |

**例 2-30：** 字符串识别。

**解：** MATLAB 程序如下：

```
s =
    'beautiful girl'
>> s0="beautiful girl"  % 使用双引号创建 string 字符串
s0 =
    "beautiful girl"
>> s1=char(s0)          % 将 string 字符串转换为 char 字符串
s1 =
    'beautiful girl'
>> s2=string(s)         % 将 char 字符串转换为 string 字符串
s2 =
    "beautiful girl"
>> whos
Name        Size                Bytes  Class      Attributes
  s           1x14                 28  char
  s0          1x1                 182  string
  s1          1x14                 28  char
  s2          1x1                 182  string
>> ischar(s1)     % 确定 s1 是否为字符数组
ans =
  logical
   1
>> isstring(s2)    % 确定 s2 是否为字符串数组
ans =
  logical
   1
```

2. 数值数组和字符串之间的转换

数值数组和字符串之间的转换可通过表 2-30 中的命令来实现。这里转换的字符串默认为 char 类型。

**表 2-30　数值数组与字符串之间的转换函数**

| 命令名 | 说明 | 命令名 | 说明 |
|---|---|---|---|
| num2str | 数字转换成字符串 | str2num | 字符串转换为数字 |
| in2str | 整数转换成字符串 | spintf | 将格式数据写成字符串 |
| mat2str | 矩阵转换成字符串 | sscanf | 从字符串读取格式化数据 |

**例 2-31：** 数字数组和字符串转换。

**解：** MATLAB 程序如下：

```
>> x=1:5;
>> y=num2str(x)    % 将数值转换成字符串
y =
    '1  2  3  4  5'
>> whos
  Name      Size             Bytes  Class     Attributes
  x         1x5                 40  double
  y         1x13                26  char
>> x1=x*2
ans =
       2     4     6     8    10
>> y1=y*2
ans =
  1 至 11 列
    98    64    64   100    64    64   102    64    64   104    64
  12 至 13 列
    64   106
```

## 2.5.2 字符串操作函数

MATLAB 提供了许多创建、组合、分析、比较和处理字符串的字符串函数。

在 MATLAB 中，连接字符串的操作可通过表 2-31 中的命令来实现。

**表 2-31　字符串连接命令**

| 命令名 | 说　明 |
| --- | --- |
| strcat | 水平连接字符串 |
| strvcat | 垂直连接字符串 |

**例 2-32：** 链接字符串。

**解：** MATLAB 程序如下：

```
>> y='is';
>> z=strcat(x,y) %将两个字符串水平连接成一个字符串
z =
    'this is'
```

**例 2-33：** 字符串组合。

**解：** MATLAB 程序如下：

```
>> t1 = 'first';    %使用单引号创建字符数组
>> t2 = 'string';
>> t3 = 'matrix';
>> t4 = 'second';
>> S1 = strvcat(t1,t2,t3)    %垂直连接字符串
S1 =
```

```
    3×6 char 数组
      'first'
      'string'
      'matrix'
>> S2 = strvcat(t4,t2,t3)
S2 =
    3×6 char 数组
      'second'
      'string'
      'matrix'
>> S3 = strvcat(S1,S2)
S3 =
    6×6 char 数组
      'first'
      'string'
      'matrix'
      'second'
      'string'
      'matrix'
```

在 MATLAB 中，字符串判断的命令见表 2-32。

**表 2-32　字符串判断命令**

| 命令名 | 说　　明 |
| --- | --- |
| isStringScalar | 判断输入是否为包含一个元素的字符串数组 |
| isspace | 判断数组元素是否为空格字符 |
| isstrprop | 判断字符串是否为指定类别 |
| isletter | 确定哪些字符为字母 |

**例 2-34：** 判断输入数组。

**解：** MATLAB 程序如下：

```
>> r1 = 'Merry Christmas'    % 直接创建字符串（字符数组）
r =
    'Merry Christmas'
>> ischar(r1)   % 判断 r1 是否为字符数组
ans =
  logical
   1
>> isstring(r1)    % 判断 r1 是否为字符串数组
ans =
  logical
   0
>> isStringScalar(r1)    % 判断 r1 是否为包含一个元素的字符串数组
ans =
  logical
   0
```

```
>> isletter(r1)            % 判断 r1 中的每一个元素是否为字母
ans =
  1×15 logical 数组
   1   1   1   1   1   0   1   1   1   1   1   1   1   1   1
```

在 MATLAB 中，查找和替换字符串的操作可通过表 2-33 中的命令来实现。

**表 2-33　查找和替换字符串命令**

| 命令名 | 说　明 |
|---|---|
| sscanf | 从字符串读取格式化数据 |
| strfind | 在另一个字符串中找到一个字符串 |
| strrep | 查找和替换字符串，以其他字符串代替此字符串 |
| strsplit | 在指定分隔符处拆分字符串 |
| strtok | 字符串的选定部分，寻找字符串中记号 |
| validatestring | 检查文本字符串的有效性 |
| symvar | 在表达式中确定符号变量 |
| regexp | 匹配正则表达式（区分大小写） |
| contains | 在其他串中找此串，确定字符串中是否有模式 |
| macthes | 确定模式是否与字符串匹配 |

**例 2-35：** 替代字符串。

**解：** MATLAB 程序如下：

```
>> x='who are you';
>> y='how';
>> z=strrep(x,'who',y)  % 使用一个字符串替换另一个字符串
z =
    'how are you'
```

在 MATLAB 中，字符串比较命令见表 2-34。

**表 2-34　字符串比较命令**

| 命令名 | 说　明 |
|---|---|
| strcmp | 比较字符串（区分大小写） |
| strcmpi | 比较字符串（不区分大小写） |
| strncmp | 比较字符串的前 $n$ 个字符（区分大小写） |
| strncmpi | 比较字符串的前 $n$ 个字符（不区分大小写） |

在 MATLAB 中，改变字符串大小写命令见表 2-35。

**表 2-35　改变字符串大小写命令**

| 命令名 | 说　明 |
|---|---|
| lower | 将字符串转换为小写 |
| upper | 将字符串转换为大写 |

在 MATLAB 中，在字符串中创建或删除空格的操作可通过表 2-36 中的命令来实现。

**表 2-36　改变字符串命令**

| 命令名 | 说　　明 |
|---|---|
| blanks | 创建空白字符的字符串 |
| deblank | 从字符串末尾分隔尾随空格 |
| strtrim | 从字符串中删除前导空格和尾随空格 |
| strjust | 对齐字符数组 |

**例 2-36：** 对齐文本。

**解：** MATLAB 程序如下：

```
>> s1= ["Life         ";
        "is           ";
        "FULL         ";
        "of           ";
        "Unexpected"]
s1 =
  5×1 string 数组
    "Life        "
    "is          "
    "FULL        "
    "of          "
    "Unexpected"
>> s2= strjust(s1)    % 靠右对齐文本
s2 =
  5×1 string 数组

    "      Life"
    "        is"
    "      FULL"
    "        of"
    "Unexpected"
>> s3= strjust(s1,'center')    % 居中对齐文本
s3 =
  5×1 string 数组

    "   Life   "
    "    is    "
    "   FULL   "
    "    of    "
    "Unexpected"
```

## 2.6　字典

在 MATLAB 中，字典是一个非常重要的数据结构，用于存储和管理键值对数据。字典提供了一种高效且灵活的方式来组织和管理数据，尤其是在处理复杂模型和大量数据时，其优势尤为明显。

### 2.6.1 创建字典

字典是一种将每个键与对应的值相关联的数据结构体。键和值可以采用任何数据类型，为数据访问提供优于数组索引的灵活性，并能提高性能。

1. 创建键值对字典

在 MATLAB 中，dictionary 函数使用指定的键和值创建一个字典，其调用格式见表 2-37。

**表 2-37 dictionary 命令**

| 调用格式 | 说 明 |
|---|---|
| d = dictionary(keys,values) | 使用指定的键 keys 和值 values 创建一个字典，生成的字典 d 是一个 1×1 标量对象。keys 和 values 的大小必须相同。keys 键指定为标量或数组。values 值指定为标量、数组或元胞数组 |
| d = dictionary(k1,v1,...,kN,vN) | 使用指定的键值对组创建一个字典。如果指定了同一个键的多个实例，则只对最后一个键值对组赋值 |
| d = dictionary | 创建一个没有键或值的未配置字典 |

**例 2-37：** 直接生成字典示例。

**解：** MATLAB 程序如下：

```
>> key = ["李白" "杜甫" "白居易"];   % 定义键
>> value = [1 2 3];   % 定义值
>> seq_1 = dictionary(key,value)
seq_1 =
  具有 3 个条目的 dictionary (string ⟼ double):

    "李白"   ⟼ 1
    "杜甫"   ⟼ 2
    "白居易" ⟼ 3
>> seq_2 = dictionary(key(1),value(1), key(2),value(2))
seq_2 =
  具有 2 个条目的 dictionary (string ⟼ double):
    "李白" ⟼ 1
    "杜甫" ⟼ 2
```

2. 创建配置字典

在 MATLAB 中，configureDictionary 函数使用指定的键类型和值类型创建一个配置字典，其调用格式见表 2-38。

**表 2-38 configureDictionary 调用格式**

| 调用格式 | 说 明 |
|---|---|
| d = configureDictionary(keyType,valueType) | 通过 keyType 类型键和 valueType 类型值创建一个字典 d。其中，keyType、valueType 的数据类型指定为字符串标量或字符向量 |

**例 2-38：** 直接生成配置字典示例。

**解：** MATLAB 程序如下：

```
>> d = configureDictionary("string","string")   % 创建一个配置为接受字符串键和字符串值的字典。
d =
  不具有条目的 dictionary (string ⟼ string)。
```

### 2.6.2　字典操作函数

MATLAB 中的字典操作函数为数据处理提供了极大的灵活性，适用于各种复杂场景下的数据组织和存取。

1. 查询计算

创建字典后，可以使用语法在特定查询点处计算。其调用格式见表 3-39。

**表 2-39　字典查询计算命令**

| 调用格式 | 说　明 |
|---|---|
| valueOut = d(keys) | 查找对应于 keys 的值 |
| d(keys) = newValues | 将 newValues 的元素赋给由 keys 的对应值指定的条目 |
| d(keys) = [] | 从字典中删除与 keys 关联的条目 |
| valueOut = d{keys} | 查找与 keys 关联的值并返回元胞的内容 |
| d{keys} = newValues | 将包含 newValues 的元素的元胞赋给由对应键值指定的条目 |

**例 2-39：** 设置字典键值示例。

**解：** MATLAB 程序如下：

```
>> wheels = [2024 2024 30.0];    % 创建一个字典来存储不同软件版本号。
>> names = ["MATLAB" "Python" "SPSS"];     % 创建一个软件名称数组。
>> d = dictionary(names,wheels)    % 创建一个字典，使用名称作为键，使用版本号作
                                     为值。
d =
  具有 3 个条目的 dictionary (string ⟼ double):
    "MATLAB" ⟼ 2024
    "Python" ⟼ 2024
    "SPSS"   ⟼ 30
>> d("MATLAB")   % 通过使用键作为索引来访问字典值。
ans =
        2024
>> d("MATLAB") = 2025    %通过将新值赋给现有键来修改条目。
d =
  具有 3 个条目的 dictionary (string ⟼ double):
    "MATLAB" ⟼ 2025
    "Python" ⟼ 2024
    "SPSS"   ⟼ 30
```

2. 更改字典键值

MATLAB 中的字典结构类似于其他编程语言中的映射（Map）或字典（Dictionary），它允许存储键值对数据，其中每个键都是唯一的，更改字典键值可由表 2-40 中的函数实现。

**表 2-40　更改字典键值命令**

| 命令名 | 说　明 |
| --- | --- |
| insert | 向词典中添加条目 |
| lookup | 按关键字在字典中查找值 |
| remove | 删除词典条目 |
| entries | 字典的键值对 |
| keys | 字典关键字 |
| values | 字典值 |
| types | 字典键和值的类型 |
| numEntries | 字典中的键值对数量 |
| isConfigured | 确定字典是否为键和值分配了类型 |
| isKey | 确定字典是否包含关键字 |
| keyHash | 为字典键生成哈希码 |
| keyMatch | 确定两个字典键是否相同 |

**例 2-40：** 字典操作实例。

**解：** MATLAB 程序如下：

```
>> my_dict = dictionary()  % 创建一个空的字典
my_dict =
  具有未设置的键和值类型的 dictionary。
>> my_dict('key1') = 'value1';  % 插入键值对
>> my_dict('key2') = 'value2';
>> my_dict('key3') = 'value3';
>> my_dict     % 插入键值对后的字典
  具有 3 个条目的 dictionary (string ⟼ string):
    "key1" ⟼ "value1"
    "key2" ⟼ "value2"
    "key3" ⟼ "value3"
>> value = my_dict('key2');     % 查找键对应的值
>> disp(value); % 输出: value2
value2
>> new_my_dict = my_dict.remove('key1');  % 删除键值对后的字典
new_my_dict =
  具有 2 个条目的 dictionary (string ⟼ string):
    "key2" ⟼ "value2"
    "key3" ⟼ "value3"
>> my_dict  % 显示原始字典
my_dict =
  具有 3 个条目的 dictionary (string ⟼ string):
    "key1" ⟼ "value1"
    "key2" ⟼ "value2"
    "key3" ⟼ "value3"
```

# 2.7　MATLAB 程序设计

MATLAB 程序设计是以 M 文件为基础，同时，要编写好 M 文件就必须掌握 MATLAB 程序设计。本节将着重讲解 MATLAB 中的程序结构及相应的流程控制。

## 2.7.1　表达式、表达式语句与赋值语句

在 MATLAB 程序中广泛使用表达式与赋值语句。

1. 表达式

在 MATLAB 数值运算中的数值表达式是由常量、数值变量、数值函数或数值矩阵通过运算符连接而成的数学关系式，而在 MATLAB 符号运算中的符号表达式则是由符号常量、符号变量、符号函数用运算符或专用函数连接而成的符号对象。符号表达式有两类：符号函数与符号方程。在 MATLAB 程序中，既经常使用数值表达式，也大量使用符号表达式。

2. 表达式语句

单个表达式就是表达式语句。一行可以只有一个语句，也可以有多个语句，此时语句之间以英文输入状态下的分号或逗号或按 Enter 键换行结束。MATLAB 语言中一个语句可以占多行，由多行构成一个语句时需要使用续行符“…”。以分号结束的语句执行后不显示运行结果，以逗号或按 Enter 键换行结束的语句执行后显示运行结果（即表达式的值）。表达式语句运行后，其表达式的值暂时保留在固定变量 ans 中。变量 ans 只保留最近一次的结果。

3. 赋值语句

将表达式的值赋值给变量便构成赋值表达式。

## 2.7.2　程序结构

对于一般的程序设计语言而言，程序结构大致可分为顺序结构、循环结构与分支结构三种，MATLAB 程序设计语言也不例外。但是，MATLAB 语言要比其他程序设计语言简单易学，因为它的语法不像 C 语言那样复杂，并且具有强大的工具箱，这使得它成为最易掌握的软件之一。

1. 顺序结构

顺序结构是最简单易学的一种程序结构，它由多个 MATLAB 语句顺序构成，各语句之间用分号“；”隔开（若不加分号，则必须分行编写），程序执行时由上至下顺序进行。

**例 2-41**：计算矩阵表达式。

**解**：在 M 文件中输入下面的内容，以 shunxu.m 为文件后缀保存在搜索路径下：

```
A=[1 2;3 4];
B=[5 6;7 8];
A,B
C=A*B;
D=A^3+B^2;
C,D
```

在命令行窗口中输入 M 文件名称 shunxu，按 Enter 键执行，运行结果如下：

```
>> shunxu
A =
     1     2
     3     4
B =
     5     6
     7     8
C =
    19    22
    43    50
D =
   104   132
   172   224
```

**例 2-42**：计算数学表达式。

**解**：在 M 文件中输入下面的内容，以 biaodashi.m 为文件后缀保存在搜索路径下：

```
A=[1 2;3 4];
A
B=sin(A)+exp(2);
B
```

在命令行窗口中输入 M 文件名称 biaodashi，按 Enter 键执行，运行结果如下：

```
>> biaodashi
A =
     1     2
     3     4
B =
    8.2305    8.2984
    7.5302    6.6323
```

2. 循环结构

在利用 MATLAB 进行数值实验或工程计算时，用得最多的便是循环结构。常用的循环结构有两种：for-end 循环与 while-end 循环。在循环结构中，被重复执行的语句组称为循环体。

◆ for-end 循环：在 for-end 循环中，循环次数一般情况下是已知的，除非用其他语句提前终止循环。这种循环以 for 开头，以 end 结束，其一般形式如下：

```
for  变量 = 表达式
     可执行语句 1
        ……
     可执行语句 n
end
```

其中，表达式通常为形如 m:s:n（s 的默认值为 1）的向量，即变量的取值从 m 开始，以间隔值 s 递增一直到 n，变量每取一次值，循环便执行一次。

**例 2-43**：实现对矩阵 A 的转置操作。

**解**：在 M 文件中利用 for 循环输入以下内容，以 fordemo.m 为文件后缀保存在搜索路径下：

```
A=[1 2 3;4 5 6];
k=1;
```

```
for i=A
    B(k,:)=i';
    k=k+1;
end
B
```

在命令行窗口中输入 M 文件名称 fordemo，按 Enter 键执行，运行结果如下：

```
>> fordemo
B =
     1     4
     2     5
     3     6
```

在命令行窗口中显示的结果 B 为矩阵 A 的转置矩阵。

◆ while-end 循环：如果不知道循环体到底要执行多少次，可以选择 while-end 循环。这种循环以 while 开头，以 end 结束，其一般形式如下：

```
while  表达式
      可执行语句 1
        ……
      可执行语句 n
end
```

其中，表达式为循环控制语句，它一般是由逻辑运算或关系运算及一般运算组成的表达式。如果表达式的值非零，则执行一次循环，否则停止循环。这种循环方式在编写某一数值算法时用得非常多。一般来说，能用 for-end 循环实现的程序也能用 while-end 循环来实现。

**例 2-44：** 用 MATLAB 计算向量元素除以 3 的余数。

**解：** 在脚本编辑器中编制如下程序，使用默认名称 zcxh.m 保存在搜索路径下：

```
function y=zcxh
% 本文件演示 'while' 的用法
i=1;
while (i<=10)
y(i)=mod(i,3);
i=i+1;
end
end
```

在命令行窗口中输入 M 文件名称，运行可得：

```
>> zcxh
ans =
     1     2     0     1     2     0     1     2     0     1
```

3. 分支结构

这种程序结构也叫选择结构，即根据表达式值的情况来选择执行哪些语句。在编写较复杂的算法时，一般都会用到此结构。MATLAB 编程语言提供了三种分支结构：if-else-end 结构、switch-case-end 结构和 try-catch-end 结构。其中较常用的是前两种。下面分别介绍这三种结构的用法。

◆ if-else-end 结构：这种结构也是复杂结构中最常用的一种分支结构，它有以下三种形式：

（1）if：表达式。

语句组

end

✍ **说明：**

若表达式的值非零，则执行 if 与 end 之间的语句组，否则直接执行 end 后面的语句。

**例 2-45**：数值余数为 0，输出 0。

**解**：创建函数文件，编制如下程序，保存为 yushu.m：

```
function f=yushu (a,b)
% 本文件演示 'if' 的用法
if rem(a,b)==0
    a=0;
end
a
```

在命令行窗口中运行可得：

```
>> yushu (2,4)
a =
     2
>> yushu3(6,2)
a =
     0
```

（2）if：表达式。

语句组 1

else

语句组 2

end

✍ **说明：**

若表达式的值非零，则执行语句组 1，否则执行语句组 2。

（3）if：表达式 1。

语句组 1

elseif　表达式 2

语句组 2

elseif　表达式 3

语句组 3

……　……

else

语句组 *n*

end

✍ **说明：**

程序执行时先判断表达式 1 的值，若非零则执行语句组 1，然后执行 end 后面的语句，否则判断表达式 2 的值，若非零则执行语句组 2，然后执行 end 后面的语句，否则继续上面的过程。如果所有的表达式都不成立，则执行 else 与 end 之间的语句组 *n*。

**例 2-46：** 分段函数计算。

编写一个求分段函数 $f(x)=\begin{cases}3x+2 & x<-1\\ x & -1\leqslant x\leqslant 1\\ 2x+3 & x>1\end{cases}$ 的程序并用它来求 $f(0)$ 的值。

对于自变量 $x$ 的不同取值范围有着不同的对应法则，这样的函数通常叫作分段函数。虽然分段函数有几个表达式，但它是一个函数，而不是几个函数。

**解：** 1）创建函数文件，编制如下程序，保存为 f.m：

```
function y=f(x)
%此函数用来求分段函数 f(x) 的值
%当 x<1 时，f(x)=3x+2
%当 -1<=x<=1 时，f(x)=x
%当 x>1 时，f(x)=2x+3
   if x<-1
   y=3*x+2
elseif -1<=x<=1
   y=x
else
   y=2*x+3
end
```

2）求 $f(0)$。

```
>> y=f(0)
y =
   0
```

◆ switch-case-end 结构：一般来说，这种分支结构也可以由 if-else-end 结构来实现，但会使程序变得更加复杂且不易维护。switch-case-end 分支结构一目了然，而且更便于后期维护，这种结构的形式为：

```
switch      变量或表达式
case        常量表达式 1
            语句组 1
case        常量表达式 2
            语句组 2
 ……         ……
case        常量表达式 n
            语句组 n
otherwise
            语句组 n+1
end
```

其中，switch 后面的表达式可以是任何类型的变量或表达式，如果变量或表达式的值与其后某个 case 后的常量表达式的值相等，就执行这个 case 和下一个 case 之间的语句组，否则执行 otherwise 后面的语句组 $n$+1，执行完一个语句组程序便退出该分支结构执行 end 后面的语句。

◆ try-catch-end 结构：有些 MATLAB 参考书中没有提到这种结构，因为上述两种分支结构足以处理实际中的各种情况，但是这种结构在程序调试时很有用，因此在这里简单介绍一下这种分支结构。它的一般形式为：

```
try
  语句组 1
catch
  语句组 2
end
```

在程序不出错的情况下，这种结构只有语句组 1 被执行；若程序出现错误，那么错误信息将被捕获，并存放在 lasterr 变量中，然后执行语句组 2。如果在执行语句组 2 的时候程序又出现错误，那么程序将自动终止，除非相应的错误信息被另一个 try-catch-end 结构所捕获。

### 2.7.3　程序流程控制指令

MATLAB 中还有几个程序流程控制指令，也就是不带输入参数的命令。

1. 中断命令 break

break 命令的作用是中断循环语句的执行。中断的循环语句可以是 for 语句，也可以是 while 语句。当满足在循环体内设置的条件时，可以通过使用的 break 命令使之强行退出循环，而不是达到循环终止条件时再退出循环。在很多情况下，这种判断是十分必要的。显然，循环体内设置的条件必须在 break 命令之前。对于嵌套的循环结构，break 命令只能退出包含它的最内层循环。

**例 2-47：** 计算圆的面积。

**解：** 创建函数文件，编制如下程序，保存为 circle.m：

```
function f=circle
% 本文件演示 'break' 的用法
% 圆的面积大于 100 时退出循环并输出面积
for r=1:10
    area=pi*r*r;
    if area>100
        break;
    end
end
area
end
```

在命令行窗口中运行可得：

```
>> circle
area =
  113.0973
```

计算 r=1 到 r=10 时圆的面积，直到面积 area 大于 100 为止。从上面的 for 循环可以看到：当 area>100 时，执行 break 语句，提前结束循环，即不再继续执行其余的几次循环。

2. return 命令

return 命令的作用是中断函数的运行，返回到上级调用函数。return 命令既可以用在循环体内，也可以用在非循环体内。

3. 等待用户反应命令 pause

pause 命令是暂停指令。运行程序时，执行 pause 命令后程序将暂停，等待用户按任意键再继续执行。pause 命令在程序的调试过程中或者用户需要查看中间结果时是十分有用的。其调用格式见表 2-41。

**表 2-41　pause 命令**

| 调用格式 | 说　明 |
| --- | --- |
| pause | 暂停执行 M 文件，当用户按下任意键后继续执行 |
| pause(n) | 暂停执行 M 文件，*n* 秒后继续 |
| pause(state) | 启用、禁用或显示当前暂停设置<br>pause('on') 允许其后的暂停命令起作用<br>pause('off') 不允许其后的暂停命令起作用<br>pause('query') 显示当前暂停设置 |
| oldState = pause(state) | 回当前暂停设置并如 state 所示设置暂停状态 |

## 2.7.4　人机交互语句

用户可以通过交互式指令协调 MATLAB 程序的执行，通过使用不同的交互式指令，可以不同程度地响应程序运行过程中出现的各种提示。

1. echo 命令

一般情况下，M 文件执行时，文件中的命令不会显示在命令行窗口中。echo 命令可以是文件命令在执行时可见。这对程序的调试和演示很有用。对命令式文件和函数式文件，echo 命令的调用格式见表 2-42。

**表 2-42　echo 命令**

| 调用格式 | 说　明 |
| --- | --- |
| echo on | 显示 M 文件执行过程 |
| echo off | 不显示 M 文件执行过程 |
| echo | 在上面两个命令之间切换 |
| echo FileName on | 显示名为 FileName 的函数文件的执行过程 |
| echo FileName off | 关闭名为 FileName 的函数文件的执行过程 |
| echo FileName | 在上面两个命令间切换 |
| echo on all | 显示所有函数文件的执行过程 |
| echo off all | 关闭所有函数文件的执行过程 |

对函数式文件，当执行 echo 命令时，运行某函数文件，则此文件将不被编译执行，而是被解释执行。这样，文件在执行过程中，每一行都可被看到，但是由于这种解释执行速度慢，效率低，因此一般情况下只用于调试。

2. input 命令

input 命令可用来提示用户从键盘输入数据、字符串或者表达式，并接收输入值。其调用格式见表 2-43。

表 2-43　input 命令

| 调用格式 | 说　明 |
|---|---|
| s=input(message) | 在屏幕上显示提示信息 message，待用户输入信息后，将相应的值赋给变量 *s*，若无输入则返回空矩阵 |
| s=input(message, ‘s’) | 在屏幕上显示提示信息 message，并将用户输入的信息以字符串的形式赋给变量 *s*，若无输入则返回空矩阵 |

**例 2-48：**input 演示。

**解：**在命令行中输入程序：

```
>> v=input('How much does this pencil cost?')
How much does this pencil cost?5
v =
     5
>> v=input('How much does this pencil cost?','s')
How much does this pencil cost?50fen
v =
    '50fen'
```

3. keyboard 命令

keyboard 是调用键盘命令。当 keyboard 命令出现在一个 M 文件中时，执行该命令则程序暂停，控制权落到键盘上。此时用户通过操作键盘可以输入各种合法的 MATLAB 指令。当用户键入 return 并按 Enter 键后，控制权交还给 M 文件。在 M 文件中使用该命令，可使程序的调试及在程序运行中修改变量都很方便。

4. listdlg 命令

此命令的功能为创建一个列表选择对话框供用户选择输入。其调用格式见表 2-44。

表 2-44　listdlg 命令

| 函数格式 | 说明 |
|---|---|
| [indx,tf] = listdlg(‘ListString’,list) | 创建一个模态对话框，从指定的列表中选择一个或多个项目。list 值是要显示在对话框中的项目列表<br>返回两个输出参数 indx 和 tf，其中包含有关用户选择了哪些项目的信息。对话框中有“全选”“取消”和“确定”按钮。可以使用名称 – 值对组 ‘SelectionMode’，‘single’ 将选择限制为单个项目 |
| [indx,tf] = listdlg(‘ListString’,list,Name,Value) | 使用一个或多个名称 – 值对组参数指定其他选项 |

**例 2-49：**列表选择对话框演示。

**解：**MATLAB 程序如下：

```
>> [indx,tf] = listdlg('PromptString', {'Avaliable Signal'}, 'ListString',
{'R1','V1','C1','COS','SIN'}); % 创建一个列表选择对话框，用户从给定的选项中选择一个信号。设置对话框的提示文本为"Avaliable Signal"。选项列表为{'R1','V1','C1','COS','SIN'}
```

运行结果如图 2-5 所示。

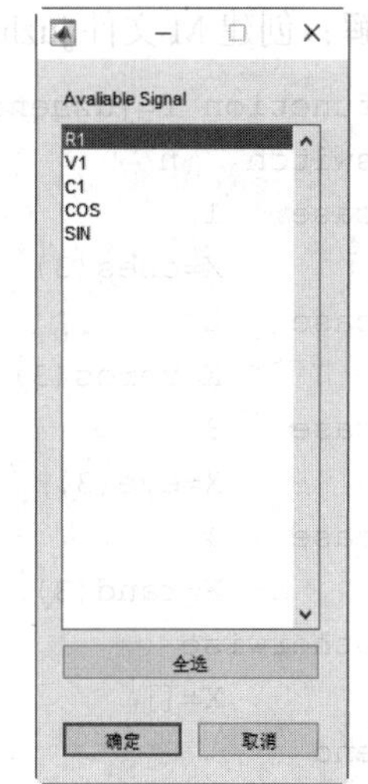


图 2-5　列表选择对话框演示

## 2.7.5　MATLAB 程序的调试命令

MATLAB 程序设计完成后，程序并不是也不可能是完美无缺、没有任何问题的。甚至有些设计的 MATLAB 程序根本不能运行。此时，一方面可以按程序的功能逐一检查其正确性，另一方面，可以用 MATLAB 程序的调试命令对程序进行调试。MATLAB 有多个调试函数命令。

必须注意的是，调试命令不能用于非函数文件。在调试模式下程序中断后命令行窗口的提示符为 k。

1. dbstop 命令

该命令的功能是设置断点，临时中断一个函数文件的执行，给用户提供一个考察函数局部变量的机会。其调用格式见表 2-45。

**表 2-45　dbstop 命令**

| 调用格式 | 说　明 |
|---|---|
| dbstop in file | 在文件内设置一个断点 |
| dbstop in file at location | 在指定位置设置断点 |
| dbstop in file if expression | 在文件的第一个可执行行设置条件断点 |
| dbstop in file at location if expression | 在指定位置设置条件断点 |
| dbstop if condition | 在满足指定的行处暂停执行 |
| dbstop(b) | 还原以前保存到的断点 b |

**例 2-50**：输出矩阵并计算矩阵的长。

**解**：创建 M 文件 juzhencanshu.m，编制如下程序：

```
function f=juzhencanshu(n)
switch   n
case   1
        X=ones(3)
case   2
        X=zeros(3)
case   3
        X=eye(3)
case   4
        X=rand(3)
otherwise
        X=[]
end
S=size(X)
```

**例 2-51**：输出矩阵并计算矩阵的长。

**解**：创建 M 文件 juzhencanshu.m，编制如下程序：

```
function f=juzhencanshu(n)
switch   n
case   1
       X=ones(3)
case   2
       X=zeros(3)
case   3
       X=eye(3)
case   4
       X=rand(3)
otherwise
       X=[]
end
S=size(X)
```

在命令行窗口中运行可得：

```
>> juzhencanshu(5)
X =
     []
S =
     0      0
>> juzhencanshu(3)
X =
     1     0     0
     0     1     0
     0     0     1
S =
     3     3

>> dbstop at 6 in juzhencanshu   % 在第 6 行设置一个断点，如图 2-6 所示
```

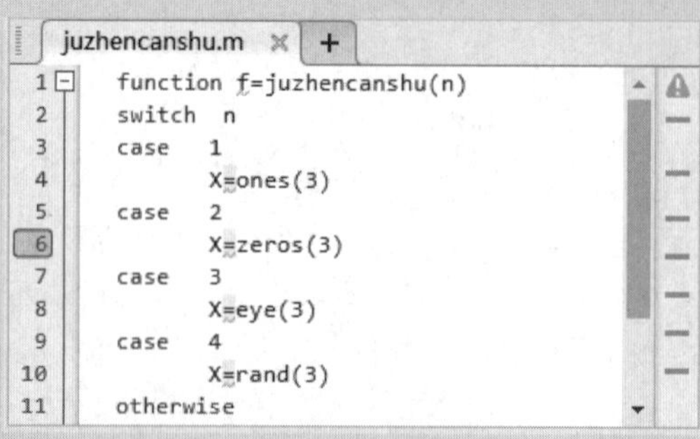

图 2-6　设置断点

```
>> juzhencanshu(2)
6                                    X=zeros(3)  % 暂停并进入调试模式，如图 2-7 所示，
命令行窗口显示对应的行
```

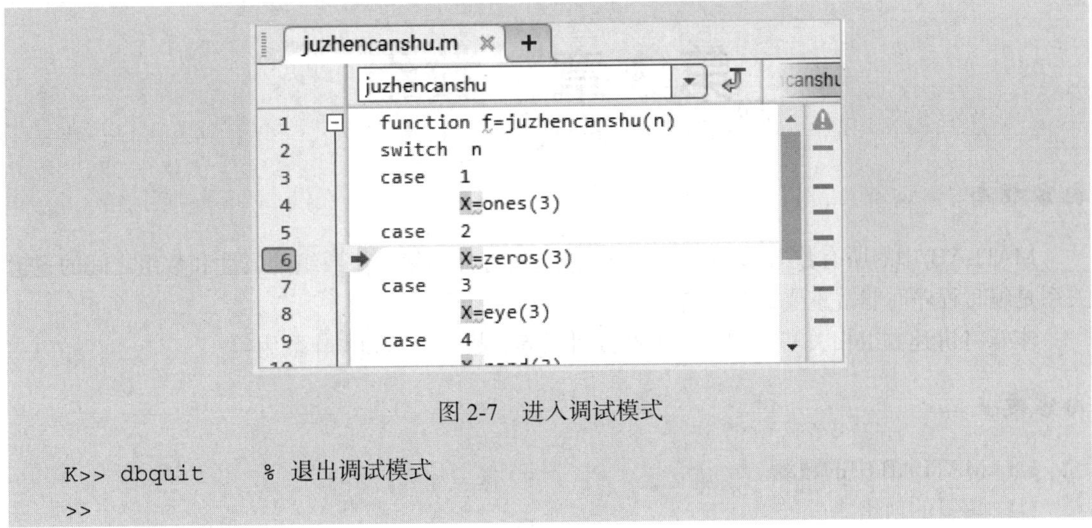


图 2-7　进入调试模式

```
K>> dbquit      % 退出调试模式
>>
```

2. dbclear 命令

该命令的功能是删除断点。其调用格式见表 2-46。

**表 2-46　dbclear 命令**

| 调用格式 | 说　　明 |
|---|---|
| dbclear all | 移除 MATLAB 中的所有断点 |
| dbclear in file | 移除指定文件中的所有断点 |
| dbclear in file at location | 移除指定文件中指定位置设置的断点 |
| dbclear if condition | 删除使用指定的 condition 设置的所有断点 |

3. dbcont 命令

该命令的功能是用来恢复因执行 dbstop 指令而导致中断（中断后的提示符为 k）的程序。

用 dbcont 命令可恢复程序执行，直到遇到设置的断点或者出现错误，或者返回基本工作空间。

4. dbstep 命令

该命令用于执行一行或多行代码。在调试模式下，dbstep 允许用户实现逐行跟踪。

5. dbstack 命令

该指令用来列出调用关系。

6. dbstatus 命令

该指令用来列出全部断点。

7. dbtype 命令

该命令用来显示带行号的文件内容，以协助用户设置断点。

8. dbquit 命令

该命令用来退出调试模式。在调试模式下，dbquit 命令可立即强制中止调试模式，将控制转向基本工作空间。此时，函数文件的执行没有完成，也没有产生返回值。

# 第 3 章　数组

**内容指南**

MATLAB 中的所有数据都按照数组的形式进行存储和运算。数组的属性和数组之间的逻辑关系是编写程序时非常重要的两个方面。

本章将讲述数组相关基本知识，包括数组创建、数组运算和操作数组等。

**内容要点**

- MATLAB 中的数组
- 数组的创建
- 特殊数值数组
- 特殊数组
- 数组元素运算
- 操作数组

## 3.1　MATLAB 中的数组

在 MATLAB 中，数组的定义是广义的，数组的元素可以是任意的数据类型，如可以是数值、字符串等。

MATLAB 中的运算和操作是以数组为对象的，数组又包括数值数组、字符数组、元胞数组等。

## 3.2　数组的创建

数值数组可以是 *n* 元数值向量（行向量与列向量）、数值矩阵，也可是由数值矩阵构成的元胞数组。本节将介绍元素为数值的数值数组，一般称为数组。根据数组中元素的维度可以将数组分为一维数组、二维数组、多维数组。

### 3.2.1　一维数组

一维数组相当于向量，最直接的创建方法就是在命令行窗口中直接输入。

**知识拓展：**

介绍几个标点符号的作用：

逗号：用来将数组中的元素分开。可用空格代替。

分号：用来将矩阵中的行分开。可用 Enter 键代替。

冒号：相当于文字中的省略号。

中括号：界定数组的首与尾。

向量的生成有直接输入法、冒号法和利用 MATLAB 函数创建三种方法。

（1）直接输入法：生成向量最直接的方法就是在命令行窗口中直接输入。格式要求如下：

◆ 向量元素要用“[ ]”括起来。

◆ 元素之间可以用以空格、逗号或分号分隔。

✍ 说明：

用空格和逗号分隔生成行向量，用分号分隔生成列向量。

**例 3-1**：用直接输入法生成向量。

**解**：MATLAB 程序如下：

```
>> x=[1 2 3 4]     % 创建包含 4 个元素的一维数组
x =
      1     2     3     4
>> x=[1;2;3]        % 创建包含 3 个元素的一维数组
x =
      1
      2
      3
```

（2）冒号法：基本格式是 x=first : increment : last，表示创建一个从 first 开始，到 last 结束，数据元素的增量为 increment 的向量。若增量为 1，上面创建向量的方式可简写为 x=first : last。

**例 3-2**：创建一个从 0 开始，增量为 2，到 10 结束的向量 $x$。

**解**：MATLAB 程序如下：

```
>> x=0:2:10
x =
0     2     4     6     8     10
```

（3）函数法：

1）利用 linspace 函数创建向量。linspace 通过直接定义数据元素个数，而不是数据元素之间的增量来创建向量。此函数的调用格式如下：

```
linspace(first_value,last_value,number)
```

该调用格式表示创建一个从 first_value 开始，到 last_value 结束，包含 number 个元素的向量。

**例 3-3**：创建一个从 0 开始，到 10 结束，包含 6 个数据元素的向量 $x$。

**解**：MATLAB 程序如下：

```
>> x=linspace(0,10,6)
x =
    0     2     4     6     8     10
```

2）利用函数 logspace 创建一个对数分隔的向量。与 linspace 一样，logspace 也通过直接定义向量元素个数，而不是数据元素之间的增量来创建数组。logspace 的调用格式如下：

```
logspace(first_value,last_value,number)
```

表示创建一个从 $10^{\text{first\_value}}$ 开始，到 $10^{\text{last\_value}}$ 结束，包含 number 个数据元素的向量。

**例 3-4**：创建一个从 10 开始，到 $10^3$ 结束，包含 3 个数据元素的向量 $x$。

**解**：MATLAB 程序如下：

```
>> x=logspace(1,3,3)
x =
     10         100        1000
```

### 3.2.2 二维数组

二维数组在概念上是二维的，也就是说其下标在两个方向上变化，下标变量在数组中的位置也处于一个平面之中。二维数组相当于矩阵，所以矩阵是数组的子集。

矩阵是线性代数中定义的一个数学概念，数组是计算机邻域上的概念，从外观和数据结构上看，二维数组和数学中的矩阵没有区别。

矩阵是特殊的数组，在许多工程领域都会遇到矩阵分析和线性方程组的求解等问题。

如果要输入的是一个二维数组，可以利用一个循环，但是在输入前需要确定数组的大小。

**例 3-5**：利用循环语句创建一个矩阵。

**解**：MATLAB 程序如下：

```
>> x=[];
>> for i=1:10
x(i)=i;
   end
>> x
x =
     1     2     3     4     5     6     7     8     9    10
```

### 3.2.3 多维数组

在 MATLAB 中，一个阵列如果具有两个以上的维度则称为多维数组。MATLAB 中的多维数组是正常的二维矩阵的延伸。利用 3.3 节中介绍的 ones()、zeros() 或 rand() 函数可直接创建多维数组。

一般情况下，在 MATLAB 中需要先创建一个二维数组，然后对该二维数组进行扩展，这样才能生成一个多维数组。

**例 3-6**：生成多维数组。

**解**：在 MATLAB 命令行窗口中输入以下命令：

```
 >> a = [7 9 5; 6 1 9; 4 3 2] % 创建一个二维数组 -3X3 矩阵 a
a =
     7     9     5
     6     1     9
     4     3     2
>> a(:,:,2)= [ 1 2 3; 4 5 6; 7 8 9]  % 通过直接赋值，添加数组的第三维
a(:,:,1) =

     7     9     5
     6     1     9
```

```
      4      3      2
a(:,:,2) =
      1      2      3
      4      5      6
      7      8      9
>> a(:,:,:,2)= a  % 添加数组的第四维
a(:,:,1,1) =
      7      9      5
      6      1      9
      4      3      2
a(:,:,2,1) =
      1      2      3
      4      5      6
      7      8      9
a(:,:,1,2) =
      7      9      5
      6      1      9
      4      3      2
a(:,:,2,2) =
      1      2      3
      4      5      6
      7      8      9
```

# 3.3　特殊数值数组

在工程计算以及理论分析中经常会遇到一些特殊的数组，如全 0 数组、单位数组、随机数组等。对于这些数组，在 MATLAB 中都有相应的命令可以直接生成。

## 3.3.1　无穷数组和非数值量数组

在 MATLAB 中，Inf（infinite 的前三个字母）表示无穷大的意思。当算出的结果大于某个数(这个数很大，如 10 的很多次方)，则 MATLAB 认为就是无穷大了，并返回 Inf。

Inf 命令可创建数组元素全是 Inf 的数组，其调用格式见表 3-1。

**表 3-1　Inf 命令**

| 调用格式 | 说　明 |
| --- | --- |
| X = Inf | 返回正无穷大的标量 |
| X = Inf(n) | 返回 $n\times n$ 矩阵，矩阵元素全是 Inf |
| X = Inf(sz1,⋯,szN) | 返回 sz1 × ⋯ × sz*N* 矩阵，矩阵元素全是 Inf |
| X = Inf(sz) | 返回 Inf 值，其中大小向量 sz 定义为 size(*X*) |
| X = Inf(⋯,typename) | 返回 Inf 数据类型值为 typename，可以是 ‘single’ 或 ‘double’ |
| X = Inf(⋯,‘like’,p) | 返回 Inf 数据类型、稀疏性和复杂性(真实或复杂)的值 *p* |

**例 3-7：** 创建 Inf 矩阵。

**解：** MATLAB 程序如下：

```
>> X = Inf(3)                          % 返回 3×3 矩阵，矩阵元素全是 Inf
X =
    Inf    Inf    Inf
    Inf    Inf    Inf
    Inf    Inf    Inf
```

NaN 用于处理计算中出现的错误情况，比如 0.0 除以 0.0 或者求负数的平方根。在 MATLAB 中，NaN 是一个预定义的常量，表示“不明确的数值结果”。

NaN 命令可创建数组元素全是 NaN 的数组，其调用格式见表 3-2。

**表 3-2　NaN 命令**

| 调用格式 | 说　明 |
| --- | --- |
| X = NaN | 返回“非数值”的标量 |
| X = NaN(n) | 返回 $n \times n$ 矩阵，矩阵元素全是 Na$N$ |
| X = NaN(sz1,⋯,szN) | 返回 sz1 × sz$N$ 矩阵，矩阵元素全是 Na$N$ |
| X = NaN(sz) | 返回 Na$N$ 值，其中大小向量 $sz$ 定义为 size($X$) |
| X = NaN(⋯,typename) | 返回 Na$N$ 数据类型值为 typename，可以是 ‘single’ 或 ‘double’ |
| X = NaN(⋯,‘like’,p) | 返回 Na$N$ 数据类型、稀疏性和复杂性（真实或复杂）的值 $p$ |

**例 3-8：** 创建 NaN 矩阵。

**解：** MATLAB 程序如下：

```
>> X = NaN([3 5])                      % 返回 3×5 矩阵，矩阵元素全是 NaN
X =
    NaN    NaN    NaN    NaN    NaN
    NaN    NaN    NaN    NaN    NaN
    NaN    NaN    NaN    NaN    NaN
```

### 3.3.2　全 0 数组

在 MATLAB 中，全 0 数组使用 zeros 命令表示。其调用格式见表 3-3。

**表 3-3　zeros 命令**

| 调用格式 | 说　明 |
| --- | --- |
| X = zeros | 返回标量 0 |
| X = zeros(m) | 生成 $m$ 阶全 0 数组 |
| X = zeros(m,n) | 生成 $m$ 行 $n$ 列全 0 数组 |
| X = zeros(sz) | 创建由向量 $sz$ 指定大小的全 0 数组 |
| X = zeros(⋯,typename) | 返回一个由零组成并且数据类型为 typename 的数组。要创建的数据类型（类）指定为 ‘double’、‘single’、‘logical’、‘int8’、‘uint8’、‘int16’、‘uint16’、‘int32’、‘uint32’、‘int64’、‘uint64’ 或提供 zeros 支持的其他类的名称 |
| X = zeros(⋯,‘like’,p) | 返回一个与 $p$ 类似的由零值组成的数组，它具有与 $p$ 相同的数据类型（类）、稀疏度和复 / 实性。要创建的数组的原型指定为数组 |

在 MATLAB 中，全 1 数组使用 ones 命令表示。其调用格式见表 3-4。

**表 3-4　ones 命令**

| 调用格式 | 说　　明 |
|---|---|
| X = ones | 返回标量 1 |
| ones(m) | 生成 *m* 阶全 1 数组 |
| ones(m,n) | 生成 *m* 行 *n* 列全 1 数组 |
| ones(sz) | 创建由向量 *sz* 指定大小的全 1 数组 |
| X = ones(⋯,typename) | 返回数据类型为 typename 指定类型的 $n \times n$ 全 1 数组 |
| X = ones(⋯,'like',p) | 返回一个形如 *p* 的 $n \times n$ 的全 1 数组 |

**例 3-9：** 生成全 1 数组。

**解：** 在 MATLAB 命令行窗口中输入以下命令：

```
>> X = ones(2,3,4)   % 创建一个由 1 组成的 2×3×4 数组
X(:,:,1) =
      1     1     1
      1     1     1
X(:,:,2) =
      1     1     1
      1     1     1
X(:,:,3) =
      1     1     1
      1     1     1
X(:,:,4) =
      1     1     1
      1     1     1
>> X = ones(1,3,'uint16')     % 创建一个由 1 组成的 1×3 向量，其元素为 16 位无
符号整数
X =
   1×3 uint16 行向量
   1    1    1
```

## 3.3.3　测试数组

在 MATLAB 中可利用 gallery 命令生成测试数组，这在数值分析和算法测试中非常有用，因为它们具有特定的性质，可以用来检验算法的正确性和效率。其调用格式见表 3-5。

**表 3-5　gallery 命令**

| 调用格式 | 说　　明 |
|---|---|
| [A,B,C,...] =gallery(matname,P1,P2,...Pn) | 生成由矩阵系列名称 matrixname 指定的一系列测试矩阵，*P*1，*P*2，⋯，*Pn* 是单个矩阵系列要求的输入参数。输入参数 *P*1，*P*2，⋯，*Pn* 的数目因数组类型而异 |
| [A,B,C,...] =gallery(matname,P1,P2,... Pn,classname) | 在上一语法的基础上，还指定生成的测试矩阵的数据类型，classname 必须为 'single' 或 'double'，除非 matrixname 是 'integerdata'。matrixname 是 'integerdata' 时，classname 可以是 'double'、'single'、'int8'、'int16'、'int32'、'uint8'、'uint16' 或 'uint32' |
| A = gallery(3) | 生成一个对扰动敏感的病态 $3 \times 3$ 矩阵 |
| A = gallery(5) | 生成一个对舍入误差很敏感的 $5 \times 5$ 矩阵 |

***提示：***

*在数学中，一个矩阵被称为病态的，如果它的条件数非常大。条件数是一个衡量矩阵的稳定性或敏感性的指标。条件数越大，矩阵越病态，意味着微小的输入变化会导致输出的巨大变化。对于线性方程组，病态矩阵可能导致数值不稳定和计算误差的增加。因此，病态矩阵通常需要特别小心处理，以避免数值误差和计算不稳定性。*

**例 3-10**：生成柯西矩阵。

柯西矩阵是一种以 19 世纪法国数学家奥古斯丁·路易·柯西的名字命名的方阵。这种矩阵的元素通过一个特定的公式$C_{ij}=\dfrac{1}{x_i-y_j}$给出，其中 $x_i$ 和 $y_j$ 是两组实数或复数，且满足对所有 $i\neq j$，$x_i\neq y_j$。

**解**：在 MATLAB 命令行窗口中输入以下命令：

```
>> x=1:10;
>> y=1:10;
>> C=gallery('cauchy',x,y)
C =
  1 至 7 列
    0.5000    0.3333    0.2500    0.2000    0.1667    0.1429    0.1250
    0.3333    0.2500    0.2000    0.1667    0.1429    0.1250    0.1111
    0.2500    0.2000    0.1667    0.1429    0.1250    0.1111    0.1000
    0.2000    0.1667    0.1429    0.1250    0.1111    0.1000    0.0909
    0.1667    0.1429    0.1250    0.1111    0.1000    0.0909    0.0833
    0.1429    0.1250    0.1111    0.1000    0.0909    0.0833    0.0769
    0.1250    0.1111    0.1000    0.0909    0.0833    0.0769    0.0714
    0.1111    0.1000    0.0909    0.0833    0.0769    0.0714    0.0667
    0.1000    0.0909    0.0833    0.0769    0.0714    0.0667    0.0625
    0.0909    0.0833    0.0769    0.0714    0.0667    0.0625    0.0588
  8 至 10 列
    0.1111    0.1000    0.0909
    0.1000    0.0909    0.0833
    0.0909    0.0833    0.0769
    0.0833    0.0769    0.0714
    0.0769    0.0714    0.0667
    0.0714    0.0667    0.0625
    0.0667    0.0625    0.0588
    0.0625    0.0588    0.0556
    0.0588    0.0556    0.0526
    0.0556    0.0526    0.0500
```

**例 3-11**：生成对称数组。

对称数组通常指的是数组在某种意义上的对称性，例如，在一个方阵中，如果其转置等于自身，则该矩阵为对称矩阵。在线性代数中，对称矩阵具有许多重要性质，包括特征值为实数以及可以通过谱定理分解等。对称矩阵经常出现在物理和工程问题中，因为它们描述了具有互易性的系统特性。

**解**：在 MATLAB 命令行窗口中输入以下命令：

```
>> c=linspace(0,10,6);
>> A=gallery('fiedler',c)
A =
     0     2     4     6     8    10
     2     0     2     4     6     8
     4     2     0     2     4     6
     6     4     2     0     2     4
     8     6     4     2     0     2
    10     8     6     4     2     0
```

**例 3-12**：生成豪斯霍尔德数组。

豪斯霍尔德数组是一种在数值线性代数中非常重要的数据结构，主要应用包括将一个给定的向量的某些元素置零、QR 分解以及求解线性方程组和特征值问题等。豪斯霍尔德变换可以通过并行算法高效实现，进一步优化其在计算机硬件上的运行性能。

**解**：在 MATLAB 命令行窗口中输入以下命令：

```
>> x=linspace(0,10,5);
>> [v,beta,s]=gallery('house',x',0)
v =
   13.6931
    2.5000
    5.0000
    7.5000
   10.0000
beta =
    0.0053
s =
  -13.6931
```

### 3.3.4 随机数组

随机数组，顾名思义，随机生成数组，没有规律，因此每一次生成的随机数组不同。生成随机数组常用的命令有 rand、randi 和 randn。

其中，rand 用于生成均匀分布的随机数；randi 用于生成均匀分布的伪随机整数；randn 用于生成正态分布的随机数。

rand 命令的调用格式见表 3-6。

**表 3-6 ran 命令**

| 调用格式 | 说明 |
| --- | --- |
| X = rand | 生成一个在 [0,1] 区间内均匀分布的随机数 |
| rand(m) | 在 [0,1] 区间内生成 *m* 阶均匀分布的随机数组 |
| rand(sz1,...,szN) | 生成 *sz*1 × ⋯ × *szN* 均匀分布的随机数组 |
| rand(sz) | 在 [0,1] 区间内创建一个由向量 *sz* 指定大小的均匀分布的随机数组 |
| X = rand(⋯,typename) | 返回由 typename 指定的数据类型的随机数组成的数组。typename 可以取值 ‘single’ 或 ‘double’ |

（续）

| 调用格式 | 说　明 |
|---|---|
| X = rand(⋯,'like',p) | 返回由 $p$ 与同一对象类型的随机数组成的数组。在该语法格式中，可以指定 typename 或 'like'，但不能同时指定两者 |
| X = rand(s,⋯) | 从随机数流 $s$（而不是默认全局流）生成随机数组，此语法不支持 'like' 参数 |

randi 和 randn 的调用格式与 rand 类似，在此不再赘述。

在早期版本的 MATLAB 中，通过 'seed'、' state' 或 'twister' 输入来控制 rand 和 randn 函数所用的随机数生成器。

由于 'seed'、'state' 的说法具有误导性，且除 'twister' 之外的所有生成器都有缺陷，因此在新版本的 MATLAB 中使用 rng 命令控制 rand、randn、randi 以及所有其他随机数生成器（如 randperm、sprand 等）使用的共享生成器。

rng 命令调用格式见表 3-7。

**表 3-7　rng 命令**

| 调用格式 | 说　明 |
|---|---|
| rng(seed) | 使用 seed 指定随机数生成器的种子，初始化生成器。输入参数 seed 的取值可为以下项之一：<br>0：用种子 0 初始化生成器<br>正整数：用指定的正整数种子初始化生成器<br>'default'：用种子 0 初始化梅森旋转生成器。这是每个 MATLAB 会话开始时的默认设置<br>'shuffle'：根据当前时间初始化生成器，在每次调用 rng 后会产生一个不同的随机数序列<br>结构体：基于结构体中包含的设置初始化生成器，结构体包含字段 Type、Seed 和 State |
| rng(seed, generator) | 在上一语法的基础上，指定要使用的随机数生成器的类型。generator 输入可为以下项之一：<br>'twister'：梅森旋转<br>'simdTwister'：面向 SIMD 的快速梅森旋转算法<br>'combRecursive'：组合多递归<br>'philox': 执行 10 轮的 Philox 4 × 32 生成器<br>'threefry': 执行 20 轮的 Threefry 4 × 64 生成器<br>'multFibonacci'：乘法滞后 Fibonacci |
| s = rng | 以 s 结构体的形式返回当前随机数生成器的设置 |

**例 3-13：** 检索和还原生成器设置。

**解：** 在 MATLAB 命令行窗口中输入以下命令：

```
>> x = rand(1,5) % 调用 rand 第一次生成随机值向量
x =
    0.8147    0.9058    0.1270    0.9134    0.6324
>> x = rand(1,5) % 调用 rand 第二次生成随机值向量
x =
0.0975    0.2785    0.5469    0.9575    0.9649
>> s = rng; % 将当前生成器设置保存在 s 中
>> x = rand(1,5) % 调用 rand 以生成随机值向量
x =
```

```
    0.1576    0.9706    0.9572    0.4854    0.8003
>> rng(s); % 通过调用 rng 还原原始生成器设置
>> y = rand(1,5) % 生成一组新的随机值，并验证 x 和 y 是否相等
y =
    0.1576    0.9706    0.9572    0.4854    0.8003
```

### 3.3.5　单位数组

单位数组也称为标准矩阵，是一种方阵，其主对角线上的元素均为 1，其余元素均为 0。在 MATLAB 中，单位数组使用 eye 命令表示。其调用格式见表 3-8。

**表 3-8　eye 命令**

| 调用格式 | 说　明 |
| --- | --- |
| I = eye | 返回标量 1 |
| eye(n) | 生成 *n* 阶单位数组 |
| eye(m,n) | 生成 *m* 行 *n* 列单位数组 |
| eye(sz) | 创建向量 *sz* 指定大小的单位数组 |
| I = eye(···,classname) | 在上述语法的基础上，指定数组元素的数据类型 |
| I = eye(···,'like',p) | 返回一个与 *p* 类似的单位数组，即 *I* 具有与 *p* 相同的数据类型、稀疏性和复/实性（复数或实数） |

其余常用的特殊数组生成命令的调用格式见表 3-9。

**表 3-9　特殊数组生成命令**

| 调用格式 | 说　明 |
| --- | --- |
| magic(n) | 生成 *n* 阶魔方数组 |
| invhilb(n) | 生成 *n* 阶逆希尔伯特 (Hilber) 数组 |
| compan(P) | 创建系数向量是 *P* 的多项式的伴随数组 |
| diag(v) | 创建以向量 *v* 中的元素为对角元素的对角阵 |
| hilb(n) | 创建 $n \times n$ 的希尔伯特数组 |

**例 3-14：** 生成特殊数组。

**解：** 在 MATLAB 命令行窗口中输入以下命令：

```
 >> zeros(3)
ans =
      0     0     0
      0     0     0
      0     0     0
>> zeros(3,2)
ans =
      0     0
      0     0
      0     0
```

```
>> ones(3,2)
ans =
     1     1
     1     1
     1     1
>> ones(3)
ans =
     1     1     1
     1     1     1
     1     1     1
>> rand(3)
ans =
     0.8147    0.9134    0.2785
     0.9058    0.6324    0.5469
     0.1270    0.0975    0.9575
>> rand(3,2)
ans =
     0.9649    0.9572
     0.1576    0.4854
     0.9706    0.8003
>> magic(3)
ans =
     8     1     6
     3     5     7
     4     9     2
>> hilb(3)
ans =
    1.0000    0.5000    0.3333
    0.5000    0.3333    0.2500
    0.3333    0.2500    0.2000
>> invhilb(3)
ans =
      9   -36    30
    -36   192  -180
     30  -180   180
```

# 3.4 特殊数组

在 MATLAB 中，一个数组可以分解为多个数组元素，这些数组元素可以是基本数据类型或是构造类型。

## 3.4.1 元胞数组

元胞数组是 MATLAB 中特有的数组，一般的数组中只包含一种数据结构，同一个矩阵或数组中，或是数字或是字符，而元胞数组的内部元素可以是不同的数据类型。

元胞数组的定义有两种方式，一种是用赋值语句直接定义；另一种是由 cell 命令预先分配存储空间，然后对单元元素逐个赋值。

➢ 赋值语句直接定义：

与定义矩阵时使用中括号不同，元胞数组的定义需要使用大括号“{}”，元素之间由逗号或空格隔开。

**例 3-15：** 创建一个元胞数组。

**解：** MATLAB 程序如下：

```
>> A={'abcdef' 1 2 [3 4]}
A =
  1×4 cell 数组
    {'abcdef'}    {[1]}    {[2]}    {[3 4]}
```

**例 3-16：** 创建一个 2×2 的元胞数组。

**解：** MATLAB 程序如下：

```
>> A=[1 2;3 4];
>> B=3+2*i;
>> C='efg';
>> D=2;
>> E={A,B,C,D}
E =
1×4 cell 数组
    {2×2 double}    {[3.0000 + 2.0000i]}    {'efg'}    {[2]}
```

从上面两个例子可以看到，MATLAB 语言会根据显示的需要决定是将数组元素完全显示，还是只显示存储量来代替。

➢ 函数定义：

在 MATLAB 中，cell 命令用于创建元胞数组，实现预分配存储空间。其调用格式见表 3-10。

**表 3-10　cell 命令**

| 调用格式 | 说　明 |
|---|---|
| C = cell(n) | 返回由空矩阵构成的 $n \times n$ 元胞数组 |
| C = cell(sz1,...,szN) | 返回由空矩阵构成的 $sz1 \times \cdots \times szN$ 元胞数组，其中，$sz1$，…，$szN$ 表示每个维度的大小 |
| C = cell(sz) | 返回由空矩阵构成的元胞数组，并由大小向量 $sz$ 来定义数组大小 size(C) |
| D = cell(obj) | 可将 Java 数组、.NET System.String 或 System.Object 数组或者 Python 序列转换为 MATLAB 元胞数组 |

**例 3-17：** 创建一个 2×2 的单元型数组。

**解：** MATLAB 程序如下：

```
>> A= cell(2)   % 创建 2 行 2 列元胞空数组
A =
  2×2 cell 数组
    {0×0 double}    {0×0 double}
    {0×0 double}    {0×0 double}
```

1. 元胞数组的元素

（1）元胞数组元素赋值。对单元的元素赋值的操作方式是先预分配元胞数组的存储空间，然后对变量中的元素逐个进行赋值。

格式如下：

```
a=cell(1,N);  % 创建一维元胞数组
a{1}=1;a{2}=2;...
或者直接
a={1,2,...}  % 对元胞数组直接赋值定义
```

**例 3-18**：定义元胞数组并为其赋值。

**解**：MATLAB 程序如下：

```
>> E=cell(1,3);     % 创建 1 行 3 列元胞空数组
>> E{1,1}=[1:4];  % 为元素赋值
>> E{1,2}='x';
>> E{1,3}=2;
>> E
E =
  1×3 cell 数组
  {[1 2 3 4]}     {'x'}     {[2]}
```

从 R2023b 开始，MATLAB 显示一个包含 100 个双精度值的数组的元胞的部分内容以及大小和数据类型。

```
>> D = {3.14,[1:100]};
>> D(2)
ans =
  1×1 cell array
    {[1 2 3 4 5 6 7 8 9 10 11 12 13 14 15 16 17 18 … ] (1×100 double)}
```

（2）字符向量元胞数组。字符向量元胞数组是指每个元胞都包含一个字符向量的元胞数组。字符向量元胞数组提供了一种灵活的方式来存储长度不同的字符向量。根据字符向量创建字符数组时，所有向量都必须具有相同长度。

当输入的字符长度不同时，需在字符向量的结尾填充空白才能使它们的长度相等。但是，元胞数组可以容纳不同大小和类型的数据而不用填充。

如果字符数组中的尾随空白字符是实义空白字符，如不间断空白字符，则 cellstr 不会将它们删除。

表 3-11 列出了最常见的实义空白字符及其说明。

**表 3-11 最常见的实义空白字符及其说明**

| 实义空白字符 | 说明 |
|---|---|
| char(133) | 下一行 |
| char(160) | 不间断空格 |
| char(8199) | 图窗空格 |
| char(8239) | 不间断窄空格 |

字符向量元胞数组包含的是字符向量而不是字符串。从 R2016b 版本开始，MATLAB 提供字符串数组作为存储文本的另一种方式。如果创建具有 string 数据类型的变量，则存储在字符串数组而不是元胞数组中。

在 MATLAB 中，cellstr 命令用于转换为字符向量元胞数组。其调用格式见表 3-12。

**表 3-12　cellstr 调用格式**

| 调用格式 | 说　明 |
|---|---|
| C = cellstr(A) | 将 A 转换为字符向量元胞数组。输入数组 A 的类型可以是字符串数组 string、字符数组、分类数组和 datetime 数组 |
| C = cellstr(A,fmt) | 以指定的格式 fmt 表示日期或持续时间 |

**例 3-19：** 将字符数组转换为元胞数组。

**解：** MATLAB 程序如下：

```
>> A = ['abc';'defg';'hi  ']      % 创建一个字符数组，其中包括结尾空格以使每行的长度相同，生成一个 3×4 的数组
A =

  3×4 char 数组
    'abc '
    'defg'
    'hi  '
>> C = cellstr(A)    % 将字符数组转换为一个 3×1 的字符向量元胞数组
C =
  3×1 cell 数组
    {'abc' }
    {'defg'}
    {'hi'  }
```

（3）元胞数组的引用。引用元胞数组元素时应当采用大括号作为下标的标识，如果采用小括号作为下标标识符，则只显示该元素的压缩形式。

```
>> E={1,[2 3 4]}
E =
  1×2 cell 数组
    {[1]}    {[2 3 4]}
>> E{2}
ans =
     2     3     4
>> E(2)
ans =
  1×1 cell 数组
    {[2 3 4]}
```

2. MATLAB 语言中有关元胞数组的函数

MATLAB 语言中有关元胞数组的命令见表 3-13。

**表 3-13　MATLAB 语言中有关元胞数组的命令**

| 命令 | 说　　明 |
| --- | --- |
| cell2mat | 将元胞数组转换为基础数据类型的普通数组。元胞数组的元素必须全都包括相同的数据类型，并且生成的数组也是该数据类型 |
| str2num | string 转换为双精度 double |
| cellfun | 对元胞数组中的元素作用的命令 |
| celldisp | 显示元胞数组的内容 |
| cellplot | 用图形显示元胞数组的内容 |
| num2cell | 将数值转换成元胞数组 |
| deal | 元胞数组输入输出处理 |
| cell2struct | 将元胞数组转换成结构体数组 |
| struct2cell | 将结构型数组转换成元胞数组 |
| iscell | 判断是否为元胞数组 |
| reshape | 改变元胞数组的结构 |

**例 3-20：** 元胞数组的转换。

**解：** MATLAB 程序如下：

```
>> A = {[1],[2 3 4];[5;9],[6 7 8; 10 11 12]}
A =
  2×2 cell 数组
    {[          1]}     {[    2 3 4]}
    {2×1 double}      {2×3 double}
>> B = cell2mat(A)     % 将元胞数组 A 转换为普通数组 B
B =
     1     2     3     4
     5     6     7     8
     9    10    11    12
>> C = num2cell(B)      % 将数值转换成元胞数组
3×4 cell 数组
    {[1]}     {[ 2]}     {[ 3]}     {[ 4]}
    {[5]}     {[ 6]}     {[ 7]}     {[ 8]}
{[9]}     {[10]}     {[11]}     {[12]}
```

## 3.4.2　结构体数组

结构体数组是根据属性名（field）组织起来的不同数据类型的集合。结构的任何一个属性可以包含不同的数据类型，如字符串、矩阵等。

1. 创建结构体数组

➢ 直接赋值定义：

直接使用 structName.fieldName 格式的圆点方法创建字段中的数据。可以直接使用，而且可以动态扩充。

**例 3-21：** 创建一个结构体数组。

**解：** MATLAB 程序如下：

```
>> s.a = [1 2 3];
>> s.b = {'x','y','z'}
s =
  包含以下字段的 struct:
    a: [1 2 3]
    b: {'x'  'y'  'z'}
```

**例 3-22：** 创建一个结构体数组并进行动态扩充。

**解：** MATLAB 程序如下：

```
>> x.real = 0; % 创建名为 real 的字段，并为该字段赋值为 0
>> x.imag = 1 % 为 x 创建一个新的字段 imag，并为该字段赋值为 1
x =
  包含以下字段的 struct:
    real: 0
    imag: 1
>> x(2).real = 2; % 将 x 扩充为 1×2 的结构体数组
>> x(2).imag = 3
x =
  包含以下字段的 1×2 struct 数组：
    real
    imag
>> x(1).scale = 0 % 为数组动态扩充字段，如增加字段 scale
x =
  包含以下字段的 1×2 struct 数组：
    real
    imag
    scale
% 所有 x 都增加了一个 scale 字段，而 x(1) 之外的其他变量的 scale 字段为空
>> x(1) % 查看结构体数组的第一个元素的各个字段的内容
ans =
  包含以下字段的 struct:
     real: 0
     imag: 1
    scale: 0
>> x(2) % 查看结构体数组的第二个元素的各个字段的内容。注意没有赋值的字段为空
ans =
  包含以下字段的 struct:
     real: 2
     imag: 3
    scale: []
```

➢ 函数定义：

在 MATLAB 中可利用 struct 命令来创建结构体数组，也可以把其他形式的数据转换为结构体数组。其调用格式见表 3-14。

表 3-14　struct 命令

| 调用格式 | 说　明 |
| --- | --- |
| s = struct | 创建不包含任何字段的标量（1×1）结构体数组 |
| s = struct(field,value) | 创建具有指定字段和值的结构体数组。value 输入参数可以是任何数据类型，如数值、逻辑值、字符或元胞数组 |
| s=struct(field,values1,field2,values2,⋯) | 表示建立一个具有属性名和数据的结构体数组 |
| s = struct([]) | 创建不包含任何字段的空（0×0）结构体 |
| s = struct(obj) | 创建包含与 obj 的属性对应的字段名称和值的标量结构体 |

**例 3-23**：创建一个结构体数组。

**解**：MATLAB 程序如下：

```
>> s=struct('MATLAB',2024)
s =
  包含以下字段的 struct:
    MATLAB: 2024
```

**例 3-24**：创建一个结构体数组。

**解**：MATLAB 程序如下：

```
>> s =
struct('Time',{'morning','aftnoon'},'color',{'blue','red'},'A',{3,4})
s =
  包含以下字段的 1×2 struct 数组：
    Time
    color
    A
>> s =
struct('Time',{'morning';'aftnoon'},'color',{'blue';'red'},'A',{3;4})
s =
  包含以下字段的 2×1 struct 数组：
    Time
    color
    A
```

2. 引用结构体数组元素

结构体数组利用圆括号及圆点符号，通过属性名来引用数组元素。

**例 3-25**：创建一个结构体数组。

**解**：MATLAB 程序如下：

```
    >> student=struct('name',{'Wang','Li'},'Age',{20,23})
student =
包含以下字段的 1×2 struct 数组：
    name
    Age
>> student(1)             % 结构体数组数据通过属性名来引用
ans =
包含以下字段的 struct:
    name: 'Wang'
```

```
        Age: 20
>> student(2)
ans =
包含以下字段的 struct:
    name: 'Li'
     Age: 23
>> student(2).name
包含以下字段的 1×2 struct 数组：
ans =
     'Li'
```

3. 结构体数组的相关命令

MATLAB 语言中有关结构体数组的函数见表 3-15。

**表 3-15　MATLAB 语言结构体数组的命令**

| 命令 | 说　　明 |
| --- | --- |
| struct | 创建结构体数组 |
| fieldnames | 得到结构体数组的属性名 |
| getfield | 得到结构体数组的属性值 |
| setfield | 设定结构体数组的属性值 |
| rmfield | 删除结构体数组的属性 |
| isfield | 判断是否为结构体数组的属性 |
| isstruct | 判断是否为结构体数组 |

**例 3-26：** 创建一个结构体数组。

**解：** MATLAB 程序如下：

```
>> S.a = [5 10 15 20 25];
>> S.b= 'two'    % 创建一个结构体数组。其中，一个字段的值为数组，一个字段是字符串
S =
  包含以下字段的 struct:
    a: [5 10 15 20 25]
    b: 'two'
>> value = getfield(S,'a',{[2:4]})     % 返回结构体数组的属性值。该字段为数值数组，在字段名称后面指定索引
value =
    10    15    20
>> value = S.a(2:4)     % 使用圆点方法显示结构体数组索引值对应的元素
value =
    10    15    20
```

# 3.5　数组元素运算

在 MATLAB 中，数组元素运算是指对数组中的每个元素执行相同的操作。在进行数组元素运算时，确保两个数组具有相同的大小和维度。如果数组大小不同，MATLAB 会引发错误。

### 3.5.1 数组编辑器

数组中的元素除了可以直接利用程序输入或利用函数确定，还可以通过数组编辑器输入。首先建立空数组：

```
>> a=[]
```

在工作区中显示空数组 *a*，双击该数组，进入“变量”编辑器窗口，如图 3-1 所示。

在该窗口中直接输入数组元素值，在工作区中即可看到已定义的元素值，如图 3-2 所示。

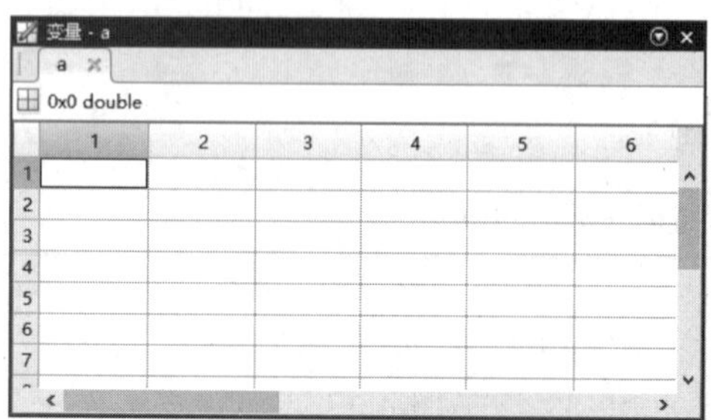

图 3-1 “变量”编辑器窗口

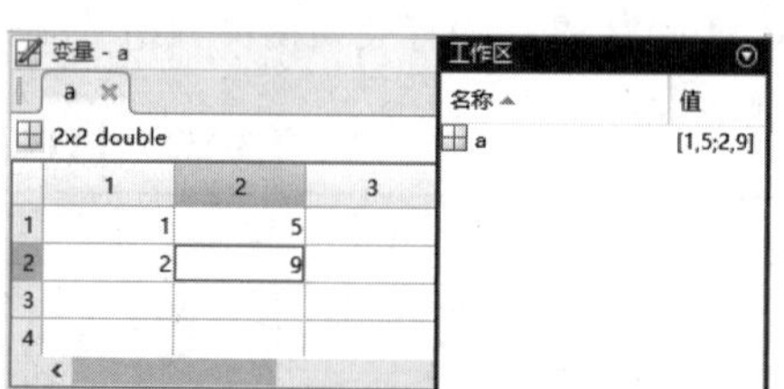

图 3-2 输入数组元素值

### 3.5.2 数组元素的引用

MATLAB 中数组元素的引用可以通过三种主要方法进行：下标法、索引法和布尔法。这些方法提供了灵活高效的方式来访问和操作数组中的数据，在处理数据时尤其重要。

1. 下标法

下标法通过指定行和列的索引来引用元素或子数组。元素引用的方式见表 3-16。

**表 3-16 数组元素的引用方式**

| 格式 | 说　明 |
|---|---|
| x(n1:n2) | 表示数组中的第 *n*1 至 *n*2 个元素 |
| X(m,:) | 表示矩阵第 *m* 行的元素 |
| X(:,n) | 表示矩阵中第 *n* 列的元素 |
| X(m,n1:n2) | 表示矩阵中第 *m* 行中第 *n*1 至 *n*2 个元素 |

2. 索引法

MATLAB 按列存储数组元素，每个元素具有一个唯一的索引 ID。例如，A(k) 返回数组 A 中的第 k 个元素，其中 k 是基于存储顺序的索引。

3. 布尔法

通过创建一个与数组同形状的布尔数组，可以选取满足特定条件的元素。例如，A(A > 5) 将返回数组 A 中所有大于 5 的元素。

**例 3-27：** 向量元素的引用。

**解：** MATLAB 程序如下：

```
>> x=[1 2 3 4 5];
>> x(1:3)
ans =
     1     2     3
```

**例 3-28：** 矩阵元素的引用。

**解：** MATLAB 程序如下：

```
>> a=magic(4)
a =
    16     2     3    13
     5    11    10     8
     9     7     6    12
     4    14    15     1
>> a(4)
ans =
     4
>> a(a>10)
ans =
    16
    11
    14
    15
    13
    12
```

**例 3-29：** 矩阵元素的引用。

**解：** 在 MATLAB 命令行窗口中输入以下命令：

```
>> x=[1 2 3;4 5 6;7 8 9];
>> x(:,3)
ans =
     3
     6
     9
```

**例 3-30：** 矩阵元素的引用。

**解：** 在 MATLAB 命令行窗口中输入以下命令：

```
>> A = magic(4)     % 创建 4 阶魔方矩阵
A =
    16     2     3    13
     5    11    10     8
     9     7     6    12
     4    14    15     1
>> A(8) % 使用单一下标按顺序向下搜索每一列
ans =
    14
>> A(4,2) % 引用数组中的特定元素，指定行和列下标
ans =
    14
```

**例 3-31：** 数组元素的相关操作示例。

**解：** MATLAB 程序如下：

```
>> A = [1 2 3;4 5 6;7 8 9]     % 创建数组A
A =
     1     2     3
     4     5     6
     7     8     9
>> a = A(1:2,:)   % 取A数组第1和2行元素
a =
     1     2     3
     4     5     6
>> a = A(:,1:2)   % 取A数组第1和2列元素
a =
     1     2
     4     5
     7     8
>> a = A(2:4)     % 取A数组第2~4个元素
a =
     4     7     2
>> a = A(1:end)      % 将元素正序排列
a =
     1     4     7     2     5     8     3     6     9
>> a = A(end:-1:1)     % 将元素反序排列
a =
     9     6     3     8     5     2     7     4     1
>> a = A([2 4])      % 取数组A第2个和第4个元素
a =
     4     2
>> a = A(1,2)       % 取数组第1行第1列元素
a =
     2
```

## 3.5.3 数组元素的修改

数组建立起来之后，还需要对其元素进行修改。数组的变换基本上是矩阵中元素的值的变化，可以直接修改指定新值，也可以通过一定的规律来进行改变。

表 3-17 列出了常用的数组元素修改命令。

**表 3-17 数组元素修改命令**

| 命令名 | 说　明 |
|---|---|
| D = [A;B C] | *A* 为原数组，*B*、*C* 中包含要扩充的元素，*D* 为扩充后的数组 |
| A(m,:) = [] | 删除 *A* 的第 *m* 行 |
| A(:,n) = [] | 删除 *A* 的第 *n* 列 |
| A(m,n) = a; A(m,:) = [a b…]; A(:,n) = [a b…] | 对 *A* 的第 *m* 行第 *n* 列的元素赋值；对 *A* 的第 *m* 行赋值；对 *A* 的第 *n* 列赋值 |

**例 3-32**：数组的扩充。

**解**：在 MATLAB 命令行窗口中输入以下命令：

```
>> A = [1 2 3;4 5 6];
>> B = eye(2);
>> C = zeros(2,1);
>> D = [A;B C]
D =
     1     2     3
     4     5     6
     1     0     0
     0     1     0
```

**例 3-33**：数组的删减。

**解**：在 MATLAB 命令行窗口中输入以下命令：

```
>> A = eye(4)          % 创建 4 阶单位数组
A =
     1     0     0     0
     0     1     0     0
     0     0     1     0
     0     0     0     1
>> A(3,:) = []         % 删除第 3 行
A =
     1     0     0     0
     0     1     0     0
     0     0     0     1
```

### 3.5.4　数组的变维

数组的变维可以用符号“：”法和 reshape 函数法。reshape 函数的调用形式如下：

reshape(X,m,n)，该函数可将已知数组变维成 m 行 n 列的数组。

**例 3-34**：数组的变维。

**解**：在 MATLAB 命令行窗口中输入以下命令：

```
>> A = 1:12
A =
     1     2     3     4     5     6     7     8     9    10    11    12
>> B = reshape(A,2,6)
B =
     1     3     5     7     9    11
     2     4     6     8    10    12
>> C = zeros(3,4);                      %用“：”法必须先设定修改后数组的形状
>> C(:) = A(:)
C =
     1     4     7    10
     2     5     8    11
     3     6     9    12
```

**注意：**

在使用 reshape 时，确保新的形状与原数组中的元素数量兼容，即原数组的元素总数必须等于新形状下的元素总数。数组 C 包含 12 个元素，可以将一个 3 行 4 列的数组重塑为一个 2 行 6 列的数组。

### 3.5.5 数组元素状态

数组创建后，由于特定原因，需要对数组元素进行检测，检查数组中的元素状态。

在 MATLAB 中，isinf 命令用于确定数组中的元素值是否为无限值。其调用格式见表 3-18。

**表 3-18 isinf 命令**

| 调用格式 | 说　明 |
|---|---|
| TF = isinf(A) | 返回确定 *A* 中哪些数组元素为无限值的逻辑数组。其中，1(true) 表示数组元素是 Inf 或 –Inf，0(false) 对应其他元素。如果 *A* 包含复数，则 isinf(A) 中的 1 对应实部或虚部为无限值的元素，0 对应实部和虚部均为有限值或 NaN 值的元素 |

在 MATLAB 中，isfinite 命令用于确定数组中的元素值是否为有限值。其调用格式见表 3-19。

**表 3-19 isfinite 命令**

| 调用格式 | 说　明 |
|---|---|
| TF = isfinite(A) | 返回一个逻辑数组。其中，1(true) 对应数组 *A* 的有限元素，0(false) 对应无限或 NaN 元素。如果 *A* 包含复数，则 isfinite(A) 中的 1 对应实部和虚部均为有限值的元素，0 对应实部或虚部中存在无限值或 NaN 值的元素 |

**例 3-35：** 数组的逻辑运算。

**解：** 在 MATLAB 命令行窗口中输入以下命令：

```
>> A = 1./[-2 -1 0 1 2] % 创建行向量
A =
   -0.5000   -1.0000       Inf    1.0000    0.5000
>> TF = isinf(A)
TF =
  1×5 logical 数组
   0   0   1   0   0
>> TF = isfinite(A)
TF =
  1×5 logical 数组
   1   1   0   1   1
```

## 3.6 操作数组

在 MATLAB 中可对数组进行多种操作。本节将介绍数组常用的操作方法和命令。

### 3.6.1 基本运算

数组运算是指数组对应元素之间的运算，也称点运算。矩阵的乘法、乘方和除法有特殊的数学含义，并不是数组对应元素的运算，所以数组乘法、乘方和除法的运算符前特别加了一个点。

矩阵是一个二维数组，所以矩阵的加、减、数乘等运算与数组运算是一致的。但有两点要注意：

（1）对于乘法、乘方和除法等三种运算，矩阵运算与数组运算的运算符及含义都不同：矩阵运算按线性变换定义，使用通常符号；数组运算按对应元素运算定义，使用点运算符。

（2）数与矩阵加减、矩阵除法在数学中是没有意义的。在 MATLAB 中为简便起见，定义了这两类运算。

◆ 数组运算：

数与数组加减：k+/–A　　　　% k 加或减 A 的每个元素

数组乘数组：A.*B　　　　% 对应元素相乘

数组乘方：A.^k　　　　% A 的每个元素 k 次方；k.^A。表示分别以 k 为底、A 的各元素为指数求幂值

数除以数组：k./A 和 A./k　　　　% k 分别被 A 的元素除

数组除法：左除 A.\B，右除 B./A　　　　% 对应元素相除

◆ 矩阵运算：

数与矩阵加减：k+/–A　　　　% 等价于 k*ones(size(A))+/–A

矩阵乘法：A*B　　　　% 按数学定义的矩阵乘法规则

矩阵乘方：A^k　　　　% k 个矩阵 A 相乘

矩阵除法：左除 A\B 右除 B/A　　　　% 分别为 AX = B 和 XA = B 的解

数组的基本运算很简单。在不考虑数学意义时，矩阵是数组的二维版本。

**例 3-36**：数组基本运算。

**解**：MATLAB 程序如下：

```
>> A = [1 2 3;3 4 2;5 6 9];     %创建二维数组 A、B
>> B = [4 3 1;2 1 2;5 6 8];
>> a = 1+A    % 计算数与数组加法
a =
     2     3     4
     4     5     3
     6     7    10
>> b = A*B     % 计算数组乘积
b =

    23    23    29
    30    25    27
    77    75    89
    >> b1 = A.*B  %计算数组点积
b1 =
     4     6     3
     6     4     4
    25    36    72
>> c = A\B    %计算数组除法
c =
```

```
    -3.5000   -1.5000    2.5000
    2.8125    0.9375   -1.6875
    0.6250    0.8750    0.6250
>> c1 = A.\B    % 计算数组点除（左除）
c1 =
        4.0000    1.5000    0.3333
    0.6667    0.2500    1.0000
    1.0000    1.0000    0.8889
>> d = A.^2    % 计算数组点乘方
d =
     1     4     9
     9    16     4
    25    36    81
>> d1 = A^2    % 计算数组乘方
d1 =
    22    28    34
    25    34    35
    68    88   108
>> e = 2.^A     % 计算数组指数函数
e =
     2     4     8
     8    16     4
    32    64   512
```

**例 3-37：** 改变数组元素。

**解：** MATLAB 程序如下：

```
>> A = magic(3)     % 创建 3 阶魔方矩阵
A =
     8     1     6
     3     5     7
     4     9     2
>> A(A == 5) = 100      % 将 A 数组中为 5 的元素全部变为 100
A =
     8     1     6
     3   100     7
     4     9     2
>> A(A>4) = 20          % 将 A 数组中大于 4 的元素都变为 20
A =
    20     1    20
     3    20    20
     4    20     2
>> A(1,2) = 10          % 将 A 数组里 1 行 2 列元素变为 10
A =
    20    10    20
     3    20    20
     4    20     2
```

### 3.6.2　向量的点积与叉积

在 MATLAB 中，对于向量 $a$、$b$，其点积可以直接用 dot 命令算出。其调用格式见表 3-20。

**表 3-20　dot 命令**

| 调用格式 | 说　明 |
| --- | --- |
| dot(a,b) | 返回向量 $a$ 和 $b$ 的点积。需要说明的是，$a$ 和 $b$ 必须同维。另外，当 $a$、$b$ 都是列向量时，dot($a$, $b$) 等同 $a$*$b$ |
| dot(a,b,dim) | 返回向量 $a$ 和 $b$ 在 dim 维的点积 |

**例 3-38：** 向量的点积运算示例。

**解：** MATLAB 程序如下：

```
>> a = [2 4 5 3 1];
>> b = [3  8 10 12 13];
>> c = dot(a,b)
c =
       137
```

在空间解析几何学中，两个向量叉乘的结果是一个过两相交向量交点且垂直于两向量所在平面的向量。在 MATLAB 中，向量的叉积运算可由 cross 命令直接实现。其调用格式见表 3-21。

**表 3-21　cross 命令**

| 调用格式 | 说　明 |
| --- | --- |
| cross(a,b) | 返回向量 $a$ 和 $b$ 的叉积。需要说明的是，$a$ 和 $b$ 的长度必须为 3 |
| cross(a,b,dim) | 返回向量 $a$ 和 $b$ 在 dim 维的叉积。需要说明的是，$a$ 和 $b$ 必须有相同的维数，size($a$,dim) 和 size($b$,dim) 的结果必须为 3 |

**例 3-39：** 向量的叉积运算。

**解：** MATLAB 程序如下：

```
>> a = [2 3 4];
>> b = [3 4 6];
>> c = cross(a,b)
c =
       2     0     -1
```

向量的混合积运算

在 MATLAB 中，向量的混合积运算可由以上两个函数（dot、cross）共同来实现。

**例 3-40：** 向量的混合积运算。

**解：** MATLAB 程序如下：

```
>> a = [2 3 4];
>> b = [3 4 6];
>> c = [1 4 5];
>> d = dot(a,cross(b,c))
d =
       -3
```

### 3.6.3 判断数组类型

用于判断数组类型的命令见表 3-22。

**表 3-22 判断数组类型的命令**

| 命令 | 描　述 |
| --- | --- |
| isnumeric | 判断是否为数值型数组 |
| isreal | 判断是否为实数型数组 |
| isinteger | 判断是否为整型数组（MATLAB 默认存储为 double 型） |
| islogical | 判断是否为逻辑型数组 |
| find | 查找数组元素然后修改元素 |

**例 3-41：** 改变数组元素。

**解：** MATLAB 程序如下：

```
>> A = [2 5 8;6 5 9]     % 创建数组 A
A =
       2     5     8
       6     5     9
>> find(A>5)      % 查找数组中大于 5 的元素
ans =
       2
       5
       6
>> find(A == 5)   % 查找数组中等于 5 的元素
ans =
       3
       4
>> A(find(A == 5)) = A(find(A == 5))+10    % 查找数组中等于 5 的元素并修改元素值，最终值为初始值加 5。
A =
       2    15     8
       6    15     9
```

**例 3-42：** 判断数组类型示例。

**解：** MATLAB 程序如下：

```
>> A = {'xyz' 1 2 3 4 [1 2 3 4]}     % 创建元胞数组 A
A =
  1×6 cell 数组
    {'xyz'}    {[1]}    {[2]}    {[3]}    {[4]}    {[1 2 3 4]}
>> isnumeric(A) % 判断是否为数值型数组
ans =
  logical
   0
>> isreal(A)    % 判断是否为实数型数组
ans =
  logical
```

```
    0
>> isinteger(A)  % 判断是否为整型数组（MATLAB 默认存储为 double 型）
ans =
  logical
    0
>> islogical(A)  % 判断是否为逻辑型数组
ans =
  logical
    0
```

### 3.6.4 旋转与镜像

本节将介绍数组的基本变换，包括旋转和镜像变换。

1. 旋转数组

在 MATLAB 中，rot90 命令用于将数组旋转 90°。其调用格式见表 3-23。

**表 3-23　rot90 命令**

| 调用格式 | 说　明 |
|---|---|
| rot90(A,k) | 将 *A* 逆时针方向旋转 90°**k*，*k* 可为正整数或负整数 |
| rot90(A) | 将 *A* 逆时针方向旋转 90°。对于多维数组，rot90 在由第一个和第二个维度构成的平面中旋转 |

2. 镜像数组

在 MATLAB 中，flip 命令用于镜像数组，翻转数组元素，其调用格式见表 3-24。

**表 3-24　flip 命令**

| 调用格式 | 说　明 |
|---|---|
| B = flip(A) | 返回的数组 *B* 具有与 *A* 相同的大小，但元素顺序已反转 |
| B = flip(A,dim) | 沿 dim 维度反转 *A* 中元素的顺序 |

数组的镜像变换实质是翻转数组元素的操作，分为两种：左右翻转与上下翻转。flip(A,1) 用于翻转每一列的元素，flip(A,2) 用于翻转每一行的元素。

**例 3-43**：数组的变向。

**解**：在 MATLAB 命令行窗口中输入以下命令：

```
>> C = [1 4 7 10;2 5 8 11;3 6 9 12];
>> flip(C,1)
ans =
     3     6     9    12
     2     5     8    11
     1     4     7    10
>> flip(C,2)
ans =
    10     7     4     1
    11     8     5     2
    12     9     6     3
```

在 MATLAB 中，还提供了专门的左右翻转与上下翻转命令，下面分别进行介绍。

（1）左右翻转。使用 fliplr 命令可将矩阵中的元素左右翻转，该命令的调用格式如下：

B = fliplr(A)

**例 3-44：** 数组左右翻转。

**解：** 在 MATLAB 命令行窗口中输入以下命令：

```
>> A = rand(3)
A =
    0.9157    0.6557    0.9340
    0.7922    0.0357    0.6787
    0.9595    0.8491    0.7577
>> B = fliplr(A)
B =
    0.9340    0.6557    0.9157
    0.6787    0.0357    0.7922
    0.7577    0.8491    0.9595
```

（2）上下翻转。使用 flipud 命令可将矩阵中的元素左右翻转，该命令的调用方法如下：

B = flipud(A)

**例 3-45：** 数组上下翻转。

**解：** 在 MATLAB 命令行窗口中输入以下命令：

```
>>  A = rand(3)
A =
    0.7431    0.1712    0.2769
    0.3922    0.7060    0.0462
    0.6555    0.0318    0.0971
>> B = flipud(A)
B =
    0.6555    0.0318    0.0971
    0.3922    0.7060    0.0462
    0.7431    0.1712    0.2769
```

### 3.6.5 抽取数组元素

在代数学中，数组从左上至右下的数归为主对角线，从左下至右上的数归为副对角线。数组中的元素可以通过抽取主对角线中的元素生成对角数组；也可以抽取主对角线上方与下方的元素生成对角矩阵。在 MATLAB 中，对数组元素的抽取主要是指对对角元素和上（下）三角阵的抽取。

在 MATLAB 中，diag 命令用于抽取数组对角线上的元素，组成对角线数组。其调用格式见表 3-25。

表 3-25 diag 命令

| 调用格式 | 说 明 |
|---|---|
| diag(X,k) | 抽取数组 X 的第 k 条对角线上的元素向量。k 为 0 时即抽取主对角线，k 为正整数时抽取上方第 k 条对角线上的元素，k 为负整数时抽取下方第 k 条对角线上的元素 |
| diag(X) | 抽取主对角线 |
| diag(v,k) | 使得一维数组 v 为所得数组第 k 条对角线上的元素向量 |
| diag(v) | 使得一维数组 v 为所得数组主对角线上的元素向量 |

**例 3-46：** 创建对角线数组。

**解：** 在 MATLAB 命令行窗口中输入以下命令：

```
>> v = [1 4 7 10];    % 创建向量 v
>> D = diag(v)   % 创建一个以 v 中元素为主对角线元素的数组 D
D =

     1     0     0     0
     0     4     0     0
     0     0     7     0
     0     0     0    10
```

在 MATLAB 中，tril 命令用于抽取数组对角线下三角部分的元素，组成下对角线数组。其调用格式见表 3-26。

表 3-26 tril 命令

| 调用格式 | 说 明 |
|---|---|
| tril(X) | 提取数组 X 的主下三角部分 |
| tril(X，k) | 提取数组 X 的第 k 条对角线下面的部分（包括第 k 条对角线） |

在 MATLAB 中，triu 命令用于抽取数组的对角线上三角部分的元素，组成上对角线数组，其调用格式见表 3-27。

表 3-27 triu 命令

| 调用格式 | 说 明 |
|---|---|
| triu(X) | 提取数组 X 的主上三角部分 |
| triu(X，k) | 提取数组 X 的第 k 条对角线上面的部分（包括第 k 条对角线） |

**例 3-47：** 数组抽取。

**解：** MATLAB 程序如下：

```
>> A = magic(4)
 A =
     16     2     3    13
      5    11    10     8
      9     7     6    12
      4    14    15     1
 >> v = diag(A,2)
 v =
```

```
     3
     8
  >> tril(A,-1)
  ans =
     0     0     0     0
     5     0     0     0
     9     7     0     0
     4    14    15     0
>> triu(A)
  ans =
    16     2     3    13
     0    11    10     8
     0     0     6    12
     0     0     0     1
```

### 3.6.6　串联数组

一维数组的组合可直接使用中括号进行拼接。本节将介绍几种在 MATLAB 中常用的二维数组即矩阵串联函数。

在 MATLAB 中，某些情况下，不同矩阵可以进行串联。垂直串联命令 vertcat 的调用格式见表 3-28。

**表 3-28　vertcat 命令**

| 调用格式 | 说　　明 |
|---|---|
| C = vertcat(A,B) | 垂直串联数组；[*A*; *B*] 等于 vertcat(*A*,*B*) |
| C = vertcat(A1,A2,⋯,An) | 垂直串联 *A*1，*A*2，⋯，*An* |

**例 3-48：** 垂直串联矩阵。

**解：** MATLAB 程序如下：

```
>> A = [1 2 3;4 5 6]
A =
     1     2     3
     4     5     6
>> B = [7 8 9]      % 创建两个矩阵
B =
     7     8     9
>> C1 = [A;B]     %使用方括号法垂直串联数组
C1 =
     1     2     3
     4     5     6
     7     8     9
>> C2 = vertcat(A,B)   % 使用函数命令垂直串联数组
C2 =


     1     2     3
     4     5     6
     7     8     9
```

在 MATLAB 中，horzcat 命令用于水平串联数组，其调用格式见表 3-29。

表 3-29　horzcat 命令

| 调用格式 | 说　明 |
| --- | --- |
| C = horzcat (A,B) | 水平串联数组，将 *B* 水平串联到 *A* 的末尾。[*A*,*B*] 等于 horzcat (*A*,*B*) |
| C = horzcat (A1,A2,⋯,An) | 水平串联 *A*1，*A*2，⋯，*An* |

**例 3-49：** 水平串联矩阵。

**解：** MATLAB 程序如下：

```
>> A = [1 2 3; 4 5 6;1 2 3]
A =
     1     2     3
     4     5     6
     1     2     3
>> B = [7;8;9]
B =
     7
     8
     9
>> C1 = [A;B]
C1 =
     1     2     3     7
     4     5     6     8
     1     2     3     9
>> C2 = horzcat(A,B)
C2 =
     1     2     3     7
     4     5     6     8
     1     2     3     9
```

在 MATLAB 中，cat 命令用于按照指定维度串联数组，可以直接指定垂直或水平串联，其调用格式见表 3-30。

表 3-30　cat 命令

| 调用格式 | 说　明 |
| --- | --- |
| C = cat(dim,A1,A2,⋯,An) | 沿 dim 维度串联 *A*1、*A*2、⋯、*An*。[*A*,*B*] 或 [*A* *B*] 将水平串联数组 *A* 和 *B*，而 [*A*; *B*] 将垂直串联数组 *A* 和 *B* |

**例 3-50：** 沿指定维度串联数组。

**解：** MATLAB 程序如下：

```
>> A = [1 2;3 4]
A =
     1     2
     3     4
>> B = [5 6;7 8]
B =
```

```
      5      6
      7      8
>> cat(1,A,B)    % 垂直串联矩阵
ans =
      1      2
      3      4
      5      6
      7      8
>> cat(2,A,B)    %水平串联矩阵
ans =
      1      2      5      6
      3      4      7      8
>> cat(3,A,B)    % 沿第三个维度串联
ans(:,:,1) =
      1      2
      3      4
ans(:,:,2) =
      5      6
      7      8
```

### 3.6.7 其他常用的操作命令

除了前面介绍的操作命令，在 MATLAB 中还提供了一些很实用的数组操作命令，例如，统计数组的元素个数、缩放数组元素的范围和计算数组元素的最值等。

在 MATLAB 中，numel 命令用于计算数组 *A* 中的元素个数，其调用格式见表 3-31。

**表 3-31　numel 命令**

| 调用格式 | 说　明 |
| --- | --- |
| n = numel(A) | 返回数组 *A* 中的元素数目，*n* 等同于 prod(size(*A*)) |

**例 3-51**：统计三维矩阵中元素的数目。

**解**：MATLAB 程序如下：

```
>> A = magic(4)   %创建 4 阶魔方矩阵
A =
    16      2      3     13
     5     11     10      8
     9      7      6     12
     4     14     15      1
>> A(:,:,2) = A'    %定义三维矩阵第二个维度为矩阵的转置矩阵
A(:,:,1) =
    16      2      3     13
     5     11     10      8
     9      7      6     12
     4     14     15      1
A(:,:,2) =
    16      5      9      4
```

```
      2     11      7     14
      3     10      6     15
     13      8     12      1
>> n = numel(A)
n =
     32                       % numel 函数计算出矩阵中有 32 个元素
>> prod(size(A))              % 计算矩阵三个维度数目的乘积
ans =
     32
```

在 MATLAB 中，rescale 命令用于设置数组元素的缩放范围。其调用格式见表 3-32。

**表 3-32　rescale 命令**

| 调用格式 | 说　明 |
| --- | --- |
| B = rescale(A) | 将数组的元素缩放到区间 [0,1]。输出数组 *B* 的大小与 *A* 相同 |
| B = rescale(A,l,u) | 将数组的元素缩放到区间 [l,*u*] |
| B = rescale(⋯,Name,Value) | 指定缩放数组的其他参数。'InputMin' 用于输入范围的最小值，'InputMax' 用于输入范围的最大值 rescale(*A*,'InputMin',5) 将 *A* 中所有小于 5 的元素设置为等于 5，然后缩放到范围 [0,1] |

**例 3-52：** 缩放魔方矩阵中元素的值到区间 [−1 1]。

**解：** MATLAB 程序如下：

```
>> A = magic(4)   % 创建 4 阶魔方矩阵
A =
    16     2     3    13
     5    11    10     8
     9     7     6    12
     4    14    15     1
>> B = rescale(A,-1,1)   % 设置缩放区间为 [-1 1]
B =
    1.0000   -0.8667   -0.7333    0.6000
   -0.4667    0.3333    0.2000   -0.0667
    0.0667   -0.2000   -0.3333    0.4667
   -0.6000    0.7333    0.8667   -1.0000
```

在 MATLAB 中，利用 bounds 命令可输出数组中的最小元素和最大元素。其调用格式见表 3-33。

**表 3-33　bounds 命令**

| 调用格式 | 说　明 |
| --- | --- |
| [S,L] = bounds(A) | 返回数组的最小元素 *S* 和最大元素 *L*。*S* 等同于 min(*A*)，*L* 等同于 max(*A*) |
| [S,L] = bounds(A,'all') | 计算 *A* 的所有元素的最小值和最大值 |
| [S,L] = bounds(A,dim) | 沿 *A* 的 dim 维度执行运算。如果 *A* 是矩阵，bounds(*A*,1) 计算每一列的最小值和最大值，bounds(*A*,2) 返回包含每一行的最小元素和最大元素的列向量 *S* 和 *L* |
| [S,L] = bounds(A,vecdim) | 根据向量 vecdim 中指定的维度计算最小值和最大值。如果 *A* 是矩阵，则 bounds(*A*,[1 2]) 将返回 *A* 中所有元素的最小值和最大值，因为矩阵的每个元素都包含在由维度 1 和 2 定义的数组中 |
| [S,L] = bounds(⋯,nanflag) | 指定在确定最小元素和最大元素时是包含还是忽略缺失值。可选项为："omitmissing"（默认）、"omitnan"、"omitnat"、"omitundefined"、"includemissing"、"includenan"、"includenat"、"includeundefined" |

**例 3-53：** 求矩阵中元素的最值。

**解：** MATLAB 程序如下：

```
>> A = magic(4)   % 创建 4 阶魔方矩阵
A =
    16     2     3    13
     5    11    10     8
     9     7     6    12
     4    14    15     1
>> [S,L] = bounds(A)   % 返回数组各列的最小元素 S 和最大元素 L
S =
     4     2     3     1
L =
    16    14    15    13
>> [S,L] = bounds(A,2)   % 计算 A 的每一行元素的最小值和最大值
S =
     2
     5
     6
     1
L =
    16
    11
    12
    15
```

表 3-34 中列出了 MATLAB 提供的对数组内容进行排序、旋转、排列、重新成形或移位的命令。

**表 3-34　数组命令**

| 函数 | 描　　述 |
| --- | --- |
| sort | 按升序或降序排列数组元素 |
| length | 向量的大小或数组的长度 |
| ndims | 数组的维数 |
| numel | 数组的元素数量 |
| size | 数组的维度 |
| iscolumn | 确定输入是否为列向量 |
| isempty | 确定数组是否为空 |
| ismatrix | 确定输入是否为矩阵 |
| isrow | 确定输入是否为行向量 |
| isscalar | 确定输入是否为标量 |
| isvector | 确定输入是否为向量 |
| blkdiag | 从输入参数构造块对角矩阵 |
| circshift | 循环移位 |
| ctranspose | 复共轭转置 |
| ipermute | 反转 *N-D* 阵列的置换维度 |

（续）

| 函数 | 描　　述 |
| --- | --- |
| permute | 重新排列 *N-D* 数组的维度 |
| repmat | 复制和平铺数组 |
| reshape | 重塑数组 |
| shiftdim | 移动维度 |
| issorted | 确定设置元素是否按排序顺序 |
| sortrows | 按升序排列行 |
| squeeze | 删除单例维度 |
| transpose | 转置 |

**例 3-54：** 数组排序。

**解：** MATLAB 程序如下：

```
>> A = [11 2 13;4 15 6;7 18 9]
A =
    11     2    13
     4    15     6
     7    18     9
>> sort(A,1)  % 将数组 A 中的元素按列升序排列
ans =
     4     2     6
     7    15     9
    11    18    13
>> sort(A,2)  % 将数组 A 中的元素按行排序
ans =
     2    11    13
     4     6    15
     7     9    18
```

# 第 4 章　矩阵

**内容指南**

矩阵是 MATLAB 的重要组成部分。MATLAB 语言是由早期专门用于矩阵运算的计算机语言发展而来的，其名称就是“矩阵实验室”的缩写。MATLAB 语言最基本、最重要的功能就是进行实数矩阵或是复数矩阵的运算，其所有的数值功能都是以矩阵为基本单元来实现。本章将对矩阵及其运算进行详细介绍。

**内容要点**

- 基本的矩阵函数
- 矩阵分解
- 变换矩阵

## 4.1　基本的矩阵函数

矩阵运算是线性代数中极其重要的部分。利用 MATLAB，除了可以对矩阵进行一些基本的运算，还可以求矩阵的特征值与特征向量。

### 4.1.1　矩阵的基本参数

矩阵运算除了基本的四则运算外，还包括矩阵的秩、条件数、范数的求解。

1. 矩阵的求秩运算

矩阵的求秩运算可以通过 rank 命令来实现，其调用格式见表 4-1。

**表 4-1　rank 命令**

| 调用格式 | 说　明 |
|---|---|
| k = rank(A) | 返回矩阵 $A$ 的秩 |
| k = rank(A,tol) | 指定使用容差计算矩阵的秩，结果为 $A$ 中大于 *tol* 的奇异值的个数 |

**例 4-1**：求矩阵的秩。

**解**：MATLAB 程序如下：

```
>> A = [1 -5 2; -3  7 9; 4 -1 6];
>> rank(A)
ans =
        3
```

2. 矩阵的求迹运算

在线性代数中，一个 $n\times n$ 矩阵 $A$ 的主对角线（从左上方至右下方的对角线）上各个元素的总和被称为矩阵 $A$ 的迹（或迹数），一般记作 tr($A$)。

$$\mathrm{tr}(A)=\sum_{i=1}^{n}a_{ii}=a_{11}+a_{22}+\cdots+a_{nn}$$

矩阵的求迹运算可以通过 trace 命令来实现，其调用格式见表 4-2。

**表 4-2　trace 命令**

| 调用格式 | 说　明 |
| --- | --- |
| b = trace(A) | 计算矩阵 $A$ 的对角线元素之和 |

**例 4-2：** 求矩阵的迹。

**解：** MATLAB 程序如下：

```
>> A = magic(3);
>> trace(A)
ans =
      15
```

3. 矩阵的求逆运算

对于 $n$ 阶方阵 $A$，如果有 $n$ 阶方阵 $B$ 满足 $AB=BA=I$，则称矩阵 $A$ 为可逆的，称方阵 $B$ 为 $A$ 的逆矩阵，记为 $A^{-1}$。

逆矩阵的性质：

（1）若 $A$ 可逆，则 $A^{-1}$ 是唯一的。

（2）若 $A$ 可逆，则 $A^{-1}$ 也可逆，并且 $(A^{-1})^{-1}=A$。

（3）若 $n$ 阶方阵 $A$ 与 $B$ 都可逆，则 $AB$ 也可逆，且 $(AB)^{-1}=B^{-1}A^{-1}$。

（4）若 $A$ 可逆，则 $A^{\mathrm{T}}$ 也可逆，且 $(A^{\mathrm{T}})^{-1}=(A^{-1})^{\mathrm{T}}$。

（5）若 $A$ 可逆，则 $|A^{-1}|=|A|^{-1}$。

我们把满足 $|A|\neq 0$ 的方阵 $A$ 称为非奇异的，否则就称为奇异的。

求解矩阵的逆使用 inv 命令，其调用格式见表 4-3。

**表 4-3　inv 命令**

| 调用格式 | 说　明 |
| --- | --- |
| Y = inv(X) | 计算矩阵 $A$ 的逆 |

**例 4-3：** 求解矩阵的逆。

**解：** MATLAB 程序如下：

```
>>  A = rand(3)
A =
    0.0540    0.9340    0.4694
    0.5308    0.1299    0.0119
    0.7792    0.5688    0.3371
>> B = inv(A)
B =
   -0.5946    0.7689    0.8008
    4.7250    4.5818   -3.9912
   -3.2235  -14.1952    7.8498
>> A = [1 -1;0 1;2 3];
```

```
>> B = inv(A)
错误使用 inv
矩阵必须为方阵。
```

***提示：***

*只能对方阵进行求逆运算，如 $2\times2$、$3\times3$，即 $n\times n$ 格式的矩阵，否则弹出警告信息。*

4. 矩阵的求逆条件数运算

求解矩阵的逆条件数值使用 rcond 命令，其调用格式见表 4-4。

**表 4-4　rcond 命令**

| 调用格式 | 说　　明 |
|---|---|
| C = rcond(A) | 返回 $A$ 的 1- 范数条件数倒数估计值 |

**例 4-4**：求矩阵 $A=\begin{pmatrix}1 & -1 & 2\\0 & 1 & 6\\2 & 3 & 4\end{pmatrix}$ 的逆矩阵。

**解**：MATLAB 程序如下：

```
A =
     1    -1     2
     0     1     6
     2     3     4
>> B = inv(A)
B =
    0.4667   -0.3333    0.2667
   -0.4000         0    0.2000
    0.0667    0.1667   -0.0333
```

**例 4-5**：验证逆矩阵结合律 $(\lambda A)^{-1}=\lambda^{-1}A^{-1}$。

**解**：MATLAB 程序如下：

```
>> A = [1 -1 2;0 1 6;2 3 4];
>> A1 = 6*A
A1 =
     6    -6    12
     0     6    36
    12    18    24
>> B1 = inv(A1)
B1 =
    0.0778   -0.0556    0.0444
   -0.0667         0    0.0333
    0.0111    0.0278   -0.0056
>> B2 = inv(6)*inv(A)
B2 =
    0.0778   -0.0556    0.0444
   -0.0667         0    0.0333
    0.0111    0.0278   -0.0056
```

5. 矩阵的行列式运算

一个 $n\times n$ 的正方矩阵 $A$ 的行列式记为 $\det(A)$ 或者 $|A|$，一个 $2\times 2$ 矩阵的行列式可表示如下：

$$\det\begin{pmatrix} a & b \\ c & d \end{pmatrix} = ad - bc$$

在 MATLAB 中，det 命令用来求解矩阵的行列式，其调用格式见表 4-5。

**表 4-5　det 命令**

| 调用格式 | 说　明 |
| --- | --- |
| d = det(A) | 返回方阵 $A$ 的行列式 |

**例 4-6：**求解矩阵的逆条件数

**解：**MATLAB 程序如下：

```
>> A = gallery('cauchy',1:6)    % 创建柯西矩阵
A =
    0.5000    0.3333    0.2500    0.2000    0.1667    0.1429
    0.3333    0.2500    0.2000    0.1667    0.1429    0.1250
    0.2500    0.2000    0.1667    0.1429    0.1250    0.1111
    0.2000    0.1667    0.1429    0.1250    0.1111    0.1000
    0.1667    0.1429    0.1250    0.1111    0.1000    0.0909
    0.1429    0.1250    0.1111    0.1000    0.0909    0.0833
>> C = rcond(A)
C =
   1.0980e-08
>> d = det(A)
d =
   5.8088e-21
```

### 4.1.2　矩阵的转置

对于矩阵 $A$，如果有矩阵 $B$ 满足 $B(i,j)=A(j,i)$，即 $B$ 的第 $i$ 行第 $j$ 列元素是 $A$ 的第 $j$ 行第 $i$ 列元素，简单来说，就是将矩阵 $A$ 的行元素变成矩阵 $B$ 的列元素，矩阵 $A$ 的列元素变成矩阵 $B$ 的行元素，则称 $A^{\mathrm{T}}=B$，矩阵 $B$ 是矩阵 $A$ 的转置矩阵。

$$D=\begin{pmatrix} a_{11} & a_{12} & \cdots & a_{1n} \\ a_{21} & a_{22} & \cdots & a_{2n} \\ \vdots & \vdots & & \vdots \\ a_{n1} & a_{n2} & \cdots & a_{nn} \end{pmatrix},\quad D^{\mathrm{T}}=\begin{pmatrix} a_{11} & a_{21} & \cdots & a_{n1} \\ a_{12} & a_{22} & \cdots & a_{n2} \\ \vdots & \vdots & & \vdots \\ a_{1n} & a_{2n} & \cdots & a_{nn} \end{pmatrix}$$

矩阵的转置满足下述运算规律：

1）$(A^{\mathrm{T}})^{\mathrm{T}}=A$

2）$(A+B)^{\mathrm{T}}=A^{\mathrm{T}}+B^{\mathrm{T}}$

3）$(\lambda A)^{\mathrm{T}}=\lambda A^{\mathrm{T}}$

4）$(AB)^{\mathrm{T}}=B^{\mathrm{T}}A^{\mathrm{T}}$

矩阵的转置运算可以通过符号“'”或 transpose 命令来实现。其调用格式见表 4-6。

**表 4-6　transpose 命令**

| 调用格式 | 说　明 |
| --- | --- |
| B = A.' | 返回 $A$ 的非共轭转置，即每个元素的行和列索引都会互换。如果 $A$ 包含复数元素，则 $A.'$ 不会影响虚部符号 |
| B = transpose(A) | 矩阵转置。当矩阵是复数时，求矩阵的共轭转置 |

**例 4-7：** 求矩阵 $A=\begin{pmatrix}1 & -1 & 2\\ 0 & 1 & 6\\ 2 & 3 & 4\end{pmatrix}$ 的二次转置。

**解：** MATLAB 程序如下：

```
>> A = [1 -1 2;0 1 6;2 3 4]
A =
     1    -1     2
     0     1     6
     2     3     4
>> A''
ans =
     1    -1     2
     0     1     6
     2     3     4
>> (A')'
ans =
     1    -1     2
     0     1     6
     2     3     4
```

**例 4-8：** 验证转置矩阵的交换律 $(\lambda A)^{\mathrm{T}}=\lambda A^{\mathrm{T}}$。

**解：** MATLAB 程序如下：

```
>> A = [1 -1 2;0 1 6;2 3 4];
>> C1 = 6*A'
C1 =
     6     0    12
    -6     6    18
    12    36    24
>> C2 = (6*A)'
C2 =
     6     0    12
    -6     6    18
    12    36    24
>> isequal(C1,C2)
ans =
  logical
   1
```

**例 4-9：** 求魔方矩阵的逆矩阵与转置矩阵之和。

**解：** MATLAB 程序如下：

```
>> magic(3)
ans =
     8     1     6
     3     5     7
     4     9     2
>> inv(magic(3))+magic(3)'
ans =
    8.1472    2.8556    4.0639
    0.9389    5.0222    9.1056
    5.9806    7.1889    1.8972
```

**例 4-10：** 求 5 阶托普利兹矩阵与希尔伯特矩阵之积的逆矩阵与转置矩阵。

**解：** MATLAB 程序如下：

```
>> A = toeplitz(1:5)*hilb(5)
A =
    5.0000    3.5500    2.8143    2.3464    2.0175
    4.7167    3.1000    2.3881    1.9619    1.6718
    5.4333    3.3167    2.4619    1.9774    1.6595
    6.8167    4.0333    2.9357    2.3262    1.9329
    8.7000    5.1500    3.7429    2.9607    2.4563
>> B = inv(A)
B =
   1.0e+05 *
   -0.0011    0.0084   -0.0190    0.0224   -0.0096
    0.0148   -0.1440    0.3474   -0.4263    0.1867
   -0.0516    0.5912   -1.4763    1.8564   -0.8234
    0.0667   -0.8638    2.2064   -2.8210    1.2623
   -0.0289    0.4127   -1.0710    1.3860   -0.6242
>> B1 = inv(toeplitz(1:5))*inv(hilb(5))
B1 =
   1.0e+05 *
   -0.0011    0.0147   -0.0516    0.0667   -0.0289
    0.0084   -0.1440    0.5911   -0.8638    0.4126
   -0.0190    0.3474   -1.4763    2.2064   -1.0710
    0.0224   -0.4263    1.8564   -2.8210    1.3860
   -0.0096    0.1866   -0.8234    1.2623   -0.6242
>> C = A'
C =
    5.0000    4.7167    5.4333    6.8167    8.7000
    3.5500    3.1000    3.3167    4.0333    5.1500
    2.8143    2.3881    2.4619    2.9357    3.7429
    2.3464    1.9619    1.9774    2.3262    2.9607
    2.0175    1.6718    1.6595    1.9329    2.4563
>> C1 = toeplitz(1:5)'*hilb(5)'
```

```
C1 =
    5.0000    3.5500    2.8143    2.3464    2.0175
    4.7167    3.1000    2.3881    1.9619    1.6718
    5.4333    3.3167    2.4619    1.9774    1.6595
    6.8167    4.0333    2.9357    2.3262    1.9329
    8.7000    5.1500    3.7429    2.9607    2.4563
>> C2 = hilb(5)'* toeplitz(1:5)'
C2 =
    5.0000    4.7167    5.4333    6.8167    8.7000
    3.5500    3.1000    3.3167    4.0333    5.1500
    2.8143    2.3881    2.4619    2.9357    3.7429
    2.3464    1.9619    1.9774    2.3262    2.9607
    2.0175    1.6718    1.6595    1.9329    2.4563
>> isequal(C,C1)
   ans =
     logical
      0
>> isequal(C,C2)
   ans =
     logical
      1
```

**注意：**

验证 $(AB)^{\mathrm{T}} \neq A^{\mathrm{T}}B^{\mathrm{T}}$，$(AB)^{\mathrm{T}} = B^{\mathrm{T}}A^{\mathrm{T}}$

### 4.1.3 矩阵范数

范数是一个数值分析中的概念，它是向量或矩阵大小的一种度量，在工程计算中有着重要的作用。

1. 向量范数

两个点之间的距离作为向量元素之差的范数。

在几何学上，点之间的距离等于从一个点延伸到另一个点的向量的值。

$$
\begin{aligned}
a &= 0\hat{x} + 3\hat{j} \\
b &= -2\hat{x} + 1\hat{j} \\
d_{(\mathrm{a,b})} &= \|b - a\| \\
&= \sqrt{(-2-0)^2 + (1-3)^2} \\
&= \sqrt{8}
\end{aligned}
$$

2. 常规向量范数

具有 $N$ 个元素的向量 $v$ 的 $p$- 范数的常规定义是 $\|v\|_p = \left[\sum_{k=1}^{n} |v_k|^p\right]^{\frac{1}{p}}$，其中 $p$ 是任何正的实数值、Inf 或 –Inf。一些值得关注的 $p$ 值包括：

◆ 如果 $p=1$，则所得的 1- 范数是向量元素的绝对值之和。
◆ 如果 $p=2$，则所得的 2- 范数是向量的模或欧几里得长度。
◆ 如果 $p=\text{Inf}$，则 $\|v\|_\infty=\max_i(|v(\text{i})|)$。
◆ 如果 $p=-\text{Inf}$，则 $\|v\|_{-\infty}=\min_i(|v(\text{i})|)$。

对于向量 $x\in R^n$，常用的向量范数有以下几种：

◆ $x$ 的 $\infty$ - 范数：$\|x\|_\infty=\max\limits_{1\leqslant i\leqslant n}|x_i|$
◆ $x$ 的 1- 范数：$\|x\|_1=\sum\limits_{i=1}^{n}|x_i|$
◆ $x$ 的 2- 范数（欧氏范数）：$\|x\|_2=(x^\text{T}x)^{\frac{1}{2}}=\left(\sum\limits_{i=1}^{n}x_i^2\right)^{\frac{1}{2}}$
◆ $x$ 的 $p$- 范数：$\|x\|_p=\left(\sum\limits_{i=1}^{n}|x_i|^p\right)^{\frac{1}{p}}$

在 MATLAB 中，vecnorm 命令用来求解向量范数和计算矩阵中每列的范数。其调用格式见表 4-7。

**表 4-7　vecnorm 命令**

| 调用格式 | 说　明 |
|---|---|
| N = vecnorm(A) | 返回 $A$ 的 2- 范数或欧几里得范数 |
| N = vecnorm(A,p) | 计算广义向量 $p$- 范数 |
| N = vecnorm(A,p,dim) | 沿维度 dim 运算。此维度的大小将减少至 1，而所有其他维度的大小保持不变 |

**例 4-11**：计算向量的 $n$- 范数。

**解**：MATLAB 程序如下：

```
>> a = linspace(0,10,8);  % 创建一个从 0 开始，到 10 结束，包含 8 个数据元素的向量 a
>> b = vecnorm(a)         % 计算向量的 2- 范数
b =
   16.9031
>> b = vecnorm(a,1)       % 计算向量的 1- 范数
b =
   40
```

**例 4-12**：计算矩阵的列范数。

**解**：MATLAB 程序如下：

```
>> A = compan(1:8);       % 创建向量的伴随矩阵
>> B = vecnorm(A)         % 计算矩阵的 2- 范数
B =
  2.2361    3.1623    4.1231    5.0990    6.0828    7.0711    8.0000
```

3. 矩阵范数

对于矩阵 $A\in R^{m\times n}$，常用的矩阵范数有以下几种：

◆ $A$ 的行范数（$\infty$ - 范数）：$\|A\|_\infty=\max\limits_{1\leqslant i\leqslant m}\sum\limits_{j=1}^{n}|a_{ij}|$

◆ $A$ 的列范数（1- 范数）：$\|A\|_1 = \max\limits_{1\leqslant j\leqslant n}\sum\limits_{i=1}^{m}|a_{ij}|$

◆ $A$ 的欧氏范数（2- 范数）：$\|A\|_\infty = \sqrt{\lambda_{\max}(A^{\mathrm{T}}A)}$，其中 $\lambda_{\max}(A^{\mathrm{T}}A)$ 表示 $A^{\mathrm{T}}A$ 的最大特征值

◆ $A$ 的 Forbenius 范数（F- 范数）：$\|A\|_F = \left(\sum\limits_{i=1}^{m}\sum\limits_{j=1}^{n}a_{ij}^2\right)^{\frac{1}{2}} = \mathrm{trace}(A^{\mathrm{T}}A)^{\frac{1}{2}}$

在 MATLAB 中，norm 命令用来求解向量范数和矩阵范数，其调用格式见表 4-8。

**表 4-8　norm 命令**

| 调用格式 | 说　明 |
| --- | --- |
| n = norm(v) | 返回向量 $v$ 的欧几里得范数。此范数也称为 2- 范数、向量模或欧几里得长度 |
| n = norm(v,p) | 返回广义向量 $p$- 范数 |
| n = norm(X) | 返回矩阵 $X$ 的 2- 范数或最大奇异值，该值近似于 max(svd($X$)) |
| n = norm(X,p) | 返回矩阵 $X$ 的 $p$- 范数，其中 $p$ 为 1(求矩阵的最大绝对列之和)、2（近似于 max(svd($X$))）或 Inf（矩阵的最大绝对行之和） |
| n = norm(X,‘fro’) | 返回矩阵 $X$ 的 Frobenius 范数 |

**例 4-13**：计算两个点之间的欧几里得距离。

**解**：MATLAB 程序如下：

```
>> a = [9 7];
>> b = [6 1];
>> d = norm(b-a)   % 计算点之间的距离
d =
    6.7082
```

在 MATLAB 中，normest 命令用来求解 2- 范数估值，其调用格式见表 4-9。

**表 4-9　normest 命令**

| 调用格式 | 说　明 |
| --- | --- |
| nrm = normest(S) | 返回矩阵 $S$ 的 2- 范数估值 |
| nrm = normest(S,tol) | 使用相对误差 tol 替代默认容差 1.e-6。tol 的值决定了估值能否接受 |
| [nrm,count] = normest(...) | 返回 2- 范数估值并给出所用幂迭代数 |

**例 4-14**：常用的矩阵函数。

**解**：MATLAB 程序如下：

```
>> A = magic(4);
>> norm(A)
ans =
    34
>> normest(A)
ans =
    34
>> det(A)
ans =
    5.1337e-13
```

4. 矩阵条件数

矩阵的条件数在数值分析中是一个重要的概念，在工程计算中也是必不可少的，它用于刻画一个矩阵的“病态”程度。

对于非奇异矩阵 $A$，其条件数的定义为：

$$\text{cond}(A)_v = \|A^{-1}\|_v \|A\|_v$$

其中 $v = 1$、2、…、$F$。它是一个大于或等于 1 的实数，当 $A$ 的条件数相对较大，即 $\text{cond}(A)_v >> 1$ 时，矩阵 $A$ 是“病态”的，反之是“良态”的。

5. 矩阵条件数估计

计算 $A$ 的 1- 范数条件数。mxn 矩阵的 1- 范数条件数的值为：

$$K_1(A) = \|A\|_1 \|A^{-1}\|_1$$

其中，1- 范数是矩阵的最大绝对列之和，由以下公式计算得出：

$$\|A\|_1 = \max_{1 \leqslant j \leqslant n} \left( \sum_{i=1}^{m} |a_{ij}| \right)$$

在 MATLAB 中，condest 命令用来求解矩阵的 1- 范数条件数，其调用格式见表 4-10。

**表 4-10　condest 命令**

| 调用格式 | 说　　明 |
|---|---|
| c = condest(A) | 计算矩阵 $A$ 的 1- 范数条件数的下限 $c$ |
| c = condest(A,t) | 增加基础迭代矩阵中的列数 $t$ 列数通常会得到更佳的条件估计值，但会占用更多的计算机内存。默认值为 $t = 2$，在使用 2 以内的因子时始终可得到正确的估计值 |
| [c,v] = condest(A) | 计算向量 $v$，如果 $c$ 较大，该向量是一个近似于空值的向量。$v$ 满足 norm(A*v,1) = norm(A,1)*norm(v,1)/c |

**例 4-15：** 求矩阵的范数条件数倒数。

**解：** MATLAB 程序如下：

```
>> A = magic(4);
>> C = condest(A)   % 计算 A 的 1- 范数条件数
C =
    7.6561e+16
>> C = condest (A,3)    % 增加基础迭代矩阵中的列数为 3
C =
    7.6561e+16
```

6. 矩阵条件数倒数

在 MATLAB 中，rcond 命令用来求解矩阵的条件数，其调用格式见表 4-11。

**表 4-11　rcond 命令**

| 调用格式 | 说　　明 |
|---|---|
| C = rcond(A) | 返回 $A$ 的 1- 范数条件数倒数估计值。如果 $A$ 的条件设置良好，则 rcond(A) 接近 1.0；如果 $A$ 的条件设置错误，则 rcond(A) 接近 0 |

**例 4-16：** 求矩阵的范数条件数倒数。

**解：** MATLAB 程序如下：

```
>> A = [1 -1 -2;3 4  8;-1 5  7];
>> C = cond(A)  % 计算 A 的 2- 范数条件数
C =
   24.0295
>> C = rcond(A)    % 计算 A 的范数条件数倒数
C =
     0.0206
```

7. 矩阵条件数

与 rcond 命令相比，cond 命令作为估计矩阵条件的方法更有效，但不太稳定。矩阵和计算任务的条件数用于衡量解算过程中答案对输入数据变化和舍入误差的敏感程度。

矩阵的逆运算的条件数用于测量线性方程组的解对数据错误的敏感程度。它指示矩阵求逆结果和线性方程解的精度。

在 MATLAB 中，cond 命令用来求解逆矩阵的条件数，其调用格式见表 4-12。

**表 4-12　cond 命令**

| 调用格式 | 说　明 |
| --- | --- |
| C = cond(A) | 返回 2- 范数逆运算的条件数，等于 $A$ 的最大奇异值与最小奇异值之比 |
| C = cond(A,p) | 返回 $p$- 范数条件数，其中 $p$ 可以是 1、2、Inf（无穷范数条件数）或 'fro'（Frobenius 范数条件数） |

**例 4-17：** 求矩阵的条件数。

**解：** MATLAB 程序如下：

```
>> A = magic(4);
>> C = cond(A)  % 计算 A 的 2- 范数条件数
C =
   4.7133e+17
>> C = cond(A,1)    % 计算 A 的 1- 范数条件数
C =
   7.6561e+16
```

### 4.1.4　特征值和特征向量的基本概念

物理、力学和工程技术中的很多问题在数学上都归结为求矩阵的特征值问题，如振动问题（桥梁的振动、机械的振动、电磁振荡、地震引起的建筑物的振动等）、物理学中某些临界值的确定等。

对于方阵 $A \in R^{n \times n}$ 多项式 $f(\lambda) = \det(\lambda I - A)$ 称为 $A$ 的特征多项式，它是关于 $\lambda$ 的 $n$ 次多项式。方程 $f(\lambda) = 0$ 的根称为矩阵 $A$ 的特征值。设 $\lambda$ 为 $A$ 的一个特征值，方程：

$$(\lambda I - A)x = 0$$

的非零解 $x$ 称为矩阵 $A$ 对应于特征值 $\lambda$ 的特征向量。

在 MATLAB 中求矩阵特征值与特征向量的命令是 eig。其调用格式见表 4-13。

**表 4-13　eig 命令**

| 调用格式 | 说　明 |
| --- | --- |
| lambda = eig(A) | 返回由矩阵 *A* 的所有特征值组成的列向量 lambda，输入矩阵 *A* 必须是方阵（行列数相等） |
| [V,D] = eig(A) | 求矩阵 *A* 的特征值与特征向量，其中 *D* 为对角矩阵，其对角元素为 *A* 的特征值，相应的特征向量为 *V* 的相应列向量 |
| [V,D,W] = eig(A) | 返回特征值的对角矩阵 *D* 和 *V*，以及满矩阵 *W* |
| e = eig(A,B) | 返回一个包含方阵 *A* 和 *B* 的广义特征值的列向量 |
| [V,D] = eig(A,B) | 返回广义特征值的对角矩阵 *D* 和满矩阵 *V*，其列是对应的右特征向量，使得 *A***V* = *B***V***D* |
| [V,D,W] = eig(A,B) | 在上一语法的基础上，还返回满矩阵 *W*，其列是对应的左特征向量，使得 *W* '**A* = *D***W* '**B* |
| [⋯] = eig(A,balanceOption) | 在求解矩阵特征值与特征向量之前是否进行平衡处理。Balance Option 的默认值是 'balance'，表示启用均衡步骤 |
| [⋯] = eig(A,B,algorithm) | algorithm 的默认值取决于 *A* 和 *B* 的属性，但通常是 '*qz*'，表示使用 QZ 算法。如果 *A* 为 Hermitian 并且 *B* 为 Hermitian 正定矩阵，则 algorithm 的默认值为 'chol'，使用 *B* 的 Cholesky 分解计算广义特征值 |
| [⋯] = eig(⋯,eigvalOption) | 以 eigvalOption 指定形式返回特征值。eigvalOption 指定为 'vector' 可返回列向量中的特征值，指定为 'matrix' 可返回对角矩阵中的特征值 |

**例 4-18：** 求矩阵 $A=\begin{pmatrix}1 & -8 & 4 & 2\\ 3 & -5 & 7 & 9\\ 0 & 2 & 8 & -1\\ 3 & 0 & -4 & 8\end{pmatrix}$ 的特征值与特征向量，并求出相似矩阵 *T* 及平衡矩阵 *B*。

**解：** MATLAB 程序如下：

```
>> A = [1 -8 4 2;3 -5 7 9;0 2 8 -1;3 0 -4 8];
>> [V,D] = eig(A)                          %求矩阵A的特征值与特征向量
V =
   -0.8113   -0.8859   -0.3917   -0.2890
   -0.5361    0.1847    0.4465    0.3113
    0.0967    0.0088   -0.0940   -0.3460
    0.2123    0.4253    0.7990    0.8366
D =
   -5.2863         0         0         0
         0    1.6682         0         0
         0         0    7.0000         0
         0         0         0    8.6181
>> [T,B] = balance(A)                 %求相似矩阵T及平衡矩阵B
T =
     1     0     0     0
     0     1     0     0
     0     0     1     0
     0     0     0     1
```

```
B =
     1    -8     4     2
     3    -5     7     9
     0     2     8    -1
     3     0    -4     8
```

**例 4-19**：已知矩阵 $A=\begin{pmatrix}1 & -8 & 4 & 2\\3 & -5 & 7 & 9\\0 & 2 & 8 & -1\\3 & 0 & -4 & 8\end{pmatrix}$ 以及矩阵 $B=\begin{pmatrix}1 & 0 & 2 & 3\\0 & 3 & 5 & 2\\1 & 1 & 0 & 6\\5 & 7 & 8 & 2\end{pmatrix}$，求广义特征值和广义特征向量。

**解**：MATLAB 程序如下：

```
>> A = [1 -8 4 2;3 -5 7 9;0 2 8 -1;3 0 -4 8];
>> B = [1 0 2 3;0 3 5 2;1 1 0 6;5 7 8 2];
>> [V,D] = eig(A,B)
V =
    0.5936   -1.0000   -1.0000   -0.7083
    0.0379   -0.0205   -0.0579   -0.8560
    0.7317    0.0624    0.4825    1.0000
   -1.0000    0.2940    0.5103    0.5030
D =
   -1.2907         0         0         0
         0    0.2213         0         0
         0         0    1.6137         0
             0         0         0    3.9798
```

对于求矩阵 $A$ 按模最大的特征值（称为 $A$ 的主特征值）和相应的特征向量的问题，可以利用 eigs 命令来解决。eigs 命令的调用格式见表 4-14。

**表 4-14　eigs 命令**

| 调用格式 | 说　明 |
| --- | --- |
| lambda = eigs(A) | 求矩阵 $A$ 的 6 个模最大的特征值，并以向量 lambda 形式存放 |
| lambda = eigs(A,k) | 返回矩阵 $A$ 的 $k$ 个模最大的特征值 |
| lambda = eigs(A,k,sigma) | 根据 sigma 的取值来求 $A$ 的 $k$ 个特征值，其中 sigma 的取值及相关说明见表 4-15 |
| lambda = eigs(A,k,sigma,Name,Value) | 使用一个或多个名称 – 值对组参数指定其他选项 |
| lambda = eigs(A,k,sigma,opts) | 使用结构体指定选项 |
| lambda = eigs(Afun,n,⋯) | 指定函数句柄 Afun，而不是矩阵。第二个输入 $n$ 可求出 Afun 中使用的矩阵 $A$ 的大小 |
| [V,D] = eigs(⋯) | 返回包含主对角线上的特征值的对角矩阵 $D$ 和各列中包含对应的特征向量的矩阵 $V$ |
| [V,D,flag] = eigs(⋯) | 返回对角矩阵 $D$ 和矩阵 $V$，以及一个收敛标志。如果 flag 为 0，表示已收敛所有特征值 |

**表 4-15　sigma 取值及说明**

| sigma 取值 | 说　明 |
| --- | --- |
| 标量（实数或复数，包括 0） | 求最接近数字 sigma 的特征值 |
| 'largestabs' | 默认值，求按模最大的特征值 |
| 'smallestabs' | 与 sigma = 0 相同，求按模最小的特征值 |
| 'largestreal' | 求最大实部特征值 |
| 'smallestreal' | 求最小实部特征值 |
| 'bothendsreal' | 求具有最大实部和最小实部特征值 |
| 'largestimag' | 对非对称问题求最大虚部特征值 |
| 'smallestimag' | 对非对称问题求最小虚部特征值 |
| 'bothendsimag' | 对非对称问题求具有最大虚部和最小虚部特征值 |

**例 4-20**：求矩阵 $A=\begin{pmatrix}1 & 2 & -3 & 4\\0 & -1 & 2 & 1\\-2 & 0 & 3 & 5\\1 & 1 & 0 & 1\end{pmatrix}$ 的按模最大与最小特征值。

**解**：MATLAB 程序如下：

```
>> A = [1 2 -3 4;0 -1 2 1;-2 0 3 5;1 1 0 1];
>> d_max = eigs(A,1)        % 求按模最大特征值
d_max =
   3.9402
>> d_min = eigs(A,1, 'smallestabs')       % 求按模最小特征值
d_min =
  -1.2260
```

同 eig 命令一样，eigs 命令也可用于求部分广义特征值，其调用格式见表 4-16。

**表 4-16　eigs 命令求部分广义特征值的调用格式**

| 调用格式 | 说　明 |
| --- | --- |
| lambda = eigs(A,B) | 求矩阵的广义特征值问题，满足 $AV=BVD$，其中 $i$ 为特征值对角阵，$V$ 为特征向量矩阵，$B$ 必须是对称正定或埃尔米特矩阵 |
| lambda = eigs(A,B,k) | 求 $A$、$B$ 对应的 $k$ 个最大广义特征值 |
| lambda = eigs(A,B,k,sigma) | 根据 sigma 的取值来求 $k$ 个相应广义特征值 |
| lambda = eigs(Afun,k,B) | 求 $k$ 个最大广义特征值，其中矩阵 $A$ 由 Afun.m 生成 |

**例 4-21**：对于矩阵 $A=\begin{pmatrix}1 & 2 & -3 & 4\\0 & -1 & 2 & 1\\-2 & 0 & 3 & 5\\1 & 1 & 0 & 1\end{pmatrix}$ 以及 $B=\begin{pmatrix}3 & 1 & 4 & 2\\1 & 14 & -3 & 3\\4 & -3 & 19 & 1\\2 & 3 & 1 & 2\end{pmatrix}$，求最大与最小的两个广义特征值。

**解**：MATLAB 程序如下：

```
>> A = [1 2 -3 4;0 -1 2 1;-2 0 3 5;1 1 0 1];
>> B = [3 1 4 2;1 14 -3 3;4 -3 19 1;2 3 1 2];
>> d1 = eigs(A,B,2)    % 求 A、B 对应的 2 个最大广义特征值
```

```
d =
  -8.1022
   1.2643
>> d2 = eigs(A,B,2,'smallestabs')   %将 sigma 的取值设为 'smallestabs'，求 2 个相应广义特征值
d =
  -0.0965
   0.3744
```

# 4.2 矩阵分解

矩阵分解是矩阵分析的一个重要工具，如求矩阵的特征值和特征向量、求矩阵的逆以及矩阵的秩等都要用到矩阵分解。在实际工程中，尤其是在电子信息理论和控制理论中，矩阵分析尤为重要。本节将主要讲述如何利用 MATLAB 实现矩阵分析中常用的一些矩阵分解。

矩阵分解（decomposition, factorization）是将矩阵拆解为数个矩阵的乘积，可分为三角分解、满秩分解、QR 分解、Jordan 分解和 SVD（奇异值）分解等。

## 4.2.1 奇异值分解

奇异值分解（Singular Value Decomposition）简称 SVD，是一种正交矩阵分解法，是将 $m \times n$ 矩阵 $A$ 表示为三个矩阵乘积形式：$USV^{\mathrm{T}}$。其中，$U$ 为 $m \times m$ 酉矩阵，$V$ 为 $n \times n$ 酉矩阵，$S$ 为对角矩阵，其对角线元素为矩阵 $A$ 的奇异值且满足 $s_1 \geqslant s_2 \geqslant \cdots \geqslant s_r > s_{r+1} = \cdots = s_n = 0$，$r$ 为矩阵 $A$ 的秩。这种分解法是现代数值分析（尤其是数值计算）的最基本和最重要的工具之一，因此在工程实际中有着广泛的应用。

矩阵的奇异值分解可用 svd 命令实现。其调用格式见表 4-17。

**表 4-17　svd 命令**

| 调用格式 | 说　明 |
| --- | --- |
| s = svd (A) | 返回矩阵 $A$ 的奇异值向量 $s$ |
| [U,S,V] = svd (A) | 返回矩阵 $A$ 的奇异值分解因子 $U$、$S$、$V$。其中，$U$ 和 $V$ 分别代表两个正交矩阵，而 $S$ 代表一个对角矩阵。原矩阵 $A$ 不必为正方矩阵 |
| [⋯] = svd(A,“econ”) | 使用上述任一输出参数组合生成 $A$ 的精简分解。精简分解从奇异值的对角矩阵 $S$ 中删除额外的零值行或列，以及 $U$ 或 $V$ 中与表达式 $A = U*S*V'$ 中的那些零值相乘的列，以缩短执行时间，并减少存储要求，而且不会影响分解的准确性 |
| [⋯] = svd (A,0) | 返回 $m \times n$ 矩阵 $A$ 的另一种精简分解，若 $m>n$ 则只计算出矩阵 $U$ 的前 $n$ 列，矩阵 $S$ 为 $n \times n$ 矩阵，否则同 $[U,S,V]$ = svd($A$) |
| [⋯] = svd(⋯,outputForm) | 在以上任一语法格式的基础上，指定奇异值的输出格式。指定 “vector” 以列向量形式返回奇异值，指定 “matrix” 以对角矩阵形式返回奇异值 |

**例 4-22：** 求矩阵 $A=\begin{pmatrix} 1 & 2 & 3 \\ 4 & 5 & 6 \\ 7 & 8 & 9 \\ 0 & 1 & 2 \end{pmatrix}$ 的奇异值分解。

**解：** MATLAB 程序如下：

```
>> A = [1 2 3;4 5 6;7 8 9;0 1 2];
>> r = rank(A)      % 求出矩阵A的秩，与下面S的非零对角元个数一致
r =
     2
>> [S,V,D] = svd(A)
S =
   -0.2139   -0.5810    0.7839   -0.0459
   -0.5174   -0.1251   -0.1855    0.8260
   -0.8209    0.3309   -0.0060   -0.4654
   -0.1127   -0.7330   -0.5925   -0.3146
V =
   16.9557         0         0
         0    1.5825         0
         0         0    0.0000
         0         0         0
D =
   -0.4736    0.7804    0.4082
   -0.5718    0.0802   -0.8165
   -0.6699   -0.6201    0.4082
```

**例 4-23：** 矩阵的奇异值分解。

**解：** MATLAB 程序如下：

```
>> A = [1 6 5 8;9 4 6 7;8 2 6 9;5 8 9 3];
>> s = svd (A)
s =
   24.2774
    7.2108
    5.4167
    1.1263
```

**例 4-24：** 矩阵的奇异值分解示例。

**解：** MATLAB 程序如下：

```
>> A = hilb(4)
A =

    1.0000    0.5000    0.3333    0.2500
    0.5000    0.3333    0.2500    0.2000
    0.3333    0.2500    0.2000    0.1667
    0.2500    0.2000    0.1667    0.1429
>> [U,S,V] = svd (A)
U =

   -0.7926    0.5821   -0.1792   -0.0292
   -0.4519   -0.3705    0.7419    0.3287
   -0.3224   -0.5096   -0.1002   -0.7914
   -0.2522   -0.5140   -0.6383    0.5146
```

```
S =

    1.5002         0         0         0
         0    0.1691         0         0
         0         0    0.0067         0
         0         0         0    0.0001
V =

   -0.7926    0.5821   -0.1792   -0.0292
   -0.4519   -0.3705    0.7419    0.3287
   -0.3224   -0.5096   -0.1002   -0.7914
   -0.2522   -0.5140   -0.6383    0.5146
```

### 4.2.2 楚列斯基 (Cholesky) 分解

楚列斯基分解是专门针对对称正定矩阵的分解。设 $M$ 是 $n$ 阶方阵，如果对任何非零向量 $z$，都有 $zTMz > 0$（其中 $zT$ 表示 $z$ 的转置），就称 $M$ 为正定矩阵。正定矩阵在合同变换下可化为标准型，即对角矩阵。所有特征值大于零的对称矩阵（或厄米矩阵）也是正定矩阵。

- 正定矩阵的特征值全为正。
- 正定矩阵的各阶顺序子式都为正。
- 正定矩阵等同于单位阵。
- 正定矩阵一定是非奇异且可逆的。

设 $A=(a_{ij})\in R^{n\times n}$ 是对称正定矩阵，$A=R^{\mathrm{T}}R$ 称为矩阵 $A$ 的楚列斯基分解，其中 $R\in R^{n\times n}$ 是一个具有正的对角元上三角矩阵，即 $R=\begin{pmatrix} r_{11} & r_{12} & r_{13} & r_{14} \\ & r_{22} & r_{23} & r_{24} \\ & & r_{33} & r_{34} \\ & & & r_{44} \end{pmatrix}$ 这种分解是唯一存在的。

在 MATLAB 中，实现这种分解的命令是 chol，其调用格式见表 4-18。

**表 4-18　chol 命令**

| 调用格式 | 说　明 |
| --- | --- |
| R = chol(A) | 返回楚列斯基分解因子 $R$ |
| R = chol(A,triangle) | 在计算分解时指定使用 $A$ 的哪个三角因子，'lower' 或 'upper' |
| [R,p] = chol(…) | 该命令不产生任何错误信息，若 $A$ 为正定矩阵，则 $p=0$，表示分解成功，$R$ 同上；若 $X$ 非正定，则 $p$ 为正整数，表示分解失败的主元位置的索引，$R$ 是有序的上三角矩阵 |
| [R,flag,P] = chol(S) | 在上述输出参数的基础上，还返回一个置换矩阵 $P$，这是 amd 获得的稀疏矩阵 $S$ 的预先排序 |
| [R,flag,P] = chol(…,outputForm) | 使用上述语法中的任何输入参数组合，指定是以矩阵还是向量形式返回置换信息 $P$。此选项仅可用于稀疏矩阵输入 |

**例 4-25**：将对称正定矩阵进行楚列斯基分解。

**解**：MATLAB 程序如下：

```
>> clear                                   % 清除工作区的变量
>> A = [98 3 2;3 89 2;2 1 45]
A =
    98     3     2
     3    89     2
     2     1    45
>> chol(A) % 返回楚列斯基分解因子 R
ans =
9.8995    0.3030    0.2020
     0    9.4291    0.2056
     0         0    6.7020
```

**例 4-26：** 将矩阵进行楚列斯基分解。

**解：** MATLAB 程序如下：

```
>> A = [98 3 2;3 89 2;2 1 45];
>> [R,p] = chol(A) % 若 A 为正定矩阵，则 p = 0，R 是楚列斯基分解因子；若 X 非正定，
则 p 为正整数，R 是有序的上三角矩阵
R =
    9.8995    0.3030    0.2020
         0    9.4291    0.2056
         0         0    6.7020
p =
     0
```

**例 4-27：** 将正定矩阵 $A=\begin{pmatrix}1 & 1 & 1 & 1\\ 1 & 2 & 3 & 4\\ 1 & 3 & 6 & 10\\ 1 & 4 & 10 & 20\end{pmatrix}$ 进行楚列斯基分解。

**解：** MATLAB 程序如下：

```
>> A = [1 1 1 1;1 2 3 4;1 3 6 10;1 4 10 20];
>> R = chol(A)
R =
     1     1     1     1
     0     1     2     3
     0     0     1     3
     0     0     0     1
>> R'*R
ans =
     1     1     1     1
     1     2     3     4
     1     3     6    10
     1     4    10    20
```

### 4.2.3　三角分解

三角分解法是将原正方（square）矩阵分解成一个上三角矩阵或是排列（permuted）的上三

角矩阵和一个下三角矩阵，这样的分解法又称为 LU 分解法。它的用途主要在简化一个大矩阵的行列式值的计算过程，求逆矩阵和求解联立方程组。

这种分解法所得到的上、下三角形矩阵并非唯一，还可找到数个不同的一对上、下三角矩阵，此两三角矩阵相乘也会得到原矩阵。在解线性方程组、求矩阵的逆等计算中有着重要的作用。

实现 LU 分解的命令是 lu，其调用格式见表 4-19。

**表 4-19　lu 命令**

| 调用格式 | 说　明 |
| --- | --- |
| [L,U] = lu(A) | 对矩阵 $A$ 进行 $LU$ 分解，其中 $L$ 为单位下三角矩阵或其变换形式，$U$ 为上三角矩阵 |
| [L,U,P] = lu(A) | 对矩阵 $A$ 进行 $LU$ 分解，其中 $L$ 为单位下三角矩阵，$U$ 为上三角矩阵，$P$ 为置换矩阵，满足 $LU = PA$ |
| [L,U,P] = lu(A,outputForm) | 以 outputForm 指定的格式返回 P |
| [L,U,P,Q] = lu(S) | 将稀疏矩阵 $S$ 分解为一个单位下三角矩阵 $L$、一个上三角矩阵 $U$、一个行置换矩阵 $P$ 以及一个列置换矩阵 $Q$，并满足 $P*S*Q = L*U$ |
| [L,U,P,Q,D] = lu(S) | 在上一语法格式的基础上，还返回一个对角缩放矩阵 $D$，并满足 $P*(D\backslash S)*Q = L*U$。行缩放通常会使分解更为稀疏和稳定 |
| […] = lu(S,thresh) | 指定 lu 使用的主元消去策略的阈值。根据输出参数的数量，thresh 的输入要求及其默认值会有所不同 |
| […] = lu(…,outputForm) | 以 outputForm 指定的格式返回 $P$ 和 $Q$ |

**例 4-28：** 对随机矩阵 $A$ 进行 LU 分解。

**解：** MATLAB 程序如下：

```
>> clear                                  % 清除工作区的变量
>> rng(0);      % 设置随机数生成器的种子，使用 0 作为种子，可以根据需要更改种子值
>> A = rand(4)    % 随机矩阵
A =
     0.8147    0.6324    0.9575    0.9572
     0.9058    0.0975    0.9649    0.4854
     0.1270    0.2785    0.1576    0.8003
     0.9134    0.5469    0.9706    0.1419
>> [L,U] = lu(A) % 对矩阵 A 进行 LU 分解，其中 L 为单位下三角矩阵或其变换形式，U 为上
三角矩阵
L =

     0.8920   -0.3250    1.0000         0
     0.9917    1.0000         0         0
     0.1390   -0.4552    0.2567    1.0000
     1.0000         0         0         0
U =

     0.9134    0.5469    0.9706    0.1419
          0   -0.4448    0.0024    0.3447
          0         0    0.0925    0.9426
          0         0         0    0.6955
```

**例 4-29：** 对称正定矩阵 $A$ 的 LU 分解。

**解：** MATLAB 程序如下：

```
>> clear                                  % 清除工作区的变量
>> A = gallery('fiedler',1:5)             % 生成一个 5×5 对称矩阵
A =
     0     1     2     3     4
     1     0     1     2     3
     2     1     0     1     2
     3     2     1     0     1
     4     3     2     1     0
>> [L,U,P] = lu(A)  % 对矩阵 A 进行 LU 分解，其中 L 为单位下三角矩阵，U 为上三角矩阵，P 为置换矩阵，满足 LU = PA
L =

    1.0000         0         0         0         0
         0    1.0000         0         0         0
    0.2500   -0.7500    1.0000         0         0
    0.5000   -0.5000         0    1.0000         0
    0.7500   -0.2500         0         0    1.0000
U =

     4     3     2     1     0
     0     1     2     3     4
     0     0     2     4     6
     0     0     0     2     4
     0     0     0     0     2
P =

     0     0     0     0     1
     1     0     0     0     0
     0     1     0     0     0
     0     0     1     0     0
     0     0     0     1     0
```

**例 4-30：** 对矩阵 $A=\begin{pmatrix}1&5&3&1\\8&4&9&8\\2&3&4&1\\7&0&5&6\end{pmatrix}$ 进行 LU 分解。

**解：** MATLAB 程序如下：

```
>> A = [1 5 3 1;8 4 9 8;2 3 4 1;7 0 5 6];
>> [L,U] = lu(A)
L =
    0.1250    1.0000         0         0
    4.0000         0         0         0
    0.2500    0.4444   -0.6471    1.0000
    0.8750   -0.7778    1.0000         0
```

```
U =
    8.0000    4.0000    9.0000    8.0000
         0    4.5000    1.8750         0
         0         0   -1.4167   -1.0000
         0         0         0   -1.6471
>> [L,U,P] = lu(A)
L =
    1.0000         0         0         0
    0.1250    1.0000         0         0
    0.8750   -0.7778    1.0000         0
    0.2500    0.4444   -0.6471    1.0000
U =
    8.0000    4.0000    9.0000    8.0000
         0    4.5000    1.8750         0
         0         0   -1.4167   -1.0000
         0         0         0   -1.6471
P =
     0     1     0     0
     1     0     0     0
     0     0     0     1
     0     0     1     0
```

### 4.2.4 LDM$^T$ 与 LDL$^T$ 分解

对于 $n$ 阶方阵 $A$，所谓的 LDM$^T$ 分解就是将 $A$ 分解为三个矩阵的乘积：LDM$^T$。其中 $L$、$M$ 是单位下三角矩阵，$D$ 为对角矩阵。

事实上，这种分解是 LU 分解的一种变形，因此这种分解可以将 LU 分解稍做修改得到，也可以根据三个矩阵的特殊结构直接计算出来。

1. LDM$^T$ 分解

下面给出通过直接计算得到 $L$、$D$、$M$ 的算法源程序。

```
function [L,D,M] = ldm(A)
% 此函数用来求解矩阵 A 的 LDMᵀ 分解
% 其中 L,M 均为单位下三角矩阵，D 为对角矩阵
[m,n] = size(A);
if m~ = n
    error('输入矩阵不是方阵，请正确输入矩阵！');
    return;
end
D(1,1) = A(1,1);
for i = 1:n
    L(i,i) = 1;
    M(i,i) = 1;
end
L(2:n,1) = A(2:n,1)/D(1,1);
M(2:n,1) = A(1,2:n)'/D(1,1);
```

```
for j = 2:n
    v(1) = A(1,j);
    for i = 2:j
        v(i) = A(i,j)-L(i,1:i-1)*v(1:i-1)';
    end
    for i = 1:j-1
        M(j,i) = v(i)/D(i,i);
    end
    D(j,j) = v(j);
    L(j+1:n,j) = (A(j+1:n,j)-L(j+1:n,1:j-1)*v(1:j-1)')/v(j);
end
```

**例 4-31：** 利用 ldm 函数对矩阵 $A$ 进行 $LDM^T$ 分解。

**解：**MATLAB 程序如下：

```
>> clear                                    % 清除工作区的变量
>> A = [1 2 3 4;4 6 10 2;1 1 0 1;0 0 2 3];
>> [L,D,M] = ldm(A)
L =
    1.0000         0         0         0
    4.0000    1.0000         0         0
    1.0000    0.5000    1.0000         0
         0         0   -1.0000    1.0000
D =
     1     0     0     0
     0    -2     0     0
     0     0    -2     0
     0     0     0     7
M =
     1     0     0     0
     2     1     0     0
     3     1     1     0
     4     7    -2     1
>> L*D*M'                            % 验证分解是否正确
ans =
     1     2     3     4
     4     6    10     2
     1     1     0     1
     0     0     2     3
```

2. $LDM^T$ 分解

如果 $A$ 是非奇异对称矩阵，那么在 $LDM^T$ 分解中有 $L = M$，此时 $LDM^T$ 分解中的有些步骤是多余的，下面给出实对称矩阵 $A$ 的 $LDL^T$ 分解的算法源程序。

```
function [L,D] = ldl(A)
% 此函数用来求解实对称矩阵 A 的 LDL^T 分解
% 其中 L 为单位下三角矩阵，D 为对角矩阵
 [m,n] = size(A);
```

```
if m~ = n | ~isequal(A,A')
    error('请正确输入矩阵！');
    return;
end
D(1,1) = A(1,1);
for i = 1:n
    L(i,i) = 1;
end
L(2:n,1) = A(2:n,1)/D(1,1);
for j = 2:n
    v(1) = A(1,j);
    for i = 1:j-1
        v(i) = L(j,i)*D(i,i);
    end
    v(j) = A(j,j)-L(j,1:j-1)*v(1:j-1)';
    D(j,j) = v(j);
    L(j+1:n,j) = (A(j+1:n,j)-L(j+1:n,1:j-1)*v(1:j-1)')/v(j);
end
```

在 MATLAB 中，ldl 命令实现 LDL 分解（与分解）。LDL 分解是一种将一个对称正定矩阵分解为下三角矩阵 L 和对角矩阵 D 的乘积的方法。其调用格式见表 4-20。

**表 4-20　ldl 命令**

| 调用格式 | 说　明 |
|---|---|
| L = ldl(A) | 返回置换下三角矩阵 *L* |
| [L,D] = ldl(A) | 将分块对角矩阵 *D* 和置换下三角矩阵存储在 *L* 中，使得 *A* = *L*D*L'* |
| [L,D,P] = ldl(A) | 返回单位下三角矩阵 *L*、分块对角 *D* 和置换矩阵 *P*，使得 *P'*A*P* = *L*D*L'*。相当于 [*L*,*D*,*P*] = ldl(*A*,'matrix') |
| [L,D,P] = ldl(A,outputForm) | 输入参数 outputForm 指定置换信息 *P* 是以矩阵 "matrix"（默认）还是向量 'vector' 形式返回 |
| [L,D,P] = ldl(S) | 返回实数稀疏矩阵 *S* 的下三角因子 *L*、块对角因子 *D* 和满足 *P'*S*P* = *L*D*L'* 的置换信息 *P* |
| [L,D,P,C] = ldl(S) | 返回满足 *P'*C*S*C*P* = *L*D*L'* 的缩放矩阵 *C*。此语法仅适用于稀疏矩阵输入 |
| [L,D,P,C] = ldl(S,tol) | 指定了分解 *S* 的算法中的枢轴公差 tol |
| [ ____ ] = ldl( ____,triangle) | triangle 表示输入矩阵的三角因子，指定为 "lower" 或 "upper"。其中三角形是 "upper"，使用实稀疏 *S* 的上三角形来计算因式分解。默认情况下，三角形是 "lower" 的，使用 *S* 的下三角形来计算因式分解 |
| [ ____ ] = ldl( ____,outputForm) | 以 outputForm 指定的形式返回置换信息。将 outputForm 指定为 "vector"，以向量形式返回置换信息 |

**例 4-32：** 利用 ldl 函数对矩阵 *A* 进行 $LDL^T$ 分解。

**解：** MATLAB 程序如下：

```
>> clear                                    % 清除工作区的变量
>> A = [1 2 3 4;2 5 7 8;3 7 6 9;4 8 9 1];
>> [L,D] = ldl(A)
L =
    0.5000    0.4737   -0.0650    1.0000
```

```
    1.1667    1.0000         0         0
    1.0000         0         0         0
    1.5000    0.7895    1.0000         0

D =
    6.0000         0         0         0
         0   -3.1667         0         0
         0         0  -10.5263         0
         0         0         0    0.2550
>> L*D*L'                   % 验证分解是否正确
ans =
    1.0000    2.0000    3.0000    4.0000
    2.0000    5.0000    7.0000    8.0000
    3.0000    7.0000    6.0000    9.0000
    4.0000    8.0000    9.0000    1.0000
```

### 4.2.5　QR 分解

矩阵 $A$ 的 QR 分解也叫正交三角分解，即将矩阵 $A$ 表示成一个正交矩阵 $Q$ 与一个上三角矩阵 $R$ 的乘积形式。这种分解在工程中是应用最广泛的一种矩阵分解。

QR 分解法是将矩阵分解成一个正规正交矩阵与上三角矩阵，所以称为 QR 分解法，与此正规正交矩阵的通用符号 $Q$ 有关。

1. QR 分解命令

矩阵 $A$ 的 QR 分解命令是 qr 函数，其调用格式见表 4-21。

**表 4-21　QR 命令**

| 调用格式 | 说　明 |
| --- | --- |
| [Q,R] = qr(A) | 返回正交矩阵 $Q$ 和上三角矩阵 $R$，$Q$ 和 $R$ 满足 $A = QR$。若 $A$ 为 $m \times n$ 矩阵，则 $Q$ 为 $m \times m$ 矩阵，$R$ 为 $m \times n$ 矩阵 |
| [Q,R,E] = qr(A) | 求得正交矩阵 $Q$ 和上三角矩阵 $R$，$E$ 为置换矩阵，使得 $R$ 的对角线元素按绝对值大小降序排列，满足 $AE = QR$ |
| [⋯] = qr(A,“econ”) | 产生矩阵 $A$ 的精简分解。如果 $m > n$，则 qr 仅计算 $Q$ 的前 $n$ 列和 $R$ 的前 $n$ 行 |
| [Q,R,E] = qr(A,outputForm) | 输入参数 outputForm 指定置换信息 $P$ 是以矩阵还是向量形式返回 |
| R = qr(A) | 对稀疏矩阵 $A$ 进行分解，只产生一个上三角矩阵 $R$，$R$ 为 $A^TA$ 的 Cholesky 分解因子，即满足 $R^TR = A^TA$ |
| [C,R] = qr(A,b) | 此命令用来计算方程组 $Ax = b$ 的最小二乘解 |
| [C,R,E] = qr(A,b) | 在上一语法格式的基础上，还返回置换矩阵 $E$ |
| [⋯] = qr(S,B,“econ”) | 使用上述任意输出参数组合进行精简分解。输出的大小取决于 $m \times n$ 稀疏矩阵 $S$ 的大小 |
| [C,R,E] = qr(S,B,outputForm) | 指定置换信息 E 是以矩阵还是向量形式返回 |

**例 4-33：** 对随机矩阵进行 QR 分解。

**解：** MATLAB 程序如下：

```
>> clear          % 清除工作区的变量
>> rng(0);        % 设置随机数生成器的种子，使用 0 作为种子，可以根据需要更改种子值
```

```
>> A = rand(4)
A =
     0.8147    0.6324    0.9575    0.9572
     0.9058    0.0975    0.9649    0.4854
     0.1270    0.2785    0.1576    0.8003
     0.9134    0.5469    0.9706    0.1419
>> [Q,R] = qr(A) % 返回正交矩阵Q和上三角矩阵R，Q和R满足A = QR。若A为m×n矩阵，则Q为m×m矩阵，R为m×n矩阵
Q =
    -0.5332    0.4892    0.6519    0.2267
    -0.5928   -0.7162    0.1668   -0.3284
    -0.0831    0.4507   -0.0991   -0.8833
    -0.5978    0.2112   -0.7331    0.2462
R =
    -1.5279   -0.7451   -1.6759   -0.9494
          0    0.4805    0.0534    0.5113
          0         0    0.0580    0.5216
          0         0         0   -0.6143
```

**例 4-34**：对矩阵 $A=\begin{pmatrix}1 & 2 & 3 & 4\\2 & 5 & 7 & 8\\3 & 7 & 6 & 9\\4 & 8 & 9 & 1\end{pmatrix}$进行 QR 分解。

**解**：MATLAB 程序如下：

```
>> clear              % 清除工作区的变量
>> A = [1 2 3 4;2 5 7 8;3 7 6 9;4 8 9 1];   %创建 4 行 4 列矩阵A
>> [Q,R,E] = qr(A) % 求得正交矩阵Q和上三角矩阵R，E为置换矩阵使得R的对角线元素按绝对值大小降序排列，满足AE = QR
Q =

    -0.2268   -0.2194    0.3453   -0.8839
    -0.5292   -0.3452    0.6209    0.4640
    -0.4536   -0.5638   -0.6901   -0.0133
    -0.6803    0.7175   -0.1380   -0.0575

R =

   -13.2288   -9.9027  -11.7169   -5.3671
          0   -7.9961   -0.3716    0.2687
          0         0   -2.1392   -1.0350
          0         0         0   -0.2254

E =

      0     0     0     1
      0     0     1     0
```

```
     1     0     0     0
     0     1     0     0
>> [Q,R] = qr(A,0) % 产生矩阵A的“经济型”分解，即若A为m×n矩阵，且m>n，则返回Q的前n列，R为n×n矩阵；否则该命令等价于[Q,R] = qr(A)
Q =
   -0.1826    0.1543    0.3322   -0.9124
   -0.3651   -0.6172    0.6644    0.2106
   -0.5477   -0.4629   -0.6644   -0.2106
   -0.7303    0.6172    0.0830    0.2807
R =
   -5.4772  -11.8673  -12.9628   -9.3113
         0   -1.0801   -1.0801   -7.8695
         0         0    2.4083    0.7474
         0         0         0   -3.5795
>> [Q,R,E] = qr(A,0) % 产生矩阵A的“经济型”分解，E为置换矩阵使得R的对角线元素按绝对值大小降序排列，且A(E) = Q*R
Q =

   -0.2268   -0.2194    0.3453   -0.8839
   -0.5292   -0.3452    0.6209    0.4640
   -0.4536   -0.5638   -0.6901   -0.0133
   -0.6803    0.7175   -0.1380   -0.0575

R =

  -13.2288   -9.9027  -11.7169   -5.3671
         0   -7.9961   -0.3716    0.2687
         0         0   -2.1392   -1.0350
         0         0         0   -0.2254

E =

     3     4     2     1
>> R = qr(A) % 对稀疏矩阵A进行分解，只产生一个上三角阵R，R为A^TA的Cholesky 分解因子，即满足R^TR = A^TA
R =
   -5.4772  -11.8673  -12.9628   -9.3113
         0   -1.0801   -1.0801   -7.8695
         0         0    2.4083    0.7474
         0         0         0   -3.5795
>> R = qr(A,0) % 对稀疏矩阵A的“经济型”分解
R =
   -5.4772  -11.8673  -12.9628   -9.3113
         0   -1.0801   -1.0801   -7.8695
         0         0    2.4083    0.7474
         0         0         0   -3.5795
```

**例 4-35**：对矩阵 $A=\begin{pmatrix}5&2&3\\4&6&6\\8&0&1\\0&9&1\end{pmatrix}$ 进行 QR 分解。

**解**：MATLAB 程序如下：

```
>> clear          % 清除工作区的变量
>> A = [5 2 3;4 6 6;8 0 1;0 9 1]
A =
     5     2     3
     4     6     6
     8     0     1
     0     9     1
>> [Q,R] = qr(A)
Q =
   -0.4880   -0.0363    0.1686    0.8557
   -0.3904   -0.4486    0.7079   -0.3811
   -0.7807    0.2470   -0.4593   -0.3442
         0   -0.8582   -0.5094    0.0639
R =
  -10.2470   -3.3181   -4.5867
         0  -10.4876   -3.4117
         0         0    3.7844
         0         0         0
```

2. QR 分解延伸命令 qrdelete

当矩阵 $A$ 去掉一行或一列时，在其原有 $QR$ 分解基础上更新出新矩阵的 $QR$ 分解。利用该函数求去掉某行（列）时，$A$ 的 $QR$ 分解要比直接应用 $qr$ 命令节省时间。

矩阵 $A$ 的 $QR$ 分解延伸命令是 qrdelete，其调用格式见表 4-22。

**表 4-22　qrdelete 命令**

| 调用格式 | 说　明 |
| --- | --- |
| [Q1,R1] = qrdelete(Q,R,j)<br>[Q1,R1] = qrdelete(Q,R,j, ‘col’) | 返回去掉 $A$ 的第 $j$ 列后，新矩阵的 QR 分解矩阵。其中，$Q$、$R$ 为原来 $A$ 的 $QR$ 分解矩阵 |
| [Q1,R1] = qrdelete(Q,R,j, ‘row’) | 返回去掉 $A$ 的第 $j$ 行后，新矩阵的 QR 分解矩阵。其中，$Q$、$R$ 为原来 $A$ 的 QR 分解矩阵 |

**例 4-36**：删除矩阵 $A=\begin{pmatrix}5&2&3\\4&6&6\\8&0&1\\0&9&1\end{pmatrix}$ 最后一行后 QR 分解。

**解**：MATLAB 程序如下：

```
>> clear                              % 清除工作区的变量
>> A = [5 2 3;4 6 6;8 0 1;0 9 1]; % 创建矩阵
>> [Q,R] = qr(A)
```

```
Q =
   -0.4880   -0.0363    0.1686    0.8557
   -0.3904   -0.4486    0.7079   -0.3811
   -0.7807    0.2470   -0.4593   -0.3442
         0   -0.8582   -0.5094    0.0639

R =
  -10.2470   -3.3181   -4.5867
         0  -10.4876   -3.4117
         0         0    3.7844
         0         0         0
>> [Q1,R1] = qrdelete(Q,R,4,'row')  % 删除第 4 行进行 QR 分解
Q1 =
    0.4880    0.0708   -0.8700
    0.3904    0.8738    0.2900
    0.7807   -0.4811    0.3987
R1 =
   10.2470    3.3181    4.5867
         0    5.3843    4.9739
         0         0   -0.4712
>>  B = A(1:3,:)                   % 验证 QR 分解延伸函数正确性，对矩阵进行变维，即截取前三行，删除最后一行

B =
     5     2     3
     4     6     6
     8     0     1
>> [Q,R] = qr(B)                   % 对变维后的矩阵进行 QR 分解
Q =
   -0.4880   -0.0708   -0.8700
   -0.3904   -0.8738    0.2900
   -0.7807    0.4811    0.3987
R =
  -10.2470   -3.3181   -4.5867
         0   -5.3843   -4.9739
         0         0   -0.4712
```

3. QR 分解延伸命令 qrinsert

当 A 增加一行或一列时，在其原有 QR 分解基础上更新出新矩阵的 QR 分解。

矩阵 A 的 QR 分解延伸命令是 qrinsert，其调用格式见表 4-23。

**表 4-23　qrinsert 命令**

| 调用格式 | 说　明 |
|---|---|
| [Q1,R1] = qrinsert(Q,R,j,x)<br>[Q1,R1] = qrinsert(Q,R,j,x, 'col') | 返回在 $A$ 的第 $j$ 列前插入向量 $x$ 后，新矩阵的 QR 分解矩阵。其中 $Q$、$R$ 为原来 $A$ 的 QR 分解矩阵 |
| [Q1,R1] = qrinsert(Q,R,j,x, 'row') | 返回在 $A$ 的第 $j$ 行前插入向量 $x$ 后，新矩阵的 QR 分解矩阵。其中 $Q$、$R$ 为原来 $A$ 的 QR 分解矩阵 |

**例 4-37：** 增加矩阵 $A=\begin{pmatrix}5&2&3\\4&6&6\\8&0&1\\0&9&1\end{pmatrix}$ 全 1 列后 QR 分解。

**解：** MATLAB 程序如下：

```
>> clear                                              % 清除工作区的变量
>> A = [5 2 3;4 6 6;8 0 1;0 9 1];
>> x = [1;1;1;1];
>> [Q,R] = qr(A)
Q =
   -0.4880   -0.0363    0.1686    0.8557
   -0.3904   -0.4486    0.7079   -0.3811
   -0.7807    0.2470   -0.4593   -0.3442
         0   -0.8582   -0.5094    0.0639
R =
  -10.2470   -3.3181   -4.5867
         0  -10.4876   -3.4117
         0         0    3.7844
         0         0         0
>> [Q1,R1] = qrinsert(Q,R,4,x)
Q1 =
   -0.4880   -0.0363    0.1686    0.8557
   -0.3904   -0.4486    0.7079   -0.3811
   -0.7807    0.2470   -0.4593   -0.3442
         0   -0.8582   -0.5094    0.0639
R1 =
  -10.2470   -3.3181   -4.5867   -1.6590
         0  -10.4876   -3.4117   -1.0961
         0         0    3.7844   -0.0922
         0         0         0    0.1942
```

# 4.3　变换矩阵

在各种工程实际中，矩阵变换是矩阵分析的重要工具之一。本节将讲述如何利用 MATLAB 实现最常用的矩阵变换。

## 4.3.1　常见的变换矩阵

1. 正定矩阵

$n\times n$ 的实对称矩阵 $A$ 如果满足对所有非零向量 $x\in R^n$，对应的二次型 $Q(x)=x^{\mathrm{T}}Ax$，若 $Q>0$，就称 $A$ 为正定矩阵。若 $Q<0$，则 $A$ 是一个负定矩阵；若 $Q\geqslant 0$，则 $A$ 为半正定矩阵；若 $A$ 既非半正定也非半负定，则 $A$ 为不定矩阵；对称矩阵的正定性与其特征值密切相关，矩阵是正定的当且仅当其特征值都是正数。

2. 对称矩阵

在线性代数中，对称矩阵是一个方形矩阵，其转置矩阵和自身相等，即 $A = A^{\mathrm{T}}$。

3. 相似矩阵

在线性代数中，相似矩阵是指存在相似关系的矩阵。相似关系是两个矩阵之间的一种等价关系。两个 $n \times n$ 矩阵 $A$ 与 $B$ 为相似矩阵当且仅当存在一个 $n \times n$ 的可逆矩阵 $P$，使得 $P^{-1}AP = B$ 或 $AP = PB$。

4. 相合矩阵

令 $A,B,C^{n \times n} \in$，并且 $C$ 非奇异，则矩阵 $B = C^{H}AC$ 称为 $A$ 的相合矩阵。其中线性变换 $A \to C^{H}AC$ 称为相合变换。

5. 正交矩阵

一个实的正方矩阵 $Q \in R^{n \times n}$ 称为正交矩阵，若 $QQ^{\mathrm{T}} = Q^{\mathrm{T}}Q = 1$。

6. 酉矩阵

一个复值正方矩阵 $U \in C^{n \times n}$ 称为酉矩阵，若 $UU^{\mathrm{T}} = U^{\mathrm{T}}U = 1$。

7. 带型矩阵

矩阵 $A = (a_{ij}) \in C^{n \times n}$，若矩阵满足条件 $a_{ij} = 0, |i - j| > k$，则矩阵 $\boldsymbol{A}$ 可以称为带型矩阵（banded matrix）。

8. 旋转矩阵

旋转矩阵（Rotation matrix）是在乘以一个向量的时候，改变向量的方向但不改变大小的效果的矩阵。旋转矩阵不包括反演，它可以把右手坐标系改变成左手坐标系或反之。所有旋转加上反演形成了正交矩阵的集合。

旋转矩阵的原理在数学上涉及的是一种组合设计：覆盖设计。而覆盖设计、填装设计、斯坦纳系、t- 设计都是离散数学中的组合优化问题。它们解决的是如何组合集合中的元素以达到某种特定的要求。

一个二维正交矩阵 $Q$ 如果有形式

$$Q = \begin{pmatrix} \cos\theta & \sin\theta \\ -\sin\theta & \cos\theta \end{pmatrix}$$

则称之为旋转变换。如果 $y = Q^{\mathrm{T}}x$，则 $y$ 是通过将向量 $x$ 顺时针旋转角度 $\theta$ 得到的。

一个二维矩阵 $Q$ 如果有形式

$$Q = \begin{pmatrix} \cos\theta & \sin\theta \\ \sin\theta & -\cos\theta \end{pmatrix}$$

则称之为反射变换。如果 $y = Q^{\mathrm{T}}x$，则 $y$ 是将向量 $x$ 关于由

$$S = span\left\{\begin{bmatrix} \cos(\theta/2) \\ \sin(\theta/2) \end{bmatrix}\right\}$$

所定义的直线作反射得到的。

若 $x = [1 \quad \sqrt{3}]^{\mathrm{T}}$，令

$$Q=\begin{pmatrix}\cos 60^\circ & \sin 60^\circ \\ -\sin 60^\circ & \cos 60^\circ\end{pmatrix}=\begin{pmatrix}1/2 & \sqrt{3}/2 \\ -\sqrt{3}/2 & 1/2\end{pmatrix}$$

则 $Qx=[2\ \ 0]^{\mathrm{T}}$，因此顺时针 60° 的旋转使 $x$ 的第二个分量化为 0；如果

$$Q=\begin{pmatrix}\cos 60^\circ & \sin 60^\circ \\ \sin 60^\circ & -\cos 60^\circ\end{pmatrix}=\begin{pmatrix}1/2 & \sqrt{3}/2 \\ \sqrt{3}/2 & -1/2\end{pmatrix}$$

则 $Qx=[2\ \ 0]^{\mathrm{T}}$，于是将向量 $x$ 对 30° 的直线做反射也使得其第二个分量化为 0。

### 4.3.2 Vandermonde 矩阵

Vandermonde 矩阵（范德蒙矩阵）是一个各列呈现几何级数关系的矩阵。

$$V=\begin{pmatrix}1 & a_1 & a_1^2 & \cdots & a_1^{n-1} \\ 1 & a_2 & a_2^2 & \cdots & a_2^{n-1} \\ 1 & a_3 & a_3^2 & \cdots & a_3^{n-1} \\ \vdots & \vdots & \vdots & \ddots & \vdots \\ 1 & a_m & a_m^2 & \cdots & a_n^{n-1}\end{pmatrix}$$ 或以第 $i$ 行第 $j$ 列的关系写作 $V_{i,j}=a_i^{j-1}$

对于输入向量 $v=[v_1v_2\cdots]$，Vandermonde 矩阵为

$$v=\begin{pmatrix}v_1^{N-1} & \cdots & v_1^1 & v_1^0 \\ v_2^{N-1} & \cdots & v_2^1 & v_2^0 \\ & \iddots & \vdots & \vdots \\ v_N^{N-1} & \cdots & v_N^1 & v_N^0\end{pmatrix}$$

该矩阵用公式 $A(i,j)=v(i)^{(N-j)}$ 进行描述，以使其列是向量 $v$ 的幂。

在 MATLAB 中，vander 命令用来生成 Vandermonde 矩阵。该命令的调用格式见表 4-24。

**表 4-24 vander 命令**

| 调用格式 | 说　明 |
|---|---|
| A = vander(V) | 生成 Vandermonde 矩阵，矩阵的列是向量 $v$ 的幂 |

**例 4-38：** 生成范得蒙矩阵。

**解：** 在 MATLAB 命令行窗口中输入以下命令：

```
>> clear                              % 清除工作区的变量
>> vander([1 2 3 4])                  %生成列是指定向量的幂的 Vandermonde 矩阵
ans =
     1     1     1     1
     8     4     2     1
    27     9     3     1
    64    16     4     1
```

### 4.3.3 Hadamard 矩阵

阿达马（Hadamard）矩阵是一个方阵，每个元素都是 +1 或 −1，每行都是互相正交的，常

用于纠错码，如 Reed-Muller 码。$n$ 阶的阿达马矩阵 $H$ 满足下面的式子

$$HH^{\mathrm{T}} = nI_n$$

其中，$I_n$ 是 $n \times n$ 的单位矩阵。阿达马矩阵的阶数必须是 1、2，或者是 4 的倍数。

假设 $M$ 是一个 $n$ 阶的实矩阵，其中每个元素都是有界的，$|M_{ij}| \leqslant 1$，则存在阿达马不等式

$$\det(M) \leqslant n^{n/2}$$

当且仅当 $M$ 至少有一行为零向量或 $M$ 的所有行向量两两正交时取等号。

在 MATLAB 中，hadamard 命令用于生成阿达马矩阵，其调用格式见表 4-25。

**表 4-25　hadamard 命令**

| 命令 | 说　明 |
| --- | --- |
| H = hadamard(n) | 生成 $n$ 阶 Hadamard 矩阵 |
| H = hadamard(n,classname) | 生成 classname 类型（'single' 或 'double'）的矩阵 |

**例 4-39：** 创建 $4 \times 4$ Hadamard 矩阵。

**解：** 在 MATLAB 命令行窗口中输入以下命令：

```
>> clear                                    % 清除工作区的变量
>> H = hadamard(4)                          % 创建 4 阶 Hadamard 矩阵
H =
     1     1     1     1
     1    -1     1    -1
     1     1    -1    -1
     1    -1    -1     1
```

### 4.3.4　豪斯霍尔德矩阵

豪斯霍尔德变换也称初等反射（elementary reflection），是 Turnbull 与 Aitken 于 1932 年作为一种规范矩阵提出来的。但这种变换成为数值代数的一种标准工具还要归功于豪斯霍尔德于 1958 年发表的一篇关于非对称矩阵的对角化论文。

设 $v \in R^n$ 是非零向量，形如

$$P = I - \frac{2}{v^{\mathrm{T}}v} vv^{\mathrm{T}}$$

的 $n$ 维方阵 $P$ 称为豪斯霍尔德矩阵，其中向量 $v$ 称为豪斯霍尔德向量。如果用 $P$ 去乘向量 $x$ 就得到向量 $x$ 关于超平面 $\mathrm{span}\{v\}^{\perp}$ 的反射。可见豪斯霍尔德矩阵是对称正交的。

不难验证要使 $px = \pm \|x\|_2 e_1$，应当选取 $v = x \mp \|x\|_2 e_1$。下面给出一个可以避免上溢的求豪斯霍尔德向量的函数源程序：

```
function [v,beta] = house(x)
% 此函数用来计算满足 v(1) = 1 的 v 和 beta，使得 P = I-beta*v*v' 是正交矩阵且 P*x =
norm(x)*e1

n = length(x);
```

```
if n == 1
    error('请正确输入向量！');
else
    sigma = x(2:n)'*x(2:n);
    v = [1;x(2:n)];
    if sigma == 0
        beta = 0;
    else
        mu = sqrt(x(1)^2+sigma);
        if x(1)< = 0
            v(1) = x(1)-mu;
        else
            v(1) = -sigma/(x(1)+mu);
        end
        beta = 2*v(1)^2/(sigma+v(1)^2);
        v = v/v(1);
    end
end
```

**例 4-40：** 求一个可以将向量 $x = [2\quad 3\quad 4]^{\mathrm{T}}$ 化为 $\|x\|_2 e_1$ 的豪斯霍尔德向量，要求该向量第一个元素为 1，并求出相应的豪斯霍尔德矩阵进行验证。

**解：** MATLAB 程序如下：

```
>> x = [2 3 4]';
>> [v,beta] = house(x)        %求豪斯霍尔德向量
v =
    1.0000
   -0.8862
   -1.1816
beta =
    0.6286
>> P = eye(3)-beta*v*v'                          %求豪斯霍尔德矩阵
P =
    0.3714    0.5571    0.7428
    0.5571    0.5063   -0.6583
    0.7428   -0.6583    0.1223
>> a = norm(x)                        %求出 x 的 2- 范数以便下面验证
a =
    5.3852
>> P*x                          %验证 P*x = norm(x)*e1
ans =
    5.3852
    0.0000
         0
```

### 4.3.5 Jacobian 矩阵

Jacobian 矩阵是函数的一阶偏导数以一定方式排列成的矩阵。可表示为如下形式

$$J=\begin{pmatrix}\dfrac{\partial y_1}{\partial x_1} & \cdots & \dfrac{\partial y_1}{\partial x_n}\\ \vdots & \ddots & \vdots\\ \dfrac{\partial y_m}{\partial x_1} & \cdots & \dfrac{\partial y_m}{\partial x_n}\end{pmatrix}$$

在 MATLAB 中可利用 jordan 命令将一个矩阵化为若尔当标准形，其调用格式见表 4-26。

**表 4-26　jordan 命令**

| 调用格式 | 说　明 |
| --- | --- |
| J = jordan(A) | 求矩阵 $A$ 的若尔当标准形，其中 $A$ 为一已知的符号或数值矩阵 |
| [P,J] = jordan(A) | 返回若尔当标准形矩阵 $J$ 与相似变换矩阵 $P$，其中 $P$ 的列向量为矩阵 $A$ 的广义特征向量。它们满足：$P\backslash A*P=J$ |

**例 4-41：** 求矩阵 $A=\begin{pmatrix}17 & 0 & -25\\ 0 & 1 & 0\\ 9 & 0 & -13\end{pmatrix}$ 的若尔当标准形及变换矩阵 $P$。

**解：** MATLAB 程序如下：

```
>> A = [17 0 -25;0 1 0;9 0 -13];
>> [P,J] = jordan(A)
P =

    15     1     0
     0     0     1
     9     0     0
J =

     2     1     0
     0     2     0
     0     0     1
>> inv(P)*A*P          % 验证变换矩阵 P
ans =

    2.0000    1.0000         0
    0.0000    2.0000         0
         0         0    1.0000
```

### 4.3.6　吉文斯变换矩阵

豪斯霍尔德反射对于大量引进零元素是非常有用的，然而在许多工程计算中，需要有选择地消去矩阵或向量的一些元素，而吉文斯旋转变换就是解决这种问题的工具。利用这种变换可以很容易地将一个向量某个指定分量化为0。因为在MATLAB中有相应的命令来实现这种操作，因此这里不再详述其具体变换过程。

MATLAB 中实现吉文斯变换的命令是 planerot，其调用格式见表 4-27。

表 4-27　planerot 命令

| 调用格式 | 说　　明 |
| --- | --- |
| [G,y] = planerot(x) | 返回吉文斯变换矩阵 G，以及列向量 y = Gx 且 y(2) = 0，其中 x 为 2 维列向量 |

**例 4-42：** 生成正交矩阵。

**解：** 在 MATLAB 命令行窗口中输入以下命令：

```
>> S = [1 2];
>> [G,y] = planerot(S')   % 返回 2×2 正交矩阵 G
G =
    0.4472    0.8944
   -0.8944    0.4472
y =
    2.2361
         0
```

**例 4-43：** 利用吉文斯变换编写一个将任意列向量 $\chi$ 化为 $\|x\|_2 e_1$ 形式的函数，并利用这个函数将向量 $x=[1\ \ 2\ \ 3\ \ 4\ \ 5\ \ 6]^{\mathrm{T}}$ 化为 $\|x\|_2 e_1$ 的形式，以此验证所编函数正确与否。

**解：** 函数源程序如下：

```
function [P,y] = Givens(x)
% 此函数用来将一个 n 维列向量化为 :y = [norm(x) 0 ... 0]'
% 输出参数 P 为变换矩阵，即 y = P*x

n = length(x);
P = eye(n);
for i = n:-1:2
    [G,x(i-1:i)] = planerot(x(i-1:i));
    P(i-1:i,:) = G*P(i-1:i,:);
end
y = x;
```

下面利用这个函数将题中的 $x$ 化为 $\|x\|_2 e_1$ 的形式：

```
>> x = [1 2 3 4 5 6]';
>> a = norm(x)                    %求出 x 的 2- 范数
a =
    9.5394
>> [P,y] = Givens(x)
P =
    0.1048    0.2097    0.3145    0.4193    0.5241    0.6290
   -0.9945    0.0221    0.0331    0.0442    0.0552    0.0663
         0   -0.9775    0.0682    0.0909    0.1137    0.1364
         0         0   -0.9462    0.1475    0.1843    0.2212
         0         0         0   -0.8901    0.2918    0.3502
         0         0         0         0   -0.7682    0.6402
y =
    9.5394
         0
```

```
            0
            0
            0
            0
>> P*x                          % 验证所编函数是否正确
ans =
    9.5394
    0.0000
    0.0000
    0.0000
    0.0000
    0.0000
```

由于吉文斯变换可以将指定的向量元素化为零，因此它在实际应用中非常有用。下面举一个吉文斯变换应用的例子。

**例 4-44：** 利用吉文斯变换编写一个将下海森伯格（Hessenberg）矩阵化为下三角矩阵的函数，并利用该函数将 $H=\begin{pmatrix}1&2&0&0\\3&4&5&0\\2&5&8&7\\1&2&8&4\end{pmatrix}$ 化为下三角矩阵。

**解：** 对于一个下海森伯格矩阵，可以按下面的步骤将其化为下三角矩阵

$$\begin{pmatrix}\times&\times&&\\\times&\times&\times&\\\times&\times&\times&\times\\\times&\times&\times&\times\end{pmatrix}\xrightarrow[\text{利用Givens变换}]{\text{对第一行前两个元素}}\begin{pmatrix}\times&0&&\\\times&\times&\times&\\\times&\times&\times&\times\\\times&\times&\times&\times\end{pmatrix}\xrightarrow[\text{利用Givens变换}]{\text{对第二行后两个元素}}\begin{pmatrix}\times&&&\\\times&\times&0&\\\times&\times&\times&\times\\\times&\times&\times&\times\end{pmatrix}$$

$$\xrightarrow[\text{利用Givens变换}]{\text{对第三行后两个元素}}\begin{pmatrix}\times&&&\\\times&\times&0&\\\times&\times&\times&0\\\times&\times&\times&\times\end{pmatrix}$$

具体的函数源程序 reduce_hess_tril.m 如下：

```
function [L,P] = reduce_hess_tril(H)
% 此函数用来将下海森伯格矩阵化为下三角矩阵 L
% 输出参数 P 为变换矩阵，即 :H = L*P
[m,n] = size(H);
if m~ = n
    error(' 输入的矩阵不是方阵 !');
else
    P = eye(n);
    for i = 1:n-1
        x = H(i,i:i+1);
        [G,y] = planerot(x');
        H(i,i:i+1) = y';
        H(i+1:n,i:i+1) = H(i+1:n,i:i+1)*G';
```

```
        P(:,i:i+1) = P(:,i:i+1)*G';
    end
    L = H;
end
```

下面利用上面的函数将题中的下海森伯格矩阵化为下三角矩阵。

```
>> H = [1 2 0 0;3 4 5 0;2 5 8 7;1 2 8 4];
>> [L,P] = reduce_hess_tril(H)
L =
    2.2361         0         0         0
    4.9193    5.0794         0         0
    5.3666    7.7962    7.2401         0
    2.2361    7.8750    4.2271    0.3405
P =
    0.4472    0.1575   -0.2248   -0.8513
    0.8944   -0.0787    0.1124    0.4256
         0    0.9844    0.0450    0.1703
         0         0    0.9668   -0.2554
>> H*P        % 验证所编函数的正确性
ans =
    2.2361         0          0          0
    4.9193    5.0794          0    -0.0000
    5.3666    7.7962     7.2401    -0.0000
    2.2361    7.8750     4.2271     0.3405
```

### 4.3.7 稀疏矩阵

如果矩阵中只含有少量的非零元素，这样的矩阵称为稀疏矩阵。在实际问题中，经常会碰到大型稀疏矩阵。对于一个用矩阵描述的联立线性方程组来说，含有 $n$ 个未知数的问题会设计成一个 $n \times n$ 的矩阵，那么解这个方程组就需要 $n$ 的二次方个字节的内存空间和正比于 $n$ 的三次方的计算时间。但在大多数情况下矩阵往往是稀疏的，为了节省存储空间和计算时间，MATLAB 考虑到矩阵的稀疏性，提供了专门的命令进行运算。

1. 创建稀疏矩阵

稀疏矩阵可由 sparse 命令创建，其调用格式见表 4-28。

**表 4-28　sparse 命令**

| 调用格式 | 说　明 |
|---|---|
| S = sparse(A) | 将矩阵 $A$ 转化为稀疏矩阵形式，即由 $A$ 的非零元素和下标构成稀疏矩阵 $S$。若 $A$ 本身为稀疏矩阵，则返回 $A$ 本身 |
| S = sparse(m,n) | 生成一个 $m \times n$ 的所有元素都是 0 的稀疏矩阵 |
| S = sparse(i,j,s) | 生成一个由长度相同的向量 $i$、$j$ 和 $s$ 定义的稀疏矩阵 $S$。其中 $i$、$j$ 是整数向量，定义稀疏矩阵的元素位置 $(i,j)$；$s$ 是一个标量或与 $i$、$j$ 长度相同的向量，表示在 $(i,j)$ 位置上的元素 |
| S = sparse(i,j,s,m,n) | 生成一个 $m \times n$ 的稀疏矩阵，$(i,j)$ 对应位置元素为 $si$，$m = \max(i)$，$n = \max(j)$ |
| S = sparse(i,j,s,m,n,nzmax) | 生成一个 $m \times n$ 的含有 $nzmax$ 个非零元素的稀疏矩阵 $S$，$nzmax$ 的值必须大于或等于向量 $i$ 和 $j$ 的长度 |

**例 4-45**：生成稀疏矩阵。

**解**：在 MATLAB 命令行窗口中输入以下命令：

```
>> S = sparse(1:10,1:10,1:10)
S =
(1,1)        1
(2,2)        2
(3,3)        3
(4,4)        4
(5,5)        5
(6,6)        6
(7,7)        7
(8,8)        8
(9,9)        9
(10,10)      10
>> S = sparse(1:10,1:10,5)
S =
(1,1)        5
(2,2)        5
(3,3)        5
(4,4)        5
(5,5)        5
(6,6)        5
(7,7)        5
(8,8)        5
(9,9)        5
(10,10)       5
```

2. 结构秩

一个矩阵的结构秩是具有相同非零模式的所有矩阵的最大秩。如果一个矩阵可以置换，使得对角线有非零项，则该矩阵具有满结构秩。

结构秩是一个矩阵的秩的上限，因此它满足 sprank($A$) ≥ rank(full($A$))。

在 MATLAB 中，sprank 命令用来计算稀疏矩阵 $A$ 的结构秩。其调用格式见表 4-29。

**表 4-29　sprank 命令**

| 调用格式 | 说　明 |
|---|---|
| r = sprank(A) | 计算稀疏矩阵 $A$ 的结构秩 |

**例 4-46**：计算矩阵的结构秩。

**解**：在 MATLAB 命令行窗口中输入以下命令：

```
>> A = [1 0 2 2 0 4 0];
>> A = sparse(A)                          % 生成稀疏矩阵 A
A =
    (1,1)        1
    (1,3)        2
    (1,4)        2
```

```
   (1,6)         4
>> rs = sprank(A)                    % 计算稀疏矩阵 A 的结构秩
rs =
     1
>> rf = rank(full(A))                % 将稀疏矩阵转换为满存储，计算矩阵的秩
rf =
     1
```

3. 可视化矩阵的稀疏模式

在 MATLAB 中，spy 命令用来显示可视化矩阵的稀疏模式。其调用格式见表 4-30。

**表 4-30　spy 命令**

| 调用格式 | 说　明 |
|---|---|
| spy(S) | 绘制矩阵 S 的稀疏模式。非零值是彩色，而零值是白色。该图显示矩阵中的非零元素数，nz = nnz(S) |
| spy(S,LineSpec) | 在上一格式的基础上，通过设置 LineSpec，指定绘图中要使用的标记符号和颜色 |
| spy(…,MarkerSize) | 使用上述任一输入参数组合，通过设置 MarkerSize，指定标记的大小 |

**例 4-47：** 可视化矩阵的稀疏模式。

**解：** 在 MATLAB 命令行窗口中输入以下命令：

```
>> A = diag(linspace(1,2,12));     % 创建对角矩阵，将向量的元素放置在主对角线上
>> S = diag(-1:0.1:0,1);           % 将向量的元素放置在第 1 条对角线上
>> A = A + S + rot90(S,2);
>> spy(A)   % 创建一个 12×12 的对角占优奇异矩阵 A，并查看非零元素的模式
```

运行结果如图 4-1 所示。

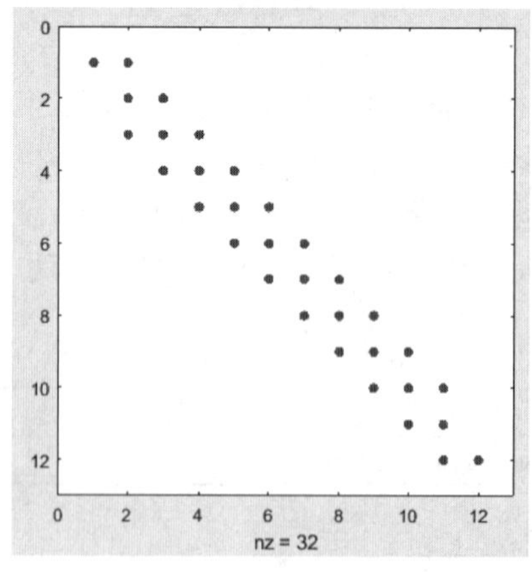


图 4-1　运行结果

## 4.3.8　复数矩阵

为了完整地展示线性代数，需要引入复数矩阵。即使矩阵是实的，特征值和特征向量也经常会是复数组成的复数向量与复数矩阵。

元素是实数的矩阵称为实矩阵，元素是复数的矩阵称为复矩阵。

矩阵的共轭定义为　$(A)_{i,j}=\overline{A_{i,j}}$

矩阵的共轭转置定义为　$(A^*)_{i,j}=\overline{A_{i,j}}$

也可以写为　$A^*=(\overline{A})^{\mathrm{T}}=\overline{A}^{\mathrm{T}}$。

1. 复共轭运算

矩阵的复共轭运算可以通过 conj 命令来实现，其调用格式见表 4-31。

**表 4-31　conj 命令**

| 调用格式 | 说　明 |
|---|---|
| Zc = conj(Z) | 返回 Z 中每个元素的复共轭 |

**例 4-48：** 转换矩阵的对角矩阵。

**解：** MATLAB 程序如下：

```
>> Z = [-i 2+i; 4+2i -2i];
>> Zc = conj(Z)   % 求矩阵 Z 中每个复数的复共轭。
Zc =
   0.0000 + 1.0000i   2.0000 - 1.0000i
   4.0000 - 2.0000i   0.0000 + 2.0000i
```

2. 复数矩阵常用运算

若单个复数或复数矩阵中的元素中虚部为 0，即显示为

$$c=a+b\mathrm{i}$$

其中，$b=0$ 时可以简写为

$$c=a$$

符合这种条件的复数矩阵称为实数矩阵。

MATLAB 提供的复数矩阵基本函数见表 4-32。

**表 4-32　复数矩阵基本函数**

| 名称 | 说　明 | 名称 | 说　明 |
|---|---|---|---|
| unwrap | 调整矩阵元素的相位角 | isreal | 判断是否为实数矩阵 |
| cplxpair | 把复数矩阵排列成复共轭对 | | |

**例 4-49：** 复数转换为实数运算。

**解：** MATLAB 程序如下：

```
>> A = 1+2i;
>> isreal(A)
ans =
  logical
     0
>> M = 1
M =
     1
>> isreal(M)
```

```
ans =
  logical
    1
```

在 MATLAB 中，可用 cdf2rdf 命令将复数对角矩阵转换成实数对角矩阵。其调用格式见表 4-33。

**表 4-33　cdf2rdf 命令**

| 调用格式 | 说　明 |
| --- | --- |
| [V,D] = cdf2rdf(V,D) | 复数对角矩阵转换成实数对角矩阵 |

**例 4-50：** 转换矩阵的对角矩阵。

**解：** MATLAB 程序如下：

```
>> X = [1 2 3; 0 4 5;0 -5 4];
>> [V,D] = eig(X) % 求矩阵 X 的特征值
V =
   1.0000 + 0.0000i  -0.0191 - 0.4002i  -0.0191 + 0.4002i
   0.0000 + 0.0000i   0.0000 - 0.6479i   0.0000 + 0.6479i
   0.0000 + 0.0000i   0.6479 + 0.0000i   0.6479 + 0.0000i
D =
   1.0000 + 0.0000i   0.0000 + 0.0000i   0.0000 + 0.0000i
   0.0000 + 0.0000i   4.0000 + 5.0000i   0.0000 + 0.0000i
   0.0000 + 0.0000i   0.0000 + 0.0000i   4.0000 - 5.0000i
>> [V,D] = cdf2rdf(V,D)   % 将复数对角矩阵转换为实数对角矩阵
V =
    1.0000   -0.0269   -0.5659
         0         0   -0.9162
         0    0.9162         0
D =
    1.0000         0         0
         0    4.0000    5.0000
         0   -5.0000    4.0000
```

在 MATLAB 中，可用 rsf2csf 命令将实数 Schur 矩阵转换成复数 Schur 矩阵。其调用格式见表 4-34。

**表 4-34　rsf2csf 命令**

| 调用格式 | 说　明 |
| --- | --- |
| [U,T] = rsf2csf(U,T) | 实数 Schur 矩阵转换成复数 Schur 矩阵，$U$ 和 $T$ 分别表示满足以下关系的酉矩阵和 Schur 形式的矩阵 $A$：$A = U*T*U'$ 和 $U'*U$ = eye(size($A$)) |

**例 4-51：** 转换矩阵的对角矩阵。

**解：** MATLAB 程序如下：

```
>> A = [1      1      1      3;
 1      2      1      1;
 1      1      3      1;
```

```
-2     1     1     4];
>> [u,t] = schur(A)  % 对矩阵A进行Schur分解，返回矩阵u、Schur矩阵t
u =
   -0.4916   -0.4900   -0.6331   -0.3428
   -0.4980    0.2403   -0.2325    0.8001
   -0.6751    0.4288    0.4230   -0.4260
   -0.2337   -0.7200    0.6052    0.2466
t =
    4.8121    1.1972   -2.2273   -1.0067
         0    1.9202   -3.0485   -1.8381
         0    0.7129    1.9202    0.2566
         0         0         0    1.3474
>> [U,T] = rsf2csf(u,t)       % 将矩阵A转换为复数Schur形式，生成上三角矩阵T，其
对角包含A的特征值
U =
-0.4916 + 0.0000i  -0.2756 - 0.4411i   0.2133 + 0.5699i  -0.3428 + 0.0000i
-0.4980 + 0.0000i  -0.1012 + 0.2163i  -0.1046 + 0.2093i   0.8001 + 0.0000i
-0.6751 + 0.0000i   0.1842 + 0.3860i  -0.1867 - 0.3808i  -0.4260 + 0.0000i
-0.2337 + 0.0000i   0.2635 - 0.6481i   0.3134 - 0.5448i   0.2466 + 0.0000i
T =
4.8121 + 0.0000i  -0.9697 + 1.0778i  -0.5212 + 2.0051i  -1.0067 + 0.0000i
0.0000 + 0.0000i   1.9202 + 1.4742i   2.3355 - 0.0000i   0.1117 + 1.6547i
0.0000 + 0.0000i   0.0000 + 0.0000i   1.9202 - 1.4742i   0.8002 + 0.2310i
0.0000 + 0.0000i   0.0000 + 0.0000i   0.0000 + 0.0000i   1.3474 + 0.0000i
```

### 4.3.9　阶梯矩阵

若矩阵 $A$ 类似下面的结构

$$\begin{pmatrix}1&2&3\\0&4&5\\0&0&6\end{pmatrix}\quad\begin{pmatrix}1&-1&1&2\\0&0&-3&3\\0&0&0&0\end{pmatrix}\quad\begin{pmatrix}0&1&2&3\\0&0&4&0\\0&0&0&0\end{pmatrix}\quad\begin{pmatrix}2&3&-1&1\\0&1&0&-1\\0&0&1&3\end{pmatrix}$$

所有非零行（矩阵的行中至少有一个非零元素）在所有全零行的上面，即全零行都在矩阵的底部，那就称这个矩阵是行阶梯形矩阵。

任何矩阵总可以经过有限次初等行变换把它变成行阶梯形矩阵。行阶梯形乘以一个标量系数仍然是行阶梯形。但是，可以证明一个矩阵化简后的行阶梯形是唯一的。

在 MATLAB 中，将一个矩阵化为行阶梯形的命令是 rref，其调用格式见表 4-35。

**表 4-35　rref 命令**

| 调用格式 | 说　明 |
|---|---|
| R = rref(A) | 利用高斯消去法得到矩阵 $A$ 的行阶梯形 $R$ |
| [R,jb] = rref(A) | 返回矩阵 $A$ 的行阶梯形 $R$ 以及向量 $jb$ |
| [R,jb] = rref(A,tol) | 返回基于给定误差限 tol 的矩阵 $A$ 的行阶梯形 $R$ 以及向量 $jb$ |

上面命令中的向量 $jb$ 满足下列条件：

1）$r = \mathrm{length}(jb)$ 即矩阵 $A$ 的秩。

2）$x(jb)$ 为线性方程组 $Ax = b$ 的约束变量。

3）$A(:, jb)$ 为矩阵 $A$ 所在空间的基。

4）$R(1:r, jb)$ 是 $r \times r$ 单位矩阵。

**例 4-52**：矩阵转换成阶梯矩阵。

**解**：MATLAB 程序如下：

```
>> rref(ones(3))
ans =
     1     1     1
     0     0     0
     0     0     0
>> rref(rand(3))
ans =
     1     0     0
     0     1     0
     0     0     1
>> rref(magic(3))
ans =
     1     0     0
     0     1     0
     0     0     1
```

# 第 5 章　二维图形绘制

**内容指南**

MATLAB 大量数据计算给二维曲线提供了应用平台，这也是 MATLAB 有别于其他科学计算的地方，它具有强大的图形功能，能实现数据结果的可视化。

本章将介绍 MATLAB 二维曲线绘制和图形属性设置。希望通过学习本章内容，读者能够使用 MATLAB 进行二维绘图。

**内容要点**

- 二维曲线的绘制
- 图形属性设置

## 5.1　二维曲线的绘制

二维曲线是将平面上的数据点连接起来的平面图形，数据点可以用向量或矩阵来提供。

### 5.1.1　绘制二维图形

MATLAB 提供了各类函数用于绘制二维图形。

1. figure 命令

在MATLAB的命令行窗口中输入“figure”，将打开如图 5-1 所示的图形窗口。

图 5-1　新建的图形窗口

在 MATLAB 的命令行窗口输入绘图命令（如 plot 命令）时，系统也会自动建立一个图形窗口。有时，在输入绘图命令之前已经有图形窗口打开，这时绘图命令会自动将图形输出到当前窗口。当前窗口通常是最后一个使用的图形窗口，这个窗口中的图形将被覆盖，而用户往往不希望这样。学完本节内容，读者便能轻松解决这个问题。

在 MATLAB 中，可使用 figure 命令来建立图形窗口，其调用格式见表 5-1。

figure 命令产生的图形窗口的编号是在原有编号基础上加 1，如果用户想关闭图形窗口，可以使用 close 命令。如果用户不想关闭图形窗口，仅仅是想将该窗口的内容清除，可以使用 clf 命令来实现。

**表 5-1　figure 命令**

| 调用格式 | 说　明 |
| --- | --- |
| figure | 创建一个图形窗口，默认名称为“Figure 1” |
| figure(n) | 创建一个标题为“Figure n”的图形窗口，其中 $n$ 是一个正整数 |
| figure(f) | 将 $f$ 指定的图形窗口作为当前图形窗口，并将其显示在其他所有图形窗口之上 |
| figure(PropertyName,PropertyValue,…) | 对指定的属性 PropertyName，用指定的属性值 PropertyValue（属性名与属性值成对出现）创建一个新的图形窗口；对于那些没有指定的属性，则用默认值 |
| f = figure(…) | 返回 Figure 对象。可使用 $f$ 在创建图形窗口后查询或修改其属性 |

另外，clf(rest) 命令除了能够清除当前图形窗口的所有内容，还可以将该图形窗口除了位置和单位属性外的所有属性都重新设置为默认状态。当然，也可以通过使用图形窗口中的菜单项来实现相应的功能，这里不再赘述。

2. plot 绘图命令

plot 命令是最基本的绘图命令，也是最常用的一个绘图命令。在执行 plot 命令时，系统会自动创建一个新的图形窗口。如果之前已经有图形窗口打开，那么系统会将图形绘制在最近打开过的图形窗口中，原有图形也将被覆盖。

plot 命令主要有下面几种使用格式：

（1）plot(x)。这个函数格式的功能如下：

◆ 当 $x$ 是实向量时，则绘制出以该向量元素的下标（即向量的长度，可用 MATLAB 函数 length() 求得）为横坐标，以该向量元素的值为纵坐标的一条连续曲线。

◆ 当 $x$ 是实矩阵时，按列绘制出每列元素值相对其下标的曲线，曲线数等于 $x$ 的列数。

◆ 当 $x$ 是负数矩阵时，按列分别绘制出以元素实部为横坐标、以元素虚部为纵坐标的多条曲线。

**例 5-1**：随机生成一个行向量 $a$ 以及一个实方阵 $b$，并用 plot 画图命令作出 $a$、$b$ 的图形。

**解**：MATLAB 程序如下：

```
>> a = rand(1,10);
>> plot(a)          % 如图 5-2 左图所示
>> b = magic(3);
>> plot(b)          % 如图 5-2 右图所示
```

运行后所得的图形如图 5-2 所示。

**例 5-2**：绘制余弦曲线。

**解**：MATLAB 程序如下：

```
>> t = (0:pi/50:2*pi)';
>> k = 0.4:0.1:1;
>> Y = cos(t)*k;
>> plot(Y)
```

运行后所得的图形如图 5-3 所示。

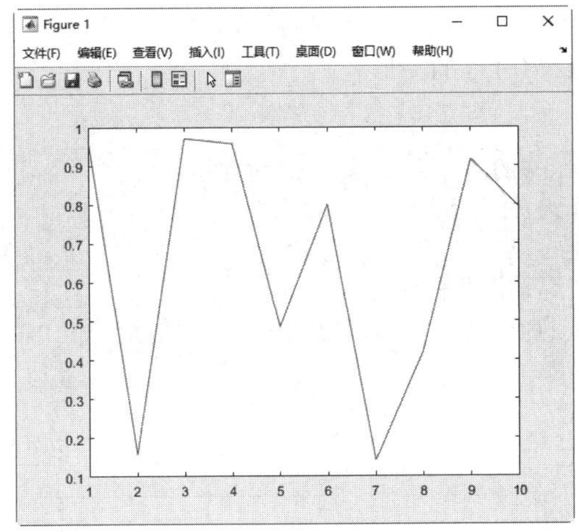


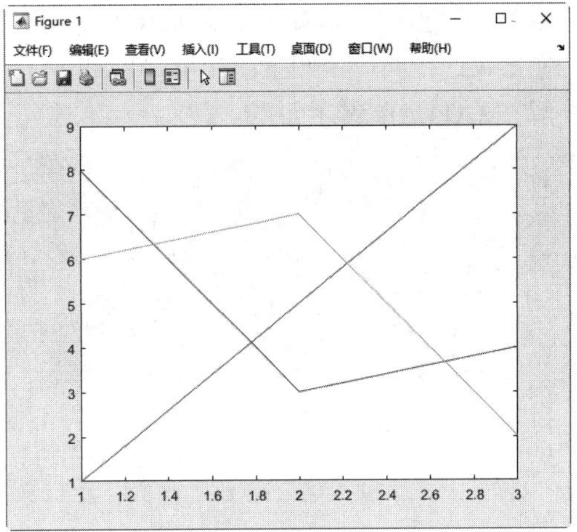


图 5-2　plot 绘图

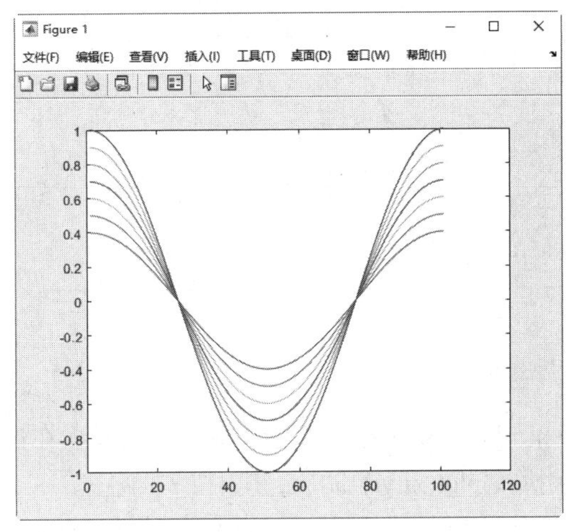


图 5-3　余弦曲线

（2）plot(x,y)。这个函数格式的功能是：

◆ 当 $x$、$y$ 是同维向量时，绘制以 $x$ 为横坐标、以 $y$ 为纵坐标的曲线。

◆ 当 $x$ 是向量、$y$ 是有一维与 $x$ 等维的矩阵时，绘制出多根不同颜色的曲线，曲线数等于 $y$ 矩阵的另一维数，$x$ 作为这些曲线的横坐标。

◆ 当 $x$ 是矩阵、$y$ 是向量时，与 $x$ 是向量、$y$ 是有一维与 $x$ 等维的矩阵时相同，但以 $y$ 为横坐标。

◆ 当 $x$、$y$ 是同维矩阵时，以 $x$ 对应的列元素为横坐标，以 $y$ 对应的列元素为纵坐标分别绘制曲线，曲线数等于矩阵的列数。

**例 5-3**：绘制正弦曲线。

**解**：MATLAB 程序如下：

```
>> t = (0:pi/50:2*pi)';
>> k = 0.4:0.1:1;
>> Y = sin(t)*k;
>> plot(t,Y)
```

运行后所得的图形如图 5-4 所示。

**例 5-4：** 在同一个图上画出 $y = 0.2x\ln x$、$y = \tan(0.1x)$ 的图形。

**解：** MATLAB 程序如下：

```
>> x1 = linspace(1,100);   % 创建 1 到 100 的向量 x1，默认元素个数为 100
>> x2 = x1/10;   % 定义曲线 2 的自变量 x2 为 x1/10
>> y1 = x1.*log(x1)./5;   % 定义以向量 x1 为自变量的函数表达式 y1
>> y2 = tan(x2);   % 定义以向量 x2 为自变量的函数表达式 y2
>> plot(x1,y1,x2,y2)    % 绘制两条曲线，曲线 1 以 x1 为横坐标、以 y1 为纵坐标的曲线，
曲线 2 以 x2 为横坐标、以 y2 为纵坐标的曲线
```

得到的图形如图 5-5 所示。

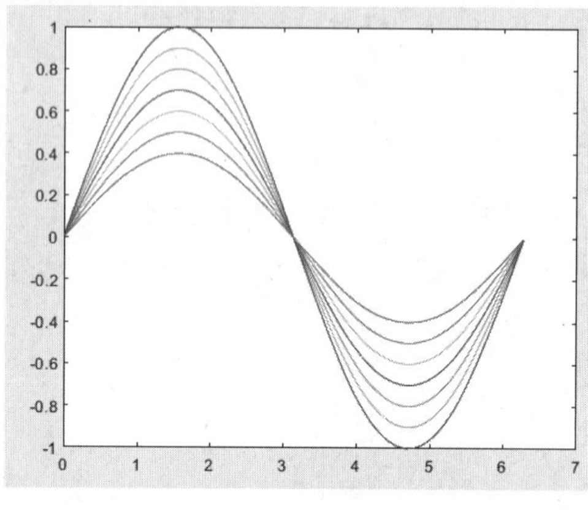

图 5-4　绘制正弦曲线

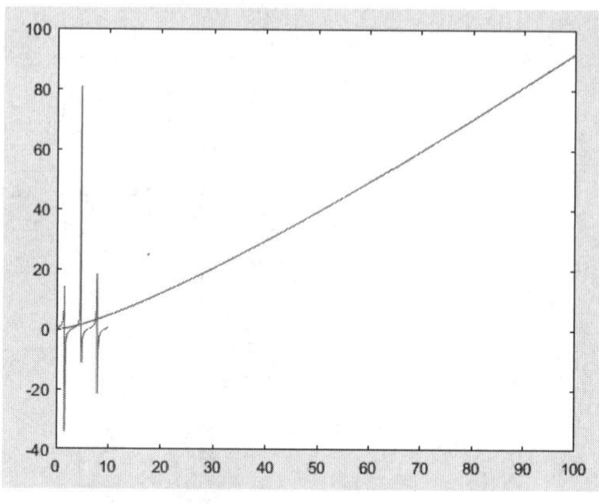

图 5-5　复数向量绘图

（3）plot(x1,y1,x2,y2,⋯)。这个函数的功能是绘制多条曲线。在这种用法中，xi、yi 必须成对出现，该命令等价于逐次执行 plot(xi,yi) 命令，其中 $i = 1,2,\cdots$。

（4）plot(x,y,s)。其中 $x$、$y$ 为向量或矩阵，$s$ 为用单引号标记的字符串，用来设置数据点的类型、大小、颜色以及数据点之间连线的类型、粗细、颜色等。实际应用中，$s$ 是某些字母或符号的组合，具体参数将在“3. 设置曲线样式”部分详细介绍。$s$ 可以省略，此时将由 MATLAB 系统默认设置。

（5）plot(x1,y1,s1,x2,y2,s2,⋯)。这种格式的用法与 plot(x1,y1,x2,y2,⋯) 的用法相似，不同之处是此格式有参数的控制，运行此命令等价于依次执行 plot(xi,yi,si)，其中 $i = 1,2,\cdots$。

（6）plot(tbl,xvar,yvar)。绘制表 tbl 中的变量 xvar 和 yvar。绘制一个数据集，为 xvar 指定一个变量，为 yvar 指定一个变量。绘制多个数据集，为 xvar、yvar 或两者指定多个变量。

（7）plot(tbl,yvar)。绘制表中的指定变量对表的行索引的图。如果该表是时间表，则绘制指定变量对时间表的行时间的图。

**例 5-5：** 在同一个图上画出鸢尾花数据集中的图形。

**解：** MATLAB 程序如下：

```
>> tbl = readtable("fisheriris.csv");   % 读取数据表 tbl
>> x = linspace(1,150,150);   % 创建 1 到 150 的向量 x，默认元素个数为 150。
>> y1 = tbl.SepalLength;   % 抽取数据表 tbl 中第一列数据 SepalLength，定义为 y1
>> y2 = tbl.SepalWidth;   % 抽取数据表 tbl 中第 2 列数据 SepalWidth，定义为 y2
```

```
>> plot(x,y1,x,y2)    % 绘制两条曲线，曲线 1 以 x 为横坐标、以 y1 为纵坐标的曲线，曲线
2 以 x 为横坐标、以 y2 为纵坐标的曲线
```

运行结果如图 5-6 所示。

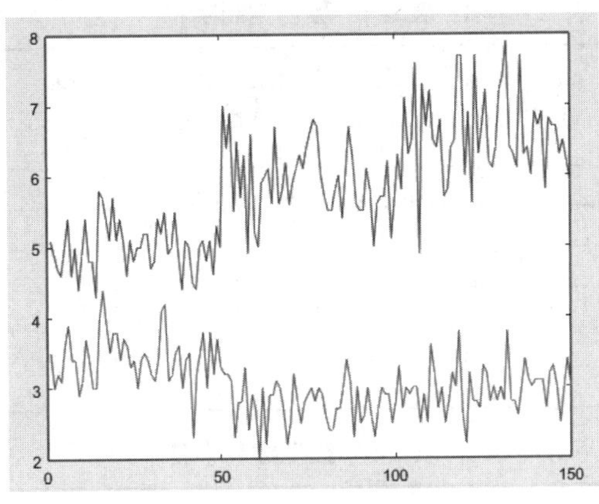

图 5-6　绘制图形

（8）plot(⋯,Name,Value)。这种格式使用一个或多个 Name-Value 对组参数指定线条属性，线条的属性见表 5-2。

**表 5-2　线条属性**

| 字符 | 说明 | 参数值 |
| --- | --- | --- |
| color | 线条颜色 | 指定为 RGB 三元组、十六进制颜色代码、颜色名称或短名称 |
| LineWidth | 指定线宽 | 默认为 0.5 |
| Marker | 标记符号 | ‘+’、‘o’、‘*’、‘.’、‘x’、‘square’ 或 ‘s’、‘diamond’ 或 ‘d’、‘v’、‘^’、‘>’、‘<’、‘pentagram’ 或 ‘p’、‘hexagram’ 或 ‘h’、‘none’ |
| MarkerIndices | 要显示标记的数据点的索引 | [abc]) 在第 a、第 b 和第 c 个数据点处显示标记 |
| MarkerEdgeColor | 指定标识符的边缘颜色 | ‘auto’（默认）、RGB 三元组、十六进制颜色代码、‘r’、‘g’、‘b’ |
| MarkerFaceColor | 指定标识符填充颜色 | ‘none’（默认）、‘auto’、RGB 三元组、十六进制颜色代码、‘r’、‘g’、‘b’ |
| MarkerSize | 指定标识符的大小 | 默认为 6 |
| DatetimeTickFormat | 刻度标签的格式 | ‘yyyy-MM-dd’、‘dd/MM/yyyy’、‘dd.MM.yyyy’、‘yyyy 年 MM 月 dd 日 ’、‘MMMM d, yyyy’、‘eeee, MMMM d, yyyy HH:mm:ss’、‘MMMM d, yyyy HH:mm:ss Z’ |
| DurationTickFormat | 刻度标签的格式 | ‘dd:hh:mm:ss’、‘hh:mm:ss’、‘mm:ss’、‘hh:mm’ |

（9）plot(plot(ax,⋯)。在由 ax 指定的坐标区中绘制图形。

（10）h = plot(⋯)。创建由图形线条对象组成的列向量 $h$，可以使用 $h$ 修改图形数据的属性。

3. 设置曲线样式

曲线的合法设置见表 5-3 ~ 表 5-5。

默认情况下，曲线一律采用实线线型，不同曲线将按表 5-4 所给出的前 7 种颜色（蓝、绿、红、青、品红、黄、黑）顺序着色。

**表 5-3　线型符号及含义**

| 线型符号 | 符号含义 | 线型符号 | 符号含义 |
|---|---|---|---|
| - | 实线（默认值） | : | 点线 |
| -- | 虚线 | -. | 点画线 |

**表 5-4　颜色控制字符**

| 字符 | 色彩 | RGB 值 |
|---|---|---|
| b(blue) | 蓝色 | 001 |
| g(green) | 绿色 | 010 |
| r(red) | 红色 | 100 |
| c(cyan) | 青色 | 011 |
| m(magenta) | 品红 | 101 |
| y(yellow) | 黄色 | 110 |
| k(black) | 黑色 | 000 |
| w(white) | 白色 | 111 |

**表 5-5　线型控制字符**

| 字符 | 数据点 | 字符 | 数据点 |
|---|---|---|---|
| + | 加号 | > | 向右三角形 |
| o | 小圆圈 | < | 向左三角形 |
| * | 星号 | s | 正方形 |
| . | 实点 | h | 正六角星 |
| x | 交叉号 | p | 正五角星 |
| d | 棱形 | v | 向下三角形 |
| ^ | 向上三角形 | | |

**例 5-6：** 用图形表示离散函数 $y = \ln x$ 在 [0,1] 区间十等分点处的值。

**解：** MATLAB 程序如下：

```
>> x = 0:0.1:1;
>> y = log(x);
>> plot(x,y,'b*')
>> grid on
```

运行结果如图 5-7 所示。

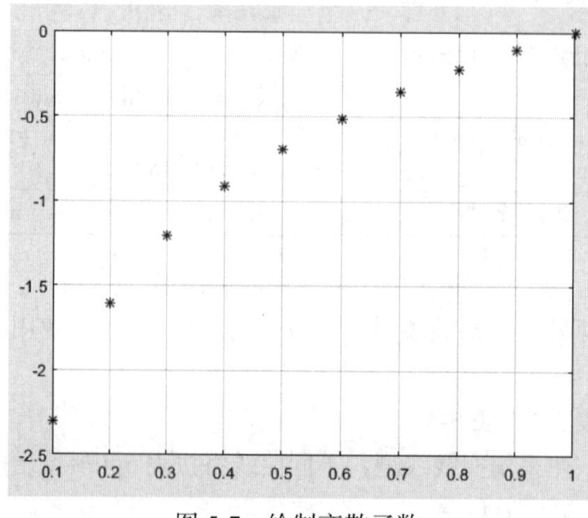


图 5-7　绘制离散函数

### 5.1.2　多图形显示

在实际应用中，为了进行不同数据的比较，可能需要在同一个视窗下观察不同的图像，此时就需要不同的操作命令来进行设置。

1. 图形分割

如果要在同一图形窗口中分割出多个子窗口，可以使用 subplot 命令，其调用格式见表 5-6。

**表 5-6　subplot 命令**

| 调用格式 | 说　明 |
|---|---|
| subplot(m,n,p) | 将当前窗口分割成 $m \times n$ 个视图区域，并指定第 $p$ 个视图为当前视图 |
| subplot(m,n,p,'replace') | 删除位置 $p$ 处的现有坐标区并创建新坐标区 |
| subplot(m,n,p,'align') | 创建新坐标区，以便对齐图框。此选项为默认行为 |
| subplot(m,n,p,ax) | 将现有坐标区 ax 转换为同一图形窗口中的子图 |
| subplot('Position',pos) | 在 pos 指定的自定义位置创建坐标区。指定 pos 作为 [left bottom width height] 形式的四元素向量。如果新坐标区与现有坐标区重叠，新坐标区将替换现有坐标区 |
| subplot(…,Name,Value) | 使用一个或多个名称 - 值对组参数修改坐标区属性 |
| ax = subplot(…) | 返回创建的 Axes 对象，可以使用 ax 修改坐标区 |
| subplot(ax) | 将 ax 指定的坐标区设为父图形窗口的当前坐标区。如果父图形窗口不是当前图形窗口，此选项不会使父图形窗口成为当前图形窗口 |

需要注意的是，这些子图的编号是按行来排列的，如第 $s$ 行第 $t$ 个视图区域的编号为 $(s-1) \times n+t$。如果在此命令之前并没有任何图形窗口被打开，那么系统将会自动创建一个图形窗口，并将其分割成 $m \times n$ 个视图区域。

在命令行窗口中输入下面的程序：

```
>> subplot(2,1,1)
>> subplot(2,1,2)
```

弹出如图 5-8 所示的图形显示窗口，在该窗口中显示两行一列两个子视图区。

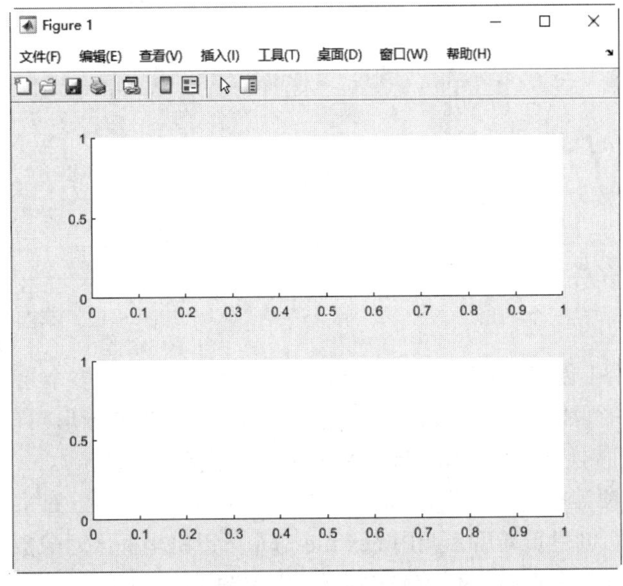


图 5-8　显示图形分割

**例 5-7：** 显示 2×2 图形分割。

**解：** MATLAB 程序如下：

```
>> t1 = (0:11)/11*pi;   % 创建 0 到 π 的向量 t1，默认元素间隔为 pi/11
>> t2 = (0:400)/400*pi; % 创建 0 到 π 的向量 t2，默认元素间隔为 pi/400
>> t3 = (0:50)/50*pi; % 创建 0 到 π 的向量 t3，默认元素间隔为 pi/50
>> y1 = cos(t1).*cos(9*t1);   % 定义以向量 t1 为自变量的函数表达式 y1
>> y2 = cos(t2).*cos(9*t2);   % 定义以向量 t2 为自变量的函数表达式 y2
>> y3 = cos(t3).*cos(9*t3);   % 定义以向量 t3 为自变量的函数表达式 y3
>> subplot(2,2,1),plot(t1,y1,'r.')   % 绘制曲线 1，以 t1 为横坐标、以 y1 为纵坐标，曲线颜色为红色，曲线样式为实点
% 显示第一个图形，如图 5-9 所示
>> subplot(2,2,2),plot(t1,y1,t1,y1,'r.') % 显示第二个图形（两条曲线），第一条曲线以 t1 为横坐标、y1 为纵坐标，曲线颜色为红色，曲线样式为实点；第二条曲线以 t1 为横坐标、y1 为纵坐标，不设置线型与颜色，使用默认参数，为蓝色实线，如图 5-10 所示
>> subplot(2,2,3),plot(t2,y2,'r.')   % 显示第三个图形，曲线以 t2 为横坐标、y2 为纵坐标，曲线颜色为红色，曲线样式为实点，如图 5-11 所示。该图与图 5-9 相比，曲线轮廓、颜色、线型均相同，取值点个数不同，曲线轮廓更精确
>> subplot(2,2,4),plot(t3,y3)  % 显示第四个图形，曲线以 t3 为横坐标、y3 为纵坐标，未设置线型与颜色使用默认参数，为蓝色实线，如图 5-12 所示
```

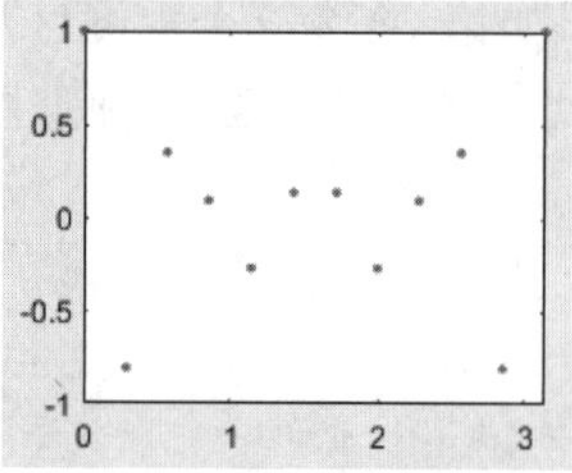

图 5-9　第一个图形

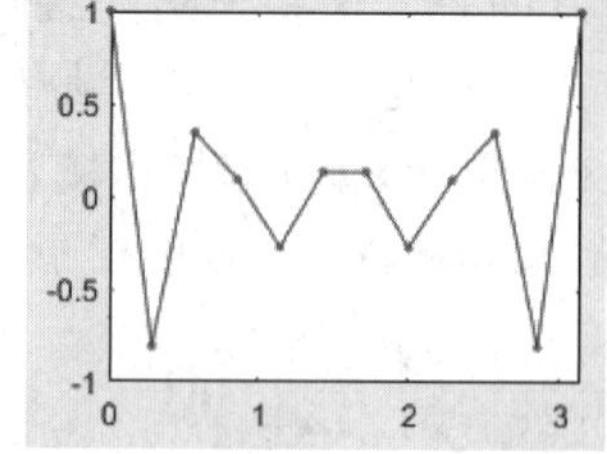

图 5-10　第二个图形

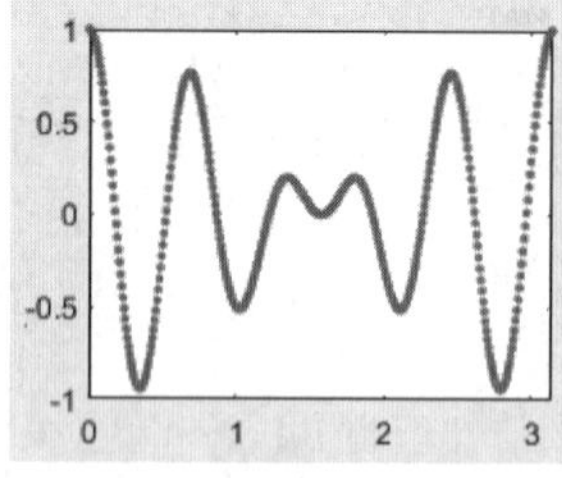

图 5-11　第三个图形

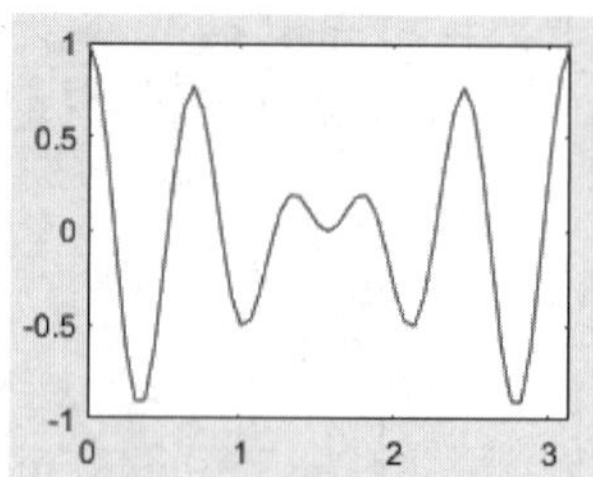

图 5-12　第四个图形

tiledlayout 命令用于创建分块图布局，显示当前图形窗口中的多个绘图。如果没有图形窗口，MATLAB 创建一个图形窗口并按照设置进行布局。如果当前图形窗口包含一个现有布局，MATLAB 使用新布局替换该布局。tiledlayout 命令的调用格式见表 5-7。

分块图布局包含覆盖整个图形窗口或父容器的不可见图块网格。每个图块可以包含一个用于显示绘图的坐标区。创建布局后，调用 nexttile 命令可以将坐标区对象放置到布局中，然后可调用绘图函数在该坐标区中绘图。nexttile 命令的调用格式见表 5-8。

**表 5-7　tiledlayout 命令**

| 调用格式 | 说　　明 |
|---|---|
| tiledlayout(m,n) | 将当前窗口分割成 $m \times n$ 个视图区域，默认状态下，只有一个空图块填充整个布局。当调用 nexttile 函数创建新的坐标区域时，布局都会根据需要进行调整以适应新坐标区，同时保持所有图块的纵横比约为 4∶3 |
| tiledlayout(arrangement) | 创建一个可以容纳任意数量的坐标区的布局。arrangement 指定一个排列值来控制后续坐标区的布局：<br>“flow”：为坐标区网格创建布局，该布局可以根据图窗的大小和坐标区的数量调整<br>“vertical”：为坐标区的垂直堆叠创建布局<br>“horizontal”：为坐标区的水平堆叠创建布局 |
| tiledlayout(⋯,Name,Value) | 使用一个或多个名称 – 值对组参数指定布局属性 |
| tiledlayout(parent,⋯) | 在指定的父容器（可指定为 Figure、Panel 或 Tab 对象）中创建布局 |
| t = tiledlayout(⋯) | 返回 TiledChartLayout 对象 t，使用 t 配置布局的属性 |

**表 5-8　nexttile 命令的使用格式**

| 调用格式 | 说　　明 |
|---|---|
| nexttile | 创建一个坐标区对象，再将其放入当前图形窗口中的分块图布局的下一个空图块中 |
| nexttile(tilenum) | 指定要在其中放置坐标区的图块编号。图块编号从 1 开始，按从左到右、从上到下的顺序递增。如果图块中有坐标区或图对象，nexttile 会将该对象设为当前坐标区 |
| nexttile(span) | 创建一个占据多行或多列的坐标区对象。指定 span 作为 $[r\ c]$ 形式的向量。坐标区占据 $r$ 行 $\times c$ 列的图块。坐标区的左上角位于第一个空的 $r \times c$ 区域的左上角 |
| nexttile(tilenum,span) | 创建一个占据多行或多列的坐标区对象。将坐标区的左上角放置在 tilenum 指定的图块中 |
| nexttile(t,⋯) | 在 $t$ 指定的分块图布局中放置坐标区对象 |
| ax = nexttile(⋯) | 返回坐标区对象 ax，使用 ax 对坐标区设置属性 |

**例 5-8：** 图形窗口布局应用。

**解：** MATLAB 程序如下：

```
>> close all     % 关闭当前已打开的文件
>> clear    % 清除工作区的变量
>> x = linspace(-pi,pi);   % 创建 -π ~ π 的向量 x，默认元素个数为 100
>> y = exp(x);   % 定义以向量 x 为自变量的函数表达式 y
>> tiledlayout(2,2) % 将当前窗口布局为 2×2 的视图区域
>> nexttile % 在第一个图块中创建一个坐标区对象
>> plot(x)    % 在新坐标区中绘制图形
>> nexttile    % 创建第二个图块和坐标区，并在新坐标区中绘制图形
>> plot(x,y)   % 显示以 x 为横坐标、以 y 为纵坐标的曲线，在新建的坐标区域中绘制图形
>> nexttile([1 2]) % 创建第三个图块，占据 1 行 2 列的坐标区，显示新建的坐标区域
>> plot(x,y)          % 在新坐标区中绘制图形，显示以 x 为横坐标、以 y 为纵坐标的曲线
```

运行结果如图 5-13 所示。

2. 图形叠加

一般情况下，绘图命令每执行一次就刷新一次当前图形窗口，图形窗口中将不显示旧的图形。但若有特殊需要，可以使用图形保持命令 hold，在旧的图形上叠加新的图形。

图形保持命令 hold on/off 控制原有图形的保持与不保持。

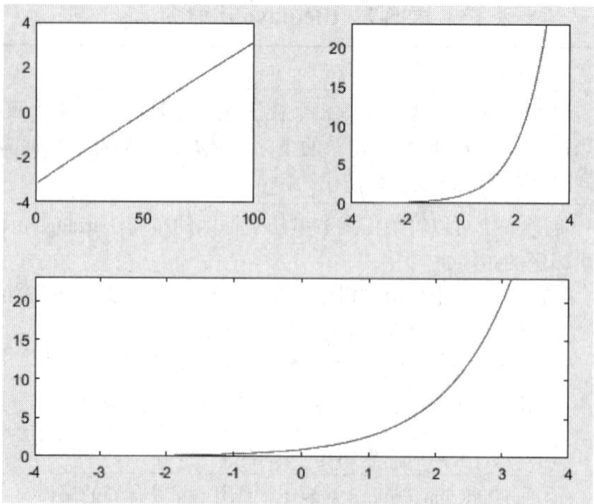

图 5-13　图形窗口布局

**例 5-9：** 保持命令的应用。

**解：** MATLAB 程序如下：

```
>>  N = 9;
>>  t = 0:2*pi/N:2*pi;
>>  x = sin(t);y = cos(t);
>>  tt = reshape(t,2,(N+1)/2);
>>  tt = flipud(tt);
>>  tt = tt(:);
>>  xx = sin(tt);yy = cos(tt);;
>> plot(x,y)                        % 显示图形 1，如图 5-14 所示
>> hold on                          % 打开保持命令
>> plot(xx,yy)                      % 未关闭保持命令，叠加显示图形 2，如图 5-15 所示
>> hold off
>> plot(xx,yy)                      % 关闭保持命令，显示图形 3，如图 5-16 所示
```

运行结果如图 5-14~ 图 5-16 所示。

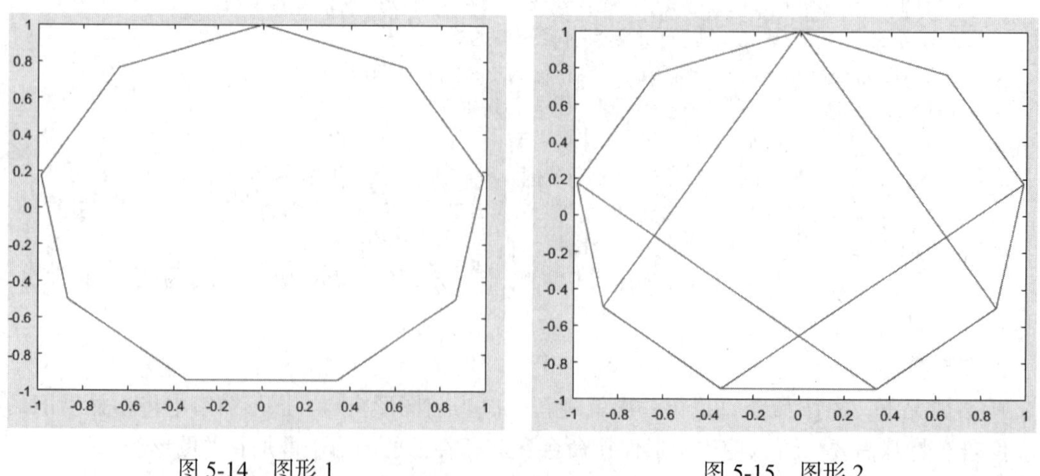

图 5-14　图形 1　　　　图 5-15　图形 2

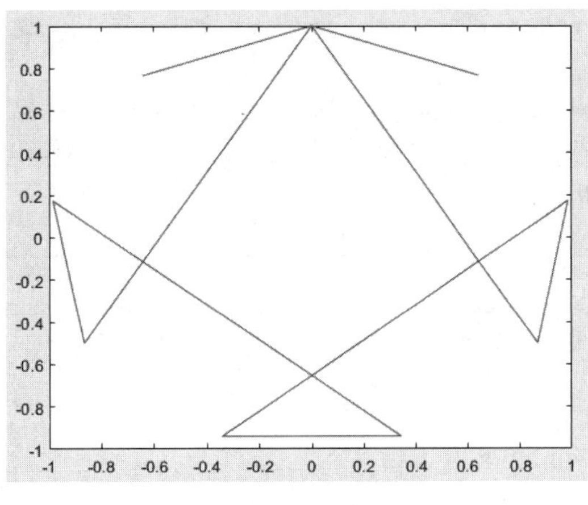

图 5-16　图形 3

## 5.1.3　函数图形的绘制

1. 一元函数绘图

fplot 命令是一个绘制表达式或函数曲线的命令，与 plot 命令的区别如下：

◆ plot 命令依据给定的数据点作图，而在实际情况中，一般并不清楚函数的具体情况，因此依据所选取的数据点作的图像可能会忽略真实函数的某些重要特性。

◆ fplot 命令通过其内部自适应算法选取数据点，在函数变化比较平稳处选取的数据点就会相对稀疏一点，在函数变化明显处所取的数据点就会自动密一些，因此用 fplot 命令所作出的图像要比用 plot 命令作出的图像光滑准确。

fplot 命令的主要调用格式见表 5-9。

**表 5-9　fplot 命令**

| 调用格式 | 说　明 |
| --- | --- |
| fplot(f) | 在 $x$ 默认区间 [−5 5] 内绘制由函数 $y = f(x)$ 定义的曲线 |
| fplot(f,lim) | 在 lim 指定的范围内画出一元函数 $f$ 的图形，将区间指定为 [xmin xmax] 形式的二元素向量 |
| fplot(funx,funy) | 在 $t$ 的默认间隔 [−5 5] 上绘制由 $x$ = funx($t$) 和 $y$ = funy($t$) 定义的曲线 |
| fplot(funx,funy,tinterval) | 在指定的时间间隔内绘制。将间隔指定为 [tmin tmax 形式的二元向量 ] |
| fplot(⋯,LineSpec) | 指定线条样式、标记符号和线条颜色 |
| fplot(⋯,Name,Value) | 使用一个或多个名称 – 值对参数指定图形属性 |
| fplot(ax,⋯) | 绘制到由 ax 指定的坐标区中，而不是当前坐标区 (GCA) |
| fp = fplot(⋯) | 根据输入返回 FunctionLine 对象或 ParameterizedFunctionLine 对象 *fp*。使用 *fp* 可查询和修改特定线条的属性 |
| [X,Y] = fplot(f,lim,⋯) | 返回函数的横坐标和纵坐标，而不创建绘图 |

**例 5-10：** 绘制函数 $y=\cos x$、$y=\cos^2 x$、$y=\cos^3 x$，$x\in[1,4]$ 的图形。

**解：** MATLAB 程序如下：

```
>> subplot(3,1,1),fplot(@(x)cos(x),[1,4]);  % 创建一个包含三个子图的图形窗口，
第一个子图显示了 cos(x) 的图像
```

```
>> subplot(3,1,2),fplot(@(x)cos(x).^2,[1,4]);   % 第二个子图显示了 cos(x)^2 的图像
>> subplot(3,1,3),fplot(@(x)cos(x).^3,[1,4]);   % 第三个子图显示了 cos(x)^3 的图像
```

运行结果如图 5-17 所示。

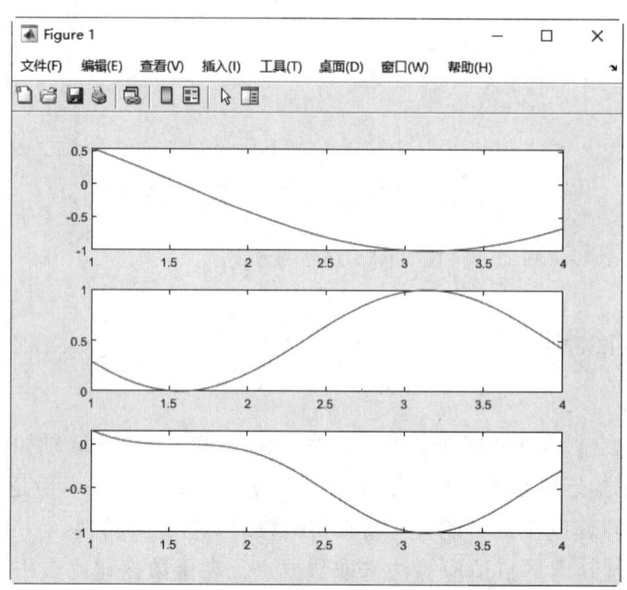

图 5-17　绘制函数图形 1

**例 5-11：** 绘制函数 $y=\cos x$、$y=\cos\frac{1}{x}$、$y=\cos\frac{1}{x^2}$，$x\in[0.1,0.2]$ 的图形。

**解：** MATLAB 程序如下：

```
>> x = linspace(0.1,0.2,50); % 创建了一个从 0.1 到 0.2 的等差数列 x，包含 50 个元素
>> y1 = cos(x);   % 计算了三个不同的余弦函数值 y1、y2 和 y3
>> y2 = cos(1./x);
>> y3 = cos(1./(x.^2));
>> subplot(3,1,1),plot(x,y1) % 创建了三个子图，在每个子图上绘制相应的余弦函数图像
>> hold on   % 使用 hold on 命令保持当前图形
>> fplot(@(x)cos(x),[0.1,0.2])   % 使用 fplot 函数绘制每个函数的精确曲线
>> subplot(3,1,2),plot(x,y2)
>> hold on
>> fplot(@(x) cos(1./x),[0.1,0.2])
>> subplot(3,1,3),plot(x,y3)
>> hold on
>> fplot(@(x) cos(1./(x.^2)),[0.1,0.2])
```

运行结果如图 5-18 所示。

从图 5-18 中可以很明显地看出 fplot 命令所画的图要比用 plot 命令所画的图光滑精确。这主要是因为 plot 命令分点取的太少，也就是说对区间的划分还不够细。读者往往会以为对长度为 0.01 的区间进行 50 等分的划分已经够细了，事实上这远不能精确地描述原函数。

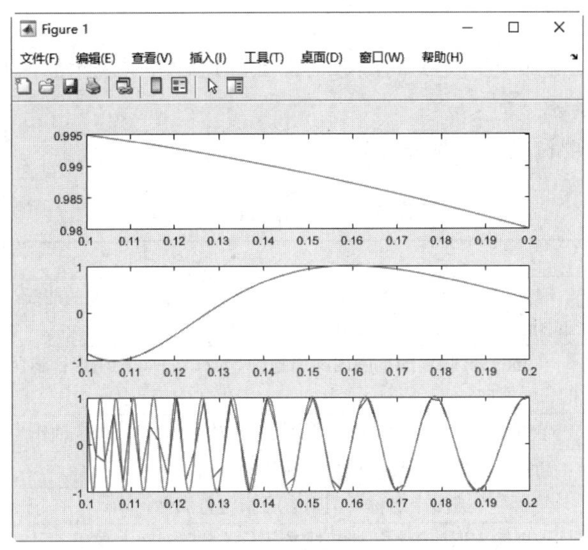

图 5-18　绘制函数图形 2

**例 5-12：** 绘制函数 $f_1(x)=e^{2x}\cos 2x$，$x\in(-\pi,\pi)$ 的图形。

**解：** MATLAB 程序如下：

```
>> syms x    % 定义符号变量 x
>> f = exp(2*x)*cos(2*x); % 定义以符号变量 x 为自变量的函数表达式 f
>> subplot(1,3,1),fp = fplot(@(x) exp(2.*x),[-pi,pi]);   %将视图分为 1 行 3 列 3 个视图，在视图 1 中绘制函数曲线，返回图形对象句柄 fp
>> fp.LineStyle = ':';  % 设置线型为点线
>> fp.LineWidth = 3;  % 设置线宽
>> subplot(1,3,2),fp = fplot(@(x) cos(2.*x),[-pi,pi]);% 在视图 2 中绘制函数曲线，返回图形对象句柄 fp
>> fp.Color = 'r';  %设置曲线颜色为红色
>> subplot(1,3,3), fp = fplot(f,[-pi,pi]);% 在视图 3 中绘制函数曲线
>> fp.Marker = 'x';   % 在曲线中添加标记
>> fp.MarkerEdgeColor = 'b';  %标记轮廓颜色为蓝色
```

运行结果如图 5-19 所示。

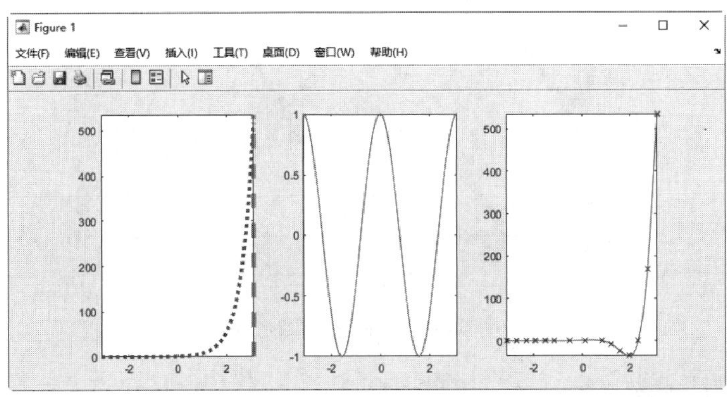

图 5-19　绘制函数图形 3

2. 隐函数绘图

如果方程 $f(x,y)=0$ 能确定 $y$ 是 $x$ 的函数，那么称这种方式表示的函数是隐函数。隐函数不一定能写为 $y=f(x)$ 的形式。

fimplicit 命令的主要调用格式见表 5-10。

**表 5-10　fimplicit 命令**

| 调用格式 | 说　明 |
|---|---|
| fimplicit(f) | 在 $x$ 默认区间 [−5 5] 内绘制由隐函数 $f(x,y)=0$ 定义的曲线。定义的曲线改用函数句柄，如 'sin($x$+$y$)'，改为 @($x$,$y$)sin($x$+$y$) |
| fimplicit(f,interval) | 在 interval 指定的范围内画出隐函数 $f(x,y)=0$ 的图形，将区间指定为 [xmin xmax] 形式的二元素向量 |
| fimplicit(ax,⋯) | 绘制到由 $x$ 指定的轴中，而不是当前轴 (GCA)。指定轴作为第一个输入参数 |
| fimplicit(⋯,LineSpec) | 指定线条样式、标记符号和线条颜色 |
| fimplicit(⋯,Name,Value) | 使用一个或多个名称 – 值对参数指定行属性 |
| fp = fimplicit(⋯) | 根据输入返回函数行对象或参数化函数行对象。使用 $fp$ 查询和修改特定行的属性 |

**例 5-13**：绘制隐函数 $\sin(y)-\cos 2x=0$ 的图形。

**解**：MATLAB 程序如下：

```
>> syms x y  % 定义符号变量 x
>> fp = fimplicit(@(x,y) sin(y)-cos(2*x));  %绘制函数曲线，返回图形对象句柄 fp
>> fp.LineStyle = ':';  % 设置曲线线型为点线
>> fp.LineWidth = 2;  % 设置线宽
>> fp.Marker = 'h';   % 在曲线中显示标记，标记类型为六角星
>> fp.MarkerEdgeColor = 'r';  %曲线标记颜色为红色
```

运行结果如图 5-20 所示。

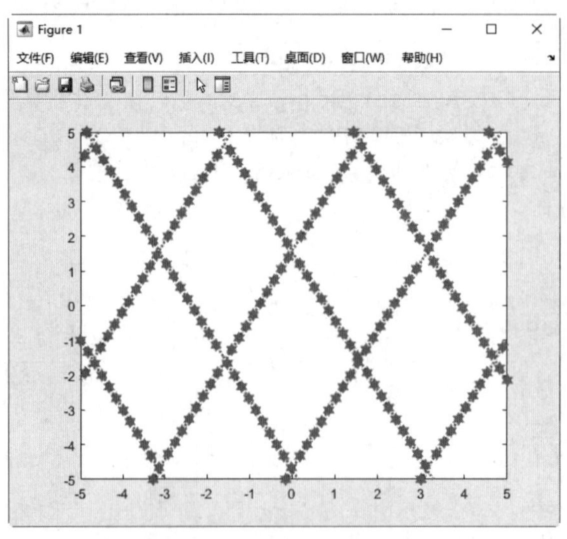


图 5-20　绘制函数图形 4

**例 5-14**：绘制隐函数 $\sin(y)-e^{2x}=0$ 的图形。

**解**：MATLAB 程序如下：

```
>> syms x y  % 定义符号变量x
>> fp = fimplicit(@(x,y) sin(y)-exp(2*x));  %绘制函数曲线，返回图形句柄fp
>> fp.LineStyle = ':';  % 设置曲线线型为点线
>> fp.Marker = '*';   % 在曲线中显示标记，标记类型为六角星
```

运行结果如图 5-21 所示。

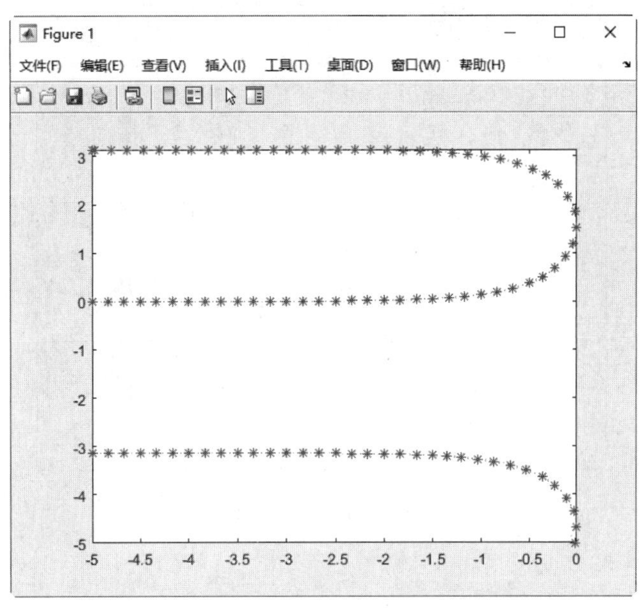


图 5-21　绘制函数图形 5

# 5.2　图形属性设置

本节将介绍用 MATLAB 绘图最重要的部分，该内容也是后面内容的一个基础。

## 5.2.1　图形窗口的属性

图形窗口是 MATLAB 数据可视化的平台，这个窗口和命令行窗口是相互独立的。如果能熟练掌握图形窗口的各种操作，读者便可以根据自己的需要来获得各种高质量的图形。

图形窗口工具栏如图 5-22 所示。

图 5-22　图形窗口工具栏

下面对图形窗口工具栏进行详细说明。

◆ ：单击此图标将新建一个图形窗口，该窗口不会覆盖当前的图形窗口，编号紧接着当前图形窗口最后一个。

◆ ：打开图形窗口文件（扩展名为 .fig）。

◆ ：将当前的图形以 .fig 文件的形式存储到指定目录下。

◆ 🖨：打印图形。

◆ ▯：单击此图标后会在图形的右边显示一个色轴（见图 5-23），这会给用户在编辑图形色彩时带来很大的方便。

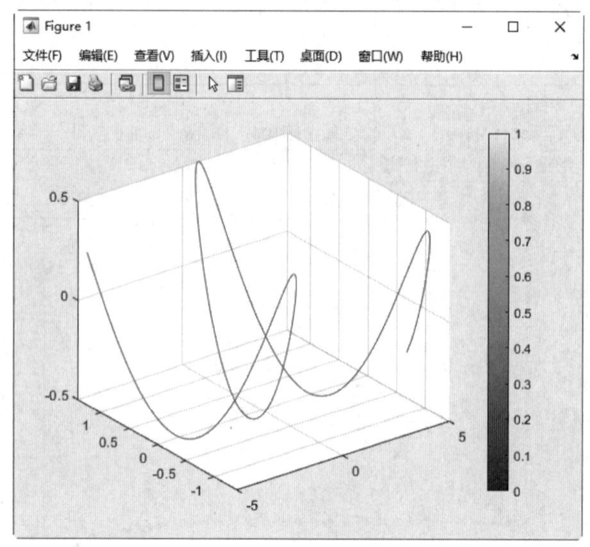


图 5-23 显示色轴

### 知识拓展

图 5-23 中的三维曲线程序如下：

```
>> syms x y z
>> fplot3(x,sin(x)+cos(x),sin(x).*cos(x))
```

◆ ▤：此图标用来给图形加标注。单击此图标后，会在图形的右上方显示图例，如图 5-24 所示。双击框内数据名称所在的区域，可以将 *x* 改为需要的数据。

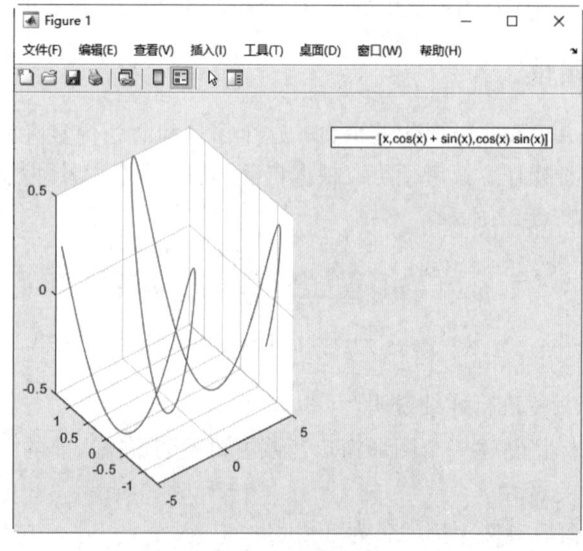


图 5-24 显示图例

◆ ：单击此图标后，双击图形对象，会打开如图 5-25 所示的“属性检查器”对话框，在其中可以对图形进行相应的编辑。

将光标放在图形界面中的图形上，将会显示图形工具快捷按钮，如图 5-26 所示。下面介绍各按钮的功能。

◆ ：单击此图标后，将光标移到图形线条上，光标会变为十字形状，并显示光标所在点在当前坐标系中的坐标值。单击，即可选取光标所在的数据点，此时坐标值显示为蓝色，如图 5-27 所示。

◆ ：另存为图标，单击该图标，可将当前图形保存在图形文件路径下。

◆ ：复制为图像。

◆ ：复制为向量图。

◆ ：数据提示。

◆ ：三维旋转图标。单击此图标后，按住鼠标左键进行拖动，可以将三维图形进行旋转操作，以便用户找到所需要的观察位置。按住鼠标左键向下移动，到一定位置会出现如图 5-28 所示的螺旋线的俯视图。

图 5-25　“属性检查器”对话框

◆ ：平移图标。单击该图标后按住鼠标左键可移动图形。

◆ ：单击或框选图形，可以放大图形窗口中的整个图形或图形的一部分。

◆ ：缩小图形窗口中的图形。

◆ ：还原视图图标。单击该图标，可还原平移旋转的视图至曲线初始生成状态。

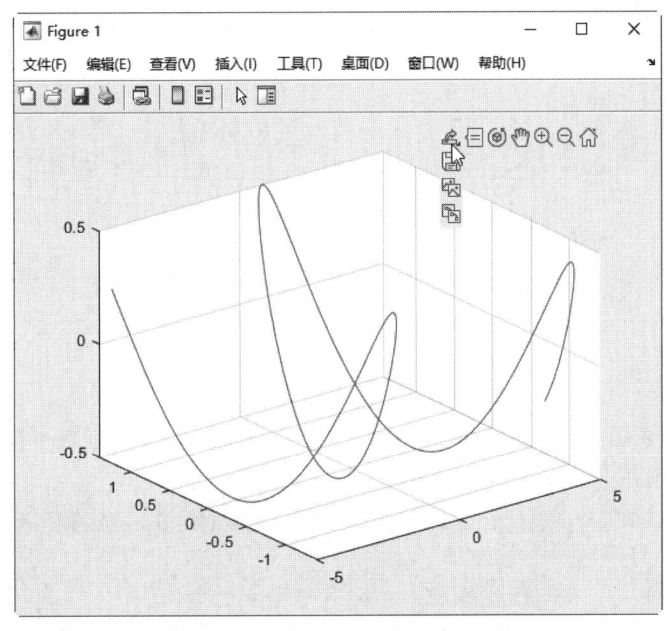


图 5-26　图形工具快捷按钮

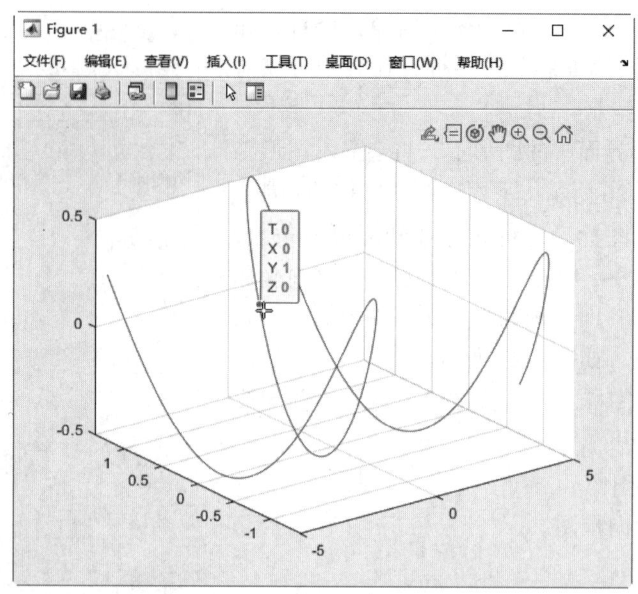

图 5-27　选取点

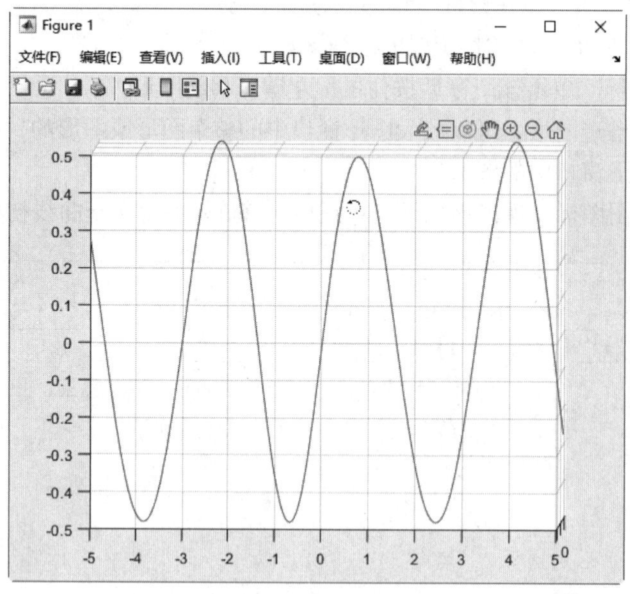

图 5-28　螺旋线的俯视图

**例 5-15：** 绘制隐函数 $f(x,y)=x^2-y^3=0$ 在 $x\in(-2\pi,2\pi)$，$y\in(-2\pi,2\pi)$ 上的图形。

**解：** MATLAB 程序如下：

```
>> x = -2*pi:0.1*pi:2*pi;      % 创建 -2π ~ 2π 的向量 x，元素间隔为 0.1π
>> y = x;
>> y = x.^2-y.^3;   % 定义 x、y 的隐函数表达式
>> plot(x,y,'bh')   % 绘制以 x 为横坐标、以 y 为纵坐标的曲线，颜色为蓝色，标记样式为
五角星
```

运行结果如图 5-29 所示。

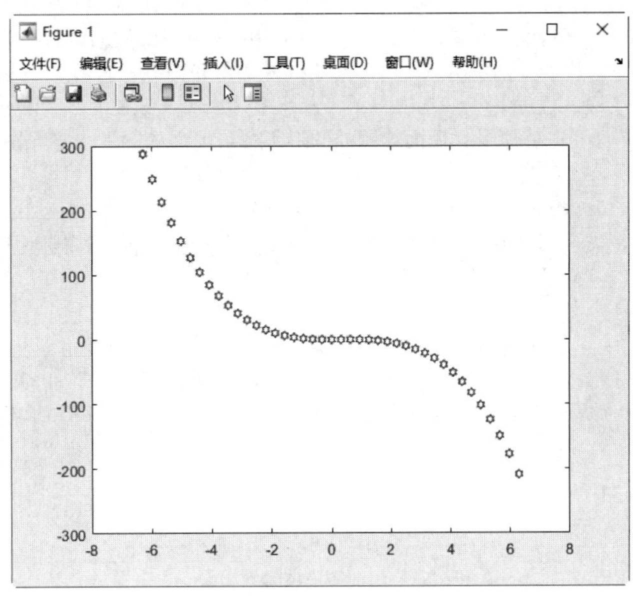

图 5-29　隐函数图形

**例 5-16：** 使用不同标记分别绘制函数 $y = \sin x^2$，$y = \cos x^2$，$y = \sin x \cos x$ 的数据点。

**解：** MATLAB 程序如下：

```
>> close all
>> x = 0:pi/100:pi;  % 创建 0 ~ π 的向量 x，元素间隔为 π/200。
>> y1 = sin(x.^2); % 定义以向量 x 为自变量的函数表达式 y1
>> y2 = cos(x.^2); % 定义以向量 x 为自变量的函数表达式 y2
>> y3 = sin(x).*cos(x);  % 定义以向量 x 为自变量的函数表达式 y3
>> hold on   %打开保持命令，后面绘制的图形不覆盖前面的图形，在原图形上叠加显示
>> plot(x,y1,'r*')   % 绘制以 x 为横坐标、以 y1 为纵坐标的曲线 1，颜色为红色，标记样式为星号
>> plot(x,y2,'kp')   % 绘制以 x 为横坐标、以 y2 为纵坐标的曲线 2，颜色为黑色，标记样式为正五角星
>> plot(x,y3,'md')   % 绘制以 x 为横坐标、以 y3 为纵坐标的曲线 3，颜色为品红色，标记样式为菱形
>> hold off  %关闭保持命令
```

运行结果如图 5-30 所示。

**说明：**

hold on 命令用来使当前轴及图形保持不变，准备接受此后用 plot 命令所绘制的新的曲线。hold off 命令使当前轴及图形不再保持上述性质。

**例 5-17：** 设置曲线的属性。绘制函数 $y = \cos t$，$y = \cos t \sin(9t)$ 的图形。

**解：** MATLAB 程序如下：

```
>> t = 0:pi/100:pi;    % 创建 0~π 的向量 t，元素间隔为 π/100
>> y1 = cos(t);  % 定义以向量 t 为自变量的函数表达式 y1
```

```
>> y2 = cos(t).*sin(9*t);   % 定义以向量 t 为自变量的函数表达式 y2
>> t3 = pi*(0:9)/9;      % 创建 0~π 的向量 t3，元素间隔为 π/9
>> y3 = cos(t3).*sin(9*t3);   % 定义以向量 t3 为自变量的函数表达式 y3
>> plot(t,y1,'r:',t,y2,'-bo')     %曲线 1 为红色点线；曲线 2 为蓝色实线，标记样式为小圆圈
>> hold on   %打开保持命令，后面绘制的图形不覆盖前面的图形，在原图形上叠加显示
>>
plot(t3,y3,'s','MarkerSize',10,'MarkerEdgeColor',[0,0.9,0.6],'MarkerFaceColor',[1,0,0])   % 绘制曲线 3，标记大小为 10，根据 rgb 向量设置标记边缘颜色与填充颜色
>> hold off   %关闭保持命令
>>
plot(t,y1,'r:',t,y2,'-bo',t3,y3,'s','MarkerSize',10,'MarkerEdgeColor',[0,1,0.5],'MarkerFaceColor',[1,0.8,0])      % 绘制三条曲线，曲线 1 为红色点线；曲线 2 为蓝色实线，标记样式为小圆圈；曲线 3 使用正方形标记数据点，大小为 10，根据 rgb 向量设置标记边缘颜色与填充颜色
```

运行结果如图 5-31 所示。

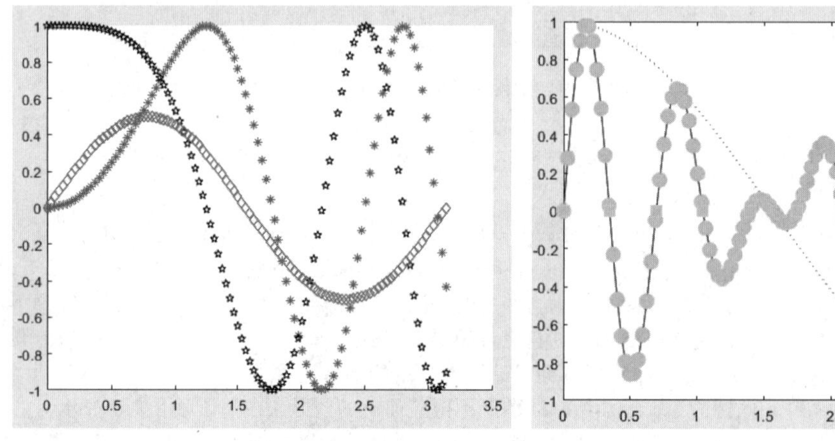

图 5-30　绘制函数的数据点图形　　　　图 5-31　绘制函数图形

### 5.2.2　坐标系与坐标轴

在工程实际中，往往会涉及不同坐标系或坐标轴下的图形问题。一般情况下绘图命令使用的都是笛卡儿（直角）坐标系。下面简单介绍几个工程计算中常用的其他坐标系下的绘图命令。

1. 极坐标系下绘图

在 MATLAB 中，polarplot 命令用来绘制函数在极坐标系中的图形。其调用格式见表 5-11。

**表 5-11　polarplot 命令**

| 调用格式 | 说　明 |
|---|---|
| polarplot(theta,rho) | 在极坐系标中绘图，theta 的元素代表弧度角，rho 代表每个点的半径值 |
| polarplot (theta,rho,s) | 在极坐标系中绘图，指定线条的线型、标记符号和颜色 |
| polarplot(theta1,rho1,...,thetaN,rhoN) | 绘制多个 rho、theta 对组 |

（续）

| 调用格式 | 说　明 |
|---|---|
| polarplot(theta1,rho1,s1,...,thetaN,rhoN,sN) | 指定每个线条的线型、标记符号和颜色 |
| polarplot(rho) | 按等间距角度（介于 0~2π 之间）绘制 rho 中的半径值 |
| polarplot(rho,s) | 在上一语法格式的基础上，设置线条的线型、标记符号和颜色 |
| polarplot(Z) | 绘制 $Z$ 中的复数值 |
| polarplot(Z,s) | 在上一语法格式的基础上，设置线条的线型、标记符号和颜色 |
| polarplot(tbl,thetavar,rhovar) | 绘制表 tbl 中的变量 thetavar 和 rhovar |
| polarplot(tbl,rhovar) | 按等间距角度（介于 0 和 2π 之间）绘制 rhovar 中的半径值 |
| polarplot(…,Name,Value) | 使用一个或多个 Name、Value 对组参数指定图形线条的属性 |
| polarplot(pax,…) | 使用 pax 指定 PolarAxes 对象，而不是使用当前坐标区 |
| p = polarplot(…) | 返回一个或多个图形线条对象 |

2. 半对数坐标系中绘图

半对数坐标在工程中也是很常用的，MATLAB 提供的 semilogx 与 semilogy 命令可以很容易实现这种作图方式。semilogx 命令用来绘制 $x$ 轴为半对数坐标的曲线，semilogy 命令用来绘制 $y$ 轴为半对数坐标的曲线，它们的调用格式是一样的。下面以 semilogx 命令为例进行说明，其调用格式见表 5-12。

**表 5-12　semilogx 命令**

| 调用格式 | 说　明 |
|---|---|
| semilogx(X) | 绘制以 10 为底对数刻度的 $x$ 轴和线性刻度的 $y$ 轴的半对数坐标曲线，若 $X$ 是实矩阵，则按列绘制每列元素值相对其下标的曲线图，若为复矩阵，则等价于 semilogx(real($X$), imag($X$)) 命令 |
| semilogx(X, LineSpec) | 在上一语法格式的基础上，指定线型、标记和颜色 |
| semilogx(X1,Y1,…) | 对坐标对 $(Xi,Yi)$ $(i = 1,2,\cdots)$，绘制所有的曲线，如果 $(Xi,Yi)$ 是矩阵，则以 $(Xi,Yi)$ 对应的行或列元素为横、纵坐标绘制曲线 |
| semilogx(X1,Y1, LineSpec,…) | 对坐标对 $(Xi,Yi)$ $(i = 1,2,\cdots)$ 绘制所有的曲线，其中 LineSpec 是控制曲线线型、标记以及色彩的参数 |
| semilogx(tbl,xvar,yvar) | 绘制表 tbl 中的变量 xvar 和 yvar |
| semilogx(tbl,yvar) | 绘制表中的指定变量对表的行索引的图。此语法不支持时间表 |
| semilogx(…, Name, Value,…) | 对所有用 semilogx 命令生成的图形对象的属性进行设置 |
| semilogx(ax,...) | 由 ax 指定的坐标创建曲线 |
| h = semilogx(…) | 返回 line 图形句柄向量，每条线对应一个句柄 |

除了半对数坐标系中绘图外，MATLAB 还提供了双对数坐标系中的绘图命令 loglog，它的使用格式与半对数坐标类似，这里不再赘述。

3. 坐标轴控制

MATLAB 的绘图函数可根据要绘制的曲线数据的范围自动选择合适的坐标系，使得曲线尽可能清晰地显示出来，所以一般情况下用户不必自己选择绘图坐标系。但是有些图形，如果用户感觉自动选择的坐标系不合适，则可以利用 axis 命令选择新的坐标系。

axis 命令用于控制坐标轴的显示、刻度、长度等特征，其调用格式见表 5-13。

**表 5-13 axis 命令的调用格式**

| 调用格式 | 说 明 |
| --- | --- |
| axis(limits) | 设置 $x$，$y$，$z$ 坐标的最小值和最大值。函数输入参数可以是 4 个 [xmin xmax ymin ymax]，也可以是 6 个 [xmin xmax ymin ymax zmin zmax]，还可以是 8 个 [xmin xmax ymin ymax zmin zmax cmin cmax]（cmin 是对应于颜色图中的第一种颜色的数据值，cmax 是对应于颜色图中的最后一种颜色的数据值），分别对应于二维、三维或四维坐标系的最大最小值<br>对于极坐标区，以下列形式指定范围 [thetamin thetamax rmin rmax]：将 theta 坐标轴范围设置为从 thetamin 到 thetamax，将 $r$ 坐标轴范围设置为从 rmin 到 rmax |
| axis style | 使用 style 样式设置轴范围和尺度，进行限制和缩放 |
| axis mode | 设置 MATLAB 是否自动选择限制。将模式指定为 manual、auto 或 semiautomatic（手动、自动或半自动）选项之一，如 ‘auto x’ |
| axis ydirection | 原点放在轴的位置：xy 或 ij |
| axis visibility | 设置坐标轴的可见性：on 或 off |
| lim = axis | 返回当前坐标区的 $x$ 轴和 $y$ 轴范围。对于三维坐标区，还会返回 $z$ 坐标轴范围。对于极坐标区，它返回 theta 轴和 $r$ 坐标轴范围 |
| [m,v,d] = axis(‘state’) | 返回坐标轴范围选择、坐标区可见性和 $y$ 轴方向的当前设置 |
| … = axis(ax,…) | 使用 ax 指定的坐标区或极坐标区 |

**注意：**

相应的最小值必须小于最大值。

**例 5-18：** 坐标系与坐标轴转换实例。

**解：** MATLAB 程序如下：

```
>> t = 0:2*pi/100:2*pi;    % 创建 0~2π 的向量 x，元素间隔为 2π/100
>> x = cos(t);
>> y = 0.5*sin(t);  % 定义以向量 t 为自变量的函数表达式 x、y
>> subplot(2,3,1),plot(x,y),axis normal,          % 自动调整坐标轴的纵横比
>> subplot(2,3,2),plot(x,y),axis equal,           % 沿每个坐标轴使用相同的数据单位长度
>> subplot(2,3,3),plot(x,y),axis square           % 使用相同长度的坐标轴线
>> subplot(2,3,4),plot(x,y),axis image        % 沿每个坐标区使用相同的数据单位长度，并使坐标区框紧密围绕数据
>> subplot(2,3,5),plot(x,y),axis image fill       % 沿每个坐标区使用相同的数据单位长度，并使坐标区框紧贴图形数据。启用“伸展填充”行为，每个轴线的长度恰好围成坐标区的位置矩形
>> subplot(2,3,6),plot(x,y),axis tight          % 坐标轴范围等同于数据范围，使轴框紧密围绕数据
```

运行结果如图 5-32 所示。

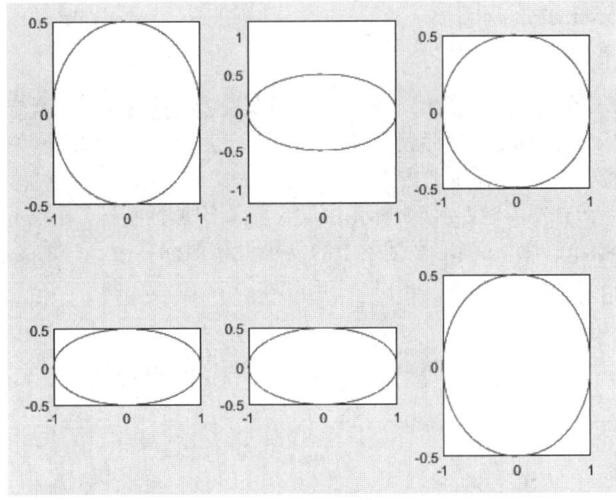

图 5-32　坐标系与坐标轴的转换

### 5.2.3　图形注释

MATLAB 中提供了一些常用的图形标注函数，利用这些函数可以为图形添加标题，为图形的坐标轴加标注，为图形添加图例，也可以把说明、注释等文本放到图形的任何位置。

1. 注释图形标题及轴名称

在 MATLAB 绘图命令中，title 命令可用于给图形对象加标题，其调用格式也非常简单，见表 5-14。

**表 5-14　title 命令**

| 调用格式 | 说　明 |
|---|---|
| title(string) | 在当前坐标轴上方正中央放置字符串 string 作为图形标题 |
| title(titletext,subtitletext) | 在标题下添加副标题 |
| title(…, Name,Value) | 使用一个或多个名称 – 值对组参数修改标题外观 |
| title(target,…) | 将标题添加到指定的目标对象 |
| t = title(…) | 返回作为标题的 text 对象句柄 |
| [t,s] = title(…) | 返回用于标题和副标题的对象 |

**说明：**

可以利用 gcf 与 gca 来获取当前图形窗口与当前坐标轴的句柄。

对坐标轴进行标注的命令为 xlabel、ylabel、zlabel，作用分别是对 $x$ 轴、$y$ 轴、$z$ 轴进行标注，它们的调用格式相同。下面以 xlabel 为例进行说明，其调用格式见表 5-15。

**表 5-15　xlabel 命令**

| 调用格式 | 说　明 |
|---|---|
| xlabel(string) | 在当前轴对象中的 $x$ 轴上标注说明语句 string |
| xlabel(target,txt) | 为指定的目标对象添加标签 |
| xlabel(…, Name,Value) | 使用一个或多个名称 – 值对组参数修改标签外观 |
| t = xlabel(…) | 返回用作 $x$ 轴标签的文本对象 |

**例 5-19**：绘制并标注余弦波图形。

**解**：MATLAB 程序如下：

```
>> x = linspace(0,10*pi,100);   % 创建 0~10π 的向量 x，元素个数默认为 100
>> plot(x,cos(x))    % 绘制曲线
>> title('余弦波')   % 在正上方添加标题
>> xlabel('x 坐标')   % 在当前坐标系中的 x 轴上添加标签
>> ylabel('y 坐标') % 在当前坐标系中的 y 轴上添加标签
```

运行结果如图 5-33 所示。

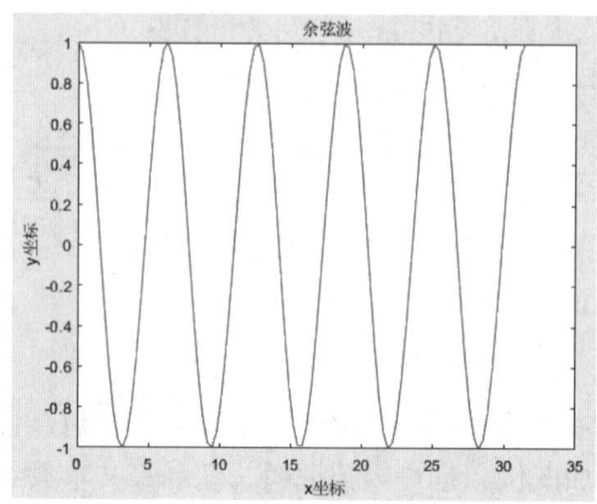


图 5-33　绘制并标注余弦波图形

2. 图形标注

在对图形进行详细标注时，最常用的两个命令是 text 与 gtext，它们均可以在图形的具体位置进行标注。

3.text 命令

text 命令的调用格式见表 5-16。

**表 5-16　text 命令**

| 调用格式 | 说　明 |
|---|---|
| text(x,y,string) | 在图形中指定的位置 $(x,y)$ 上显示字符串 string |
| text(x,y,z,string) | 在三维图形空间中的指定位置 $(x,y,z)$ 上显示字符串 string |
| text(…, Name, Value,…) | 在三维图形空间中的指定位置 $(x,y,z)$ 上显示字符串 string，且对指定的属性进行设置，表 5-17 给出了文字属性名、含义及属性值的有效值与默认值 |
| text(ax,…) | 将在由 ax 指定的坐标区中创建文本标注 |
| t = text(…) | 返回一个或多个文本对象 $t$，使用 $t$ 修改所创建的文本对象的属性 |

**表 5-17　text 命令文字属性**

| 属性名 | 含义 | 有效值 | 默认值 |
|---|---|---|---|
| Editing | 能否对文字进行编辑 | on、off | off |
| Interpreter | 文本解释器 | tex、latex、none | tex |
| Extent | text 对象的范围（位置与大小） | [left,bottom, width, height] | 随机 |
| HorizontalAlignment | 文字水平方向的对齐方式 | left、center、right | left |

（续）

| 属性名 | 含义 | 有效值 | 默认值 |
|---|---|---|---|
| Position | 文字范围的位置 | [0 0 0]、[x y]、[x y z] | [0 0 0] |
| Rotation | 文字对象的方位角度 | 标量［单位为度（°）］ | 0 |
| Units | 文字范围与位置的单位 | pixels（屏幕上的像素点）、normalized（把屏幕看成一个长、宽为 1 的矩形）、inches、centimeters、points、data、characters、points | data |
| VerticalAlignment | 文字垂直方向的对齐方式 | top（文本外框顶上对齐）、cap（文本字符顶上对齐）、middle（文本外框中间对齐）、baseline（文本字符底线对齐）、bottom（文本外框底线对齐） | middle |
| FontAngle | 设置斜体文字模式 | normal（正常字体）、italic（斜体字） | normal |
| FontName | 设置文字字体名称 | 用户系统支持的字体名或者字符串 FixedWidth | 取决于操作系统和区域设置 |
| FontSize | 文字字体大小 | 大于 0 的标量值 | 取决于具体操作系统和区域设置 |
| FontUnits | 设置属性 FontSize 的单位 | points（1 points = 1/72inches）、normalized（把父对象坐标轴作为单位长的一个整体；当改变坐标轴的尺寸时，系统会自动改变字体的大小）、inches、centimeters、pixels | points |
| FontWeight | 设置文字字体的粗细 | normal（正常字体）、bold（黑体字） | normal |
| Clipping | 设置坐标轴中矩形的剪辑模式 | on：当文本超出坐标轴的矩形时，超出的部分不显示<br>off：当文本超出坐标轴的矩形时，超出的部分显示 | off |
| SelectionHighlight | 设置选中文字是否突出显示 | on、off | on |
| Visible | 设置文字是否可见 | on、off | on |
| Color | 设置文字颜色 | [0 0 0]、RGB 三元组、十六进制颜色代码、‘r’、‘g’、‘b’、… | [0 0 0] |
| HandleVisibility | 设置文字对象句柄对其他函数是否可见 | on、callback、off | on |
| HitTest | 当单击某个对象时，程序能够识别出用户单击的是哪个对象，并触发相应的事件或操作 | on、off | on |
| Seleted | 设置文字是否显示出“选中”状态 | on、off | off |
| Tag | 设置用户指定的标签 | ‘’、字符向量、字符串标量 | ‘’（即空字符串） |
| Type | 设置图形对象的类型 | ‘text’ | |
| UserData | 设置用户指定数据 | 任何矩阵 | []（即空矩阵） |
| BusyAction | 设置如何处理对文字回调过程中断的句柄 | cancel、queue | queue |
| ButtonDownFcn | 设置当鼠标在文字上单击时，程序做出的反应 | ‘’、函数句柄、元胞数组、字符向量 | ‘’（即空字符串） |

（续）

| 属性名 | 含义 | 有效值 | 默认值 |
| --- | --- | --- | --- |
| CreateFcn | 设置当文字被创建时，程序做出的反应 | ''、函数句柄、元胞数组、字符向量 | ''（即空字符串） |
| DeleteFcn | 设置当文字被删除（通过关闭或删除操作）时，程序做出的反应 | ''、函数句柄、元胞数组、字符向量 | ''（即空字符串） |

表中的这些属性及相应的值都可以通过 get 命令来查看，使用 set 命令进行修改。

MATLAB 中的 TeX 中的一些希腊字母、常用数学符号、二元运算符号、关系符号以及箭头符号都可以直接使用，如“\rightarrow”。

**例 5-20：** 绘制函数图形。

**解：** MATLAB 程序如下：

```
>> x = linspace(-10,10,200);   % 在 -10 到 10 之间生成 200 个等间距的点，存储在变量 x 中
>> y = sin(4*x).*exp(.1*x);   % 计算函数 y 的值，其中 sin 是正弦函数，exp 是指数函数，.* 表示元素间的乘法。将结果存储在变量 y 中
>> plot(x,y)   % 绘制 x 和 y 的图像
>> axis([-10 10 0 inf])   % 设置坐标轴的范围，横轴范围为 -10 到 10，纵轴范围从 0 到无穷大
>> title('y = sin4x \ite^{0.1x}') % 设置图像的标题，修饰符 "\it" 表示斜体
```

运行结果如图 5-34 所示。

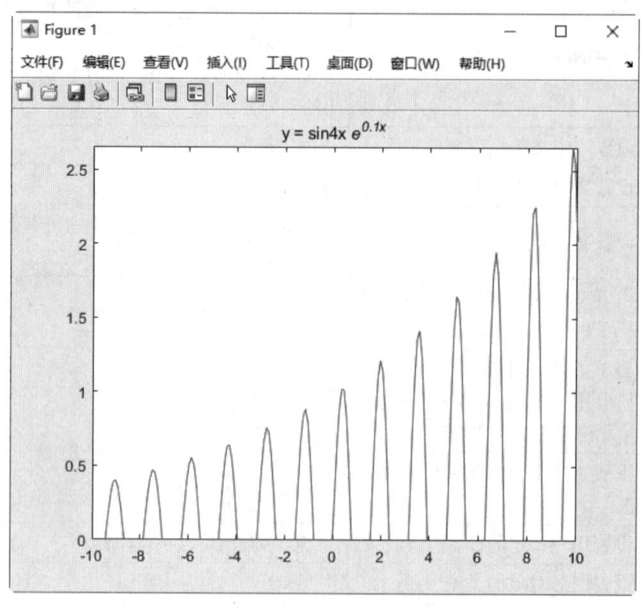


图 5-34　绘制函数图形

4. gtext 命令

gtext 命令可以让用户在图形的任意位置进行标注。当光标进入图形窗口时，会变成一个大十字架形，等待用户的操作。其调用格式见表 5-18。

**表 5-18　gtext 命令**

| 调用格式 | 说　　明 |
| --- | --- |
| gtext(str) | 在光标选择的位置插入文本 str |
| gtext(str,Name,Value) | 使用一个或多个名称 – 值对组参数指定文本属性 |
| h = gtext(⋯) | 返回作为标注的 gtext 对象句柄 |

调用这个函数后，图形窗口中的光标指针会成为十字光标，通过移动光标进行定位，将光标移到预定位置后按下鼠标左键或键盘上的任意键，即可在光标位置显示指定文本。由于要用鼠标操作，因此该函数只能在 MATLAB 命令行窗口中进行。

**例 5-21：** 绘制倒数函数 $y=\dfrac{1}{x}$ 在 [0,2] 上的图形，并标出 1/4、1/2 在图形上的位置以及函数名。

**解：** MATLAB 程序如下：

```
>> x = 0:0.1:2;       % 创建了一个从 0 到 2 的等差数列 x，步长为 0.1
>> plot(x,1./x)       % 绘制了 y 的图像
>> title('倒数函数')   % 设置了图像的标题
>> xlabel('x'),ylabel('1/x')       % 设置了 x 轴标签和 y 轴标签
>> text(0.25, 1/0.25,'<---1/4') % 在图像上添加了一些文本注释，包括 1/4 和 1/2 的值
>> text(0.5, 1/0.5,'1/2\rightarrow','HorizontalAlignment','right')   % 在
(0.5, 1/0.5)处添加文本'1/2\rightarrow'，并设置水平对齐方式为右对齐
>> gtext('y = 1/x') % 在图像上添加文本
```

运行结果如图 5-35 所示。

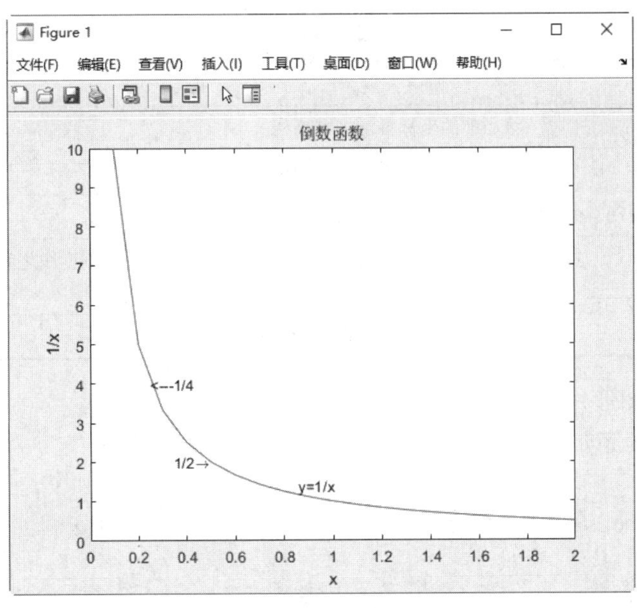


图 5-35　绘制并标注倒数函数

5. 图例标注

在一幅图中绘制多条曲线时，用户可以根据需要，利用 legend 命令添加图例进行说明。其调用格式见表 5-19。

表 5-19　legend 命令

| 调用格式 | 说　明 |
| --- | --- |
| legend | 为每个绘制的数据序列创建一个带有描述性标签的图例 |
| legend(string1,string2,⋯) | 以字符向量或字符串列表形式指定标签 string1，string2,⋯ |
| legend(labels) | 使用字符向量元胞数组、字符串数组或字符矩阵设置标签 |
| legend(subset,⋯) | 仅在图例中包括 subset 列出的数据序列的项。subset 以图形对象向量的形式指定 |
| legend(target,⋯) | 在 target 指定的坐标区或图中添加图例 |
| legend(⋯,'Location',lcn) | 在以上任一语法格式的基础上，设置图例位置 |
| legend(⋯,'Orientation',ornt) | 在以上任一语法格式的基础上，指定图例项的并排方式。ornt 的默认为 'vertical'，即垂直堆叠图例项，若设置为 'horizontal'，则水平并排显示 |
| legend(⋯,Name,Value) | 使用一个或多个名称 – 值对组参数来设置图例属性 |
| legend('off') | 从当前的坐标轴中去除图例 |
| legend(vsbl) | 控制图例的可见性，vsbl 可设置为 'hide'、'show' 或 'toggle' |
| legend(bkgd) | 删除图例背景和轮廓。bkgd 的默认值为 'boxon'，即显示图例背景和轮廓 |
| lgd = legend(⋯) | 返回 Legend 对象。可使用 lgd 在创建图例后查询和设置图例属性 |

6. 网格线控制

为了增强图形的可读性，可以利用 grid 命令给二维或三维图形的坐标面增加网格线。其调用格式见表 5-20。

表 5-20　grid 命令

| 调用格式 | 说　明 |
| --- | --- |
| grid on | 给当前的坐标轴增加网格线 |
| grid off | 从当前的坐标轴中去掉网格线 |
| grid | 转换网格线的显示与否的状态 |
| grid minor | 切换改变次网格线的可见性。次网格线出现在刻度线之间。并非所有类型的图都支持次网格线 |
| grid(target,⋯) | 设置 target 指定的坐标区的网格线的可见性 |

**例 5-22**：绘制图形并添加注释。

**解**：MATLAB 程序如下：

```
>> t = 0:0.1:5;
>> y1 = exp(-0.5*t).*sin(2*t);
>> y = diff(y1);
>> y2 = [0.2 y];
>> plot(t,y1,'r-',t,y2,'m:')
>> title('位置与速度曲线');
>> xlabel('时间t');ylabel('位置 x,速度 dx/dt');
>> legend('位置','速度');
>> grid on
```

运行结果如图 5-36 所示。

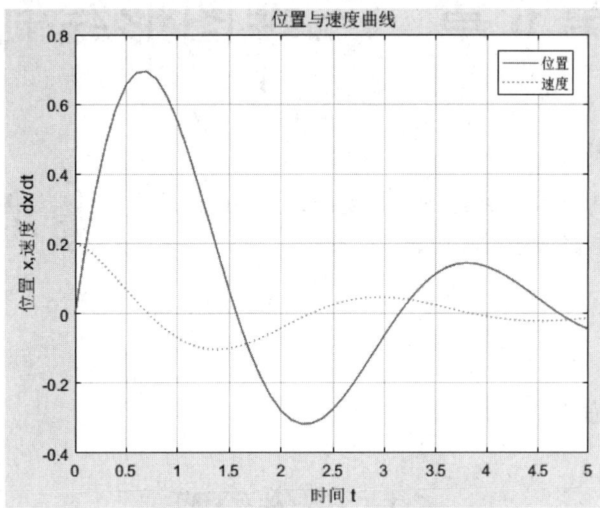


图 5-36　绘制图形并添加注释

# 第 6 章　三维图形绘制

**内容指南**

MATLAB 三维绘图相对二维绘图要更复杂，涉及的问题也比二维绘图要多。本章将详细讲解三维绘图、三维图形修饰处理等功能。

**内容要点**

- 三维绘图
- 三维图形修饰处理

## 6.1　三维绘图

MATLAB 三维绘图涉及的问题比较多，例如，是三维曲线绘图还是三维曲面绘图，三维曲面绘图中，是曲面网线绘图还是曲面颜色图；绘图坐标数据是如何构造的，什么是三维曲面的观察角度等。在用于三维绘图的绘图函数中，对于上述许多问题都设置了默认值，应尽量使用默认值（必要时可阅读联机帮助）。

为了显示三维图形，MATLAB 提供了各种各样的函数，其中一些函数可在三维空间中画线，一些函数可以画曲面与线格框架。另外，颜色可以用来代表第四维。当颜色以这种方式使用时，它不再具有像照片中那样显示色彩的自然属性 . 也不再具有基本数据的内在属性，所以把它称为彩色。

### 6.1.1　三维曲线绘图命令

1. plot3 命令

plot3 命令是二维绘图 plot 命令的扩展，因此它们的调用格式也基本相同，只是在参数中多加了一个第三维的信息。例如，plot(x,y,s) 与 plot3(x,y,z,s) 的意义是一样的，前者绘的是二维图，后者绘的是三维图，参数 $s$ 控制曲线的类型、粗细、颜色等。因此，这里不给出它的具体调用格式，读者可以按照 plot 命令的调用格式来学习。

**例 6-1**：绘制二维图形、三维图形。

**解**：MATLAB 程序如下：

```
>> x = 1:0.1:10;            %定义x
>> y = sin(x);              %定义y
>> z = cos(x);              %定义z
>> plot(y,z)                %绘制二维图形，如图 6-1 所示
>> plot3(x,y,z)             %绘制三维图形，如图 6-2 所示
```

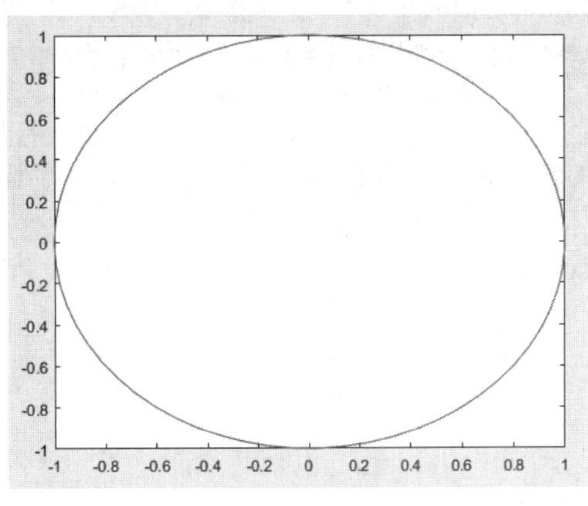

图 6-1　二维图形

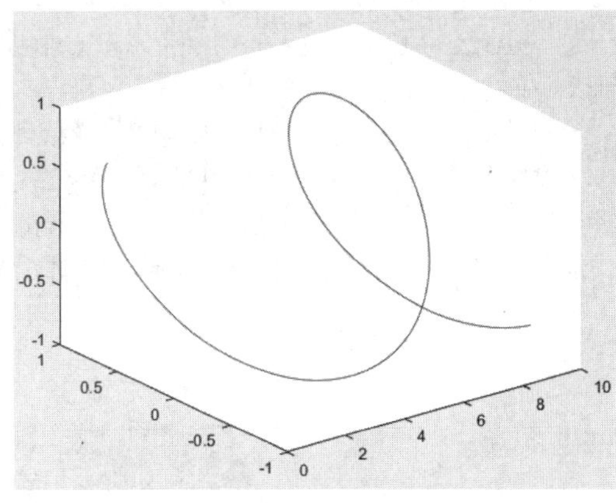

图 6-2　三维图形

**例 6-2：** 绘制空间曲线。

**解：** MATLAB 程序如下：

```
>> t = (0:0.02:2)*pi;   % 定义了一个时间向量 t，范围是从 0 到 2π，步长为 0.02π
>> x = sin(t);y = cos(t);z = cos(2*t);   % 计算了 x、y、z 的值
>> plot3(x,y,z,'r-',x,y,z,'bd')   % 绘制三维散点图。其中，x、y、z 是三个向量，分
别表示点的 x、y、z 坐标。'r-' 表示红色实线，'bd' 表示蓝色圆点，其中红色线表示 x、y、z 的关系，
蓝色点表示相同的关系。
```

运行上述命令后会在图形窗口显示如图 6-3 所示的图形。

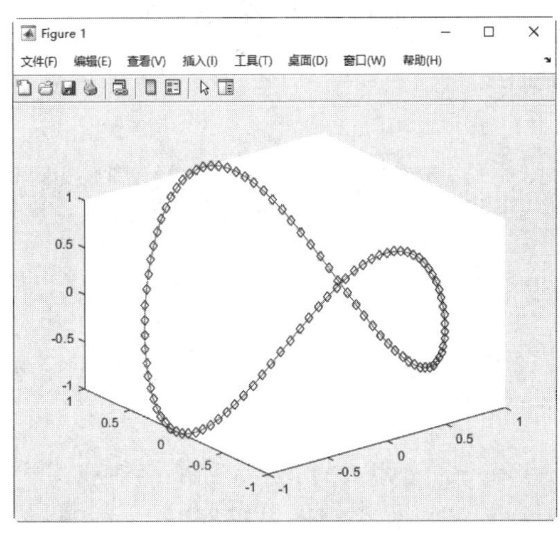


图 6-3　空间曲线

**例 6-3：** 绘制三维螺旋曲线。

$$\begin{cases} x = \sin\theta \\ y = \cos\theta \qquad \theta \in [0,10\pi] \\ z = \theta \end{cases}$$

**解：**MATLAB 程序如下：

```
>> t = 0:pi/100:10*pi;   % 定义了一个向量 t，范围从 0 到 10π，步长为 π/100。
>> plot3(sin(t),cos(t),t)   % 绘制螺旋曲线，其中 x 轴表示 sin(t)，y 轴表示 cos(t)，z 轴表示 t。
>> title('螺旋曲线')   % 设置图像的标题
>> xlabel('sint'),ylabel('cost'),zlabel('t')   % 设置图像的 x 轴标签、y 轴标签和 z 轴标签
```

运行上述命令后会在图形窗口显示如图 6-4 所示的图形。

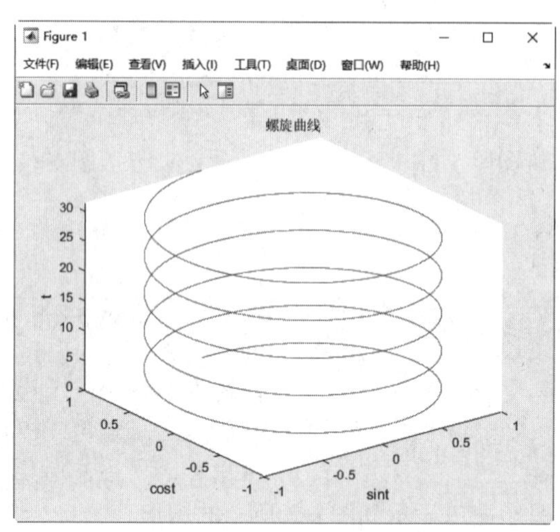


图 6-4　绘制三维螺旋曲线

**例 6-4：**绘制多条重叠曲线。

**解：**MATLAB 程序如下：

```
>> x = linspace(0,3*pi);   % 定义了一个向量 x，范围从 0 到 π
>> z1 = sin(x);   % 计算了 sin(x)、sin(x)+1 和 sin(x)+2 的值，并将它们存储在 y1、y2 和 y3 中
>> y2 = sin(x)+1;
>> y3 = sin(x)+2;
>> z1 = x;   % 创建了三个与 x 相同大小的向量 z1、z2 和 z3
>> z2 = x;
>> z3 = x;
>> plot3(x,y1,z1,x,y2,z2,x,y3,z3);   % 绘制三个曲线
>> xlabel('x-axis');ylabel('y-axis');zlabel('z-axis');   % 设置 x 轴标签、y 轴标签和 z 轴标签
>> title('sin(x),sin(2x),sin(3x)')   % 设置图像的标题
```

运行结果如图 6-5 所示。

2. fplot3 命令

与二维绘图一样，三维绘图里也有一个专门绘制符号函数的命令 fplot3，其调用格式见表 6-1。

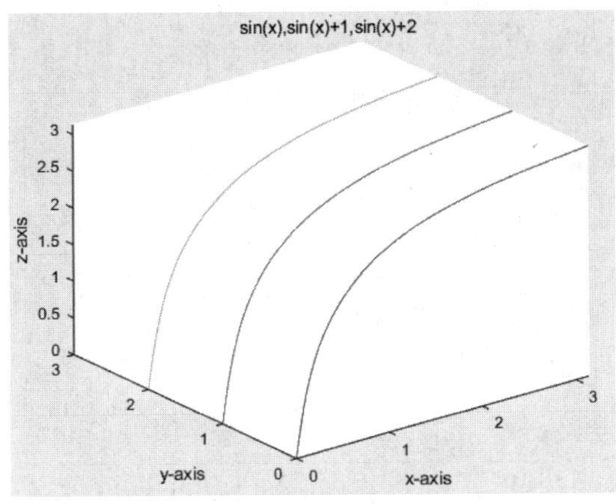


图 6-5　绘制多条重叠曲线

**表 6-1　fplot3 命令**

| 调用格式 | 说　　明 |
|---|---|
| fplot3(x,y,z) | 在系统 $t$ 默认区间 [−5,5] 上画出空间曲线 $x = x(t)$，$y = y(t)$，$z = z(t)$ 的图形 |
| fplot3(x,y,z,[a,b]) | 绘制上述参数曲线在 $t$ 区间指定为 [a b] 上的三维网格图 |
| fplot3(···,LineSpec) | 设置三维曲线线型、标记符号和线条颜色 |
| fplot3(···,Name,Value) | 使用一个或多个名称 – 值对组参数指定线条属性 |
| fplot3(ax,···) | 将图形绘制到 ax 指定的坐标区中，而不是当前坐标区中 |
| fp = fplot3(···) | 返回参数函数图形对象，使用此对象可查询和修改特定线条的属性 |

**例 6-5：** 绘制下面函数的三维曲线图。

$$\begin{cases} x = t \\ y = t^2 \\ z = \sin 6t \end{cases} \qquad -2\pi < t < 2\pi$$

**解：**MATLAB 程序如下：

```
>> close all
>> x = @(t)t;
>> y = @(t)t.^2;
>> z = @(t)sin(6*t);
>> fplot3(x,y,z,[-2*pi,2*pi])
>> title('x = t, y = t^2, z = sin(6t) for -2\pi<t<2\pi')
```

运行结果如图 6-6 所示。

3. fimplicit3 命令

与 fimplicit 命令对应，fimplicit3 用于绘制三维隐函数的图形，该命令的调用格式见表 6-2。

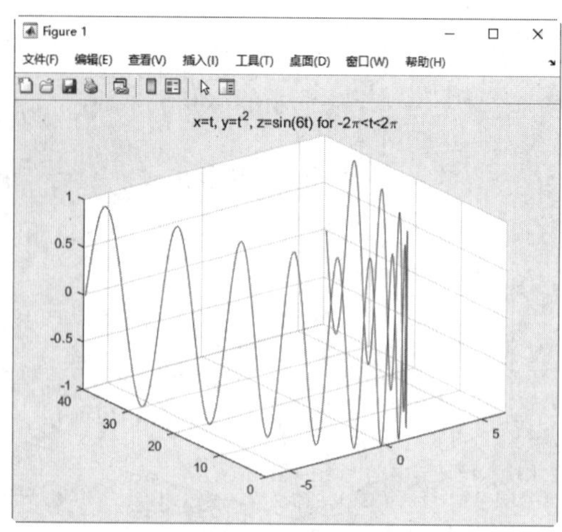


图 6-6　三维曲线

**表 6-2　fimplicit3 命令**

| 调用格式 | 说　　明 |
| --- | --- |
| fimplicit3(f) | 在 $x$ 默认区间 [−5 5] 内绘制由三维隐函数 $f(x,y,z)=0$ 定义的曲线 |
| fimplicit3(f,interval) | 在 interval 指定的范围内画出三维隐函数 $f(x,y,z)=0$ 的图形，将区间指定为 [xmin xmax] 形式的二元素向量 |
| fimplicit3(ax,⋯) | 在 ax 指定的坐标区中，而不是当前坐标区中绘制图形 |
| fimplicit3(⋯,LineSpec) | 指定线条样式、标记符号和线条颜色 |
| fimplicit3(⋯,Name,Value) | 使用一个或多个名称 – 值对参数指定图形线条属性 |
| fs = fimplicit3(⋯) | 根据输入返回 ImplicitFunctionSurface 对象 fs。使用 fs 可查询和修改特定线条的属性 |

**例 6-6：** 绘制函数 $x^2-y^2+z^2+xy=0$ 三维隐函数曲面图。

**解：** MATLAB 程序如下：

```
>> close all
>> fimplicit3(@(x,y,z) x.^2 - y.^2 + z.^2+x.*y)
```

运行结果如图 6-7 所示。

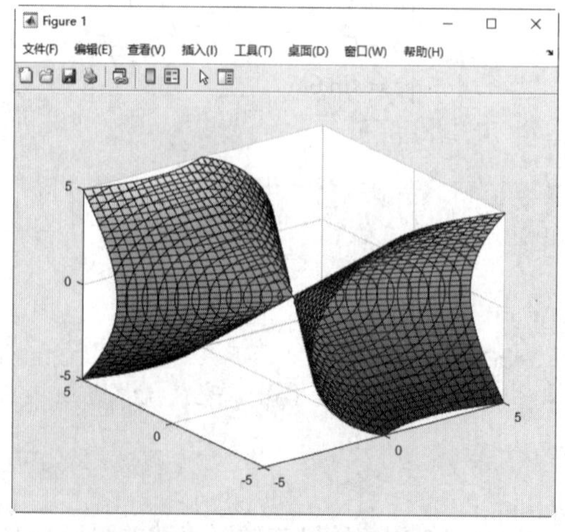


图 6-7　三维隐函数曲面

### 6.1.2　三维网格命令

1. mesh 命令

该命令生成的是由 $X$、$Y$ 和 $Z$ 指定的网格曲面，而不是单根曲线，mesh 命令的主要调用格式见表 6-3。

**表 6-3　mesh 命令调用格式**

| 调用格式 | 说　明 |
|---|---|
| mesh(X,Y,Z) | 绘制三维网格图，颜色和曲面的高度相匹配。若 $X$ 与 $Y$ 均为向量，且 length($X$) = $n$，length($Y$) = $m$，而 [m,n] = size($Z$)，空间中的点 $(X(j),Y(i),Z(i,j))$ 为所画曲面网线的交点；若 $X$ 与 $Y$ 均为矩阵，则空间中的点 $(X(i,j),Y(i,j),Z(i,j))$ 为所画曲面的网线的交点 |
| mesh(X,Y,Z,c) | 同 mesh($X,Y,Z$)，只不过颜色由 $c$ 指定 |
| mesh(Z) | 生成的网格图满足 $X = 1:n$ 与 $Y = 1:m$，[n,m] = size($Z$)，其中 $Z$ 为定义在矩形区域上的单值函数 |
| mesh(Z,c) | 在上一语法格式的基础上指定边的颜色 |
| mesh(ax,⋯) | 将图形绘制到 ax 指定的坐标区中 |
| mesh(⋯,Name,Value) | 使用一个或多个名称 – 值对组参数指定曲面属性 |
| h = mesh(⋯) | 返回曲面对象句柄 |

对于一个三维网格图，如果不希望显示背后的网格，可以利用 hidden 命令。它的调用格式也非常简单，见表 6-4。

**表 6-4　hidden 命令**

| 调用格式 | 说　明 |
|---|---|
| hidden on | 将网格设为不透明状态 |
| hidden off | 将网格设为透明状态 |
| hidden | 在 on 与 off 之间切换 |
| hidden(ax,...) | 修改由 ax 指定的坐标区而不是当前坐标区上的曲面对象 |

**例 6-7：** 绘制函数 $z = x^4 + y^4 - x^2 - y^2 - 2xy$ 马鞍面。

**解：** MATLAB 程序如下：

```
>> close all
>> x = -4:0.25:4;   % 定义 x 和 y 的范围
>> y = x;
>> [X,Y] = meshgrid(x,y);   % 生成网格点坐标矩阵 X 和 Y
>> Z = -X.^4+Y.^4-X.^2-Y.^2-2*X*Y;   % 计算 Z 的值，Z 是一个关于 X 和 Y 的函数
>> mesh(Z)   % 绘制三维网格图，并设置标题、坐标轴标签
>> title('马鞍面')
>> xlabel('x'),ylabel('y'),zlabel('z')
```

运行结果如图 6-8 所示。

**例 6-8：** 绘制函数 $-X^2Y^2$，$x \in [-4,4]$，$y \in [-4,4]$ 的曲面。

**解：** 利用 mesh 函数绘制两个图，一个不显示其背后的网格，一个显示其背后的网格。MATLAB 程序如下：

```
>> close all
>> t = -4:0.2:4;   % 定义了一个向量 t，从 -4 开始到 4 结束，步长为 0.2
```

```
>> [X,Y] = meshgrid(t);    % 创建两个矩阵 X 和 Y。由于 t 是一维数组，meshgrid(t) 将返回两个相同的矩阵，这意味着每个点 (X_i, Y_j)(X_i,Y_j) 在二维空间中都将具有对应的 tt 值
>> Z = -X.^2.*Y.^2;  % 计算 Z 的值，它是 X 和 Y 矩阵对应元素平方后的乘积
>> subplot(1,2,1)     % 创建一个 1 行 2 列的子图区域，并定位到第一个子图进行绘制
>> mesh(X,Y,Z),hidden on              % 对当前网格图启用隐线消除模式，网格后面的线条会被网格前面的线条遮住
>> title('不显示网格')
>> subplot(1,2,2)
>> mesh(X,Y,Z),hidden off             % 对当前网格图禁用隐线消除模式
>> title('显示网格')
```

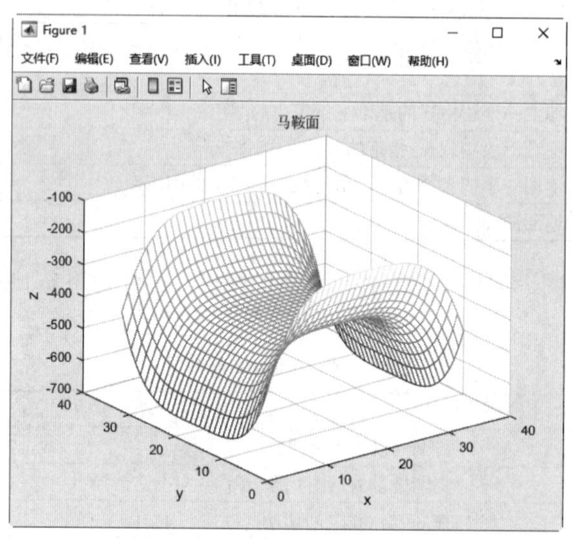


图 6-8　马鞍面

运行结果如图 6-9 所示。

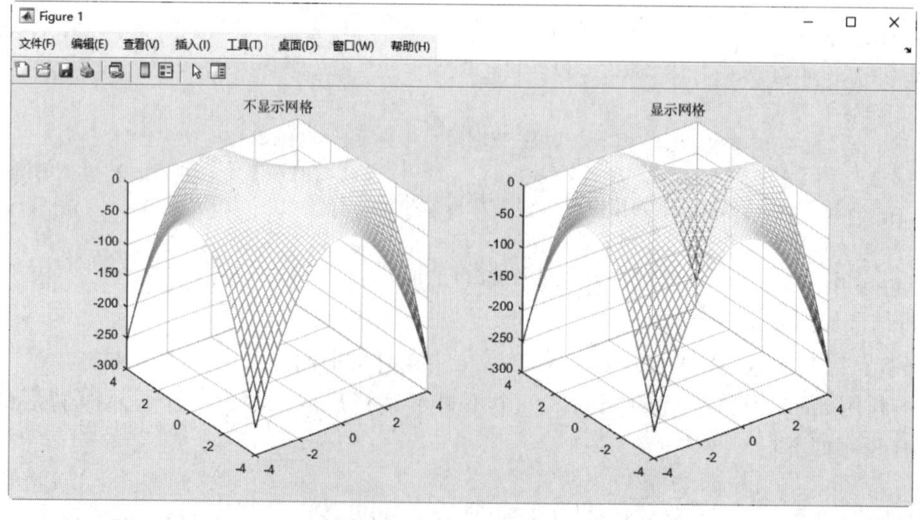


图 6-9　绘制函数曲面

meshgrid 命令用来生成二元函数 $z=f(x, y)$ 中 $xy$ 平面上的矩形定义域中数据点矩阵 $X$ 和 $Y$，或者是三元函数 $u=f(x,y,z)$ 中立方体定义域中的数据点矩阵 $X$、$Y$ 和 $Z$。它的调用格式见表 6-5。

**表 6-5　meshgrid 命令**

| 调用格式 | 说　明 |
| --- | --- |
| [X,Y] = meshgrid(x,y) | 向量 $X$ 为 $xy$ 平面上矩形定义域的矩形分割线在 $x$ 轴的值，向量 $Y$ 为 $xy$ 平面上矩形定义域的矩形分割线在 $y$ 轴的值。输出向量 $X$ 为 $xy$ 平面上矩形定义域的矩形分割点的横坐标值矩阵，输出向量 $Y$ 为 $xy$ 平面上矩形定义域的矩形分割点的纵坐标值矩阵 |
| [X,Y] = meshgrid(x) | 等价于 [$X$,$Y$] = meshgrid($x$,$x$) |
| [X,Y,Z] = meshgrid(x,y,z) | 向量 $X$ 为立方体定义域在 $x$ 轴上的值，向量 $Y$ 为立方体定义域在 $y$ 轴上的值，向量 $Z$ 为立方体定义域在 $z$ 轴上的值。输出向量 $X$ 为立方体定义域中分割点的 $x$ 轴坐标值，$Y$ 为立方体定义域中分割点的 $y$ 轴坐标值，$Z$ 为立方体定义域中分割点的 $z$ 轴坐标值 |
| [X,Y,Z] = meshgrid(x) | 等价于 [$X$,$Y$,$Z$] = meshgrid($x$,$x$,$x$) |

2. fmesh 命令

该命令专门用来绘制符号函数 $f(x, y)$（即 $f$ 是关于 $x$、$y$ 的数学函数的字符串表示）的三维网格图，fmesh 命令的调用格式见表 6-6。

**表 6-6　fmesh 命令**

| 调用格式 | 说　明 |
| --- | --- |
| fmesh(f) | 在 $x$ 和 $y$ 的默认区间 [−5 5] 绘制 $z=f(x,y)$ 的三维网格图 |
| fmesh(f, xyinterval) | 在指定区间绘图。如果 $x$ 和 $y$ 的区间相同，将 xyinterval 指定为 [min max] 形式的二元素向量。如果 $x$ 和 $y$ 使用不同的区间，则指定为 [xmin xmax ymin ymax] 形式的四元素向量 |
| fmesh(x,y,z) | 在默认区间 [−5 5]（对于 $u$ 和 $v$）绘制由 $x$ = funx($u$,$v$)、$y$ = funy($u$,$v$)、$z$ = funz($u$,$v$) 定义的参数化网格 |
| fmesh(x,y,z, uvinterval) | 在上一种语法格式的基础上指定绘图区间。如果 $u$ 和 $v$ 的区间相同，将 uvinterval 指定为 [min max] 形式的二元素向量。如果 $u$ 和 $v$ 使用不同的区间，则指定为 [xmin xmax ymin ymax] 形式的四元素向量 |
| fmesh(…,LineSpec) | 在上述任一种语法格式的基础上，设置网格的线型、标记符号和颜色 |
| fmesh(…,Name,Value) | 使用一个或多个名称 – 值对组参数指定网格的属性 |
| fmesh(ax,…) | 将图形绘制到 ax 指定的坐标区中，而不是当前坐标区 gca 中 |
| fs = fmesh(…) | 使用 fs 来查询和修改特定曲面的属性 |

**例 6-9：** 画出下面的参数化函数的三维网格图。

$$\begin{cases} x=\cos(s)\sin t \\ y=\sin(s)\sin t \quad s\in[0,2\pi],t\in[0,\pi] \\ z=\cos t \end{cases}$$

**解：** MATLAB 程序如下：

```
>> close all                          % 关闭当前已打开的文件
>> clear                              % 清除工作区的变量
>> syms s t                           % 定义符号变量 s、t
>> x = @(s,t) cos(s).*sin(t);         % x 坐标的参数化函数
>> y = @(s,t) sin(s).*sin(t);         % y 坐标的参数化函数
>> z = @(s,t) cos(t);                 % z 坐标的参数化函数
>> fmesh(x,y,z,[0 2*pi 0 pi])         % 绘制三维曲面
```

运行结果如图 6-10 所示。

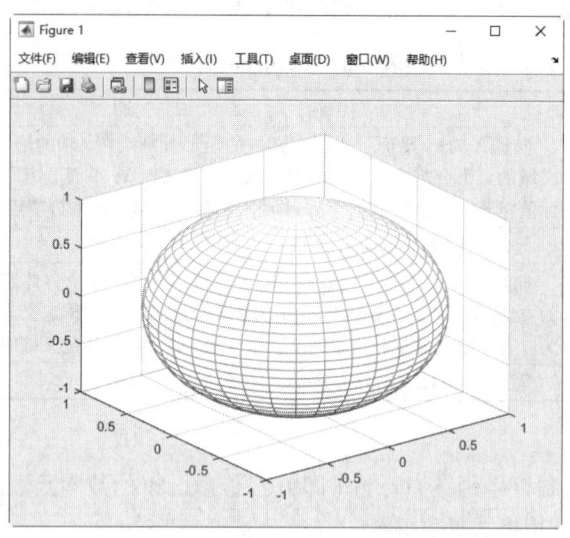

图 6-10　绘制参数化函数的三维网格图

### 6.1.3　三维曲面命令

曲面图是在网格图的基础上，在小网格之间填充颜色。它的一些特性正好与网格图相反，它的线条是黑色的，线条之间有颜色；而在网格图中，线条之间没有颜色，而线条有颜色。在曲面图里，用户不必考虑像网格图一样隐藏线条，但要考虑用不同的方法对表面添加色彩。

1. surf 命令

surf 命令的使用格式与 mesh 命令完全一样，这里不再赘述，读者可以参考 mesh 命令的调用格式。

**例 6-10：** 画出参数曲面 $Z = X^2 \sin Y$，$x \in [-4,4]$ 的图形。

**解：** MATLAB 程序如下：

```
>> x = -4:4;y = x;   % 定义了一个从 -4 到 4 的向量 x，并将 x 的值赋给 y，创建了两个相同的向量
>> [X,Y] = meshgrid(x,y);  % 将 x 和 y 向量转换为矩阵矩阵 X 和 Y
>> Z = X.^2.*sin(Y);   % 计算矩阵 Z，它是矩阵 X 的平方与矩阵 Y 中每个元素的正弦值的乘积
>> surf(X,Y,Z);   % 绘制由 X、Y 和 Z 定义的三维曲面
>> colormap(hot)   % 设置当前图形的颜色映射为“hot”风格，这是一种颜色渐变，从黑色到红色到黄色再到白色
>> hold on  % 保持当前的图形，这样下一个绘图命令会添加到当前的坐标轴上，而不是覆盖它
>> stem3(X,Y,Z'g*')   % 在三维空间中绘制离散的点，其中 'g*' 表示绿色星号
>> hold off  % 关闭保持当前图形的模式，这样后续的绘图命令将重新开始
>> xlabel('x'),ylabel('y'),zlabel('z')   % 设置坐标轴标签
```

运行结果如图 6-11 所示。

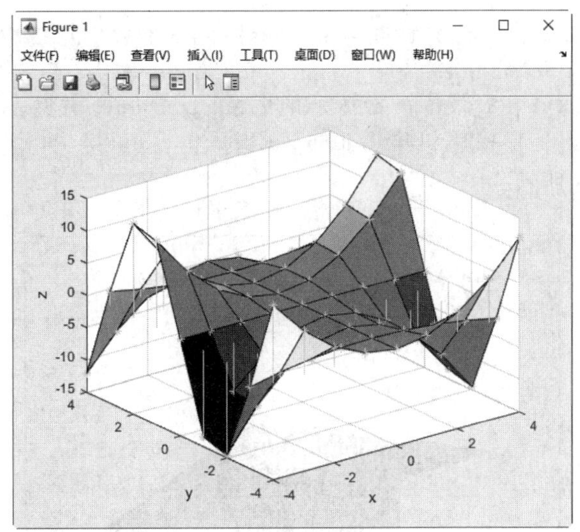


图 6-11　参数曲面图形

**例 6-11**：绘制三维陀螺锥面。

**解**：MATLAB 程序如下：

```
>> t1 = [0:0.1:0.9]; t2 = [1:0.1:2]; r = [t1,-t2+2];     % 定义了两个向量 t1和 t2，然后通过组合这两个向量创建了一个半径向量 r
>> [X,Y,Z] = cylinder(r,30);    % 创建一个圆柱体，其中参数 r 表示半径，30 表示圆柱体的分段数
>> surf(X,Y,Z)    % 绘制圆柱体的三维表面
```

所得结果如图 6-12 所示。

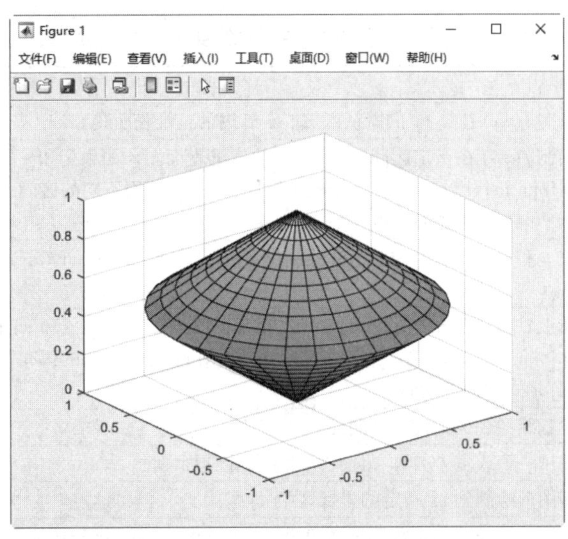


图 6-12　三维陀螺锥面

**例 6-12**：绘制四象限反正切图。

**解**：MATLAB 程序如下：

```
>> [X,Y] = meshgrid(-4:0.1:4,-4:0.1:4);   % 创建一个二维网格，范围是从 -4 到 4，步长为 0.1
>> P = atan2(Y,X);  % 计算每个网格点的 Y/X 的反正切值，并将结果存储在矩阵 P 中
>> surf(X,Y,P);    % 绘制这些角度值的三维表面图
```

运行结果如图 6-13 所示。

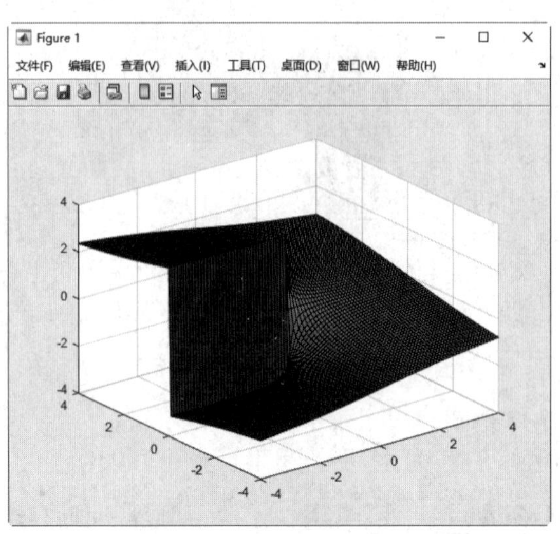


图 6-13　四象限反正切图

2. fsurf 命令

该命令专门用来绘制符号函数 $f(x,y)$（即 $f$ 是关于 $x$、$y$ 的数学函数的字符串表示）的表面图形，fsurf 命令的调用格式见表 6-7。

**表 6-7　fsurf 命令**

| 调用格式 | 说　明 |
|---|---|
| fsurf(f) | 绘制 $f(x,y)$ 在 $x$、$y$ 的默认区域 [–5 5] 内的三维表面图 |
| fsurf(f, xyinterval) | 绘制 $f(x,y)$ 在指定区间 xyinterval 的三维表面图。如果 $x$ 和 $y$ 的区间相同，将 xyinterval 指定为 [min max] 形式的二元素向量。如果 $x$ 和 $y$ 使用不同的区间，则指定为 [xmin xmax ymin ymax] 形式的四元素向量 |
| fsurf(x,y,z) | 在 $u$ 和 $v$ 的默认区间 [–5 5] 绘制由 $x$ = funx($u$,$v$)、$y$ = funy($u$,$v$)、$z$ = funz($u$,$v$) 定义的参数化曲面 |
| fsurf(x,y,z, uvinterval) | 在上一种语法格式的基础上，在指定区间绘图。如果 $u$ 和 $v$ 的区间相同，将 uvinterval 指定为 [min max] 形式的二元素向量。如果 $u$ 和 $v$ 使用不同的区间，则指定为 [xmin xmax ymin ymax] 形式的四元素向量 |
| fsurf(⋯,LineSpec) | 设置线型、标记符号和曲面颜色 |
| fsurf(⋯,Name,Value) | 使用一个或多个名称 – 值对组参数指定曲面属性 |
| fsurf(ax,⋯) | 将图形绘制到 ax 指定的坐标区中 |
| fs = fsurf(⋯) | 返回 FunctionSurface 对象或 ParameterizedFunctionSurface 对象 fs，使用 fs 来查询和修改特定曲面的属性 |

surf 有两个同类的命令：surfc 与 surfl。surfc 用来绘制有基本等值线的曲面图；surfl 用来绘制一个有亮度的曲面图。它的用法将在后面讲到。

**例 6-13：** 画出下面参数曲面的图形。

$$\begin{cases} x = \sin^2(s+t) \\ y = \cos^2(s+t) \quad -\pi < s,t < \pi \\ z = \sin s \cos t \end{cases}$$

**解：** MATLAB 程序如下：

```
>> close all
>> syms s t    % 定义了符号变量 s 和 t
>> x = sin(s+t)^2;    % 定义了三个函数 x、y 和 z
>> y = cos(s+t)^2;
>> z = sin(s)*cos(t);
>> fsurf(x,y,z,[-pi,pi])    % 绘制函数的曲面图，范围是从 -pi 到 pi
>> title(' 参数函数曲面图 ')    % 设置图形的标题
```

运行结果如图 6-14 所示。

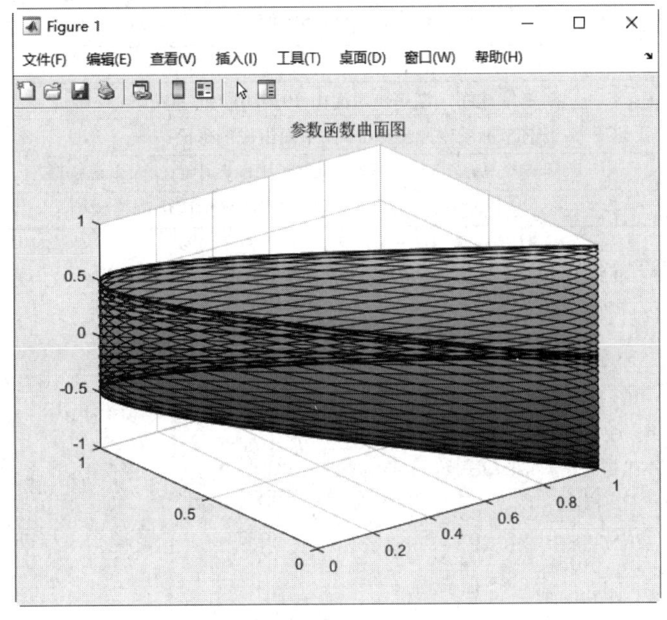


图 6-14　用 fsurf 命令绘制参数曲面图形

## 小技巧

如果想查看曲面背后的图形，可以在曲面的相应位置打个“洞孔”，即将数据设置为 NaN，所有的 MATLAB 绘图函数都忽略 NaN 的数据点，在该点出现的地方留下一个“洞孔”。

### 6.1.4　柱面与球面

MATLAB 提供了专门绘制柱面与球面的命令 cylinder 与 sphere。首先来看 cylinder 命令，其调用格式见表 6-8。

表 6-8　cylinder 命令

| 调用格式 | 说　明 |
| --- | --- |
| [X,Y,Z] = cylinder | 返回一个半径为 1、高度为 1 的圆柱体的 $x$ 轴、$y$ 轴、$z$ 轴的坐标值 [X,Y,Z]（均为 $21 \times 21$ 矩阵） |
| [X,Y,Z] = cylinder(r) | 与 [X,Y,Z] = cylinder(r,20) 等价 |
| [X,Y,Z] = cylinder(r,n) | 返回一个半径为 $r$、高度为 1 的圆柱体的 $x$ 轴、$y$ 轴、$z$ 轴的坐标值，圆柱体的圆周有指定 $n$ 个距离相同点 |
| cylinder(...) | 绘制柱面，但不返回坐标 |
| cylinder(ax,⋯) | 在 ax 指定的轴上绘制圆柱体 |

## 小技巧

使用 cylinder 命令可以绘制棱柱的图形，如运行 cylinder(2,6) 将绘出底面为正六边形、半径为 2 的棱柱。

sphere 命令用来生成三维直角坐标系中的球面，其调用格式见表 6-9。

表 6-9　sphere 命令

| 调用格式 | 说　明 |
| --- | --- |
| sphere | 绘制单位球面，该单位球面由 $20 \times 20$ 个面组成 |
| sphere(n) | 在当前坐标系中画出由 $n \times n$ 个面组成的球面 |
| [X,Y,Z]=sphere(n) | 返回三个（$n$+1）×（$n$+1）的直角坐标系中的球面坐标矩阵 |
| sphere(ax,...) | 在 ax 指定的坐标区中，而不是在当前坐标区中创建球面 |

**例 6-14：**绘制设置颜色的球体。

**解：**MATLAB 程序如下：

```
>> close all    % 关闭当前已打开的文件
>> clear    % 清除工作区的变量
>> k = 5;    % 将变量 k 赋值 5
>> n = 2^k-1;    % 定义以变量 k 为自变量的表达式 n
>> [x,y,z] = sphere(n);    % 在当前坐标系中画出由 n×n 个面组成的球面
>> c = hadamard(2^k);    % 创建 2^k 阶的 Hadamard（哈达玛）矩阵。Hadamard 矩阵是由 +1 和 -1 元素构成的正交方阵
>> figure    % 打开图形窗口 Figure 1
>> surf(x,y,z,c);    % 绘制 x、y、z 定义的曲面图，矩阵 c 指定的曲面颜色
>> colormap([1  1  0; 0  1  1])    % 利用 RGB 值定义曲面的颜色图
>> axis equal    % 设置坐标轴的纵横比，使在每个方向的数据单位都相同
>> xlabel('x-axis'),ylabel('y-axis'),zlabel('z-axis')    % 对 x 轴、y 轴进行标注，添加标签
```

运行结果如图 6-15 所示。

**例 6-15：**绘制一个变化的柱面图形。

**解：**MATLAB 程序如下：

```
>> close all    % 关闭当前已打开的文件
>> clear    % 清除工作区的变量
>> t=0:pi/10:2*pi;    % 创建 0 ~ 2π 的向量 t，元素间隔为 π/10
```

```
>> [X,Y,Z]=cylinder(2*sin(t.^2),30);   % 返回圆柱体的x轴、y轴、z轴的坐标值X、Y、Z，圆柱体半径为以t为自变量的函数表达式，创建的圆柱体为变换半径、高度为1，圆柱体的圆周有30个距离相同的点
>> surf(X,Y,Z)    % 绘制圆柱体的x轴、y轴、z轴的坐标值X、Y、Z定义的曲面图
>> axis square    %设置当前图形为正方形，square表示使用相同长度的坐标轴线。相应调整数据单位之间的增量
>> xlabel('x-axis'),ylabel('y-axis'),zlabel('z-axis')   % 对x轴、y轴进行标注，添加标签
```

运行结果如图 6-16 所示。

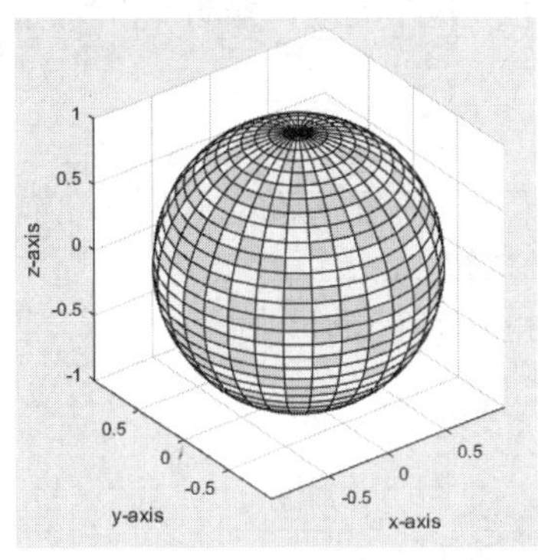


图 6-15　球体图形

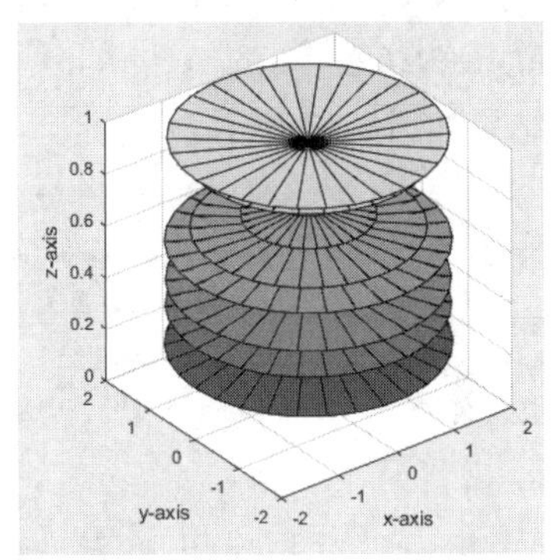


图 6-16　绘制变化的柱面图形

### 6.1.5　三维图形等值线

在 MATLAB 中有许多绘制等值线的命令，下面简要介绍常用的几个。

1. contour3 命令

contour3 是三维绘图中最常用的等值线绘制命令。其调用格式见表 6-10。

**表 6-10　contour3 命令**

| 调用格式 | 说　明 |
|---|---|
| contour3(Z) | 画出三维空间角度观看矩阵 *Z* 的等值线图，其中 *Z* 的元素被认为是距离 *xy* 平面的高度，矩阵 *Z* 至少为 2 阶的。等值线的条数与高度是自动选择的。若 [*m*, *n*]=size(*Z*)，则 *x* 轴的范围为 [1, *n*]，*y* 轴的范围为 [1, *m*] |
| contour3(X,Y,Z) | 用 *X* 与 *Y* 定义 *x* 轴与 *y* 轴的范围。若 *X* 为矩阵，则 *X*(1,:) 定义 *x* 轴的范围；若 *Y* 为矩阵，则 *Y*(:,1) 定义 *y* 轴的范围；若 *X* 与 *Y* 同时为矩阵，则它们必须同型；若 *X* 或 *Y* 有不规则的间距，contour3 还是使用规则的间距计算等值线，然后将数据转变给 *X* 或 *Y* |
| contour3(…, levels) | levels 指定为标量值 n，以在 n 个自动选择的层级（高度）上显示等高线。要在某些特定高度绘制等高线，请将 levels 指定为单调递增值的向量。要在一个高度 (k) 绘制等高线，请将 levels 指定为二元素行向量 [k k] |
| contour3(…,LineSpec) | 用参量 LineSpec 指定的线型与颜色画等值线 |
| contour3(…,Name,Value) | 使用名称 – 值对组参数指定等高线图的属性 |
| contour3(ax,…) | 在 ax 指定的目标坐标区中显示等高线图 |
| M = contour3(…) | 绘制图形，同时返回与命令 contourc 中相同的等值线矩阵 *M* |
| [M,h] = contour3(…) | 绘制图形，同时返回与命令 contourc 中相同的等值线矩阵 *M*，包含所有图形对象的句柄向量 *h* |

**例 6-16：** 绘制曲面函数 $Z=\sin x+\cos y$的等值线图。

**解：** MATLAB 程序如下：

```
>> close all
>> [X,Y] = meshgrid(1:0.5:10,1:20);   % 创建一个二维网格，范围是从 1 到 10（步长为 0.5），另一个维度是从 1 到 20
>> Z = sin(X) + cos(Y);   % 定义了一个函数 Z
>> surf(X,Y,Z,'FaceAlpha',0.5,'EdgeColor','none')    % 绘制函数的三维曲面图，设置透明度为 0.5，边缘颜色为无色
>> hold on    % 保持当前图形
>> contour3(X,Y,Z,'LineWidth',3,'LineColor','r');    % 绘制等高线图，设置线宽为 3，线条颜色为红色
```

运行结果如图 6-17 所示。

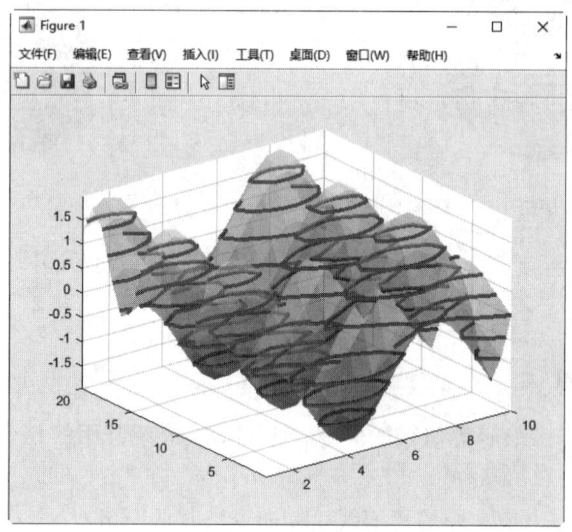


图 6-17 等值线图

2. contour 命令

contour 命令用于绘制二维等值线，可以看作是一个三维曲面在 $xy$ 平面上的投影。其调用格式见表 6-11。

**表 6-11 contour 命令**

| 调用格式 | 说 明 |
|---|---|
| contour(Z) | 把矩阵 $Z$ 中的值作为一个二维函数的值，等值线是一个平面的曲线，平面的高度 $v$ 是 MATLAB 自动选取的 |
| contour(X,Y,Z) | $(X,Y)$ 是平面 $Z$=0 上点的坐标矩阵，$Z$ 为相应点的高度值矩阵 |
| contour(…, levels) | 等高线层级，指定为整数标量或向量。使用此参数可控制等高线的数量和位置。如果未指定层级，contour 函数会自动选择层级 |
| contour(…,LineSpec) | 用参量 LineSpec 指定的线型与颜色画等值线 |
| contour(…,Name,Value) | 使用名称 – 值对组参数指定等高线图的属性 |
| contour(ax,…) | 在 ax 指定的目标坐标区中显示等高线图 |
| [C,h] = contour(…) | 返回等值矩阵 $C$ 和线句柄或块句柄列向量 $h$，每条线对应一个句柄，句柄中的 userdata 属性包含每条等值线的高度值 |

**例 6-17**：绘制函数 $z=\sin x\mathrm{con}y$ 在 $x \in [-2\pi,2\pi]$ $y \in [-2\pi,2\pi]$ 的曲面图形及其在 $xy$ 面的等值线图。

**解**：MATLAB 程序如下：

```
>> close all    % 关闭当前已打开的图形文件
>> clear    % 清除工作区的变量
>> x=linspace(-2*pi,2*pi,30);   % 创建 -2π ~ 2π 的向量 x，元素个数为 30
>> y=x;            % 定义以向量 x 为自变量的函数表达式 y
>> [X,Y]=meshgrid(x,y);      % 通过向量 x、y 定义二维网格矩阵 X、Y
>> Z=sin(X).*cos(Y); % 通过网格数据 X、Y 定义函数表达式 Z，得到二维网格矩阵 Z
>> subplot(1,2,1);   % 将视图分割为 1×2 的 2 个窗口，在第 1 个窗口中绘图
>> surf(X,Y,Z);   % 根据 x 轴、y 轴、z 轴的坐标值 X、Y、Z 绘制曲面图
>> title('曲面图像');   % 为图形添加标题
>> subplot(1,2,2);     % 将视图分割为 1×2 的 2 个窗口，在第 1 个窗口中绘图
>> contour(X,Y,Z);   % 在 x 轴、y 轴范围内绘制包含矩阵 Z 的二维等高线图
>> title('二维等值线图')
```

运行结果如图 6-18 所示。

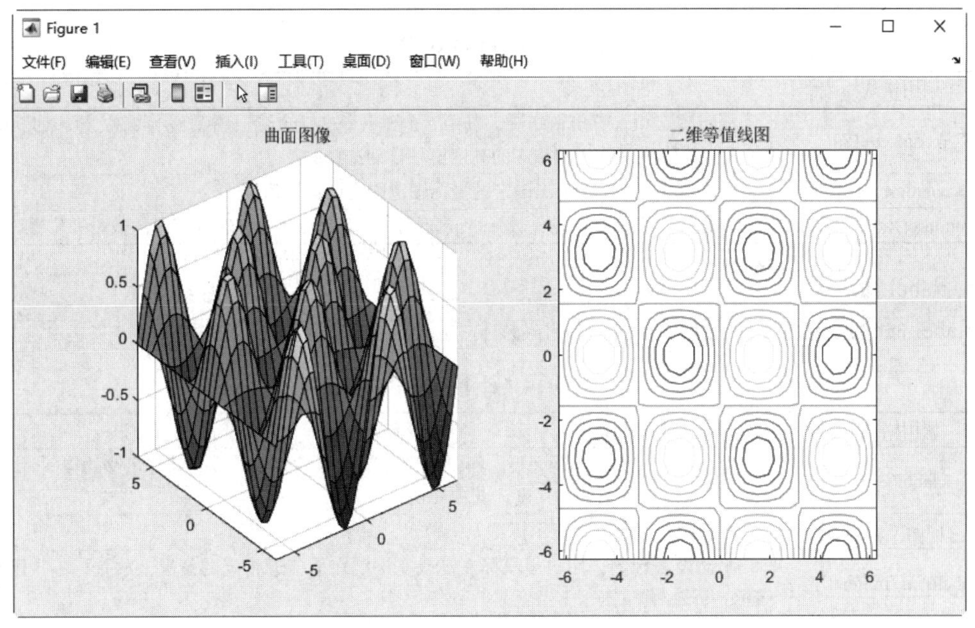


图 6-18　绘制函数的曲面图形及等值线图

3. contourf 命令

此命令用来填充二维等值线图，即先画出不同等值线，然后将相邻的等值线之间用同一颜色进行填充，填充颜色取决于当前的色图颜色。

contourf 命令的调用格式见表 6-12。

4. contourc 命令

该命令计算等值线矩阵 $C$，该矩阵可用于命令 contour、contour3 和 contourf 等。矩阵 $Z$ 中的数值确定平面上的等值线高度值。

表 6-12　contourf 命令

| 调用格式 | 说　明 |
| --- | --- |
| contourf(Z) | 绘制矩阵 Z 的等值线图，其中 Z 理解成距平面 xy 的高度矩阵。Z 至少为 2 阶的，等值线的条数与高度是自动选择的 |
| contourf(Z,n) | 画出矩阵 Z 的 n 条高度不同的填充等值线 |
| contourf(Z,v) | 画出矩阵 Z 的由 v 指定的高度的填充等值线图 |
| contourf(X,Y,Z) | 画出矩阵 Z 的填充等值线图，其中 X 与 Y 用于指定 x 轴与 y 轴的范围。若 X 与 Y 为矩阵，则必须与 Z 同型；若 X 或 Y 有不规则的间距，contour3 命令还是使用规则的间距计算等高线，然后将数据转变给 X 或 Y |
| contourf(X,Y,Z, levels) | 等高线层级，指定为整数标量或向量。使用此参数可控制等高线的数量和位置 |
| contourf(···,LineSpec) | 用参量 LineSpec 指定的线型与颜色画等值线 |
| contourf(···,Name,Value) | 使用名称 – 值对组参数指定填充等高线图的属性 |
| contourf(ax,···) | 在 ax 指定的目标坐标区中显示填充等高线图 |
| M=contourf(···) | 返回等高线矩阵 M，其中包含每个层级的顶点的 (x, y) 坐标 |
| [M,C] = contourf(···) | 画出图形，同时返回与命令 contourc 中相同的等高线矩阵 M，M 也可被命令 clabel 使用，返回包含 patch 图形对象的句柄向量 C |

contourc 命令的调用格式见表 6-13。

表 6-13　contourc 命令

| 调用格式 | 说　明 |
| --- | --- |
| C = contourc(Z) | 从矩阵 Z 中计算等值矩阵，其中 Z 的维数至少为 2 阶，等值线为矩阵 Z 中数值相等的单元，等值线的数目和相应的高度值是自动选择的 |
| C = contourc(X,Y,Z) | 在矩阵 Z 中参量 X、Y 确定的坐标轴范围内计算等值线 |
| C = contourc(X,Y,Z, levels) | 等高线层级，指定为整数标量或向量。使用此参数可控制等高线的数量和位置 |

5. clabel 命令

clabel 命令用来在二维等值线图中添加高度标签，其调用格式见表 6-14。

表 6-14　clabel 命令

| 调用格式 | 说　明 |
| --- | --- |
| clabel(C,h) | 把标签旋转到恰当的角度，再插入到等值线中只有等值线之间有足够的空间时才可插入，这决定于等值线的尺度。其中 C 为等高矩阵 |
| clabel(C,h,v) | 在指定的高度 v 上显示标签 h |
| clabel(C,h,‘manual’) | 手动设置标签。用户用鼠标左键或空格键在最接近指定的位置上放置标签，用 Enter 键结束该操作 |
| t = clabel(C,h,‘manual’) | 返回为等高线添加的标签文本对象 t |
| clabel(C) | 在用 contour 命令生成的等高矩阵 C 的位置上添加标签。此时标签的放置位置是随机的 |
| clabel(C,v) | 在给定的位置 v 上显示标签 |
| clabel(C,‘manual’) | 允许用户通过光标来给等高线贴标签 |
| tl = clabel(···) | 返回创建的文本和线条对象 |
| clabel(···,Name,Value) | 使用一个或多个名称 – 值对组参数修改标签外观 |

对表 6-14 中的调用格式，需要说明的一点是，如果命令参数中有 $h$，则会对标签进行恰当的旋转，否则标签会竖直放置，且在恰当的位置显示一个“+”号。

**例 6-18：** 绘制山峰函数等高线图及修饰。

**解：** MATLAB 程序如下：

```
>> subplot(221);contour(peaks(20),6);    % 创建 2x2 的子图布局，在第一个子图中绘制 peaks(20) 的二维等高线图，设置等高线数量为 6
>> subplot(222);contour3(peaks(20),10);    % 使用 contour3 函数在第二个子图中绘制 peaks(20) 的三维等高线图，设置等高线数量为 10
>> subplot(223);clabel(contour(peaks(20),4));    % 在第三个子图中添加标签到二维等高线图上，设置等高线数量为 4
>> subplot(224);clabel(contour3(peaks(20),3));    % 在第四个子图中添加标签到三维等高线图上，设置等高线数量为 3
```

运行结果如图 6-19 所示。

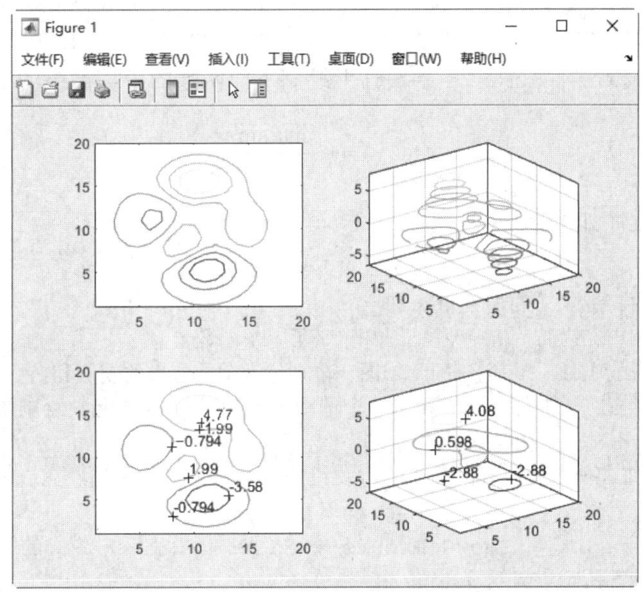


图 6-19　绘制山峰函数等高线图及修饰

6. fcontour 命令

该命令专门用来绘制符号函数 $f(x,y)$（即 $f$ 是关于 $x$、$y$ 的数学函数的字符串表示）的等值线图。fcontour 命令的调用格式见表 6-15。

**表 6-15　fcontour 命令**

| 调用格式 | 说　明 |
| --- | --- |
| fcontour(f) | 绘制 $f$ 在系统默认的区域 x ∈ (−5,5),y ∈ (−5,5) 上的等值线图 |
| fcontour(f, xyinterval) | 在指定区间绘图。如果 $x$ 和 $y$ 使用相同的区间，将 xyinterval 指定为 [min max] 形式的二元素向量。如果 $x$ 和 $y$ 使用不同的区间，则指定为 [xmin xmax ymin ymax] 形式的四元素向量 |
| fcontour(…,LineSpec) | 设置等高线的线型和颜色 |
| fcontour(…,Name,Value) | 使用一个或多个名称 – 值对组参数指定线条属性 |
| fcontour(ax,…) | 在 ax 指定的坐标区中绘制等值线图 |
| fc =fcontour(…) | 返回 FunctionContour 对象 fc，使用 fc 可查询和修改特定 FunctionContour 对象的属性 |

7. fsurf 命令

该命令用来绘制函数 $f(x, y)$ 的带等值线的三维曲面图，其中函数 $f$ 是一个以字符串形式给出的二元函数。

使用 fsurf 命令绘制等值线的调用格式见表 6-16。

**表 6-16　fsurf 命令**

| 调用格式 | 说　明 |
|---|---|
| fsurfc(f,'ShowContours','on') | 绘制 $f$ 在默认区间 x ∈ (–5,5), y ∈ (–5,5) 上带等值线的三维曲面图。'ShowContours' 选项表示在曲面下显示等高线图，默认值为 'off'，设置为 'on'，则显示曲面图下的等高线 |
| fsurfc(f,[a,b], 'ShowContours','on') | 绘制 $f$ 在区域 $x \in (a,b), y \in (a,b)$ 上带等值线的三维曲面图 |
| fsurfc(f,[a,b,c,d], 'ShowContours','on') | 绘制 $f$ 在区域 $x \in (a,b), y \in (c,d)$ 上带等值线的三维曲面图 |

**例 6-19：** 在区域 $x \in [-\pi,\pi], y \in [-\pi,\pi]$ 上绘制下面函数的带等值线的三维曲面图。

$$f(x,y) = -\frac{\sin x \sin y}{xy}$$

**解：** MATLAB 程序如下：

```
>> close all
>> syms x y  % 定义了符号变量 x 和 y
>> f=-(sin(x)*sin(y))/(x*y);  % 定义了一个函数 f
>> subplot(1,2,1);  % 创建两个子图，分别位于图形窗口的左侧和右侧
>> fsurf(f,[-pi,pi]);  % 在第一个子图中，使用 fsurf 函数绘制函数 f 的三维曲面图，范围是从 -pi 到 pi，不显示等高线
>> title('三维曲面不显示等高线');  % 设置第一个子图的标题
>> subplot(1,2,2);
>> fsurf(f,[-pi,pi],'ShowContours','on');  % 在 xy 定义的区域内绘制二元函数 f 的三维曲面图，并在曲面图下方显示等高线
>> title('三维曲面显示等高线')  % 设置第二个子图的标题
>> view(60,45)  % 更改视图角度
```

运行结果如图 6-20 所示。

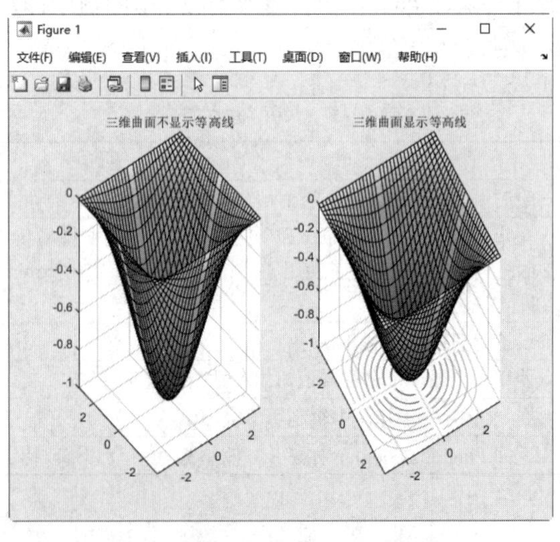


图 6-20　绘制带等值线的三维曲面图

# 6.2　三维图形修饰处理

二维图形修饰处理命令在三维图形中同样适用。本节将主要介绍三维图形中特有的图形修饰处理命令。

## 6.2.1　视角处理

在现实空间中，从不同角度或位置观察某一事物会有不同的效果，即会有“横看成岭侧成峰”的感觉。三维图形表现的是一个空间内的图形，因此观察的视角及位置不同会有不同的效果，这在工程实际中也是经常遇到的。MATLAB 提供的 view 命令能够用来控制三维图形的观察点和视角，其调用格式见表 6-17。

**表 6-17　view 命令**

| 调用格式 | 说　明 |
| --- | --- |
| view(az,el) | 给三维空间图形设置观察点的方位角 az 与仰角 el |
| view(v) | 根据 $v$（二元素或三元素向量）设置视线。如果 $v$ 是二元素向量，则其值分别为方位角和仰角。如果 $v$ 是三元素向量，则其值是从图框中心点到相机位置所形成向量的 $x$、$y$ 和 $z$ 坐标。MATLAB 使用指向同一方向的单位向量计算方位角和仰角 |
| view(2) | 设置默认的二维形式视点，其中 az=0°，el=90°，即从 z 轴上方观看 |
| view(3) | 设置默认的三维形式视点，其中 az= –37.5°，el=30° |
| [az,el] = view(…) | 返回当前的方位角 az 与仰角 el |
| view(ax,…) | 指定目标坐标区的视线 |

对于这个命令需要说明的是，方位角 az 与仰角 el 为两个旋转角度。做一通过视点和 $z$ 轴平行的平面，与 $xy$ 平面有一交线，该交线与 $y$ 轴的反方向的、按逆时针方向（从 $z$ 轴的方向观察）计算的夹角，就是观察点的方位角 az；若角度为负值，则按顺时针方向计算。在通过视点与 $z$ 轴的平面上，用一直线连接视点与坐标原点，该直线与 $xy$ 平面的夹角就是观察点的仰角 el；若仰角为负值，则观察点转移到曲面下面。

**例 6-20：** 在同一窗口中绘制半径随正弦函数变化的柱面视图。

**解：** MATLAB 程序如下：

```
>> close all    % 关闭当前已打开的文件
>> clear    % 清除工作区的变量
>> t=0:pi/10:2*pi;      % 创建 -0 ~ 2π 的向量 x，元素间隔为 π/10
>> [X,Y,Z]=cylinder(t.*sin(t),30);   % 返回圆柱体的 x 轴、y 轴、z 轴的坐标值 X、Y、
Z，圆柱体半径为以 t 为自变量的函数表达式，创建的圆柱体为变换半径、高度为 1，圆柱体的圆周有
30 个距离相同的点
>> subplot(2,2,1)   % 将视图分割为 2×2 的 4 个窗口，在第 1 个窗口中绘图
>> surf(X,Y,Z),title('三维视图') % 为图形添加标题
>> subplot(2,2,2)   % 将视图分割为 2×2 的 4 个窗口，在第 2 个窗口中绘图
>> surf(X,Y,Z),view(90,0)    % 根据 x 轴、y 轴、z 轴的坐标值 X、Y、Z 绘制曲面图，使
用 90° 的方位角和 0° 的仰角查看绘图
>> title('侧视图') % 为图形添加标题
>> subplot(2,2,3)   % 将视图分割为 2×2 的 4 个窗口，在第 3 个窗口中绘图
>> surf(X,Y,Z),view(0,0)   % 根据 x 轴、y 轴、z 轴的坐标值 X、Y、Z 绘制曲面图，使用 0°
```

```
的方位角和 0° 的仰角查看绘图
    >> title('正视图')  % 为图形添加标题
    >> subplot(2,2,4)   % 将视图分割为 2×2 的 4 个窗口，在第 4 个窗口中绘图
    >> surf(X,Y,Z),view(0,90)   % 根据 x 轴、y 轴、z 轴的坐标值 X、Y、Z 绘制曲面图，使用 0°
的方位角和 90° 的仰角查看绘图
    >> title('俯视图')   % 为图形添加标题
```

运行结果如图 6-21 所示。

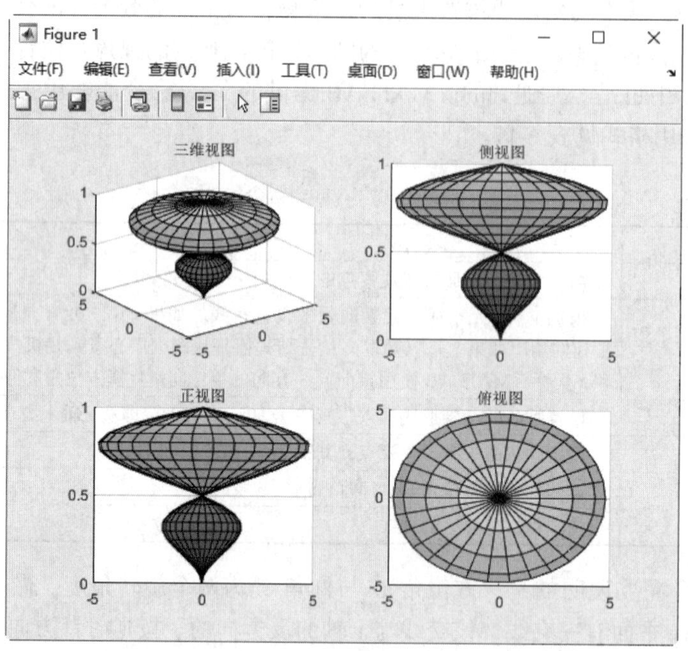


图 6-21　绘制半径随正弦函数变化的柱面视图

**例 6-21：** 在区域 $x \in [-\pi,\pi], y \in [-\pi,\pi]$ 绘制下面函数转换视角的三维曲面图。

$$f(x,y)=\frac{\tan(x+y)}{x^2+y^2}$$

**解：** MATLAB 程序如下：

```
   >> close all    % 关闭当前已打开的文件
   >> clear    % 清除工作区的变量
   >> [X,Y]=meshgrid(-pi:0.1*pi:pi);     % 创建 -π ~ π 的向量 x，元素间隔为 π/10
   >> Z=tan(X+Y)./(X.^2+Y.^2);   % 通过网格数据 X、Y 定义函数表达式 Z，得到二维矩阵 Z
   >> subplot(2,2,1)  % 将视图分割为 2×2 的 4 个窗口，在第 1 个窗口中绘图
   >> surf(X,Y,Z),title('三维视图')    % 为图形添加标题
   >> subplot(2,2,2)  % 将视图分割为 2×2 的 4 个窗口，在第 2 个窗口中绘图
   >> surf(X,Y,Z),view(90,0)  % 根据 x 轴、y 轴、z 轴的坐标值 X、Y、Z 绘制曲面图，使用
90° 的方位角和 0° 的仰角查看绘图
   >> title('侧视图')   % 为图形添加标题
   >> subplot(2,2,3)  % 将视图分割为 2×2 的 4 个窗口，在第 3 个窗口中绘图
```

```
>> surf(X,Y,Z),view(0,0)   % 根据x轴、y轴、z轴的坐标值X、Y、Z绘制曲面图，使用0°的方位角和 0°的仰角查看绘图
>> title('正视图')   % 为图形添加标题
>> subplot(2,2,4) % 将视图分割为2×2的4个窗口，在第4个窗口中绘图
>> surf(X,Y,Z),view(0,90)   % 根据x轴、y轴、z轴的坐标值X、Y、Z绘制曲面图，使用0°的方位角和90°的仰角查看绘图
>> title('俯视图')    % 为图形添加标题
```

运行结果如图 6-22 所示。

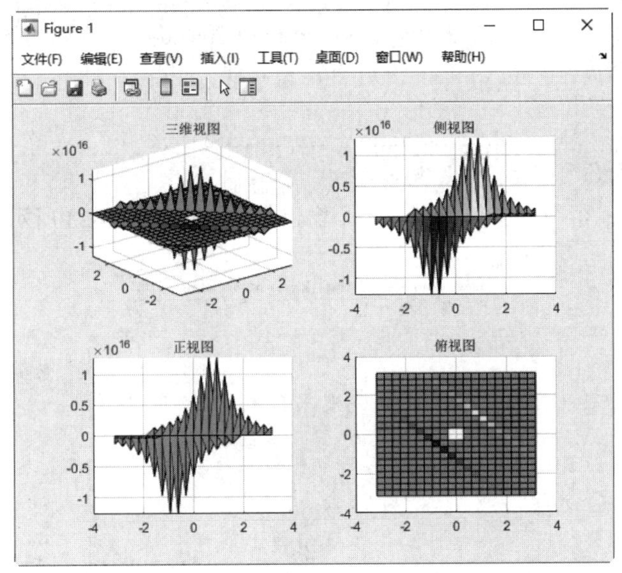


图 6-22　绘制转换视角的三维曲面图

### 6.2.2　颜色处理

本节将介绍三维图形中几个常用的颜色处理命令。

1. 色图明暗控制命令

MATLAB 中，控制色图明暗的命令是 brighten 命令，其调用格式见表 6-18。

**表 6-18　brighten 命令**

| 调用格式 | 说　明 |
|---|---|
| brighten(beta) | 沿同一方向增强或减小当前颜色图中所有颜色的强度。如果 0<beta<1，则增强色图强度；如果 −1<beta<0，则减小色图强度 |
| brighten(map,beta) | 增强或减小颜色图 map 的色彩强度 |
| newmap=brighten(…) | 返回一个比当前色图增强或减弱的新的色图 |
| brighten(f,beta) | 该命令变换图形窗口 $f$ 指定的颜色图的强度，其他图形对象（如坐标区、坐标区标签和刻度）的颜色也会受到影响 |

**例 6-22：** 观察函数 $z=-\dfrac{\sin(x^2+y^2)}{\sqrt{x^2+y^2}},-5\leqslant x,y\leqslant 5$ 在不同明暗色图下的图形。

**解**：MATLAB 程序如下：

```
>> close all
>> h1=figure;
>> x=-5:0.1:5;
>> [X,Y]=meshgrid(x);
>> Z=-sin(X.^2+Y.^2)./(sqrt(X.^2+Y.^2);
>> surf(X,Y,Z,'EdgeColor','none')
>> title('当前色图')
>> h2=figure;
>> surf(X,Y,Z,'EdgeColor','none'),brighten(-0.85)
>> title('减弱色图')
>> h3=figure;
>> surf(X,Y,Z,'EdgeColor','none'),brighten(0.85)
>> title('增强色图')
```

运行结果会显示三个图形窗口出现，每个窗口中的图形如图 6-23 所示。

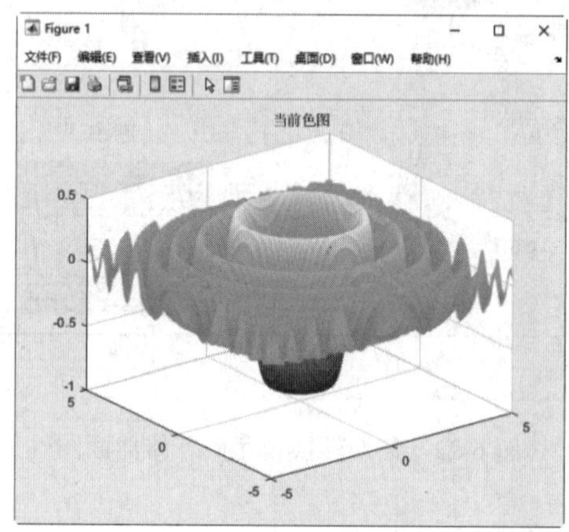


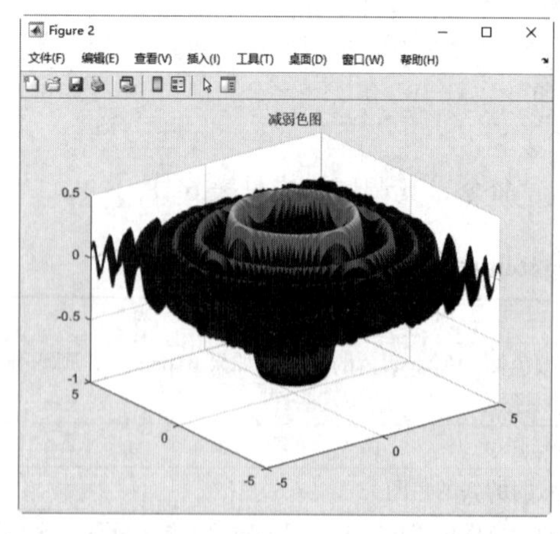


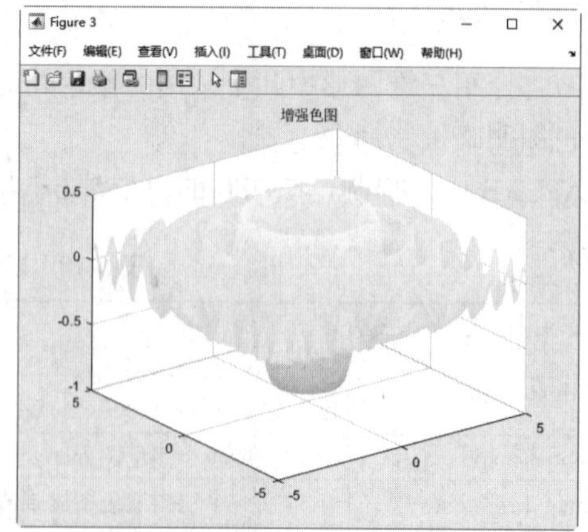


图 6-23　绘制不同明暗色图下的图形

2. 设置颜色范围

caxis 命令可控制对应色图的数据值的映射图。它通过将被变址的颜色数据（CData）与颜色数据映射（CDataMapping）设置为 scaled，影响图形的颜色。该命令还可改变坐标轴图形对象的属性 Clim 与 ClimMode。

caxis 命令的调用格式见表 6-19。

**表 6-19　caxis 命令**

| 调用格式 | 说　　明 |
| --- | --- |
| caxis([cmin cmax]) | 将颜色的刻度范围设置为 [cmin cmax]。数据中小于 cmin 或大于 cmax 的，将分别映射于颜色图的第一行与最后一行，处于 cmin 与 cmax 之间的数据将线性地映射于当前色图 |
| caxis (‘auto’)<br>或<br>caxis auto | 让系统自动地计算数据的最大值与最小值对应的颜色范围，这是系统的默认状态。数据中的 Inf 对应于最大颜色值，–Inf 对应于最小颜色值。带颜色值设置为 NaN 的面或边界将不显示 |
| caxis(‘manual’) 或<br>caxis manual | 冻结当前颜色坐标轴的刻度范围。这样，当 hold 设置为 on 时，可使后面的图形命令使用相同的颜色范围 |
| caxis(axis_handle,⋯) | 使用由参量 axis_handle 指定的坐标区，而非当前坐标区 |
| cl = caxis | 返回一个包含当前正在使用的颜色范围的二维向量 cl=[cmin cmax] |

**例 6-23：** 创建一个圆柱面，并映射颜色图中的颜色。

**解：** MATLAB 程序如下：

```
>> close all
>> t=0:pi/10:4*pi;      % 创建 -0 ~ 4π 的向量 x，元素间隔为 π/10
>> [X,Y,Z]=cylinder(sin(t)+cos(t),30);   % 返回圆柱体的 x 轴、y 轴、z 轴的坐标值 X、Y、Z，圆柱体半径为以 t 为自变量的函数表达式，创建的圆柱体为变换半径、高度为 1，圆柱体的圆周有 30 个距离相同的点
>> C=sin(X)+sin(Y);                  % 设置颜色
>> subplot(1,2,1);
>> surf(X,Y,Z,C);
>> title('图 1');
>> subplot(1,2,2);
>> surf(X,Y,Z,C),caxis([-1 0]);
>> title('图 2')
```

运行结果如图 6-24 所示。

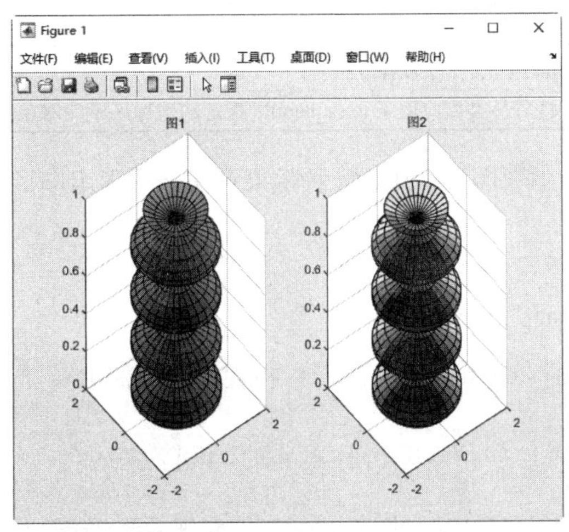


图 6-24　映射颜色图中的颜色

MATLAB 还提供了一个绘制色轴的命令 colorbar，这个命令在图形窗口的工具条中有相应的图标 。其调用格式见表 6-20。

表 6-20　colorbar 命令

| 调用格式 | 说　明 |
| --- | --- |
| colorbar | 在当前图形窗口中显示当前色轴 |
| colorbar(location) | 设置色轴相对于坐标区的位置，包括 'eastoutside'（默认）、'north'、'south'、'east'、'west'、'northoutside' 等 |
| colorbar(…,Name,Value) | 使用一个或多个名称 - 值对组参数修改颜色栏外观。包括下面的选项：<br>'Location'：相对于坐标区的位置<br>'TickLabels'：刻度线标签<br>'TickLabelInterpreter'：刻度标签中字符的解释，'tex'（默认）、'latex'、'none'<br>'Ticks'：刻度线位置<br>'Direction'：色阶的方向，'normal'（默认）或 'reverse'<br>'FontSize'：字体大小 |
| colorbar(h,…) | 在 $h$ 指定的坐标区或图上放置一个色轴，若图形宽度大于高度，则将色轴水平放置 |
| h=colorbar(…) | 返回一个指向色轴的句柄，可以在创建颜色栏后使用此对象设置属性 |
| colorbar('off') | 删除与当前坐标区或图关联的所有颜色栏。可使用 colorbar('delete') 或 colorbar('hide') 格式 |
| colorbar(target, 'off') | 删除与目标坐标区或图关联的所有颜色栏 |

3. 颜色渲染设置

shading 命令用来控制曲面与补片等图形对象的颜色渲染，同时设置当前坐标轴中所有曲面与补片图形对象的属性 EdgeColor 与 FaceColor。

shading 命令的调用格式见表 6-21。

表 6-21　shading 命令

| 调用格式 | 说　明 |
| --- | --- |
| shading flat | 每个网格线段和面具有恒定颜色，该颜色由该线段的端点或该面的角边处具有最小索引的颜色值确定 |
| shading faceted | 用重叠的黑色网格线渲染效果。这是默认的渲染模式 |
| shading interp | 在每一线段与曲面上显示不同的颜色，该颜色为通过在每个线条或面中对颜色图索引或真彩色值进行插值得到 |
| shading(axes_handle,...) | 将着色类型应用于 axes_handle 指定的坐标区中的对象 |

**例 6-24**：绘制下面的函数图形，比较三种渲染调用格式得出图形的不同。

$$z=\sin x^2+\mathrm{e}^{\sin y}\quad -10\leqslant x,y\leqslant 10$$

**解**：MATLAB 程序如下：

```
>> [X,Y]=meshgrid(-10:0.5:10);   % 创建一个二维网格，范围是从 -10 到 10（步长为 0.5）。
>> Z=sin(X.^2)+exp(sin(Y));   % 定义了一个函数 Z
>> subplot(2,2,1);
>> surf(X,Y,Z);  % 在第一个子图中，使用 surf 函数绘制函数 Z 的三维曲面图
>> title(' 三维视图 ');
```

```
>> subplot(2,2,2), surf(X,Y,Z),shading flat;   % 在第二个子图中，使用surf函数绘制相同的三维曲面图，设置了shading参数为'flat'，以显示平面着色效果
>> title('shading flat');
>> subplot(2,2,3), surf(X,Y,Z),shading faceted;   %在第三个子图，使用surf函数绘制相同的三维曲面图，置了shading参数为'faceted'，以显示面片着色效果
>> title('shading faceted');
>> subplot(2,2,4) ,surf(X,Y,Z),shading interp;   % 使用surf函数绘制相同的三维曲面图，但这次设置了shading参数为'interp'，以显示插值着色效果
>> title('shading interp')
```

运行结果如图 6-25 所示。

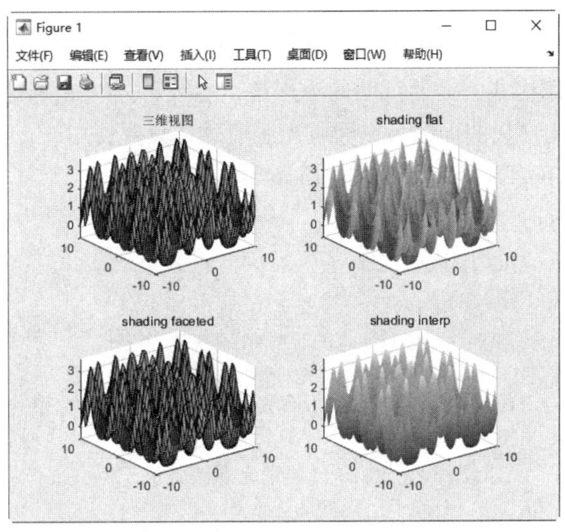


图 6-25　比较三种渲染调用格式得出图形的不同

### 6.2.3　光照处理

在 MATLAB 中绘制三维图形时，不仅可以绘制带光照模式的曲面，还能在绘图时指定光线的来源。

1. 带光照模式的三维曲面

surfl 命令用来画一个带光照模式的三维曲面图，该命令显示一个带阴影的曲面，结合了周围的、散射的和镜面反射的光照模式。想获得较平滑的颜色过渡，则需要使用有线性强度变化的色图（如 gray、copper、bone、pink 等）。

surfl 命令的调用格式见表 6-22。

**表 6-22　surfl 命令**

| 调用格式 | 说　明 |
|---|---|
| surfl(Z) | 以向量 $Z$ 的元素生成一个三维的带阴影的曲面，其中阴影模式中的默认光源方位为从当前视角开始，逆时针转 45° |
| surfl(X,Y,Z) | 以矩阵 $X$、$Y$、$Z$ 生成的一个三维的带阴影的曲面，其中阴影模式中的默认光源方位为从当前视角开始，逆时针转 45° |

（续）

| 调用格式 | 说　　明 |
| --- | --- |
| surfl(…, 'light') | 用一个 MATLAB 光照对象（light object）生成一个带颜色、带光照的曲面，这与用默认光照模式产生的效果不同 |
| surfl(…,s) | 指定光源与曲面之间的方位 $s$，其中 $s$ 为一个二维向量 [azimuth，elevation]，或三维向量 [$sx$，$sy$，$sz$]，默认光源方位为从当前视角开始，逆时针转 45° |
| surfl(X,Y,Z,s,k) | 指定反射系数 $k$，其中 k 为一个定义环境光（ambient light）系数（$0 \leqslant ka \leqslant 1$）、漫反射 (diffuse reflection) 系数（$0 \leqslant kb \leqslant 1$）、镜面反射 (specular reflection) 系数（$0 \leqslant ks \leqslant 1$）与镜面反射亮度（以相素为单位）等的四维向量 [ka, kd, ks, shine]，默认值为 $k$=[0.55 0.6 0.4 10] |
| surfl(ax,…) | 在 ax 指定的坐标区中绘制图形 |
| h = surfl(…) | 返回一个曲面图形句柄向量 $h$ |

对于这个命令的调用格式，需要说明的一点是，参数 $X$、$Y$、$Z$ 确定的点定义了参数曲面的“里面”和“外面”，若用户想曲面的另一面有光照模式，只要使用 surfl($X$', $Y$', $Z$') 即可。

**例 6-25：** 绘制函数在有光照情况下的三维图形。

**解：** MATLAB 程序如下：

```
>> close all    % 关闭当前已打开的文件
>> clear    % 清除工作区的变量
>> [X,Y]=meshgrid(-5:0.25:5);   % 创建从 -5 ~ 5 的向量，向量元素间隔为 0.25，通过该向量定义二维网格矩阵 X、Y
>> Z = cos(Y).*sin(X);   % 利用山峰函数，从网格矩阵 X、Y 得到二维矩阵 Z
>> subplot(1,2,1)
>> surfl(X,Y,Z)   % 以矩阵 X、Y、Z 创建带光照模式的三维曲面图
>> title('外面有光照')   % 为图形添加标题
>> subplot(1,2,2)
>> surfl(X',Y',Z')   %  以矩阵 X'、Y'、Z' 创建带光照模式的三维曲面图
>> title('里面有光照') % 为图形添加标题
```

运行结果如图 6-26 所示。

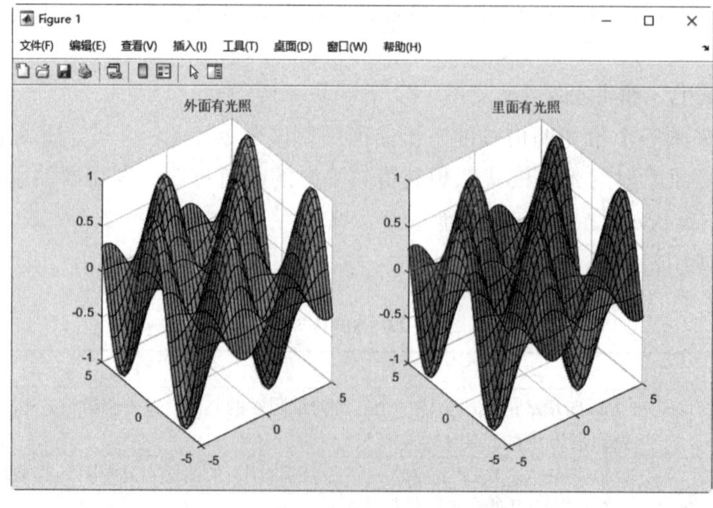


图 6-26　绘制光照情况下的三维图形

2. 光源位置及照明模式

在绘制带光照的三维图像时，可以利用 light 命令与 lightangle 命令来确定光源位置，其中，light 命令的调用格式非常简单，见表 6-23。

**表 6-23　light 命令**

| 调用格式 | 说　明 |
| --- | --- |
| light | 在当前坐标区中创建一个光源。光源仅影响补片和曲面图对象 |
| light(Name,Value,...) | 使用给定属性的指定值创建一个 Light 对象 |
| light(ax,...) | 在由 ax 指定的坐标区中而不是当前坐标区中创建光源对象 |
| handle = light(...) | 返回创建的 Light 对象 |

light 命令的常用属性见表 6-24。

**表 6-24　light 命令的常用属性**

| 属性 | 说　明 |
| --- | --- |
| Color | 光的颜色，指定为 RGB 三元组、十六进制颜色代码、颜色名称或短名称。默认值为 RGB 三元组 [1 1 1]，对应白色 |
| Style | 光源类型，指定为下列值之一：<br>‘infinite’：默认值，将光源放置于无穷远处。利用 Position 属性指定光源发射出平行光的方向<br>‘local’：将光源放置在 Position 属性指定的位置。光是从该位置向所有方向发射的点源 |
| Position | 光源位置，指定为 [*x y z*] 形式的三元素向量。以数据单位定义从坐标区原点到 (*x, y, z*) 坐标的向量元素。光源的实际位置取决于 Style 属性的值 |
| Visible | 光源的光可见性，指定为 ‘on’ 或 ‘off’，或者指定为数值或逻辑值 1 (true) 或 0 (false)。值 ‘on’ 等效于 true，‘off’ 等效于 false |

lightangle 命令用于在球面坐标中创建或定位光源对象，其调用格式见表 6-25。

**表 6-25　lightangle 命令**

| 调用格式 | 说　明 |
| --- | --- |
| lightangle(az,el) | 在由方位角 az 和仰角 el 确定的位置放置光源 |
| lightangle(ax,az,el) | 在 ax 指定的坐标区而不是当前坐标区上创建光源 |
| light_handle=lightangle(⋯) | 创建一个光源位置并在 light_handle 中返回 light 的句柄 |
| lightangle(light_handle,az,el) | 设置由 light_handle 确定的光源位置 |
| [az,el]=lightangle(light_handle) | 返回由 light_handle 确定的光源位置的方位角和仰角 |

在创建了光源之后，用户可能还会用到一些照明模式，这一点可以利用 lighting 命令来实现。其调用格式见表 6-26。

**表 6-26　lighting 命令**

| 调用格式 | 说　明 |
| --- | --- |
| lighting flat | 在对象的每个面上产生均匀分布的光照 |
| lighting gouraud | 计算顶点法向量并在各个面中线性插值 |
| lighting none | 关闭光源 |
| lighting(ax,...) | 使用 ax 指定的坐标区，而不是使用当前坐标区 |

**例 6-26：** 绘制柱体的色彩变换图。

**解：** MATLAB 程序如下：

```
>> close all
>> t=0:pi/10:2*pi;  % 创建 0 ~ 2π 的向量 t，元素间隔为 π/10
>> [x,y,z]=cylinder(log(t),30);  % 返回圆柱体的 x 轴、y 轴、z 轴的坐标值 X、Y、Z，圆柱体半径为以 t 为自变量的函数表达式，创建的圆柱体为变换半径、高度为 1，圆柱体的圆周有 30 个距离相同的点
>> colormap(jet)
>> subplot(1,2,1);
>> surf(x,y,z),shading interp
>> light('position',[2,-2,2],'style','local')
>> lighting gouraud
>> subplot(1,2,2)
>> surf(x,y,z,-z),shading flat
>> light,lighting flat
>> light('position',[-1 -1 -2],'color','y')
>> light('position',[-1,0.5,1],'style','local','color','w')
```

运行结果如图 6-27 所示。

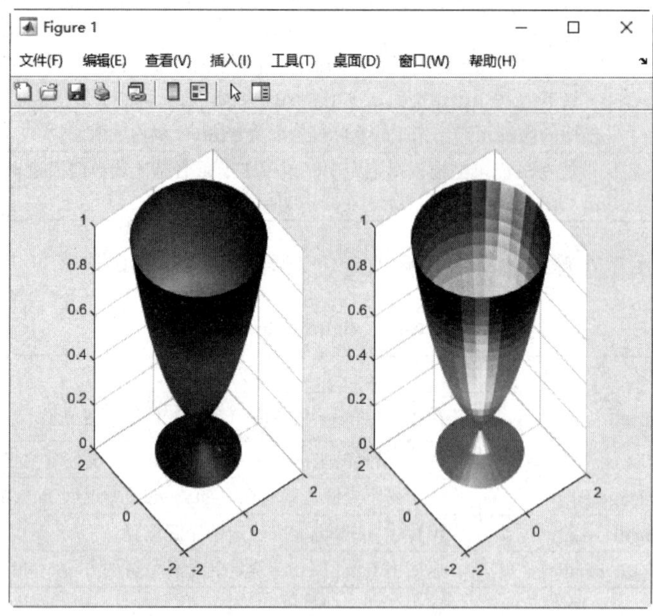


图 6-27　绘制柱体的色彩变换图

# 第 7 章　图像处理

**内容指南**

在工程应用中，经常要用到各种图像数据。为了满足用户对图形输出的各种需求，MATLAB 提供了多种处理图形与图像的方法。

本章将介绍图像文件的读写及图像的几何运算功能。

**内容要点**

- 图像文件的读写
- 图像的几何运算

## 7.1　图像文件的读写

MATLAB 支持的图像格式有 *.bmp、*.cur、*.gif、*.hdf、*.ico、*.jpg、*.pbm、*.pcx、*.pgm、*.png、*.ppm、*.ras、*.tiff 以及 *.xwd。对于这些格式的图像文件，MATLAB 提供了相应的读写命令。

### 7.1.1　图像的读入

MATLAB 中常用的图像读取命令有 readimage 命令、getimage 命令、read 命令以及 readall 命令。

1. 从数据存储读入图像命令

在 MATLAB 中，readimage 命令用来从数据存储读取指定的图像。与 read 命令相比，readimage 命令不能读取数据存储之外的图像，除非将图像复制到数据存储路径下。其调用格式见表 7-1。

**表 7-1　readimage 命令**

| 调用格式 | 说　明 |
|---|---|
| img = readImage(imds,I) | 从数据存储 imds 读取第 *I* 个图像文件并返回图像数据 img |
| [img,info] = readImage(imds,I) | 在上一语法格式的基础上，还返回包含两个文件信息字段（Filename 和 FileSize）的结构体 info |

**例 7-1：** 显示内存中的图像。

**解：** MATLAB 程序如下：

```
>> close all
>> clear
>> imds = imageDatastore({'yellowlily.jpg','sherlock.jpg'})   % 创建一个包
含两个图像的 ImageDatastore 对象，是两个图像的集合
```

```
imds =

  ImageDatastore - 属性:

                       Files: {
                              'D:\Program
Files\MATLAB\R2024a\toolbox\images\imdata\yellowlily.jpg';
                              'D:\Program
Files\MATLAB\R2024a\toolbox\images\imdata\sherlock.jpg'
                              }
                     Folders: {
                              'D:\Program
Files\MATLAB\R2024a\toolbox\images\imdata'
                              }
    AlternateFileSystemRoots: {}
                    ReadSize: 1
                      Labels: {}
      SupportedOutputFormats: ["png"     ...    ] (1×5 string)
         DefaultOutputFormat: "png"
                ReadFcn: @readDatastoreImage    >> img = readimage(imds,1);  %
读取 ImageDatastore 对象中的第一个图形，其中 img 是三维 uint8 图像矩阵
>> subplot(121),imshow(img)      % 显示图像 1
>> img = readimage(imds,2);  % 读取 ImageDatastore 对象中的第二个图形
>> subplot(122),imshow(img)                % 显示图像 2
```

运行结果如图 7-1 所示。

图 7-1　显示图像

2. 从坐标轴取得图像数据

在 MATLAB 中，getimage 命令从图形窗口中获取图像数据。其调用格式见表 7-2。

表 7-2　getimage 命令

| 调用格式 | 说　　明 |
| --- | --- |
| I = getimage(h) | 返回图形对象 *h* 中包含的第一个图像数据 |
| [x,y,I] = getimage(h) | 返回 *x* 和 *y* 方向上的图像范围 |
| [⋯,flag] = getimage(h) | 返回指示 *h* 包含的图像类型的标志 |
| [⋯] = getimage | 返回当前轴对象的信息 |

**例 7-2**：获取图像数据。

**解**：MATLAB 程序如下：

```
>> close all
>> clear
>> imshow indiancorn.jpg     % 显示内存中的图像，直接显示图像，工作区中不显示任何图像信息，无法对图像进行进一步操作
>> I = getimage;         % 效果等同于读取当前图形窗口中的图像文件，将返回的图像数据存储到矩阵 I 中
```

运行结果如图 7-2 所示。

3. 图像读入命令

在 MATLAB 中，read 命令用来读入数据存储中的数据，其调用格式见表 7-3。

表 7-3　read 命令

| 调用格式 | 说　　明 |
| --- | --- |
| data = read(ds) | 返回数据存储中的数据 |
| [data,info] = read(ds) | 在上一语法格式的基础上，返回提取的图像数据信息 |

**例 7-3**：显示内存中的图像。

**解**：MATLAB 程序如下：

```
>> close all
>> clear
>> imds = imageDatastore({'hestain.png','corn.tif'});  % 创建一个包含两个图像的 ImageDatastore 对象
>> img = read(imds);  % 读取 ImageDatastore 对象中的图形
>> imshow(img)     % 显示 ImageDatastore 对象中的图像
```

运行结果如图 7-3 所示。

图 7-2　获取图像数据

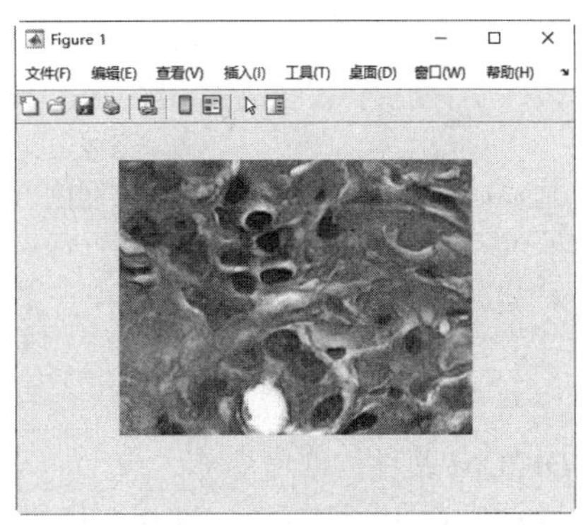


图 7-3　显示图像

4. 图像全部读入命令

在 MATLAB 中，readall 命令用来读入数据存储内或数据存储外的各种图像文件，其调用格式见表 7-4。

**表 7-4　readall 命令**

| 调用格式 | 说　明 |
| --- | --- |
| data = readall(ds) | 返回 ds 指定的数据存储中的所有数据。如果数据存储中的数据不能全部载入内存，readall 将返回错误 |
| data = readall(ds,‘UseParallel’,tf) | 并行读取数据（需要 Parallel Computing Toolbox） |

**例 7-4：** 读取内存中的图像数据。

**解：** MATLAB 程序如下：

```
>> close all
>> clear
>> ds = datastore({'landOcean.jpg','corn.tif'})   % 创建一个包含两个图像的数据存储

  ImageDatastore - 属性：

                     Files: {
                            'D:\Program Files\MATLAB\R2024a\toolbox\matlab\demos\landOcean.jpg';
          ' ...\MATLAB\R2024a\toolbox\matlab\matlab_images\tiff\corn.tif'
                            }
                   Folders: {
                            'D:\Program Files\MATLAB\R2024a\toolbox\matlab\demos';
                            'D:\Program Files\MATLAB\R2024a\toolbox\matlab\matlab_images\tiff'
                            }
    AlternateFileSystemRoots: {}
                  ReadSize: 1
                    Labels: {}
     SupportedOutputFormats: ["png"    ...    ] (1×5 string)
        DefaultOutputFormat: "png"
                   ReadFcn: @readDatastoreImage
>> img = readall(ds)  % 获取图形数据数据存储中的所有数据
img =
  2×1 cell 数组
    {1024×2048×3  uint8}
    { 415×312     uint8}
```

5. DICOM 文件读取命令

在 MATLAB 中，dicomread 命令用来读取 DICOM 图像，其调用格式见表 7-5。

**表 7-5　dicomread 命令**

| 调用格式 | 说　明 |
| --- | --- |
| X = dicomread(filename) | 从（DICOM）文件名中读取图像数据要读取一组包含一系列构成卷的图像的 DICOM 文件 |
| X = dicomread(info) | 从 DICOM 元数据结构 info 中引用的消息读取 DICOM 图像数据 |
| X = dicomread(⋯,'frames',f) | 从图像中读取 *f* 指定的帧 |
| X = dicomread(⋯,Name,Value) | 使用 Name，Value 对来配置解析器来读取 DICOM 图像数据 |
| [X,cmap] = dicomread(⋯) | 返回 DICOM 图像数据 *X* 和颜色映射 cmap |
| [X,cmap,alpha] = dicomread(⋯) | 返回 DICOM 图像数据 *X*、颜色映射 cmap 及 X 的 alpha 通道矩阵 |
| [X,cmap,alpha,overlays]= dicomread(⋯) | 返回 DICOM 文件中的任何覆盖 |

**例 7-5：** 读取并显示 DICOM 图像。

**解：** MATLAB 程序如下：

```
>> clear
>> close all
>> [X,map] = dicomread('knee1.dcm'); % 从 DICOM 文件中读取索引图像
>> imshow(X,map);  % 显示图像
```

运行结果如图 7-4 所示。

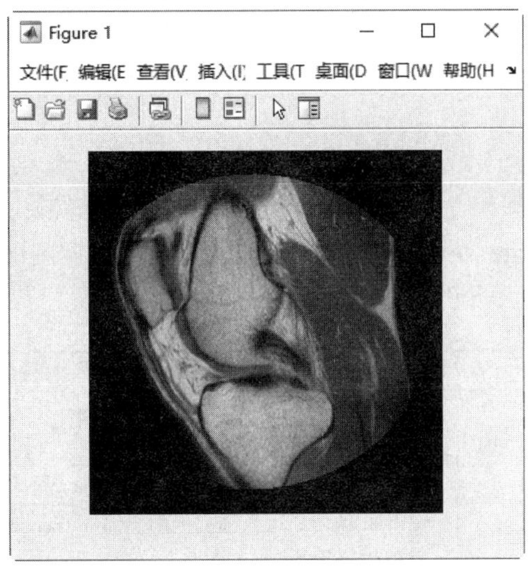


图 7-4　显示 DICOM 图像

6. 读取 HDR 的文件

在 MATLAB 中，hdrread 命令用来读取高动态范围（HDR）图像文件，其调用格式见表 7-6。

**表 7-6　hdrread 命令**

| 调用格式 | 说　明 |
| --- | --- |
| hdr = hdrread(filename) | 从 filename 指定的文件中读取高动态范围（HDR）图像 |

**例 7-6：** 读取并显示 HDR 图像。

**解：** MATLAB 程序如下：

```
>> clear
>> close all
>> hdr = hdrread('office.hdr'); % 读取当前路径下的 hdr 图像文件
>> rgb = tonemap(hdr);   % 将 HDR 图像转换为适合显示的较低动态范围
>> imshow(hdr) % 显示图像
```

运行结果如图 7-5 所示。

图 7-5　显示 HDR 图像

## 7.1.2　图像的写入

1. 写入不同格式的文件

在 MATLAB 中，imwrite 命令用来写入各种图像文件，其调用格式见表 7-7。

**表 7-7　imwrite 命令**

| 调用格式 | 说　明 |
| --- | --- |
| imwrite(A, filenamet) | 将图像的数据 *A* 写入到文件 filename 中，从扩展名推断出文件格式，在当前文件夹中创建新文件 |
| imwrite(A,map,filename) | 将索引矩阵 *A* 以及颜色映像矩阵 map 写入到文件 filename 中 |
| imwrite(…, fmt) | 以 fmt 的格式写入到文件中，无论 filename 中的文件扩展名如何。按照输入参数指定 fmt |
| imwrite(…, Name,Value) | 可以让用户控制 GIF、HDF、JPEG、PBM、PGM、PNG、PPM 和 TIFF 种图像文件的输出 |

当利用 imwrite 命令保存图像时，如果 *A* 属于数据类型 uint8，则 imwrite 输出 8 位值。

◆ 如果 *A* 属于数据类型 uint16 且输出文件格式支持 16 位数据（JPEG、PNG 和 TIFF），则 imwrite 将输出 16 位的值。如果输出文件格式不支持 16 位数据，则 imwrite 返回错误。

◆ 如果 *A* 是灰度图像或者属于数据类型 double 或 single 的 RGB 彩色图像，则 imwrite 假设动态范围是 [0,1]，并在将其作为 8 位值写入文件之前自动按 255 缩放数据。如果 *A* 中的数据是 single，则在将其写入 GIF 或 TIFF 文件之前将 *A* 转换为 double。

◆ 如果 *A* 属于 logical 数据类型，则 imwrite 会假定数据为二值图像并将数据写入位深度为 1 的文件（如果格式允许）。BMP、PNG 或 TIFF 格式以输入数组形式接受二值图像。

**例 7-7**：创建灰度图像。

**解**：MATLAB 程序如下：

```
>> close all
>> clear
>> A=imread('fj01.jpg');    % 读取当前路径下的 JPG 图像，在工作区中储存图像数据 A
>> B = rgb2gray(A);    % 转换 RGB 图像 A 为灰度图像 B
>> subplot(1,2,1),imshow(A), title('Original Image')% 根据图像矩阵 A 显示原图
>> subplot(1,2,2),imshow(B),title('Gray Image')  % 根据图像矩阵 B 显示灰度图像
>> imwrite(A,'kuihua.bmp','bmp');                % 将原始图像保存成 .bmp 格式，在当前路径下新建 kuihua.bmp 文件
>> imwrite(B,'kuihua_grayscale.bmp','bmp');          % 保存不同名称的图像文件，在当前路径下新建 kuihua_grayscale.bmp 文件
```

运行结果如图 7-6 所示。

图 7-6　创建灰度图像

2. DICOM 文件写入

在 MATLAB 中，dicomwrite 命令用来将图像作为 DICOM 文件写入，其调用格式见表 7-8。

**表 7-8　dicomwrite 命令**

| 调用格式 | 说　明 |
| --- | --- |
| dicomwrite(X,filename) | 将二进制、灰度或真彩色图像 X 写入文件名，其中 filename 指定要创建的 DICOM 文件的名称 |
| dicomwrite(X,cmap,filename) | 使用与索引图像 X 相关联的颜色映射矩阵 cmap 写入索引图像 X |
| dicomwrite(⋯,meta_struct) | 在结构 meta_struct 中指定可选的数据元或文件选项，meta- struct 中字段的名称必须是 DICOM 文件属性或选项的名称，字段的值需要分配给属性或选项的值 |
| dicomwrite(⋯,info) | 指定由 dicominfo 函数生成的元数据结构 info 中的元数据 |
| dicomwrite(⋯,‘ObjectType’,IOD) | 为特定类型的 DICOM 信息对象（IOD）写入包含必要元数据的文件 |
| dicomwrite(⋯,‘SOPClassUID’,UID) | 写入一个文件，其中包含使用 DICOM 唯一标识符（UID）指定的特定类型 IOD 所需的数据元 |
| dicomwrite(⋯,Name,Value) | 使用名称、值对写入 DICOM 文件写入 |
| status = dicomwrite(⋯) | 返回有关元数据和用于生成 DICOM 文件的描述的信息 |

**例 7-8：** 写入并显示 DCM 图像。

**解：** MATLAB 程序如下：

```
>> close all                                %关闭所有打开的文件
>> clear                                    %清除工作区的变量
>> [I,map] = dicomread('dog01.dcm'); %从 DICOM 文件中读取索引图像
>> subplot(131),imshow(I,map),title('原图'); %显示图像
>> J=imrotate(I,30,'bilinear','loose');  %双线性插值法旋转图像，不裁剪图像
>> dicomwrite(J,map,'dog01_roate.dcm');  % 写入旋转图像 dog01_roate.dcm
>> subplot(132),imshow(J,map),title('旋转图像 30^{o}，不剪切图像');
>> [K,map] = dicomread('dog01_roate.dcm'); %从 DICOM 文件中读取写入的旋转图像
>> subplot(133),imshow(K,map),title('新图');%显示读取的图像
```

运行结果如图 7-7 所示。

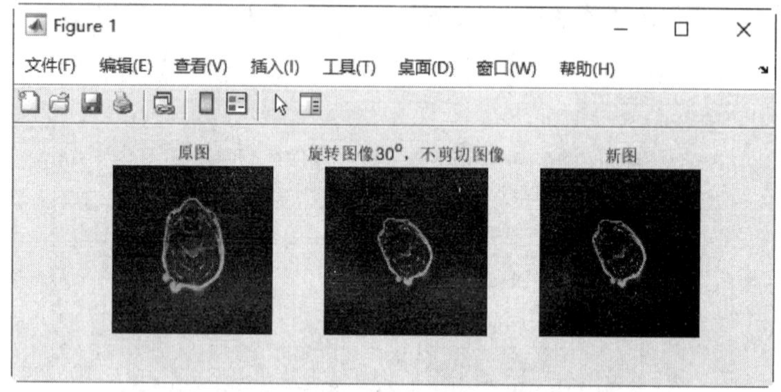


图 7-7　显示 DCM 图像

3. 写入并显示 HDR 文件

在 MATLAB 中，hdrwrite 命令用来写入高动态范围（HDR）图像文件，其调用格式见表 7-9。

**表 7-9　hdrwrite 命令**

| 调用格式 | 说　明 |
| --- | --- |
| hdrwrite(hdr,filename) | 将高动态范围（HDR）图像 HDR 写入名为 file name 的文件。函数使用运行长度编码来最小化文件大小 |

**例 7-9：** 写入并显示 HDR 图像。

**解：** MATLAB 程序如下：

```
>> clear
>> close all
>> hdr = hdrread('office.hdr'); %读取当前路径下的 hdr 图像文件
>> imshow(hdr) % 图像显示
>> hdrwrite(hdr,'new_office.hdr');  % 写入图像 new_office.hdr
```

运行结果如图 7-8 所示。

图 7-8　显示 HDR 图像

### 7.1.3　图像信息查询

在利用 MATLAB 进行图像处理时，可以利用函数命令查询图像文件的相关信息。这些信息包括文件名、文件最后一次修改的时间、文件大小、文件格式、文件格式的版本号、图像的宽度与高度、每个像素的位数以及图像类型等。

1. 图像文件信息显示命令

imfinfo 命令用于显示图像文件的信息，其调用格式见表 7-10。

**表 7-10　imfinfo 命令**

| 调用格式 | 说　明 |
|---|---|
| info=imfinfo(filename,fmt) | 查询图像文件 filename 的信息。fmt 为文件格式 |
| info=imfinfo(filename) | 查询图像文件 filename 的信息 |

**例 7-10：** 图像的缩放与信息显示。

**解：** MATLAB 程序如下：

```
>> close all
>> clear
>> subplot(1,3,1)
>> I=imread('snail.jpg');     % 读取当前路径下的 JPG 图像，在工作区中储存图像数据 I
>> imshow(I,[0 80]),title(' 原图 ');     % 显示图像数据 I，设置图像显示坐标
>> subplot(1,3,2)
>> imshow('snail.jpg'); % 显示当前路径下的 JPG 图像
>> zoom(2),title(' 放大 2 倍 ');       % 将显示的图像放大 2 倍
>> subplot(1,3,3)
>> imshow('snail.jpg')  % 显示当前路径下的 JPG 图像
>> zoom(4),title(' 放大 4 倍 ');    % 将显示的图像放大 4 倍
```

```
>> info=imfinfo('snail.jpg') % 显示搜索路径下的 JPG 图像的具体信息
info =
  包含以下字段的 struct:
           Filename:
          'C:\Users\yan\Documents\MATLAB\yuanwenjian\images\snail.jpg'
        FileModDate: '10-Mar-2022 09:37:38'
           FileSize: 22219
             Format: 'jpg'
      FormatVersion: ''
              Width: 388
             Height: 376
           BitDepth: 24
          ColorType: 'truecolor'
    FormatSignature: ''
    NumberOfSamples: 3
       CodingMethod: 'Huffman'
      CodingProcess: 'Progressive'
            Comment: {}
```

运行结果如图 7-9 所示。

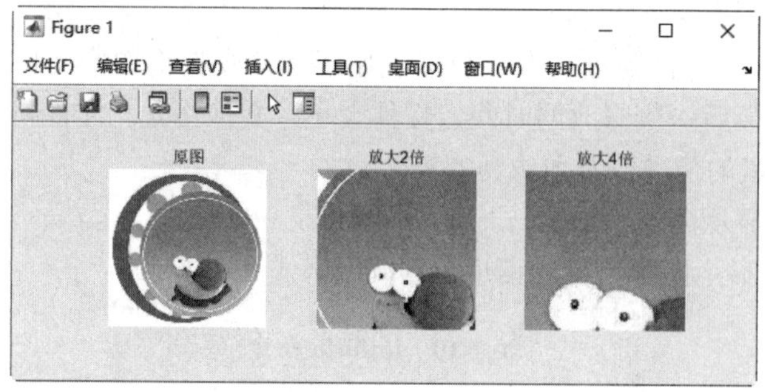


图 7-9　缩放图像

2. DICOM 文件结构显示命令

在 MATLAB 中，dicomdisp 命令用来显示 DICOM 文件结构数据。其调用格式见表 7-11。

**表 7-11　dicomdisp 命令**

| 调用格式 | 说　明 |
|---|---|
| dicomdisp(filename) | 从字符串标量或字符矢量文件名中指定的兼容 DICOM 文件，读取数据，并在命令提示下显示数据 |
| dicomdisp(…,Name,Value) | 使用名称 – 值对读取元数据，以控制操作的各个方面 |

**例 7-11：** 显示图像数据。

**解：** MATLAB 程序如下：

```
>> clear
>> close all
>> dicomdisp('dog08.dcm')                    % 显示 DICOM 文件结构数据
```

```
文件：C:\Users\yan\Documents\MATLAB\yuanwenjian\images\dog08.dcm (537080 字节)
在 IEEE little-endian 计算机上读取。
文件在第 132 字节处以 0002 组元数据开头。
传输语法：1.2.840.10008.1.2.1 (Explicit VR Little Endian)。
DICOM 信息对象：1.2.840.10008.5.1.4.1.1.4 (MR Image Storage)。

位置      级别    标签         VR     大小          名称                                  数据
--------------------------------------------------------------------------------------------
------------------------
0000132        0 (0002,0000) UL          4 字节 - FileMetaInformationGroupLength
*二进制*
0000144        0 (0002,0001) OB          2 字节 - FileMetaInformationVersion
*二进制*
0000158        0 (0002,0002) UI         26 字节 - MediaStorageSOPClassUID
[1.2.840.10008.5.1.4.1.1.4 ]
0000192        0 (0002,0003) UI         56 字节 - MediaStorageSOPInstanceUID
[1.2.840.113619.2.244.3596.11880862.13194.1386517847.670 ]
0000256        0 (0002,0010) UI         20 字节 - TransferSyntaxUID
[1.2.840.10008.1.2.1 ]
0000284        0 (0002,0012) UI         10 字节 - ImplementationClassUID
[2.16.840.1]
......
0012686        0 (0043,1097) UN         56 字节 - Private_0043_1097
[\\0\0\0\100\0\0\rev=1;a=75;b=2;c=32;d=8;e=3;f=2;g=1;h=0 ]
0012754        0 (0043,109A) UN          2 字节 - Private_0043_109a
[1 ]
0012768        0 (7FE0,0000) UL          4 字节 - PixelDataGroupLength
*二进制*
0012780        0 (7FE0,0010) OW     524288 字节 - PixelData                             []
```

3. DICOM 数据显示命令

在 MATLAB 中，dicominfo 命令用来从 DICOM 消息读取数据元。其调用格式见表 7-12。

**表 7-12　dicominfo 命令**

| 调用格式 | 说　明 |
| --- | --- |
| info = dicominfo(filename) | 从（DICOM）文件 filename 中读取数据元 |
| info = dicominfo(filename,'dictionary',D) | 使用数据字典文件 D 读取 DICOM 消息 |
| info = dicominfo(···,Name,Value) | 使用名称 – 值对提供其他选项，可以指定多个名称 – 值对 |

**例 7-12**：读取 DICOM 文件。

**解**：MATLAB 程序如下：

```
>> clear
>> close all
>> info = dicominfo('dog04.dcm')  % 显示 DICOM 图像数据信息
info =
 包含以下字段的 struct:
```

```
                            Filename:
'C:\Users\yan\Documents\MATLAB\yuanwenjian\images\dog04.dcm'
                         FileModDate: '04-1月-2014 06:29:12'
                            FileSize: 537078
                              Format: 'DICOM'
                       FormatVersion: 3
                               Width: 512
                              Height: 512
                            BitDepth: 16
                           ColorType: 'grayscale'
     FileMetaInformationGroupLength: 180
         FileMetaInformationVersion: [2×1 uint8]
            MediaStorageSOPClassUID: '1.2.840.10008.5.1.4.1.1.4'
         ……
                  Private_0043_1096: [8×1 uint8]
                  Private_0043_1097: [56×1 uint8]
                  Private_0043_109a: [2×1 uint8]
               PixelDataGroupLength: 524300
>> Y = dicomread(info);          % 从 info 读取 DICOM 图像数据
>> imshow(Y,[]);                      % 显示图片
```

运行结果如图 7-10 所示。

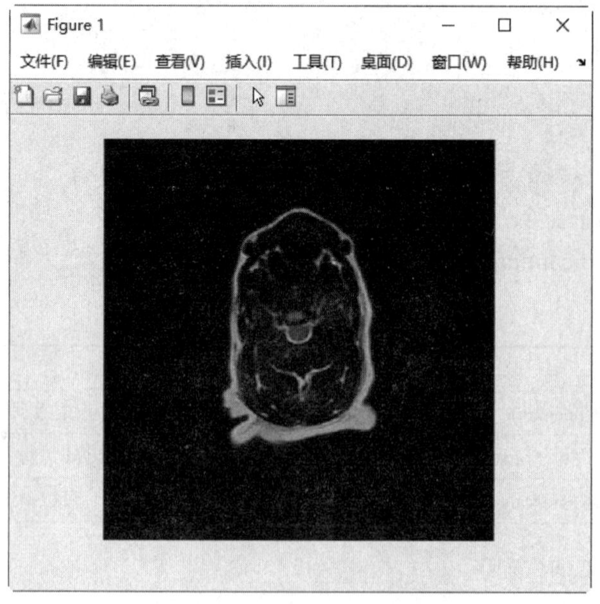


图 7-10　显示图片

4. DICOM 文件属性查找命令

在 MATLAB 中，dicomlookup 命令用来在 DICOM 数据字典中查找属性。其调用格式见表 7-13。

表 7-13　dicomlookup 命令

| 调用格式 | 说　　明 |
| --- | --- |
| nameOut = dicomlookup(group,element) | 在当前的 DICOM 数据字典中查找具有指定组和元素标记的属性，返回属性的名称 |
| [groupOut,elementOut] = dicomlookup(name) | 查找当前 DICOM 数据字典中由 name 指定的属性，并返回与该属性关联的组和元素标记 |

**例 7-13**：查找 DICOM 名称。

**解**：MATLAB 程序如下：

```
>> clear
>> close all
>> name1 = dicomlookup('7FE0','0010')    % 在当前的DICOM数据字典中查找标记为'7FE0','0010'的属性
name1 =
    'PixelData'
>> name2 = dicomlookup(40,4)    % 使用DICOM属性的标记查找其名称
name2 =
    'PhotometricInterpretation'
>> [group, element] = dicomlookup('TransferSyntaxUID') % 使用DICOM属性的名称查找其标记（组和元素）
group =
     2
element =
    16
>> metadata = dicominfo('dog10.dcm');  % 将文件信息存储在metadata中
>> metadata.(dicomlookup('0028', '0004'))    % 检查DICOM文件的数据
ans =
    'MONOCHROME2'
```

5. 生成 DICOM 标示符命令

在 MATLAB 中，dicomuid 命令用来生成 DICOM 全局唯一标识符。其调用格式见表 7-14。

表 7-14　dicomuid 命令

| 调用格式 | 说　　明 |
| --- | --- |
| uid = dicomuid | 返回新的 DICOM 全局唯一标识符 uid。该函数每次调用时都会生成一个新值 |

**例 7-14**：生成 DICOM 全局唯一标识符。

**解**：MATLAB 程序如下：

```
>> clear
>> close all
>> uid = dicomuid                    % 生成DICOM全局唯一标识符
uid =
    '1.3.6.1.4.1.9590.100.1.2.426864401711904299524602843272067428258'
```

### 7.1.4 像素及其统计特性

图像适用于表现含有大量细节（如明暗变化、场景复杂、轮廓色彩丰富）的对象，如照片、绘图等，通过软件可进行复杂图像的处理以得到更清晰的图像或产生特殊效果。图像用数字描述像素点、强度和颜色。描述信息文件存储量较大，所描述对象在缩放过程中会损失细节或产生锯齿。

对于灰度图像而言，一个采样点的值即可代表该像素的值 f(xi,yi)。对于 RGB 图像而言，*f*r(*xi*,*yi*)、*f*g(*xi*,*yi*)、*f*b(*xi*,*yi*) 三个值代表一个像素的亮度。

分辨率和灰度是影响图像显示的主要参数。

**例 7-15：** 像素控制图像显示。

**解：** MATLAB 程序如下：

```
>> close all
>> clear
>> I = imread('fj02.jpg');    % 读取当前路径下的图像。其中工作区中显示数据显示为
uint8 三维矩阵 I
>> subplot(121),imshow(I)      % 显示原图像
>> [row clumn] = size(I);   % 获取矩阵 I 的行数 row 与列数 clumn
>> for p = 1:row    % p 取值范围为 I 行数
     for q = 1:clumn   % q 取值范围为 I 列数
         if I(p,q)>=100   % 若 I 中元素值大于等于 100，执行下面的命令
             I(p,q)=255;   % 元素值大于等于 100 的元素赋值 255
         else
             I(p,q)=0;   % 元素值小于 100 的元素赋值 0
         end
     end
end
>> subplot(122),imshow(I)      % 显示控制图像
```

运行结果如图 7-11 所示。

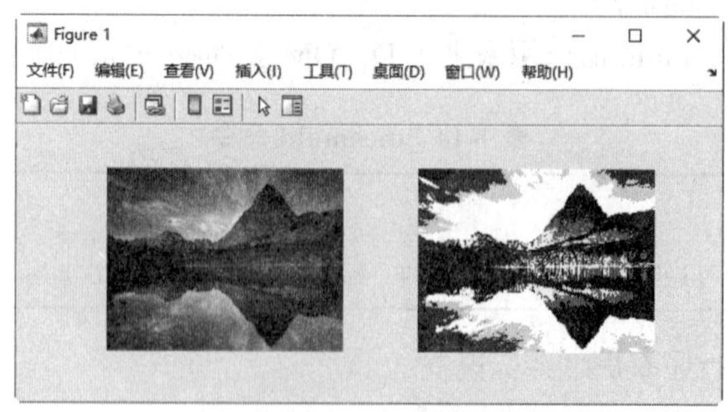


图 7-11　显示控制图像

### 7.1.5 像素值统计

在 MATLAB 中，impixel 命令用来返回指定的图像像素的 RGB（红 red、绿 green、蓝 blue）颜色值，其调用格式见表 7-15。

**表 7-15　impixel 命令**

| 调用格式 | 说　明 |
| --- | --- |
| P = impixel | 在当前使用的图像中选择像素，可以在不同位置单击来选择多个像素。按 Backspace 或 Delete 键删除先前选择的像素。按住 Shift 键并单击，单击鼠标右键或者双击，都可以添加最后一个像素并结束选择显示结果，按 Enter 键可以结束选择并且不添加像素 |
| P = impixel(I) | 返回图像 *I* 中的像素值 |
| P = impixel(X,map) | 返回索引图像 *X* 中的像素值以及相应的颜色映射 map |
| P = impixel(I,c,r) | 返回图像 *I* 中指定像素的值。*c* 和 *r* 指定采样像素的列和行坐标 |
| P = impixel(X,map,c,r) | 返回索引图像 *X* 中指定像素的值 |
| P = impixel(x,y,I,xi,yi) | 使用 *x* 和 *y* 指定图像限制的非默认坐标系返回指定图像 *I* 中的像素值 |
| P = impixel(x,y,X,map,xi,yi) | 使用非默认坐标系返回指定索引图像中的像素值，*X* 带有相应的颜色映射 map |
| [xi2,yi2,P] = impixel(⋯) | 返回所选像素的坐标 |

**例 7-16：** 统计图像像素值。

**解：** MATLAB 程序如下：

```
>> close all
>> clear
>> RGB1 = imread('family.jpg');          % 读取图像 1
>> RGB2= imread('rose.jpg');             % 读取图像 2
>> subplot(121),imshow(RGB1)             % 显示图像 1
>> subplot(122),imshow(RGB2)             % 显示图像 2
>> c = [12 146 410];                     % 采样点像素的列坐标
>> r = [104 156 129];                    % 采样点像素的行坐标
>> pixels1= impixel(RGB1,c,r)            % 显示图像 1 图像像素值
pixels1 =
     2    75   143
     2    94   157
     0    86   159
>> pixels2= impixel(RGB2,c,r)            % 显示图像 2 图像像素值
pixels2 =
   255   255   255
    70    99    43
   255   255   255
```

运行结果如图 7-12 所示。

图 7-12　显示图像

在 MATLAB 中，improfile 命令用来检索各种图像中沿线或多线路径的像素的强度值，并显示强度值的绘图，其调用格式见表 7-16。

**表 7-16　improfile 命令**

| 调用格式 | 说　明 |
| --- | --- |
| c = improfile | 检索强度值 |
| c = improfile(n) | 检索强度值，其中 *n* 指定要包括的点数 |
| c = improfile(I,xi,yi) | 检索像素强度值，其中 *I* 指定图像，而 *xi* 和 *yi* 是等长向量，指定线段端点的空间坐标 |
| c = improfile(x,y,I,xi,yi) | 使用非默认坐标系检索像素亮度值，其中 *x* 和 *y* 指定图像 XData 和 YData |
| c = improfile(···,n) | 返回像素亮度值，其中 *n* 指定要包括的点数 |
| c = improfile(···,method) | 指定插值方法 |
| [cx,cy,c] = improfile(···) | 返回长度为 *n* 的像素 *cx* 和 *cy* 的空间坐标 |
| [cx,cy,c,xi,yi] = improfile(···) | 在上一语法格式的基础上，还返回两个等长向量，指定线段端点 *xi* 和 *yi* 的空间坐标 |
| improfile(···) | 绘制沿线段的像素的强度值 |

**例 7-17：** 沿线段计算剖面图的像素值。

**解：** MATLAB 程序如下：

```
>> I = imread('ray.jpg');
>> x = [10 255 180 280];
>> y = [137 140 -118 -137];
>> subplot(121),imshow(I),title('原图')      % 显示图像
>>  subplot(122),improfile(I,x,y),  grid on,title('剖面图像素值') % 显示图像
剖面图的像素值
```

运行结果如图 7-13 所示。

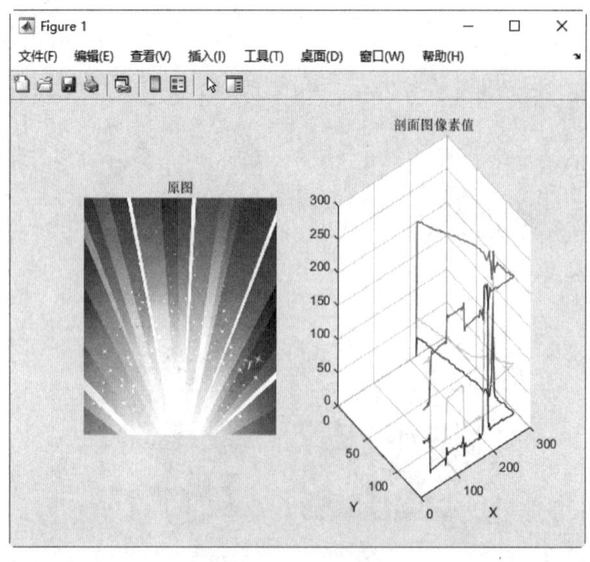


图 7-13　显示图像

# 7.2　图像的几何运算

几何运算是指改变图像中物体对象之间的空间关系，从变换性质来分，几何变换可以分为图像位置变换、形状变换及复合变换。

图像几何运算的一般定义为

$$g(x,y)=f(u,v)=f(p(x,y),q(x,y))$$

式中，$u=p(x,y),v=q(x,y)$ 唯一地描述了空间变换，即将输入图像 $f(u,v)$ 从 $u$-$v$ 坐标系变换为 $x$-$y$ 坐标系的输出图像 $g(x,y)$。

图像形状变换包括图像的放大与缩小，图像位置变换包括图像的平移、镜像、旋转。

对图像进行几何变换时，像素坐标将发生改变，需进行插值操作，即利用已知位置的像素值生成未知位置的像素点的像素值。

常见的插值方法有：最近邻插值（nearest)、线性插值（linear）、三次插值（cublic)、双线性插值（bilinear）、双三次插值（bicubic）。

## 7.2.1　剪切图像

在 MATLAB 中，imcrop 命令用来裁剪图像，显示部分图像，其调用格式见表 7-17。

**表 7-17　imcrop 命令**

| 调用格式 | 说　明 |
|---|---|
| J = imcrop | 创建与显示的图像关联的交互式裁剪图像工具，返回裁剪后的图像 *J* |
| J = imcrop(I) | 在图形窗口中显示图像 *I*，并创建与图像关联的交互式裁剪图像工具 |
| Xout = imcrop(X,cmap) | 使用 colormap cmap 在图形中显示索引图像 *X*，并创建与该图像关联的交互式裁剪图像工具，返回裁剪后的索引图像 Xout |
| ⋯ = imcrop(h) | 创建与句柄 *h* 指定的图像相关联的交互式裁剪图像工具 |
| Xout = imcrop(I,rect) | 根据裁剪矩形 rect 或 images.spatialref.rectangle 对象中指定的位置和尺寸裁剪图像 *I* |
| Xout = imcrop(X,cmap,rect) | 根据裁剪矩形 rect 中指定的位置和尺寸，使用 colormap cmap 裁剪索引图像 *X*。返回裁剪后的索引图像 Xout |
| ⋯ = imcrop(x,y,⋯) | 使用指定坐标系裁剪输入图像，其中 *x* 和 *y* 指定世界坐标系中的图像限制 |
| [⋯,rectout] = imcrop(⋯) | 返回 rectout 中返回裁剪矩形的位置 |
| [x,y,⋯] = imcrop(⋯) | 在上面任一语法格式的基础上，还返回输入图像的图像范围 |
| imcrop(⋯) | 在新图形窗口中显示裁剪的图像 |

在 MATLAB 中，imcrop3 命令用来裁剪三维图像，其调用格式见表 7-18。

**表 7-18　imcrop3 命令**

| 调用格式 | 说　明 |
|---|---|
| Vout = imcrop3(V,cuboid) | 根据长方体裁剪图像体积 *V*。长方体指定裁剪窗口在空间坐标中的大小和位置 |

**例 7-18：** 剪切放大图像

**解：** 在 MATLAB 命令行窗口中输入如下命令：

```
>> close all
>> clear
>> I = imread('cherry.jpg'); % 将图像加载到工作区
>> I2 = imcrop(I,[400 450 200 200]);  % 指定裁剪矩形裁剪图像
>> I3 = imresize(I2,5); % 将裁剪后的图像放大 5 倍
>> subplot(1,2,1),imshow(I), title(' 原图 ')
>> subplot(1,2,2), imshow(I3),title(' 裁剪、放大后的图 ')
```

运行结果如图 7-14 所示。

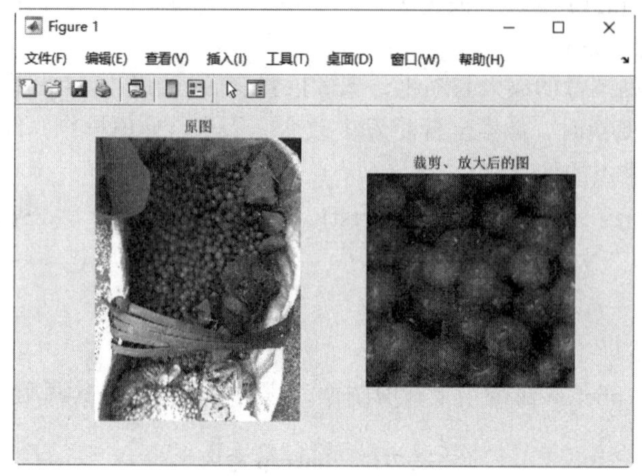


图 7-14 剪切放大图像

## 7.2.2 图像平移

在 MATLAB 中，translate 命令用来平移图像，其调用格式见表 7-19。

**表 7-19 translate 命令**

| 调用格式 | 说　明 |
| --- | --- |
| SE2 = translate(SE,v) | 在 N-D 空间中转换结构元素 SE。*v* 是一个 N 元素向量，包含每个维度中所需平移的偏移量 |
| polyout = translate(polyin,x,y) | 指定 x、y 平移距离 |

**例 7-19**：移动图像

**解**：在 MATLAB 命令行窗口中输入如下命令：

```
>> close all
>> clear
>> [I,map] = imread('bird.png');  % 读取当前路径下的图像，在工作区中储存图像数据
>> se = translate(strel(1), [30 30]); % 创建一个结构元素并将其向下和向右平移 30 像素
>> J = imdilate(I,se);   % 使用转换后的结构元素放大图像
>> subplot(1,2,1),imshow(I,map), title(' 原图 ')
>> subplot(1,2,2),imshow(J), title(' 平移后的图 ')    % 显示原始图像和平移后的图像
```

运行结果如图 7-15 所示。

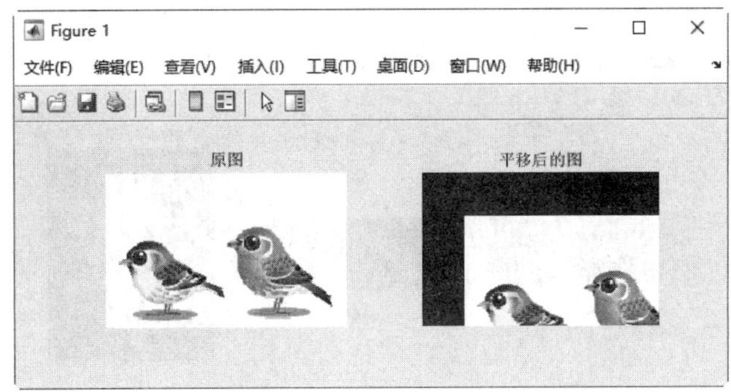


图 7-15　移动图像

### 7.2.3　图像旋转

在 MATLAB 中，imrotate 命令用来旋转图像，其调用格式见表 7-20。

**表 7-20　imrotate 命令**

| 调用格式 | 说　明 |
|---|---|
| J = imrotate(I,angle) | 围绕图像的中心点逆时针旋转图像 angle 角度。默认为逆时针旋转，顺时针旋转图像请为角度指定负值。使用最近邻插值，将旋转图像外部的像素值设置为 0（零） |
| J = imrotate(I,angle,method) | 使用 method 方法指定的插值方法旋转图像。插值方法见表 7-21 |
| J = imrotate(I,angle,method,bbox) | 旋转图像 *I*，其中 bbox 指定输出图像的大小。如果指定 'crop'（裁剪），输出图像与输入图像大小相同。如果指定 'loose'（松散），输出图像足够大，以包含整个旋转图像 |

**表 7-21　method 插值方法**

| 属性名 | 名称 | 说　明 |
|---|---|---|
| nearest | 最近邻插值 | 输出像素为该点所在像素的值 |
| bilinear | 双线性插值 | 输出像素值是最近的 2 × 2 邻域中像素的加权平均值 |
| bicubic | 双三次插值 | 输出像素值是最近的 4 × 4 邻域中像素的加权平均值 |

**例 7-20：**旋转图像

**解：**在 MATLAB 命令行窗口中输入如下命令：

```
>> close all
>> clear
>> I=imread('pro.jpg');
>> J=imrotate(I,30,'bilinear','crop');    % 双线性插值法旋转图像，并裁剪图像，使
其和原图像大小一致
>> K=imrotate(I,60,'bilinear','loose');   % 双线性插值法旋转图像，不裁剪图像
>> subplot(131),imshow(I),title(' 原图 ');
>> subplot(132),imshow(J),title(' 旋转图像 30^{o}，并剪切图像 ');
>> subplot(133),imshow(K),title(' 旋转图像 60^{o}，不剪切图像 ');
```

运行结果如图 7-16 所示。

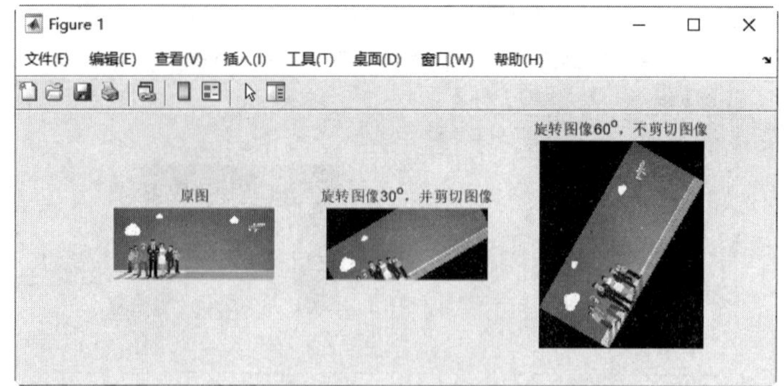


图 7-16　旋转图像

### 7.2.4　图像镜像

在 MATLAB 中，flip、fliplr、flipud 命令用来对图像矩阵进行翻转、左右镜像、上下镜像，显示部分图像。镜像命令的调用格式见表 7-22。

表 7-22　镜像命令

| 调用格式 | 说　明 |
| --- | --- |
| B = fliplr(A) | 围绕垂直轴按左右方向镜像其各列 |
| B = flipud(A) | 围绕水平轴按上下方向镜像其各行 |
| B = flip(A)<br>B = flip(A,dim) | dim 沿维度翻转 *A* 中元素的顺序。flip(A,1) 将翻转每一列中的元素，flip(A,2) 将翻转每一行中的元素 |

**例 7-21：**镜像旋转图像

**解：**在 MATLAB 命令行窗口中输入如下命令：

```
>> close all
>> clear
>> I = imread('cats.jpg');               % 读取内存中的图片
>> F1=fliplr(I);                         % 对矩阵 I 左右翻转
>> subplot(221);imshow(I);title('原图');
>> subplot(222);imshow(F1);title('水平镜像');
>> F2=flipud(I);                         % 对矩阵 I 垂直翻转
>> subplot(223);imshow(F2);title('垂直镜像');
>> J=imrotate(I,180,'crop');            % 旋转图像，并裁剪图像，使其和原图像大小一致
>> subplot(224),imshow(J),title('旋转图像 180^{o}，并剪切图像');
```

运行结果如图 7-17 所示。

**例 7-22：**行列镜像图像

**解：**在 MATLAB 命令行窗口中输入如下命令：

```
>> close all
>> clear
>> I = imread('bottle.jpg');   % 读取当前路径下的图像，在工作区中储存图像数据
>> Flip1=flip (I,1);                    %  对矩阵 I 反转列元素，垂直镜像
>> Flip2=flip (I,2);                    %  对矩阵 I 反转行元素，水平镜像
```

```
>> subplot(131);imshow(I);title('原图');
>> subplot(132);imshow(Flip1);title('垂直镜像');
>> subplot(133);imshow(Flip2);title('水平镜像');
```

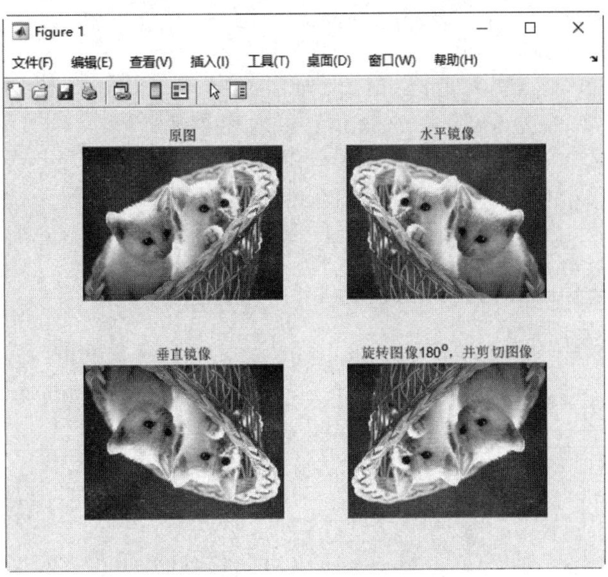


图 7-17　镜像旋转图像

运行结果如图 7-18 所示。

图 7-18　行列镜像图像

### 7.2.5　图像转置

在 MATLAB 中，permute 命令用来置换图像矩阵，其调用格式见表 7-23。

**表 7-23　permute 命令**

| 调用格式 | 说　明 |
|---|---|
| B = permute(A,dimorder) | 按照向量 dimorder 指定的顺序重新排列数组的维度 |

**例 7-23**：置换、旋转、镜像图像。

**解**：在 MATLAB 命令行窗口中输入如下命令：

```
>> close all
>> clear
>> I = imread('lu.jpg');
>> subplot(221),imshow(I),title('原图');
>> J=permute(I,[2 1 3]); % 交换矩阵A的行和列维度
>> subplot(222),imshow(J), title('置换图');
>> K=imrotate(I,-90);    %顺时针旋转图像90°
>> subplot(223),imshow(K),title('旋转图');
>> F=fliplr(K);                    % 对旋转图K水平镜像
>> subplot(224),imshow(F),title('水平镜像图');
```

运行结果如图 7-19 所示。

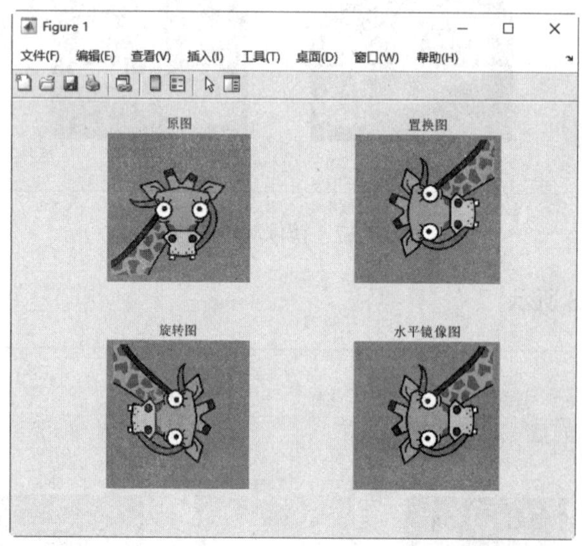


图 7-19　置换、旋转、镜像图像

### 7.2.6　图像合成

在 MATLAB 中，imfuse 命令用来合成两幅图像，其调用格式见表 7-24。

**表 7-24　imfuse 命令**

| 调用格式 | 说　明 |
| --- | --- |
| C = imfuse(A,B) | 创建两个图像 A 和 B 的合成图像。如果 A 和 B 的大小不同，合成之前在较小的维度上填充零，使两个图像的大小相同。输出 C 是包含图像 A 和 B 的融合图像的数字矩阵 |
| [C RC] = imfuse(A,RA,B,RB) | 使用 RA 和 RB 中提供的空间参考信息，创建两个图像 A 和 B 合成图像 |
| C = imfuse(⋯,method) | Method 显示图像合成方法 |
| C = imfuse(⋯,Name,Value) | Name，Value 设置图像属性 |

**例 7-24：** 合成镜像图像。

**解：** MATLAB 程序如下：

```
>> clear
>> close all
>> A = imread('fj03.jpg');    % 读取当前路径下的图像，在工作区中储存图像数据
>> B = flip (A,2); % 将图像水平镜像
>> C = imfuse(A,B, 'falsecolor','Scaling','joint');    % 创建合成图
>> subplot(1,3,1),imshow(A), title(' 原图 ')  % 显示原图
>> subplot(1,3,2),imshow(B), title(' 镜像图 ')   % 显示镜像图像
>> subplot(1,3,3),imshow(C), title(' 合成图 ')   %  显示合成后的图像
```

运行结果如图 7-20 所示。

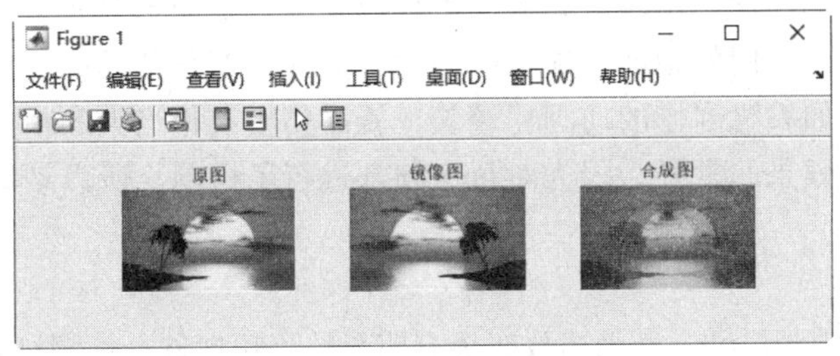


图 7-20　合成镜像图像

**例 7-25：** 合成旋转图像。

**解：** MATLAB 程序如下：

```
>> clear
>> close all
>> A = imread('Flower.jpg');    % 读取当前路径下的图像，在工作区中储存图像数据
>> B=imrotate(A,30');   % 旋转图像，并裁剪图像，使其和原图像大小一致
>> C = imfuse(A,B, 'falsecolor','Scaling','joint');    % 创建合成图
>> subplot(1,3,1),imshow(A), title(' 原图 ') % 显示原图
>> subplot(1,3,2),imshow(B),title(' 旋转图 ')   % 显示旋转图像
>> subplot(1,3,3),imshow(C), title(' 合成图 ') %  显示合成后的图像
```

运行结果如图 7-21 所示。

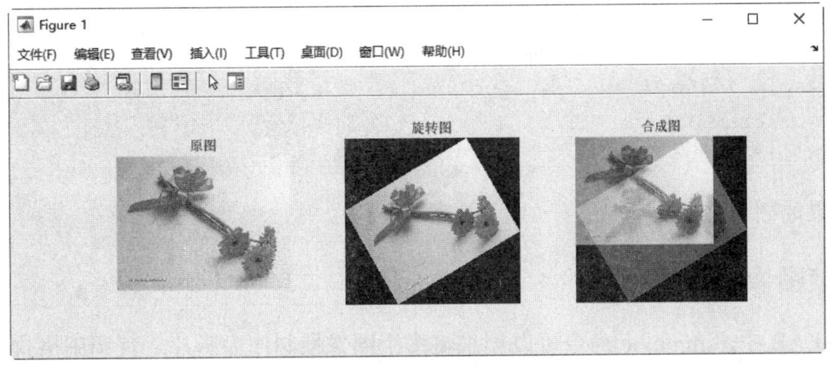


图 7-21　合成旋转图像

# 7.3 图像帧制作影片

动画制作实际上就是改变连续帧内容的过程。帧代表时刻，不同的帧就是不同的时刻，画面随着时间的变化而变化，就形成了动画。

## 7.3.1 帧的基础知识

1. 帧

帧就是在动画最小时间内出现的画面。动画以时间轴为基础，由先后排列的一系列帧组成。帧的数量和帧频决定了动画播放的时间，同时帧还决定了动画的时间与动作之间的关系。

2. 动画

动画可以是物体的移动、旋转、缩放，也可以是变色、变形等效果。在逐帧动画中，需要在每一帧上创建一个不同的画面，连续的帧组合成连续变化的动画。利用这种方法制作动画，工作量非常大，如果要制作的动画比较长，就需要投入相当大的精力和时间。不过这种方法制作出来的动画效果非常好，因为对每一帧都进行了绘制，所以动画变化的过程非常准确、细腻。

3. 帧频

帧频即帧速率，帧频过低，动画播放时会有明显的停顿现象；帧频过高，则播放太快，动画细节会一晃而过。因此，只有设置合适的帧频，才能使动画播放取得最佳效果。

在 MATLAB 中，使用 im2frame 命令可以将图像转换为影片帧。其调用格式见表 7-25。

**表 7-25 im2frame 命令**

| 调用格式 | 说　明 |
|---|---|
| f = im2frame(X,map) | 将索引图像 X 和相关联的颜色图 map 转换成影片帧 f |
| f = im2frame(X) | 使用当前颜色图将索引图像 X 转换成影片帧 f |
| f = im2frame(RGB) | 将真彩色图像 RGB 转换为影片帧 f |

**例 7-26：** 图片的转换。

**解：** MATLAB 程序如下：

```
>> close all    % 关闭当前已打开的文件
>> clear        % 清除工作区的变量
>> [x,map]= imread('shuicai.jpg');    % 读取当前路径下的图像 f
>> f = im2frame(x,map);               % 将图像转换为影片帧
>> imshow(f.cdata)                    % 显示帧内容
```

运行结果如图 7-22 所示。

## 7.3.2 多帧图像制作影片

在 MATLAB 中，immovie 命令可以用来将多个图像帧制作为影片。其调用格式见表 7-26。

图 7-22　显示帧内容

**表 7-26　immovie 命令**

| 调用格式 | 说　　明 |
|---|---|
| mov = immovie(X,cmap) | 从多帧索引图像 X 中的图像返回电影结构数组 mov |
| mov = immovie(RGB) | 从多帧真彩色图像 RGB 中的图像返回电影结构数组 mov |

**例 7-27：** 制作电影。

**解：** MATLAB 程序如下：

```
>> close all        % 关闭当前已打开的文件
>> clear            % 清除工作区的变量
>> load mri
>> mov = immovie(D,map);        % 从使用颜色图 map 的多帧索引图像 D 中的图像返回影片
结构体数组 mov
>> implay(mov)    % 基于索引图像序列制作影片
```

运行程序打开影片播放器，单击“播放”按钮 ▷，即可播放创建的影片，如图 7-23 所示。

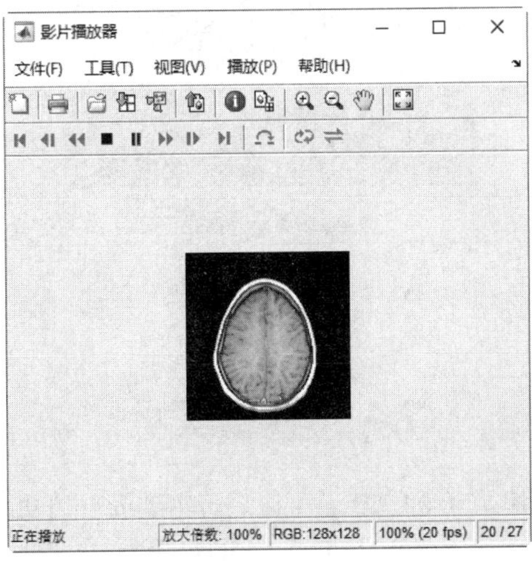


图 7-23　播放影片

### 7.3.3 播放图像影片

在 MATLAB 中，可用 implay 命令打开影片播放器，在该播放器中播放电影、视频或图像序列，可以选择要播放的电影或图像序列、跳到序列中的特定帧、更改显示的帧速率或执行其他查看活动，也可以打开多个影片播放器以同时查看不同的电影。其调用格式见表 7-27。

**表 7-27 implay 命令**

| 调用格式 | 说 明 |
| --- | --- |
| implay | 打开视频查看器应用程序，选择要播放的电影或图像序列 |
| implay(filename) | 打开视频查看器应用程序，显示文件名指定的文件内容，该文件可以是音频视频交错（AVI）文件。视频查看器一次读取一帧，在播放期间节省内存。视频查看器不播放音频曲目 |
| implay(I) | 打开视频查看器应用程序，显示 I 指定的多帧图像中的第一帧 |
| implay(···,fps) | 按指定的帧速率 fps 查看电影或图像序列 |

**例 7-28：** 播放视频。

**解：** MATLAB 程序如下：

```
>> close all                % 关闭当前已打开的文件
>> clear                    % 清除工作区的变量
>> implay('rhinos.avi')     % 演示搜索路径下的 AVI 文件
```

运行结果如图 7-24 所示。

图 7-24 播放视频

## 7.4 动画演示

除了显示图片、播放影片，MATLAB 还可以进行一些简单的动画演示，实现这种操作的主要命令有 getframe 命令以及 movie 命令。动画演示的步骤为：

1）利用 getframe 命令生成每个帧。

2）利用 movie 命令按照指定的次数运行动画一次。movie(M, n) 可以播放由矩阵 M 定义的画面 *n* 次。如果 *n* 是一个向量，其中第一个元素是影片播放次数，其余元素构成影片播放的帧列表。

### 7.4.1　动画帧

以影像的方式预存多个画面，再将这些画面快速地呈现在屏幕上，便可得到动画的效果，而预存的这些画面，称为动画帧。

使用 getframe 命令可以抓取图形作为动画帧，每个画面都是一个行向量。其调用格式见表 7-28。

**表 7-28　getframe 命令**

| 调用格式 | 说　明 |
| --- | --- |
| F = getframe | 生成当前轴显示的电影帧 |
| F = getframe(ax) | ax 表示指定的轴 |
| F = getframe(fig) | fig 表示指定的图形 |
| F = getframe(⋯,rect) | 在由 rect 定义的矩形内的区域生成帧 |

**例 7-29：** 创建动画帧。

**解：** MATLAB 程序如下：

```
>> close all              % 关闭当前已打开的文件
>> clear                  % 清除工作区的变量
>> subplot(1,2,1), x = @(u,v) u.*sin(v);      %输入符号表达式 x、y、z
>> y = @(u,v) -u.*cos(v);
>> z = @(u,v) v;
>> fsurf(x,y,z,[-5 5 -5 -2],'--','EdgeColor','m')   %在指定区间绘制三维曲面，
线条为洋红虚线
>> hold on                %保留当前坐标区中的绘图
>> fsurf(x,y,z,[-5 5 -2 2],'EdgeColor','none')    %在指定区间绘制三维曲面，无
线条颜色
>> hold off               %关闭保持命令
>> axis off               %关闭坐标系
>> axis equal             %设置每条坐标轴使用相同的数据单位长度
>> title('曲面');               % 生成视图 1 山峰表面
>> a1=subplot(1,2,1);     % 获取视图 1 的坐标区
>> subplot(1,2,2),sphere,title('球体');       % 在视图 2 生成球体，如图 7-25 所示
>> axis off               %关闭坐标系
>> axis equal             %设置每条坐标轴使用相同的数据单位长度
>> F=getframe(a1);        % 捕获 a1 标识的坐标区作为动画帧
>> figure                 % 创建图窗
>> imshow(F.cdata)        % 显示动画帧
```

运行结果如图 7-26 所示。

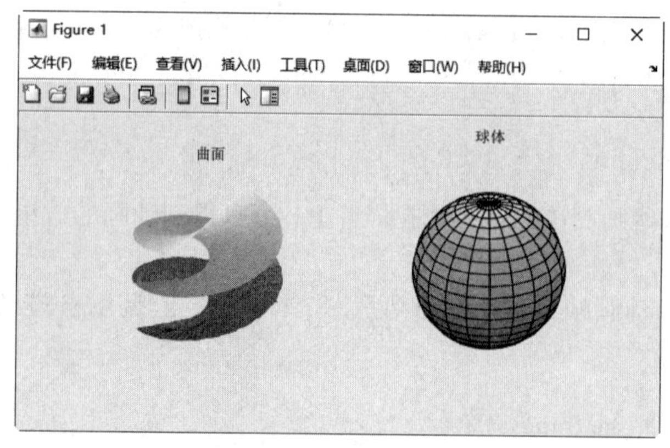

图 7-25　生成球体

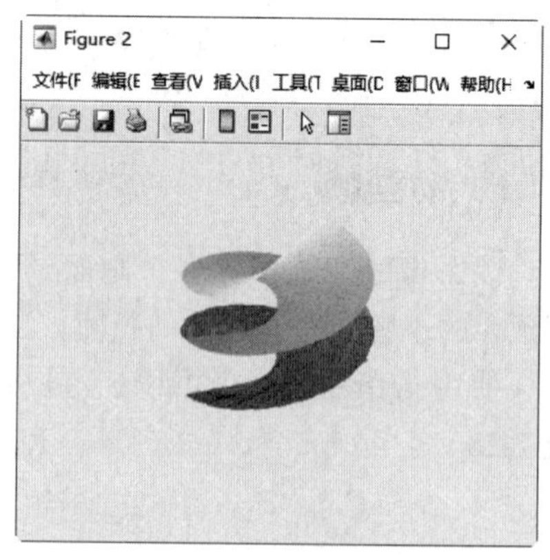


图 7-26　生成动画帧

## 7.4.2　动画线条

1. 创建动画线条

在 MATLAB 中，创建动画线条的命令是 animatedline。其调用格式见表 7-29。

**表 7-29　animatedline 命令**

| 调用格式 | 说　明 |
| --- | --- |
| an = animatedline | 创建一根没有任何数据的动画线条并将其添加到当前坐标区中。通过使用 addpoints 函数循环向线条中添加点来创建动画 |
| an = animatedline(x,y) | 创建一根包含由 $x$ 和 $y$ 定义的初始数据点的动画线条 |
| an = animatedline(x,y,z) | 创建一根包含由 $x$、$y$ 和 $z$ 定义的初始数据点的动画线条 |
| an = animatedline(⋯,Name,Value) | 使用一个或多个名称 – 值对组参数指定动画线条属性。例如，‘Color’，‘r’ 线条颜色设置为红色。在前面语法中的任何输入参数组合后使用此选项 |
| an = animatedline(ax,⋯) | 将在由 ax 指定的坐标区中，而不是在当前坐标区 (gca) 中创建线条。选项 ax 可以位于前面的语法中的任何输入参数组合之前 |

**例 7-30：** 绘制花式正弦线条。

**解：** MATLAB 程序如下：

```
>> close all            % 关闭当前已打开的文件
>> clear                % 清除工作区的变量
>> x = 1:20;            % 创建介于 1 到 20 的线性分隔值向量 x
>> y = x.^2.*sin(x);  % 输入以 x 为自变量的函数表达式
>> h = animatedline(x,y,'Color','b', 'LineStyle', ':', 'Marker', 'h', 'MarkerSize',15);
% 在当前坐标区中创建一根包含由 x 和 y 定义的初始数据点的动画线条，颜色为蓝色，线型为点线，标记类型为星形，大小为 15
```

运行结果如图 7-27 所示。

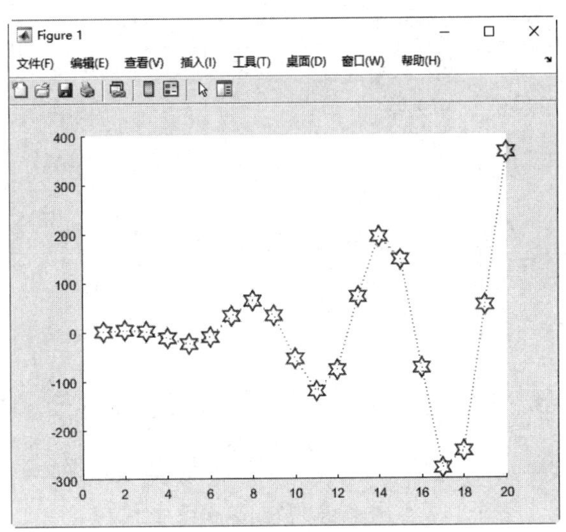

图 7-27　绘制花式正弦线条

2. 添加动画点

在 MATLAB 中，向动画线条中添加点的命令是 addpoints，其调用格式见表 7-30。

**表 7-30　addpoints 命令**

| 调用格式 | 说　明 |
| --- | --- |
| addpoints(an,x,y) | 向 an 指定的动画线条中添加 *x* 和 *y* 定义的点 |
| addpoints(an,x,y,z) | 向 an 指定的三维动画线条中添加 *x*、*y* 和 *z* 定义的点 |

**例 7-31：** 绘制螺旋线。

**解：** MATLAB 程序如下：

```
>> close all       % 关闭当前已打开的文件
>> clear           % 清除工作区的变量
>> t = linspace(0,4*pi,1000);   % 创建 0 ~ 4π 的向量 t，元素个数为 1000
>> x = sin(t).*exp(5*t);        % 输入以 t 为自变量的函数表达式 x、y、z
>> y= cos(t).*exp(5*t);
>> z = t;
>> h = animatedline (x,y,z,'Color','b','LineStyle','--',...
'LineWidth',2,'Marker','>','MarkerSize',6, 'MarkerEdgeColor', 'none' ,...
'MarkerFaceColor', 'm');    % 创建动画线条，设置线条和标记样式
>> view(3)    % 设置螺旋线视图为三维视图
>> for k = 1:length(t)
      addpoints(h,x(k),y(k),z(k));      % 在动画线条中依次添加点
   end
```

运行结果如图 7-28 所示。

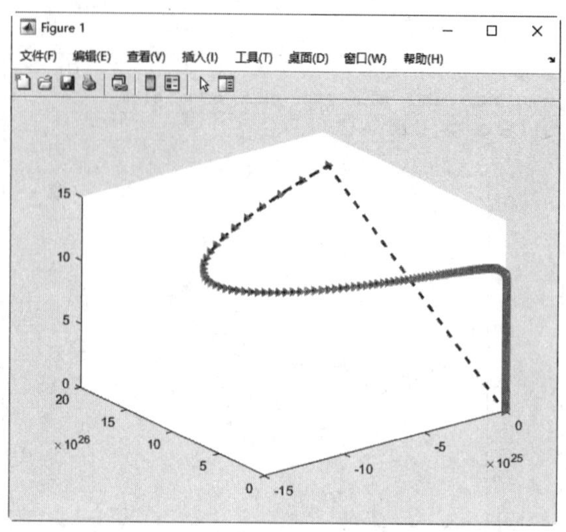

图 7-28　绘制螺旋线

3. 清除动画点

清除线条中的点使用 clearpoints 命令，该命令只有一种调用格式 clearpoints(an)，清除由 an 指定的动画线条中的所有点。

4. 控制动画速度

在屏幕上运行动画时，通常使用 drawnow 命令更新图形窗口并处理回调。例如，使用 drawnow 命令可以在修改图形对象后，立即在屏幕上查看到更新，并处理任何挂起的回调。drawnow limitrate 命令可以将更新数量限制为每秒 20 帧。此外，还可以使用秒表计时器来控制动画速度。使用 tic 命令启动秒表计时器，使用 toc 命令结束秒表计时器。使用 tic 和 toc 命令可跟踪屏幕更新之间经过的时间。

**例 7-32：** 绘制动画线条。

**解：** MATLAB 程序如下：

```
>> close all       % 关闭当前已打开的文件
>> clear           % 清除工作区的变量
>> h = animatedline('Marker','h','MarkerSize',10, 'MarkerEdgeColor', 'r',
'MarkerFaceColor', 'y');    % 创建一根没有任何数据的动画线条，设置动画线条标记及标记大小、轮廓颜色和填充颜色
>> axis([0,4*pi,-1,1]) % 设置坐标轴范围
>> numpoints = 100; % 设置动画采样点
>> x = linspace(0,4*pi,100);    % 创建包含 100 个介于 0 到 4π 的等间距点的行向量 x
>> y = sin(4*x)./exp(.1*x);     % 输入以 x 为自变量的函数表达式 y 和 z
>> z =x;
>> view(3)   % 设置三维视图
>> for k = 1:numpoints          % 在动画线条中依次添加点
addpoints(h,x(k),y(k),z(k));
    drawnow    % 修改图形对象后实时更新图形窗口
end
```

运行结果如图 7-29 所示。

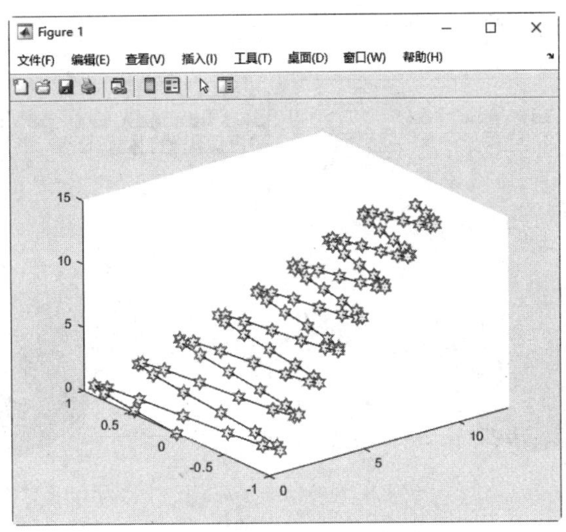

图 7-29　绘制动画线条

### 7.4.3　生成动画

在 MATLAB 中，播放动画帧（或称影片帧）的命令是 movie。该命令可指定播放重复次数及每秒播放动画帧数目，其调用格式见表 7-31。

**表 7-31　movie 命令**

| 调用格式 | 说　明 |
| --- | --- |
| movie(M) | 在当前图窗或坐标区中播放矩阵 $M$ 中的动画帧一次 |
| movie(M,n) | $n$ 表示动画播放次数。如果 $n$ 是数值数组，则第一个元素是播放动画的次数，其余元素指定要播放的帧列表 |
| movie(M,n,fps) | 以每秒 fps 帧播放动画。默认为每秒 12 帧 |
| movie(h,...) | 在 $h$ 指定的图形窗口或坐标区中心位置播放动画 |
| movie(h,M,n,fps,loc) | 在当前图形窗口中由四元素数组 loc 指定的位置播放动画 |

**例 7-33：** 演示球体函数透明度变化的动画。

**解：** MATLAB 程序如下：

```
>> close all    % 关闭当前已打开的文件
>> clear   % 清除工作区的变量
>> [X,Y,Z] = sphere;   %返回 20×20 球面的坐标
>> s=surf(X,Y,Z);   %创建具有实色边和实色面的三维曲面
>> axis off   %关闭坐标系
>> axis equal   %设置每个坐标轴使用相同的数据单位长度
>> shading interp   %通过对颜色图索引或真彩色值进行插值进行渲染
>> for i=1:10
s.FaceAlpha =0.1*i ;   % 改变曲面透明度
M(:,i)=getframe;            %将图形保存到矩阵 M
drawnow  %更新图窗
end
>> movie(M,2,5)            %播放画面 2 次，每秒 5 帧
```

图 7-30 所示为动画的两帧。

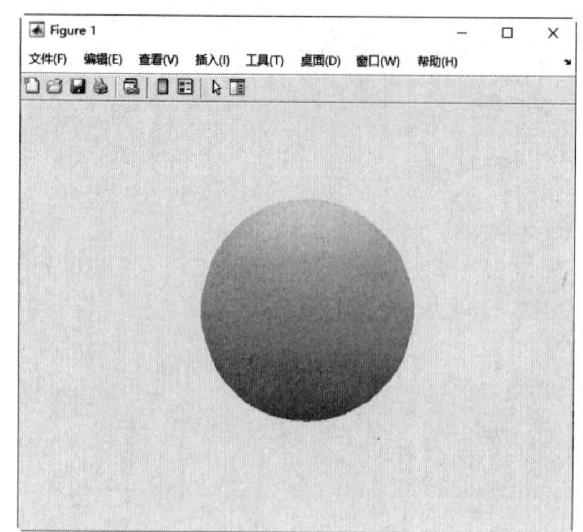


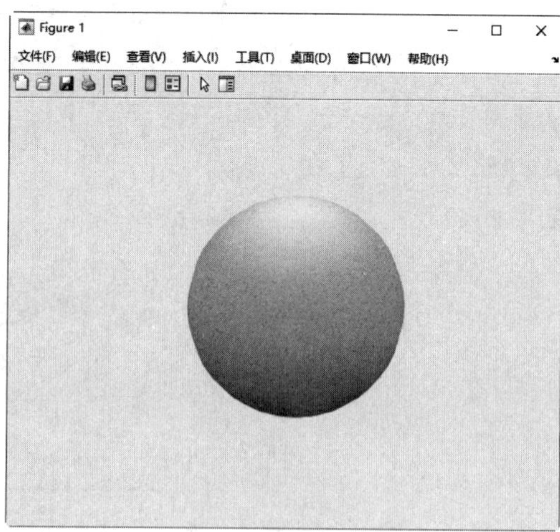


图 7-30　动画的两帧

# 第 8 章　数据分析

**内容简介**

数据分析需要大量的反复试验，需要进行大量的数值计算，MATLAB 提供了曲线拟合插值分析和傅里叶分析函数，用于工程实践中数据分析。

**内容要点**

- 数值插值
- 曲线拟合
- 傅里叶分析

## 8.1　数值插值

工程实践中，能够测量到的数据通常是一些不连续的点，而实际中往往需要知道这些离散点以外的其他点的数值。例如，零件的数控加工根据设计可以给出零件外形曲线的某些型值点，加工时为控制每步走刀方向及步数，要求计算出零件外形曲线中其他点的函数值，这就是函数插值的问题。数值插值有拉格朗日（Lagrange）插值、埃尔米特（Hermite）插值、分段线性插值和三次样条插值等几种方法，下面将分别进行介绍。

### 8.1.1　拉格朗日（Lagrange）插值

给定 $n$ 个插值节点 $x_1,x_2,\cdots,x_n$ 和对应的函数值 $y_1,y_2,\cdots,y_n$，利用 $n$ 次拉格朗日插值多项式公式 $L_n(x)=\sum_{k=0}^{n} y_k l_k(x)$，其中 $l_k(x)=\dfrac{(x-x_0)\cdots(x-x_{k-1})(x-x_{k+1})\cdots(x-x_n)}{(x_k-x_0)\cdots(x_k-x_{k-1})(x_k-x_{k+1})\cdots(x_k-x_n)}$，可以得到插值区间内任意 $x$ 的函数值 $y$ 为 $y(x)=L_n(x)$。从公式中可以看出，生成的多项式与用来插值的数据密切相关，数据变化则函数就要重新计算，所以当插值数据特别多的时候，计算量会比较大。MATLAB 中并没有现成的拉格朗日插值命令，下面是用 M 语言编写的函数文件 lagrange.m。

```
function yy=lagrange(x,y,xx)
%Lagrange 插值，求数据（x,y）所表达的函数在插值点 xx 处的插值
 m=length(x);
n=length(y);
if m~=n, error(' 向量 x 与 y 的长度必须一致 ');
end
s=0;
for i=1:n
   t=ones(1,length(xx));
   for j=1:n
      if j~=i,
```

```
            t=t.*(xx-x(j))/(x(i)-x(j));
         end
      end
      s=s+t*y(i);
   end
   yy=s;
```

**例 8-1：** 绘制拉格朗日插值曲线。

某中学初三（1）班期终考试成绩增长测量点数据见表 8-1，试用拉格朗日插值在 [−0.2,0.3] 区间以 0.01 为步长进行插值。

**表 8-1　测量点数据**

| *x* | 0.1 | 0.2 | 0.15 | 0 | −0.2 | 0.3 |
|---|---|---|---|---|---|---|
| y | 99 | 95 | 67 | 85 | 69 | 67 |

**操作步骤**

**解：**MATLAB 程序如下：

```
>> clear
>> x=[0.1,0.2,0.15,0,-0.2,0.3];   % 定义 x 和 y 矩阵
>> y=[99 95 67 85 69 67];
>> xi=-0.2:0.01:0.3;    % 定义插值点 xi
>> yi=lagrange(x,y,xi);    % 计算拉格朗日插值多项式在 xi 上的数值 yi
>> plot(x,y,'o',xi,yi,'k');   % 绘制原始数据点和插值曲线
>> title('拉格朗日插值曲线');     % 添加标题
```

运行结果如图 8-1 所示。

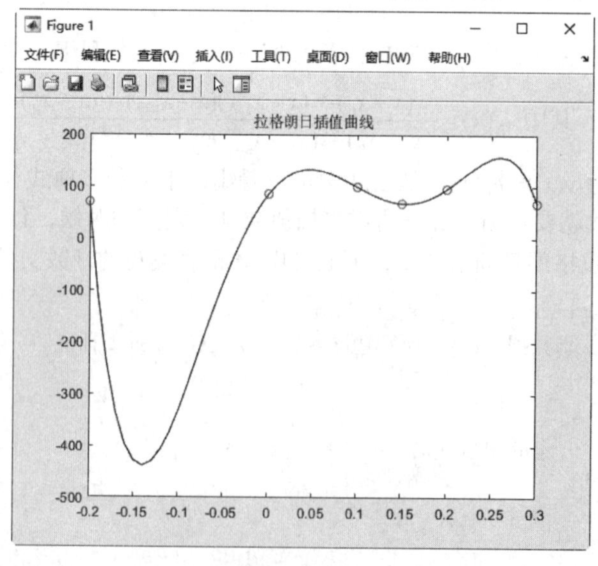


图 8-1　绘制拉格朗日插值曲线

从图 8-1 中可以看出，拉格朗日插值的一个特点是拟合出的多项式通过每一个测量数据点。

### 8.1.2　埃尔米特（Hermite）插值

一些实际的插值问题既要求节点上的函数值相等，又要求对应的导数值也相等，甚至要求高阶倒数也相等，此时使用埃尔米特插值多项式满足可以这种要求。

已知 $n$ 个插值节点 $x_1, x_2, \cdots, x_n$ 和对应的函数值 $y_1, y_2, \cdots, y_n$ 以及一阶导数值 $y_1', y_2', \cdots, y_n'$，则在插值区域内任意 $x$ 的函数值 $y$ 为

$$y(x) = \sum_{i=1}^{n} h_i[(x_i - x)(2a_i y_i - y_i') + y_i]$$

其中，$h_i = \prod_{j=1, j\neq i}^{n} \left(\dfrac{x - x_j}{x_i - x_j}\right)^2$，$a_i = \sum_{i=1, j\neq i}^{n} \dfrac{1}{x_i - x_j}$。

MATLAB 没有现成的埃尔米特插值命令，下面是用 M 语言编写的函数文件 hermite.m。

```
function yy=hermite(x0,y0,y1,x)
%hermite 插值，求数据（x0,y0）所表达的函数、y1 所表达的导数值，以及在插值点 x 处的插值
n=length(x0);
m=length(x);
for k=1:m
    yy0=0;
    for i=1:n
        h=1;
        a=0;
        for j=1:n
            if j~=i
                h=h*((x(k)-x0(j))/(x0(i)-x0(j)))^2;
                a=1/(x0(i)-x0(j))+a;
            end
        end
        yy0=yy0+h*((x0(i)-x(k))*(2*a*y0(i)-y1(i))+y0(i));
    end
    yy(k)=yy0;
end
```

**例 8-2：** 绘制收益与利润插值曲线。

已知某公司上半年的收益与利润数据（见表 8-2），求该公司在 2 月中旬的收益。

**表 8-2　收益与利润数据**

| $t$ | 1 | 2 | 3 | 4 | 5 | 6 |
|---|---|---|---|---|---|---|
| $y$ | 1 | 1.5 | 1.6 | 1.3 | 1.5 | 0.72 |
| $y1$ | 0.8 | 1.2 | 1.2 | 1 | 1.3 | 0.5 |

**解：** MATLAB 程序如下：

```
>> clear
>> t=[1 2 3 4 5 6];   % 定义了三个向量 t、y 和 y1
>> y=[1 1.5 1.6 1.3 1.5 0.72];
```

```
>> y1=[0.8 1.2 1.2 1 1.3 0.5];
>> yy=hermite(t,y,y1,2.5)   % 使用 hermite 函数计算在 t 区间内的 Hermite 插值多项式在 x=2.5 处的值
yy =
    1.0740
>> t1=[1:0.01:6];  % 定义一个新的向量 t1，包含从 1 到 6 的所有值，步长为 0.01。
>> yy1=hermite(t,y,y1,t1);  % 使用 hermite 函数计算在这些点上的插值结果 yy1。
>> plot(t,y,'o',t,y1,'b*',t1,yy1,'r')  %使用 plot 函数绘制原始数据点（蓝色星号表示 y，红色线表示 y1）以及插值曲线（红色线）。
```

运行结果如图 8-2 所示。

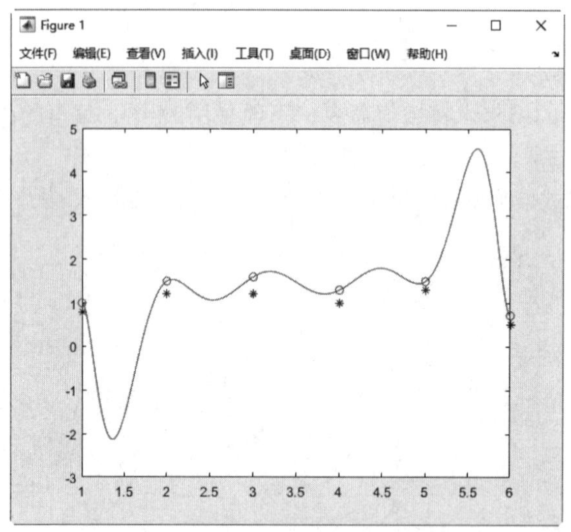


图 8-2　绘制收益与利润插值曲线

**例 8-3：** 绘制传动轴转矩插值曲线。

为了测试传动轴转矩，对 A、B 轴进行了 8 次试验，试验数据见表 8-3。

**表 8-3　实验数据**

| *t* | 1 | 2 | 3 | 4 | 5 | 6 | 7 | 8 |
|---|---|---|---|---|---|---|---|---|
| *X*（A 轴） | 85 | 82 | 84 | 80 | 82 | 83 | 79 | 84 |
| *Y*（B 轴） | 90 | 91 | 92 | 90 | 93 | 90 | 92 | 94 |

**解：** MATLAB 程序如下：

```
>> clear
>> t=[1 2 3 4 5 6 7 8];  % 定义了三个向量 t、x 和 y
>> x=[85  82  84  80  82  83  79  84];
>> y=[90  91  92  90  93  90  92  94];
>> t1=[1:0.2:8];
>> yy1=hermite(t,x,y,t1);   % 然后使用 hermite 函数计算在 t 区间内的 Hermite 插值多项式在 t1 处的值
>> plot(t,x,'b*',t,y,'ro',t1,yy1)   % 使用 plot 函数绘制原始数据点（蓝色星号表示 x，红色圆圈表示 y）以及插值曲线（红色线）。
```

```
>> legend('A 试验数据','B 试验数据','Hermite 插值曲线')    % 添加图例以区分不同的数据和插值曲线。
```

运行结果如图 8-3 所示。

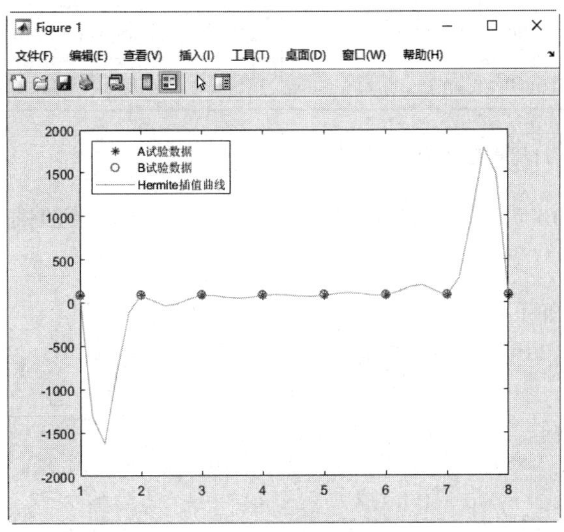


图 8-3　插值曲线

### 8.1.3　分段线性插值

利用多项式进行函数的拟合与插值并不是次数越高精度越高。早在 20 世纪初龙格（Runge）就给出了一个等距节点插值多项式不收敛的例子，从此这种高次插值的病态现象被称为龙格现象。针对这种问题，人们通过插值点用折线连接起来逼近原曲线，这就是所谓的分段线性插值。

MATLAB 提供了 interp1 命令进行分段线性插值，其调用格式见表 8-4。

**表 8-4　interp1 命令**

| 调用格式 | 说　明 |
| --- | --- |
| yi = interp1(x,Y,xi) | 对一组节点 (*x*,*Y*) 进行插值，计算插值点 xi 的函数值。*x* 为节点向量值，*Y* 为对应的节点函数值。<br>如果 *Y* 为矩阵，则插值对 *Y* 的每一列进行；如果 *Y* 的维数超过 *x* 或 *xi* 的维数，返回 NaN |
| yi = interp1(Y,xi) | 默认 x=1 ： *n*，*n* 为 *Y* 的元素个数值 |
| yi = interp1(x,Y,xi,method) | method 指定的是插值使用的方法，有 'linear'、'nearest'、'next'、'previous'、'pchip'、'cubic'、'v5cubic'、'makima' 或 'spline' 几种，默认方法为 'linear'。 |
| yi = interp1(Y,xi,method) | 指定备选插值方法中的任意一种，并使用默认样本点 |

其中，对于 'nearest' 和 'linear' 方法，如果 *xi* 超出 *x* 的范围，则返回 NaN；而对于其他几种方法，系统将对超出范围的值进行外推计算（见表 8-5）。

表 8-5　外推计算

| 调用格式 | 说　明 |
| --- | --- |
| yi = interp1(x,Y,xi,method,‘extrap’) | 利用指定的方法对超出范围的值进行外推计算 |
| yi = interp1(x,Y,xi,method,extrapval) | 返回标量 extrapval 为超出范围值 |
| pp = interp1(x,Y,method,‘pp’) | 利用指定的方法产生分段多项式 |

**例 8-4：** 比较拉格朗日插值和分段线性插值。

在 [–4，4] 区间以 0.1 为步长分别对函数 $y=\dfrac{1}{5+3x^2}$ 进行拉格朗日插值和分段线性插值，比较两种插值结果。

**解：** MATLAB 程序如下：

```
>> clear
>> x=[-4:0.5:4];      % 定义向量 x，范围从 -4 到 4，步长为 0.5
>> y=1./(5+3*x.^2);  % 计算表达式 y 的值
>> x0=[-4:0.1:4];     % 定义一个新的向量 x0，范围从 -4 到 4，步长为 0.1
>> y0=1./(5+3*x0.^2);  % 计算表达式 y0 的值
>>  y1=lagrange(x,y,x0); % 使用 lagrange 函数对原始数据进行拉格朗日插值计算，得到新的
y1 值
>> y2=interp1(x,y,x0);  % 使用 interp1 函数对原始数据进行线性插值计算，得到新的 y2 值
>>plot(x0,y0,'r-','LineWidth',2);  % 使用 plot 函数绘制原始数据点（红色线，线宽为 2）
>> hol
>> hold on    % 使用了 hold on 命令来在同一图形窗口中绘制多个图形
>> plot(x0,y1,'bo');  % 使用 plot 函数绘制插值曲线（蓝色圆点和黑色点）
>> plot(x0,y2,'k.')
```

运行结果如图 8-4 所示。

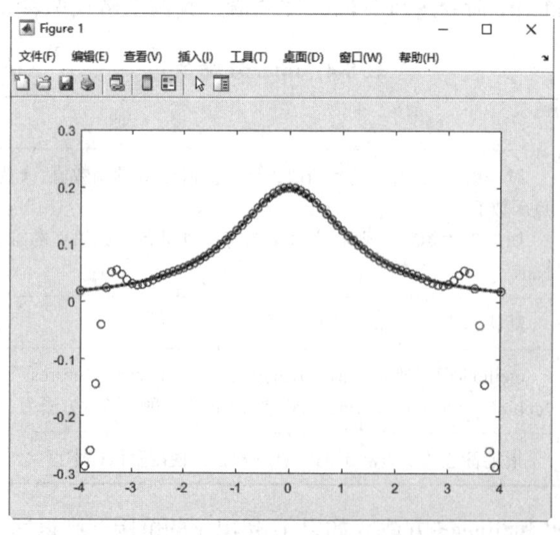


图 8-4　拉格朗日插值和分段线性插值比较

从图 8-4 中可以看出，分段线性插值出的黑色圆点线与原函数的红色实线重合，是收敛的。拉格朗日插值出的蓝色圆圈线部分偏离了原函数线，出现了龙格现象。

**例 8-5：** 分段线性插值。

对 xsin($x$)cos($x$) 进行分段线性插值。

**解：** MATLAB 程序如下：

```
>> clear
>> x = 0:10;    % 定义了向量 x，范围从 0 到 10，步长为 1。
>> y = x.*sin(x).*cos(x);    % 计算符号表达式 y 的值
>> xi = 0:.25:10;     % 定义了一个新的向量 xi，范围从 0 到 10，步长为 0.25。
>> yi = interp1(x,y,xi);     % 使用 interp1 函数对原始数据进行插值计算，得到新的 yi 值。
>> plot(x,y,'ro',xi,yi,'b--')     % 使用 plot 函数绘制原始数据点（红色圆圈）和插值曲线（蓝色虚线）。
```

运行结果如图 8-5 所示。

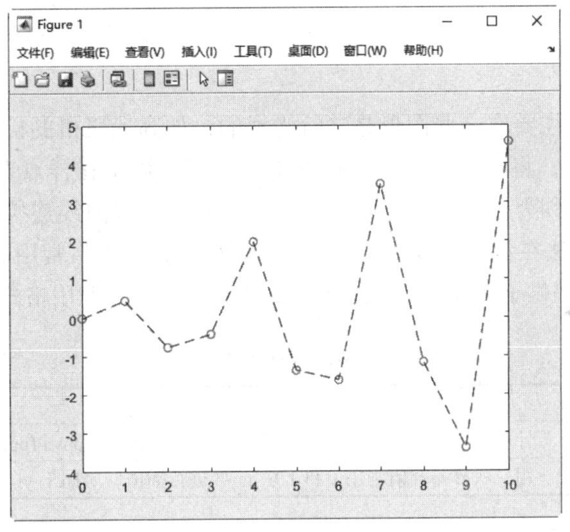


图 8-5　分段线性插值

**例 8-6：** 幂函数分段插值。

对 $\sin(e^{x^2})$ 进行分段插值。

**解：** MATLAB 程序如下：

```
>> clear
>> x = 0:10;     % 定义向量 x，范围从 0 到 10，步长为 1
>> y = sin(exp(x.^2));    % 计算符号表达式 y 的值
>> xi = 0:0.01:10;    % 定义了一个新的向量 xi，范围从 0 到 10，步长为 0.01
>> yi = interp1(x,y,xi);     % 使用 interp1 函数对原始数据进行线性插值计算，得到新的 yi 值
>> plot(x,y,'o',xi,yi)   % 使用 plot 函数绘制原始数据点（圆圈）和插值曲线（线）
```

运行结果如图 8-6 所示。

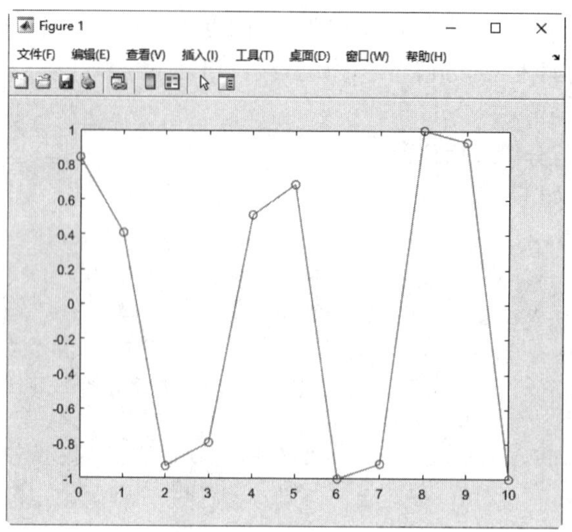


图 8-6　幂函数分段插值

### 8.1.4　三次样条插值

在工程实际中，往往要求一些图形是二阶光滑的，如高速飞机的机翼形线。早期的工程制图在作这种图形的时候，将样条（富有弹性的细长木条）固定在样点上，其他地方自由弯曲，然后画下长条的曲线，称为样条曲线。它实际上是由分段三次曲线连接而成，在连接点上要求二阶导数连续。这种方法在数学上被概括发展为数学样条，其中最常用的就是三次样条函数。

在 MATLAB 中，提供了 spline 命令进行三次样条插值，其调用格式见表 8-6。

**表 8-6　spline 命令**

| 调用格式 | 说　明 |
| --- | --- |
| pp = spline(x,Y) | 计算出三次样条插值的分段多项式，可以用函数 ppval(pp,x) 计算多项式在 $x$ 处的值 |
| yy = spline(x,Y,xx) | 用三次样条插值利用 $x$ 和 $Y$ 在 $xx$ 处进行插值，等同于 yi = interp1(x,Y,xi, 'spline') |

**例 8-7：** 三次样条插值 1。

对函数矩阵进行三次样条插值。

**解：** MATLAB 程序如下：

```
>> clear
>> x = 0:.05:1;   % 定义了向量 x，范围从 0 到 1，步长为 0.05
>> Y = [cos(x).*cos(5*x); sin(x).*sin(5*x)];   % 计算了 Y 的值，其中 Y 的第一行为 cos(x)  cos(5x)，第二行为 sin(x)  sin(5x)
>> xx = 0:.1:1;    % 定义了一个新的向量 xx，范围从 0 到 1，步长为 0.1
>> YY = spline(x,Y,xx);    % 使用 spline 函数对原始数据进行样条插值计算，得到新的 YY 值
>> plot(x,Y(1,:),'bo',xx,YY(1,:),'-'); hold on;
>> plot(x,Y(2,:),'ro',xx,YY(2,:),'k:'); % 使用 plot 函数分别绘制两个函数的原始数据点（蓝色圆点和红色圆圈）以及插值曲线（蓝色实线和黑色虚线）
```

运行结果如图 8-7 所示。

**例 8-8：** 三次样条插值 2。

对函数 $f(x)=\dfrac{x^2}{\sin x-x}$ 进行三次样条插值，求解在 $x$=[1 4] 处的值。

**解：** MATLAB 程序如下：

```
>> clear all
>> x =1:.2:4;  % 定义了向量 x，范围从 1 到 4，步长为 0.2
>> Y =x.^2./(sin(x)-x);   % 计算符号表达式 y 的值
>> xx = 1:.1:4;  % 定义了一个新的向量 xx，范围从 1 到 4，步长为 0.1
>> YY = spline(x,Y,xx);   % 使用 spline 函数对原始数据进行样条插值计算，得到新的 YY 值
>> plot(x,Y,'b-',xx,YY,'r*')   % 使用 plot 函数分别绘制原始数据点（蓝色实线）和插值曲线（红色星号）。
```

运行结果如图 8-8 所示。

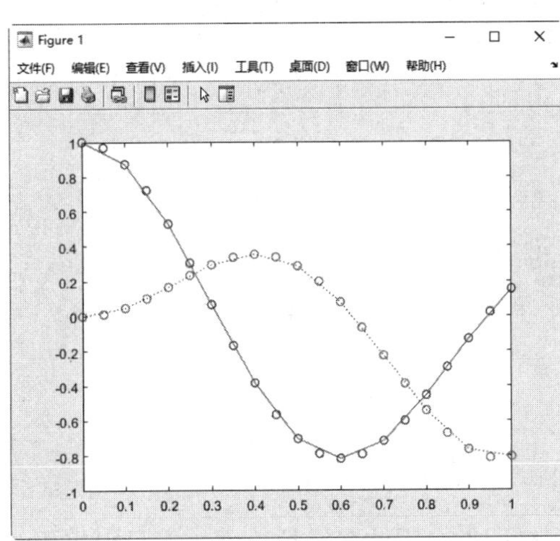

图 8-7　三次样条插值 1

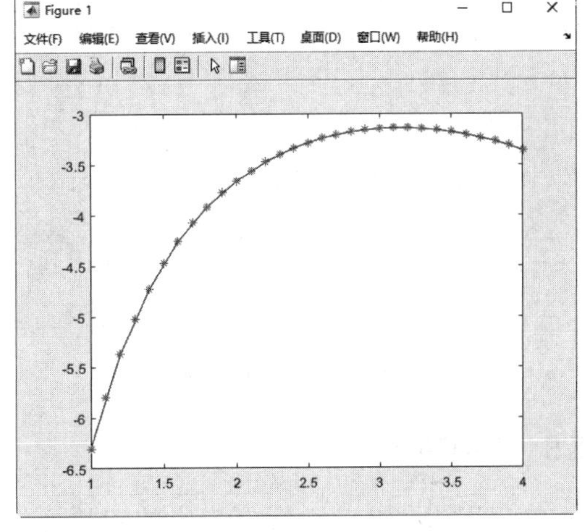

图 8-8　三次样条插值 2

**例 8-9：** 三次样条插值 3。

对 $y=(\sin xe^x)^2$ 函数进行三次样条插值。

**解：** MATLAB 程序如下：

```
>> clear
>> x = 0:.25:3;  % 定义了向量 x，范围从 0 到 3，步长为 0.25
>> Y =(sin(x).*x.*exp(x)).^2;  % 计算了 Y 的值
>> xx = 0:.1:3;  % 定义了一个新的向量 xx，范围从 0 到 3，步长为 0.1
>> YY = spline(x,Y,xx);   % 使用 spline 函数对原始数据进行样条插值计算，得到新的 YY 值
>> plot(x,Y,'bo',xx,YY,'r-')   % 使用 plot 函数分别绘制原始数据点（蓝色圆点）和插值曲线（红色实线）
```

运行结果如图 8-9 所示。

**例 8-10：** 三次样条插值 4

对 $f(x)=\cos^5 x$ 函数进行三次样条插值。

**解：**MATLAB 程序如下：

```
>> clear
>> x =0:.25*pi:5*pi;   % 定义了向量 x，范围从 0 到 5π，步长为 0.25π
>> Y = cos(x).^5;    % 计算了 Y 的值
>> xx =0:.01*pi:5*pi;    % 定义了一个新的向量 xx，范围从 0 到 5π，步长为 0.01π
>> YY = spline(x,Y,xx);    % 使用 spline 函数对原始数据进行样条插值计算，得到新的 YY 值
>> plot(x,Y,'b^',xx,YY,'r-')    % 使用 plot 函数分别绘制原始数据点（蓝色三角形）和插值曲线（红色实线）
```

运行结果如图 8-10 所示。

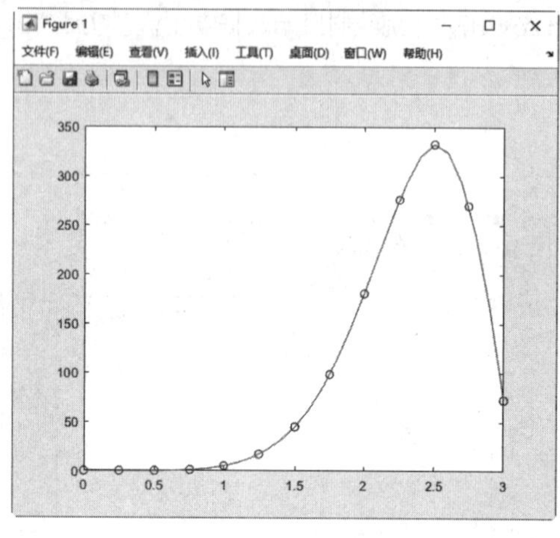

图 8-9　三次样条插值 3

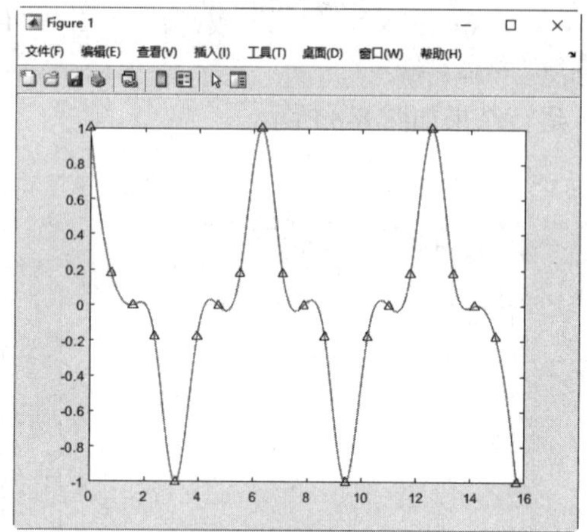

图 8-10　三次样条插值 4

### 8.1.5　多维插值

在工程实际中，一些比较复杂的问题通常是多维问题，因此多维插值就越发显得重要。这里重点介绍一下二维插值。

MATLAB 中用来进行二维插值的命令是 interp2，其调用格式见表 8-7。

**表 8-7　interp2 命令**

| 调用格式 | 说　明 |
|---|---|
| ZI = interp2(X,Y,Z,XI,YI) | 返回以 *X*、*Y* 为自变量，*Z* 为函数值，对位置 XI、YI 的插值，*X*、*Y* 必须为单调的向量或用单调的向量以 meshgrid 格式形成的网格格式 |
| ZI = interp2(Z,XI,YI) | *X*=1:*n*，*Y*=1:*m*，[m,n]=size(Z) |
| ZI = interp2(Z) | 将每个维度上样本值之间的间隔分割一次，形成优化网格，并在这些网格上返回插入值 |
| ZI = interp2(Z,ntimes) | 在 *Z* 的各点间插入数据点对 *Z* 进行扩展，一次执行 ntimes 次，默认为 1 次 |
| ZI = interp2(⋯,method) | method 指定的是插值使用的算法，默认为线性算法。其值可以是以下几种类型：<br>'nearest' 线性最近项插值<br>'linear'　线性插值（默认）<br>'spline'　三次样条插值<br>'cubic'　基于三次卷积插值 |
| ZI = interp2(⋯,method, extrapval) | 返回标量 extrapval 为超出范围值 |

**例 8-11：** 函数二维插值。

对函数 $f(x,y)=\dfrac{e^{\sqrt{x^2+y^2}}}{\sqrt{x^2+y^2}}$ 在 [−2,2] 进行二维插值。

**解：** MATLAB 程序如下：

```
>> clear all
>> [X,Y] = meshgrid(-2:0.75:2);   % 生成网格点坐标矩阵 X 和 Y，范围从 -2 到 2，步长为 0.75
>> R = sqrt(X.^2 + Y.^2)+ eps;   % 计算了 R 的值，eps 是一个很小的数，用于避免除以零的错误
>> V = exp(R)./(R);  % 计算了 V 的值
>> surf(X,Y,V)  % 绘制三维曲面，并设置 x 轴和 y 轴的范围分别为 [-4,4]
>> xlim([-4 4])
>> ylim([-4 4])
>> title('Original Sampling')      % 显示如图 8-11 左侧原始抽样图形
>> [Xq,Yq] = meshgrid(-3:0.2:3);
>> Vq = interp2(X,Y,V,Xq,Yq,'cubic',0);   % 在 X 和 Y 域内进行三次插值，并对域外的所有查询赋零值
>> surf(Xq,Yq,Vq)
>> title('Cubic Interpolation with Vq=0 Outside Domain of X and Y');
```

运行结果如图 8-11 所示。

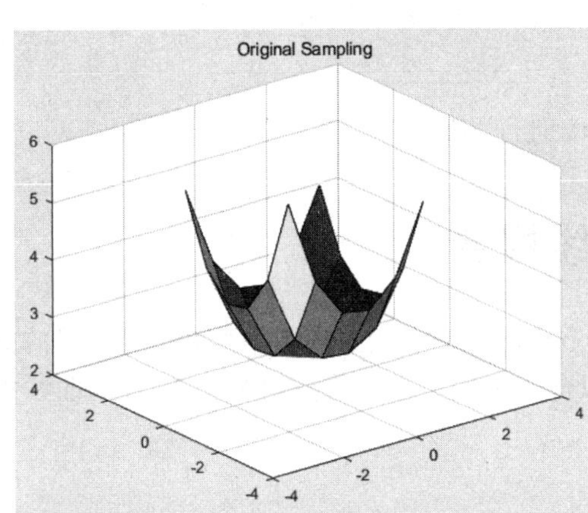


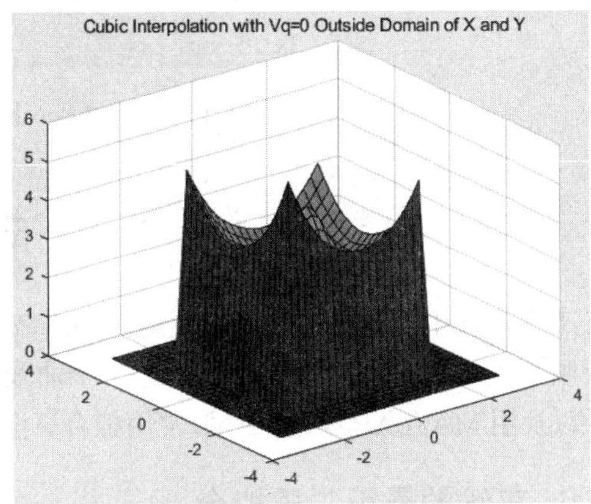


图 8-11　对函数进行二维插值

**例 8-12：** 山峰函数差值。

对 peak 函数进行二维插值。

**解：** MATLAB 程序如下：

```
>> clear
>> [X,Y]=meshgrid(-3:.25:3);  % 生成网格点坐标矩阵X和Y，范围从 -3 到3，步长为0.25
>> Z = peaks(X,Y);  % 计算了 Z 的值，生成一个二维峰值函数
>> [XI,YI] = meshgrid(-3:.125:3);   % 定义了一个新的网格点坐标矩阵 XI 和 YI，范围从 -3 到 3，步长为 0.125
```

```
>> ZI = interp2(X,Y,Z,XI,YI);   % 使用 interp2 函数对原始数据进行二维插值计算，得到新的 ZI 值
>> mesh(X,Y,Z), hold, mesh(XI,YI,ZI+15)   % 使用mesh函数分别绘制原始数据网格（蓝色）和插值后的数据网格（绿色）
>> axis([-3 3 -3 3 -5 20])    % 设置坐标轴的范围
```

运行结果如图 8-12 所示。

**注意：**

MATLAB 提供了一个进行三维插值的 interp3 命令，其用法与 interp2 命令相似，有兴趣的读者可以自己学习。

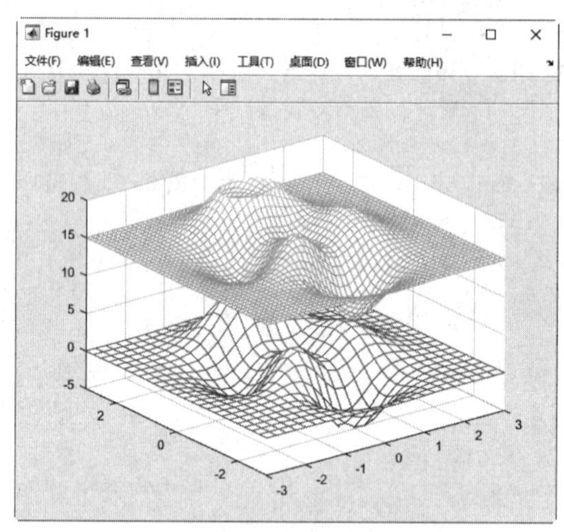


图 8-12　对 peak 函数进行二维插值

# 8.2　曲线拟合

工程实践中，只能通过测量得到一些离散的数据，然后利用这些数据得到一个光滑的曲线来反映某些工程参数的规律。这就是一个曲线拟合的过程。本节将介绍 MATLAB 的曲线拟合命令以及用 MATLAB 实现的一些常用拟合算法。

## 8.2.1　直线的最小二乘拟合

一组数据 $[x_1,x_2,\cdots,x_n]$ 和 $[y_1,y_2,\cdots,y_n]$，已知 $x$ 和 $y$ 呈线性关系，即 $y=kx+b$，对该直线进行拟合，就是求出待定系数 $k$ 和 $b$ 的过程。如果将直线拟合看成是一阶多项式拟合，那么可以直接利用直线拟合的方法进行计算。

由于最小二乘法直线拟合在数据处理中有其特殊的重要作用，这里再介绍另外一种方法：利用矩阵除法进行最小二乘拟合。

编写如下一个 M 文件 linefit.m：

```
function [k,b]=linefit(x,y)
n=length(x);
x=reshape(x,n,1);                    %生成列向量
```

```
y=reshape(y,n,1);
A=[x,ones(n,1)];                          % 连接矩阵 A
bb=y;
B=A'*A;
bb=A'*bb;
yy=B\bb;
k=yy(1);                                  % 得到 k
b=yy(2);                                  % 得到 b
```

**例 8-13：** 直线拟合

将表 8-8 中的数据进行直线拟合。

**表 8-8　实验数据**

| $x$ | 0.5 | 1 | 1.5 | 2 | 2.5 | 3 |
|---|---|---|---|---|---|---|
| $y$ | 2 | 10.5 | 5 | 4 | 8 | 6 |

**解：** MATLAB 程序如下：

```
>> clear
>> x=[0.5 1 1.5 2 2.5 3];
>> y=[2  10.5  5  4  8  6];  % 定义了向量 x 和 y
>> [k,b]=linefit(x,y)    % 使用 linefit 函数对原始数据进行线性拟合计算，得到斜率 k
和截距 b
k =
    0.6571
b =
    4.7667
>> y1=polyval([k,b],x);  % 使用 polyval 函数计算拟合曲线上的点 y1
>> plot(x,y,'b*');  % 使用 plot 函数绘制原始数据点（蓝色星号）
>> hold on
>> plot(x,y1)  % 使用 plot 函数绘制拟合曲线（红色实线）
```

拟合结果如图 8-13 所示。

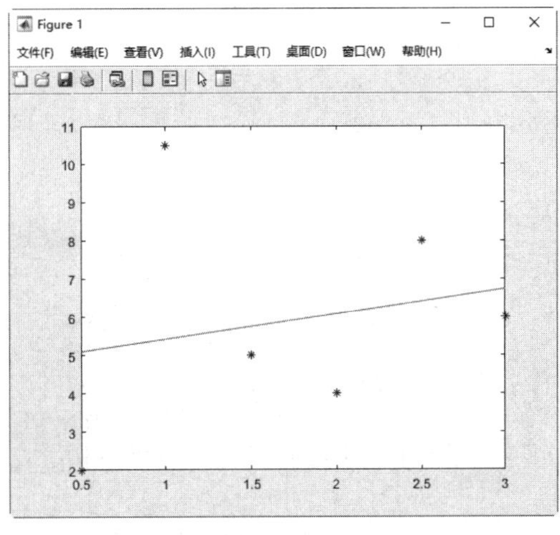


图 8-13　直线拟合

**例 8-14**：函数线性组合拟合。

已知存在一个函数线性组合 $g(x)=c_1+c_2\mathrm{e}^{-2x}+c_3\cos(-2x)\mathrm{e}^{-4x}+c_4x^2$，求出待定系数 $c_i$，实验数据见表 8-9。

**表 8-9 实验数据**

| $x$ | 0 | 0.2 | 0.4 | 0.7 | 0.9 | 0.92 |
|---|---|---|---|---|---|---|
| $y$ | 2.88 | 2.2576 | 1.9683 | 1.9258 | 2.0862 | 2.109 |

***提示：***

*如果存在以下函数的线性组合* $g(x)=c_1f_1(x)+c_2f_2(x)+\cdots+c_nf_n(x)$，*其中* $f_i(x)\quad(i=1,2,\cdots,n)$ *为已知函数，*$c_i(i=1,2,\cdots,n)$ *为待定系数，则对这种函数线性组合的曲线拟合也可以采用直线的最小二乘拟合。*

**解**：MATLAB 程序如下：

1）编写 M 文件 linefit2.m。

```
function yy=linefit2(x,y,A)
% 本文件通过线性最小二乘法拟合数据点到一条直线上
n=length(x);    % 计算向量 x 的长度，即数据点的数量
y=reshape(y,n,1);   % 将向量 y 重塑为一个列向量，使其与 x 具有相同的维度
A=A';   % 转置矩阵 A
yy=A\y;    %使用左除运算符（\）求解线性方程组 A*yy = y，得到拟合系数向量 yy
yy=yy';    % 转置向量 yy，使其成为一个行向量
```

2）在命令行窗口中输入向量数据。

```
>> clear
>> x=[0 0.2 0.4 0.7 0.9 0.92 ];
>> y=[2.88 2.2576 1.9683 1.9258 2.0862 2.109 ];
```

3）输入表达式。

```
>> A=[ones(size(x));exp(-2*x);cos(-2*x).*exp(-4*x);x.^2];
```

4）调用 linefit2 函数。

```
>> yy=linefit2(x,y,A)
yy =
    1.1652    1.3660    0.3483    0.8608
```

5）绘制图形。

```
>> plot(x,y,'or')  % 创建了一个散点图
>> hold on    %在同一个图形窗口中添加其他图形元素
>> x=[0:0.01:0.92]';   %定义了一个新的 x 向量，范围从 0 到 0.92，步长为 0.01
>> A1=[ones(size(x)) exp(-2*x),cos(-2*x).*exp(-4*x) x.^2];   %定义了一个矩阵 A1，包含了一些多项式函数
>> y1=A1*yy';   %计算了一个新的 y1 向量，通过将 A1 与另一个向量 yy 相乘得到
>> plot(x,y1)   %在同一个图形窗口中绘制了一个新的曲线图，表示 y1 与 x 之间的关系
>> hold off
```

运行结果如图 8-14 所示。可以看到，拟合效果良好。

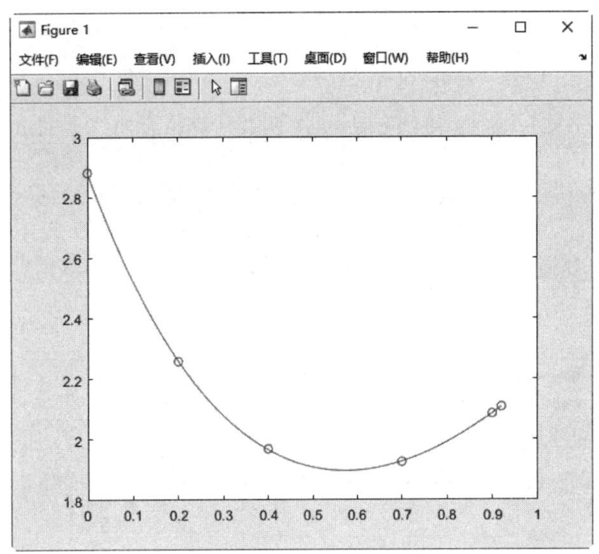


图 8-14　函数线性组合拟合

### 8.2.2　多项式拟和

多项式拟和可用 polyfit 命令来实现，其调用格式见表 8-10。

**表 8-10　polyfit 命令**

| 调用格式 | 说　明 |
|---|---|
| p = polyfit(x,y,n) | 表示用二乘法对已知数据 $x$、$y$ 进行拟和，以求得 $n$ 阶多项式系数向量 |
| [p,s]=polyfit(x,y,n) | $p$ 为拟和多项式系数向量，$s$ 为拟和多项式系数向量的信息结构 |
| [p,s,mu]=polyfit(x,y,n) | 在上述语法的基础上还返回一个包含中心化值和缩放值的二元素向量 mu |

**例 8-15：**二次多项式拟合数据。

用二次多项式拟合表 8-11 中的数据。

**表 8-11　测试数据**

| $x$ | 1.4 | 1.5 | 1.6 | 1.7 | 1.8 | 1.9 | 2.0 | 2.1 | 2.2 | 2.3 | 2.4 | 2.5 |
|---|---|---|---|---|---|---|---|---|---|---|---|---|
| $y$ | 1.48 | 192.0 | 110.9 | 288 | 1.34 | 212.1 | 122.5 | 318.2 | 1.22 | 232.9 | 134.5 | 349.4 |

**解：**MATLAB 程序如下：

```
>> clear
>> x=1.4:0.1:2.5;  % 定义了一个向量 x，范围从 1.4 到 2.5，步长为 0.1
>> y=[1.48,192.0,110.9,288,1.34,212.1,122.5,318.2,1.22,232.9,134.5,319.4];
>> [p,s]=polyfit(x,y,2)    % 使用 polyfit 函数对给定的数据点进行二次多项式拟合，并
将拟合系数存储在变量 p 中
p =
    6.5010   88.6566  -37.1634
s =
包含以下字段的 struct:
```

```
         R: [3x3 double]
        df: 9
    normr: 370.4611
>> yy=polyval(p,x);    % 使用polyval函数计算拟合曲线上的点，并将结果存储在变量yy中
>> plot(x,y,'rh',x,yy,'b-.')   % 使用plot函数绘制原始数据点（红色菱形）和拟合曲线（蓝色虚线）
>> legend('测试数据','拟合曲线')   % 添加图例以区分原始数据点和拟合曲线
```

运行结果如图 8-15 所示。

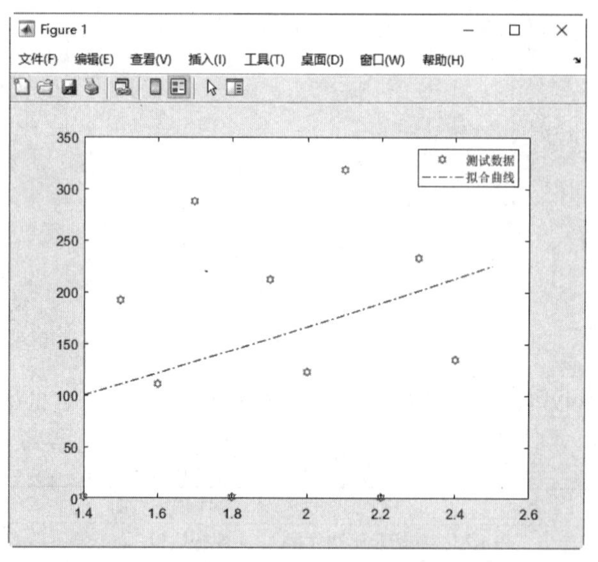


图 8-15 拟合曲线

**例 8-16：** 正弦函数拟合

在 [0, π] 区间上对正弦函数进行拟合，然后在 [0, 2π] 区间上画出图形，比较拟合区间和非拟合区间的图形，考查拟合的有效性。

**解：** MATLAB 程序如下：

```
>> clear
>> x=0:0.1:pi;  % 定义了一个向量x，范围从0到π，步长为0.1
>> y=sin(x);  % 计算了正弦函数在向量点上的值，并将结果存储在变量y中
>> [p,mu]=polyfit(x,y,9);   % 使用polyfit函数对给定的数据点进行9次多项式拟合，并将拟合系数存储在变量p中
>> x1=0:0.1:2*pi;    % 定义了一个新的向量x1，范围从0到2π，步长为0.1
>> y1=sin(x1);       % 计算正弦函数在这些点上的值，将结果存储在变量y1中
>> y2=polyval(p,x1);  % 使用polyval函数计算拟合曲线上的点，并将结果存储在变量y2中
>> plot(x1,y1,'kh',x1,y2,'b-')   % 使用plot函数绘制原始数据点（黑色圆形）和拟合曲线（蓝色实线）
>> legend('sin(x)','拟合曲线')   % 添加图例以区分原始数据点和拟合曲线
```

运行结果如图 8-16 所示。可以看出，区间 [0, π] 经过了拟合，图形的符合性非常好，[π, 2π] 区间没有经过拟合，图形就有了偏差。

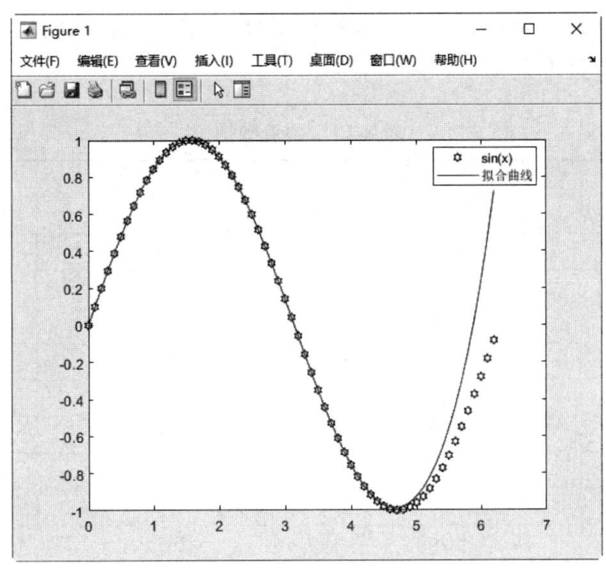


图 8-16　正弦函数拟合

### 8.2.3　稳健最小二乘拟合

普通最小二乘拟合的主要缺点是对离群点的敏感性差，离群值对拟合有很大影响，因为残差二次方放大了这些极端数据点的影响。稳健最小二乘法（鲁棒最小二乘法）的主要思想是对误差大的样本进行抑制，减小它们对结果的影响，假定响应误差 error 服从正态分布 $error\sim N(0,\sigma^2)$，且极小。

为了最小化异常值的影响，可以使用鲁棒最小二乘法（稳健的最小二乘回归）来拟合数据。MTLAB 提供了以下两种稳健最小二乘法：

◆ 最小绝对残差 (LAR)：LAR 方法计算的拟合曲线将残差的绝对值降到最小，而不是二次方差，因此极值对拟合的影响较小。

◆ Bisquare 权值：这种方法最小化了一个加权二次方和，其中赋予每个数据点的权重取决于该点离拟合曲线有多远，即曲线附近的点权重增大，距离线较远的点可以减小权重。距离这条线更远的点得到的权重为零。

MATLAB 中的 robustfit 命令使用稳健最小二乘拟合算法拟合线性回归模型，其调用格式见表 8-12。

**表 8-12　robustfit 命令**

| 调用格式 | 说　明 |
|---|---|
| b=robustfit(x,y) | 计算稳健回归系数估计向量 *b* |
| b=robustfit(x,y,wfun,tune,const) | 参数 wfun 指定一个加权函数；tune 为调协常数；const 的值为 'on'（默认值）时添加一个常数项，为 'off' 时忽略常数项 |
| [b,stats]=robustfit(⋯) | 在上述任一语法的基础上，还返回参数估计 stats |

**例 8-17：** 分析牙齿变黑患病率与氟、钙含量的关系。

对某地的 10 个乡镇的饮水氟、钙含量及儿童人群的牙齿变黑患病情况进行调查的数据见

表 8-13，试利用稳健最小二乘法对调查数据进行拟合，判断不同乡镇的牙齿变黑的患病率与本地区饮水的氟、钙含量是否有关。

**表 8-13　调查数据**

| 乡镇序号 | 氟含量 /（mg/L） | 钙含量 /（mg/L） | 患病率（%） |
|---|---|---|---|
| 1 | 1.20 | 267 | 7.5 |
| 2 | 0.35 | 258 | 8.2 |
| 3 | 2.50 | 236 | 5.6 |
| 4 | 3.18 | 296 | 8.6 |
| 5 | 0.75 | 256 | 4.6 |
| 6 | 5.92 | 243 | 10.6 |
| 7 | 7.97 | 203 | 20.6 |
| 8 | 2.06 | 204 | 10.1 |
| 9 | 7.05 | 259 | 24.2 |
| 10 | 5.30 | 267 | 7.5 |

**解：** MATLAB 程序如下：

（1）在命令行窗口中输入以下命令：

```
>> clear     %清除工作区的变量
% 定义数据
>> data = [1.20,267,7.5;
           0.35,258,8.2;
           2.50,236,5.6;
           3.18,296,8.6;
           0.75,256,4.6;
           5.92,243,10.6;
           7.97,203,20.6;
           2.06,204,10.1;
           7.05,259,24.2;
           5.30,267,7.5];
>> x =[data(:,1) data(:,2)];  % 氟、钙含量
>> y = data(:,3);% 牙齿变黑患病率
>> scatter3(data(:,1),data(:,2),y,'filled') %调查数据散点图
>> xlabel('氟含量')
>> ylabel('钙含量')
>> zlabel('患病率')
```

运行结果如图 8-17 所示。

（2）使用 robustfit 函数计算拟合系数。

```
>> [b,stats]=robustfit(x,y)
b =
   11.7563
    1.6953
   -0.0293
stats =
```

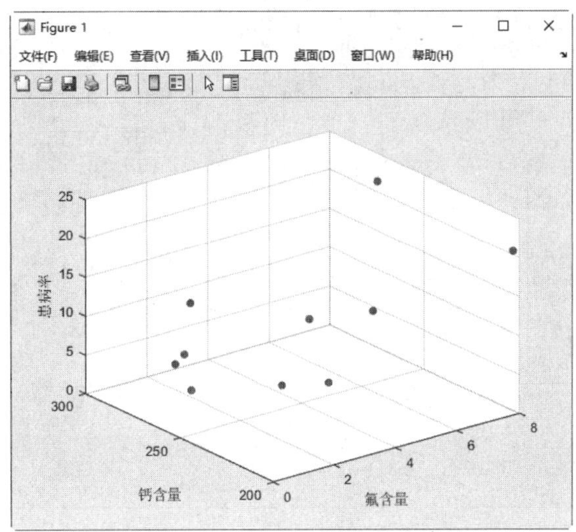


图 8-17　调查数据散点图

```
包含以下字段的 struct:
        ols_s: 4.4694
     robust_s: 4.7379
        mad_s: 5.7420
            s: 4.7379
        resid: [10×1 double]
        rstud: [10×1 double]
           se: [3×1 double]
         covb: [3×3 double]
    coeffcorr: [3×3 double]
            t: [3×1 double]
            p: [3×1 double]
            w: [10×1 double]
           Qy: [3×1 double]
            R: [3×3 double]
          dfe: 7
            h: [10×1 double]
         Rtol: 1.7581e-12
```

根据上面方法得到的回归模型为 $y=11.756+1.6953x_1-0.029265x_2$

```
>> x0 = linspace(min(data(:,1)),max(data(:,1)),20);
>> y0 = linspace(min(data(:,2)),max(data(:,2)),20);
>> [X,Y] = meshgrid(x0,y0);
>> Z = b(1) + b(2)*X+ b(3)*Y;
>> hold on
>> mesh(X,Y,Z)
>> legend('拟合模型','调查数据')  % 如图 8-18 所示
```

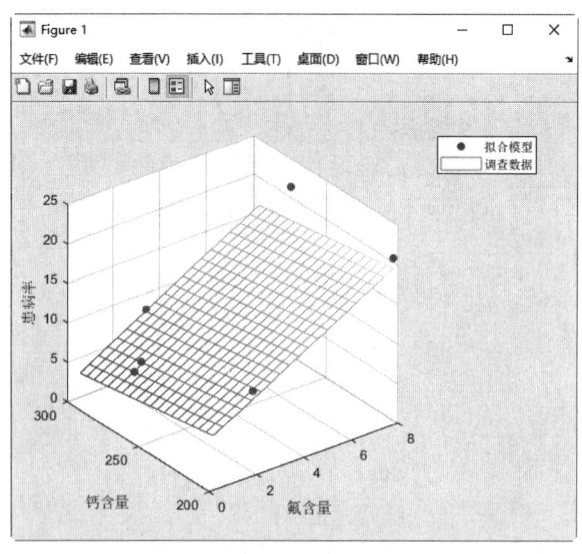


图 8-18　回归模型图

# 8.3　傅里叶分析

傅里叶变换是将图像从空间域转换到频率域，其逆变换是将图像从频率域转换到空间域。换句话说，傅里叶变换的物理意义是将图像的灰度分布函数变换为图像的频率分布函数，傅里叶逆变换是将图像的频率分布函数变换为灰度分布函数。

## 8.3.1　傅里叶变换的定义

法国数学家吉恩・巴普提斯特・约瑟夫・傅里叶指出，任何周期函数都可以表示为不同频率的正弦和 / 或余弦（每个正弦项和 / 或余弦项乘以不同的系数）之和的形式（现在称该和为傅里叶级数）。无论函数多么复杂，只要它是周期的，并且满足某些适度的数学条件，都可以用这样的和来表示，即一个复杂的函数可以表示为简单的正弦和余弦之和。甚至非周期函数（单该曲线下的面积是有限的）也可以用正弦和 / 或余弦乘以加权函数的积分来表示。在这种情况下的公式就是傅里叶变换。

傅里叶变换的实质是将一个信号分离为无穷多个正弦 / 复指数信号的加成，也就是说把信号变成正弦信号相加的形式（既然是无穷多个信号相加，那对于非周期信号来说，每个信号的加权应该都是零），但有密度上的差别，可以对照概率论中的概率密度来思考，落到每一个点的概率都是无限小，但这些无限小是有差别的，所以傅里叶变换之后，横坐标即分离出的正弦信号的频率，纵坐标对应的是加权密度。傅里叶变换在物理学、数论、组合数学、信号处理、概率、统计、密码学、声学、光学等领域都有着广泛的应用。在不同的研究领域，傅里叶变换具有多种不同的变体形式，如连续傅里叶变换和离散傅里叶变换。最初傅里叶分析是作为热过程解析分析的工具被提出的。傅里叶变换是一种分析信号的方法，它可分析信号的成分，也可用这些成分合成信号。许多波形可作为信号的成分，如正弦波、方波、锯齿波等，傅里叶变换用正弦波作为信号的成分。

一维连续傅里叶变换及反变换：

单变量连续函数 $f(x)$ 的傅里叶变换 $F(u)$ 定义为 $F(u)=\int_{-\infty}^{\infty} f(x)\mathrm{e}^{-\mathrm{j}2\pi ux}\mathrm{d}x$，其中，$x$ 为时域变量，$u$ 为频域变量，$\mathrm{j}=\sqrt{-1}$。给定 $F(u)$，通过傅里叶反变换可以得到 $f(x)=\int_{-\infty}^{\infty} F(u)\ \mathrm{e}^{-\mathrm{j}2\pi ux}\mathrm{d}x$。

二维连续傅里叶变换及反变换：

二维连续函数 $f(x,y)$ 的傅里叶变换 $F(u,v)$ 定义为：

$$F(u,v)=\int_{-\infty}^{\infty}\int_{-\infty}^{\infty} f(x,y)\mathrm{e}^{-\mathrm{j}2\pi(ux+vy)}\mathrm{d}x\mathrm{d}y$$

其中，$x$ 为时域变量；$u$ 为频域变量；$\mathrm{j}=\sqrt{-1}$。

给定 $F(u)$，通过傅里叶反变换可以得到 $f(x,y)=\int_{-\infty}^{\infty}\int_{-\infty}^{\infty} F(u,v)\mathrm{e}^{-\mathrm{j}2\pi(ux+vy)}\mathrm{d}u\mathrm{d}v$。

### 8.3.2　傅里叶变换滤波

1965 年，J.W. 库利和 T.W. 图基提出的快速傅里叶变换是计算离散傅里叶变换的一种快速算法，简称 FFT。

函数或信号可以通过一对数学的运算子在时域及频域之间转换。采用这种算法能使计算机计算离散傅里叶变换所需要的乘法次数大为减少，特别是被变换的抽样点数 $N$ 越多，FFT 算法计算量的节省就越显著。

MATLAB 中的 fft 命令可对图像进行一维快速傅里叶变换。其调用格式见表 8-14。

**表 8-14　fft 命令**

| 命令格式 | 说　明 |
|---|---|
| Y = fft(X) | 计算对向量 $X$ 的快速傅里叶变换。如果 $X$ 是矩阵，fft 返回对每一列的快速傅里叶变换 |
| Y = fft(X,n) | 计算向量的 $n$ 点 FFT。当 $X$ 的长度小于 $n$ 时，系统将在 $X$ 的尾部补零，以构成 $n$ 点数据；当 $X$ 的长度大于 $n$ 时，系统进行截尾 |
| Y = fft(X,n,dim) | 计算对指定的第 dim 维的快速傅里叶变换 |

快速 Fourier 变换（FFT）是离散傅里叶变换的快速算法，它是根据离散傅里叶变换的奇、偶、虚、实等特性，对离散傅里叶变换的算法进行改进获得的。

MATLAB 提供了多种快速傅里叶变换的命令，见表 8-15。

对图像进行二维傅里叶变换得到的频谱图就是图像梯度的分布图，频谱图上的各点与图像上各点并不存在一一对应的关系，即使在不移频的情况下也是没有。

傅里叶频谱图中存在明暗不一的亮点，实际上图像中某一点与邻域点差异的强弱即梯度的大小，也即该点的频率的大小（可以这么理解，图像中的低频部分指低梯度的点，高频部分相反）。一般来讲，梯度大则该点的亮度强，否则该点亮度弱。观察傅里叶变换后的频谱图，也叫功率图（图像的能量分布），如果频谱图中暗的点数多，那么实际图像是比较柔和的（因为各点与邻域差异都不大，梯度相对较小），反之，如果频谱图中亮的点数多，那么实际图像一定是尖锐的、边界分明且边界两边像素差异较大。

表 8-15　快速傅里叶变换命令

| 命令 | 意义 | 命令调用格式 |
| --- | --- | --- |
| fft2 | 二维快速傅里叶变换 | Y=fft2(X)，计算对 $X$ 的二维快速傅里叶变换。结果 $Y$ 与 $X$ 的维数相同 |
| | | Y=fft2(X,m,n)，计算结果为 $m \times n$ 阶，系统将视情况对 $X$ 进行截尾或者以 0 来补齐 |
| fftshift | 将快速傅里叶变换（fft、fft2）的 DC 分量移到谱中央 | Y=fftshift(X)，将 DC 分量转移至谱中心 |
| | | Y=fftshift(X,dim)，将 DC 分量转移至 dim 维谱中心，若 dim 为 1 则上下转移，若 dim 为 2 则左右转移 |
| ifft | 一维逆快速傅里叶变换 | y=ifft(X)，计算 $X$ 的逆快速傅里叶变换 |
| | | y=ifft(X,n)，计算向量 $X$ 的 $n$ 点逆 FFT |
| | | y=ifft(X,[],dim)，计算对 dim 维的逆 FFT |
| | | y=ifft(X,n,dim)，计算对 dim 维的逆 FFT |
| ifft2 | 二维逆快速傅里叶变换 | y=ifft2(X)，计算 $X$ 的二维逆快速傅里叶变换 |
| | | y=ifft2(X,m,n)，计算向量 $X$ 的 $m \times n$ 维逆快速 Fourier 变换 |
| ifftn | 多维逆快速傅里叶变换 | y=ifftn(X)，计算 $X$ 的 $n$ 维逆快速傅里叶变换 |
| | | y=ifftn(X,size)，系统将视情况对 $X$ 进行截尾或者以 0 来补齐 |
| ifftshift | 逆 fft 平移 | Y=ifftshift(X)，同时转移行与列 |
| | | Y=ifftshift(X,dim)，若 dim 为 1 则行转移，若 dim 为 2 则列转移 |

对频谱移频到原点以后，可以看出图像的频率分布是以原点为圆心，对称分布的。将频谱移频到圆心除了可以清晰地看出图像频率分布以外，还可以分离出有周期性规律的干扰信号，如正弦干扰。从一副带有正弦干扰、移频到原点的频谱图上可以看出，除了中心以外还存在以某一点为中心，对称分布的亮点集合，这个集合就是干扰噪声产生的，这时可以很直观地通过在该位置放置带阻滤波器消除干扰。

**例 8-18：**图像傅里叶变换频谱移频。

**解：**MATLAB 程序如下：

```
>> close all
>> clear
>> [I,map] = imread('city.jpg');   % 将内存的 RGB 图像读取到工作区中
>> I0= im2double(I);   % 将图像数据由 uint8 整形转化为双精度 double
>> subplot(2,2,1),imshow(I,map);   % 显示 RGB 原图
>> title('Orignal');
>> I1=fft2(I0);% 图像傅里叶变换的绝对值
>> I2 =fftshift(I1); %将变换的频率图像四角移动到中心（原来部分在四角，现在移动中心，便于后面的处理）。图像的频率是表征图像中灰度变化剧烈程度的指标，是灰度在平面空间上的梯度。在图像中灰度变化剧烈的区域，对应的频率值较高
>> I3=log(abs(I2)); % 显示中心低频部分，为了更好地进行对数变换
>> subplot(2,2,2),imshow(I3,[]);
>> title('Fourier');
>> map=colormap(map); % 设置图形的颜色谱
>> I5 = real(ifft2(ifftshift(I2))); % 频域的图反变换到空域，并取实部
>> I6 = im2uint8(mat2gray(I5)); % 将空域图转化为灰度图
>> subplot(2,2,3),imshow(I6);
>> title('anti-Fourier');
```

```
>> I7= rgb2gray(I);  %将 RGB 图像转化为灰度图
>> I8=fft2(I7);%对灰色图归一化。因为灰度图是二维矩阵，彩色图是三维矩阵，需要转化为二维灰度图
>> m=fftshift(I8); %直流分量移到频谱中心，
>>RR=real(m); %取傅里叶变换的实部，
>>II=imag(m); %取傅里叶变换的虚部
>> A=abs(m); %计算频谱幅值
>>A=sqrt(RR.^2+II.^2);
>> A=(A-min(min(A)))/(max(max(A))-min(min(A)))*225; %归一化
>> subplot(2,2,4),imshow(A); %显示原图像
>> colorbar; %显示图像的颜色条
>> title('FFT spectrum');
```

运行结果如图 8-19 所示。

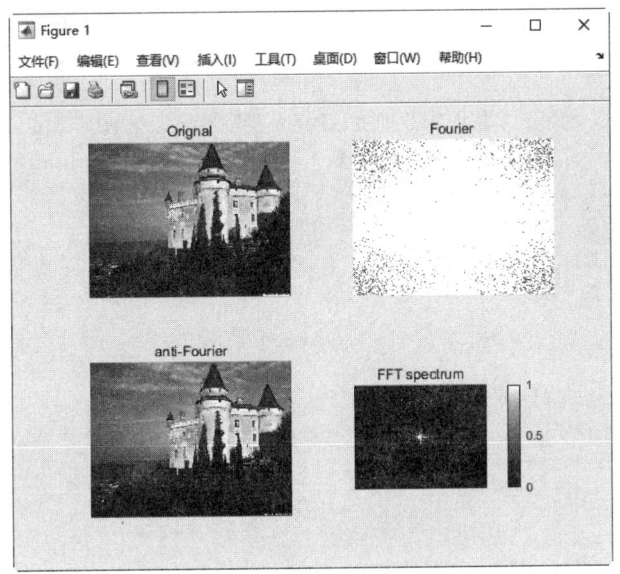


图 8-19　显示图像

### 8.3.3　傅里叶变换在图像变换中的应用

图像在传递变换过程中，噪声主要集中在高频部分，为去除噪声改善图像质量，滤波器采用低通滤波器 $H(u, v)$ 来抑制高频成分，通过低频成分，然后再进行逆傅里叶变换获得滤波图像，就可达到平滑图像的目的。

在傅里叶变换域中，变换系数能反映某些图像的特征，如频谱的直流分量对应于图像的平均亮度，噪声对应于频率较高的区域，图像实体位于频率较低的区域等，因此频域常被用于图像增强。在图像增强中构造低通滤波器，使低频分量能够顺利通过，高频分量有效地阻止，即可滤除该领域内噪声。

由卷积定理，低通滤波器数学表达式为：

$$G(u,v) = F(u,v)H(u,v)$$

式中，$F(u,v)$ 为含有噪声的原图像的傅里叶变换域；$H(u,v)$ 为传递函数；$G(u,v)$ 为经低通滤波后输出图像的傅里叶变换。

常用频率域低通滤波器 $H(u,v)$ 有四种：

（1）理想低通滤波器。傅里叶平面上理想低通滤波器的传递函数为

$$H(u,v)=\begin{cases}1 & D(u,v)\leqslant D_0\\0 & D(u,v)>D_0\end{cases}$$

式中，$D_0$ 是正数，表示截止频率点到原点的距离；$D(u,v)=\dfrac{u^2+v^2}{2}$，表示点 $(u,v)$ 到原点的距离。

**例 8-19**：对图像进行理想低通滤波。

**解**：MATLAB 程序如下：

```
>> close all
>> clear
>> I = imread('cat.jpg'); % 读取当前路径下的图像。其中，工作区中显示数据显示为
uint8 三维矩阵 RGB
>> I= rgb2gray(I);  % 将图像数据由 uint8 整形转化为双精度 double
>> F=fft2(double(I));  % 傅里叶变换
>> F=fftshift(F);  % 将变换的原点移到频率矩形的中心
>> [M,N]=size(I);
>> h1=zeros(M,N);  % 理想低通滤波
D0=input('输入截止频率');
>> for i=1:M
    for j=i:N
        if(sqrt(((i-M/2)^2+(j-N/2)^2))<100)
            h1(i,j)=1;
        end
    end
end
>> G1=F.*h1;
>> G1=ifftshift(G1);   % 计算 X 的 n 维逆快速傅里叶变换
>> J=real(ifft2(G1));  % 理想低通滤波
>> imshowpair(I,J,'montage'), % 图像蒙太奇剪辑显示
>> title('原图（左） 和 理想低通滤波图 （右）')
```

运行结果如图 8-20 所示。

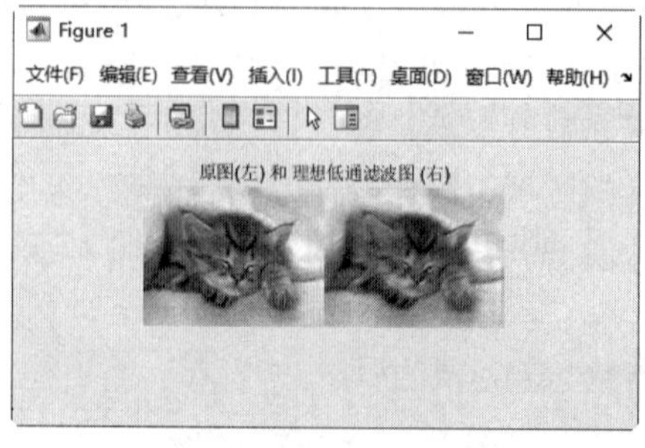


图 8-20　显示图像

```
输入截止频率 50
```

1）GLPF 低通滤波器。$n$ 阶高斯滤波器（GLPF）的传递函数为：

$$H(u,v)=\mathrm{e}^{\frac{-D^2(u,v)}{2D_0{}^2}}$$

式中，$D_0$ 为通带的半径。高斯滤波器的过度特性非常平坦，因此是不会产生振铃现象的。

**例 8-20：** 对图像进行高斯低通滤波。

**解：** MATLAB 程序如下：

```
>> close all
>> clear
>> I = imread('yellowlily.jpg');  % 读取当前路径下的图像。其中，工作区中显示数据显示为 uint8 三维矩阵 RGB
>> I=im2double(I);  % 将图像数据由 uint8 整形转化为双精度 double
>> J=imnoise(I,'salt & pepper',0.02);  % 添加椒盐噪声
>> M=2*size(I,1);
>> N=2*size(I,2);                              % 滤波器的行列数
>> u=-M/2:(M/2-1);  % 通过图像的大小向量 u、v
>> v=-N/2:(N/2-1);
>> [U,V]=meshgrid(u,v);  % 通过向量 u、v 定义网格数据 U、V
>> D= sqrt(U.^2+V.^2);
>> D0=20;  % 输入低截止频率
>> H=exp(-(D.^2)./(2*(D0^2)));               % 设计高斯滤波器
>> J1=fftshift(fft2(I,size(H,1),size(H,2)));  % 将快速傅里叶变换（fft2）的DC 分量移到谱中央
>> G=J1.*H;
>> L=ifft2(fftshift(G));  % 计算 X 的二维逆快速傅里叶变换
>> L=L(1:size(I,1),1:size(I,2));
>> subplot(131),imshow(I),title(' 原始图像 ')
>> subplot(132),imshow(J),title(' 椒盐噪声图像 ')
>> subplot(133),imshow(abs(L)),title(' 噪声高斯滤波图像 ')
```

***提示：***

*图像经过傅里叶变换后直接用 imshow 函数显示，可能会提示"显示复数输入项的实部"警告信息。这是由于经傅里叶变换后的图像矩阵大多是复数矩阵，包含实部和虚部，因此在对图像进行显示前必须先用 abs 函数取复数矩阵的模，再进行显示。*

运行结果如图 8-21 所示。

2）Butterworth 低通滤波器。$n$ 阶 Butterworth 滤波器的传递函数为：

$$H(u,v)=\frac{1}{1+\left(\frac{D(u,v)}{D_0}\right)^{2n}}$$

式中，$D_0$ 为通带的半径；$n$ 为巴特沃斯滤波器的次数。

图 8-21 显示图像

**例 8-21**：对图像进行巴特沃斯低通滤波。

**解**：MATLAB 程序如下：

```
>> close all
>> clear
>> I = imread('city2.jpg');   % 读取当前路径下的图像，其中，工作区中显示数据显示为uint8 三维矩阵 RGB
>> I=im2double(I);   % 将图像数据由 uint8 整形转化为双精度 double
>> J=imnoise(I,'salt & pepper',0.02);   % 添加椒盐噪声
>> M=2*size(I,1);
>> N=2*size(I,2);                              % 滤波器的行列数
>> u=-M/2:(M/2-1);
>> v=-N/2:(N/2-1);
>> [U,V]=meshgrid(u,v);
>> D=sqrt(U.^2+V.^2);
>> D0=50;                                       % 截止频率
>> n=6;
>> H=1./(1+(D./D0).^(2*n));                     % 设计巴特沃斯滤波器
>> F=fftshift(fft2(I,size(H,1),size(H,2)));    % 傅里叶变换
>> G=F.*H;
>> L=ifft2(fftshift(G));                        % 傅里叶反变换
>> L=L(1:size(I,1),1:size(I,2));
>> subplot(131),imshow(I),title('原始图像')
>> subplot(132),imshow(J),title('椒盐噪声图像')
>> subplot(133),imshow(abs(L)),title('噪声巴特沃斯低通图像')
```

运行结果如图 8-22 所示。

图 8-22 显示图像

低通滤波滤掉了图像频谱中的高频成分，仅让低频部分通过，即变化剧烈的成分减少了，因此结果是使图像变模糊。

（2）巴特沃斯高通滤波器。$n$ 阶巴特沃斯高通滤波器的传递函数定义如下：

$$H(u,v)=\frac{1}{1+\left(\dfrac{D_0}{D(u,v)}\right)^{2n}}$$

（3）指数滤波器。指数高通滤波器的传递函数为：

$$H(u,v)=\mathrm{e}^{\left|-\frac{D(u,v)}{D_0}\right|^n}$$

（4）梯形低通滤波器。梯形高通滤波器的定义为：

$$H(u,v)=\begin{cases}1 & D(u,v)<D_0\\ \dfrac{D(u,v)-D_1}{D_0-D_1} & D_0\leqslant D(u,v)\leqslant D_0\\ 0 & D(u,v)>D_0\end{cases}$$

# 第 9 章　高等数学计算

**内容指南**

📖 高等数学是指相对于初等数学，数学对象与计算方法较为复杂的数学计算。高等数学是由微积分学、较深入的代数学、几何学及交叉内容所形成的一门科学。本章将主要讲解其中的极限、导数、积分、积分变换和复杂函数等相关知识。

**内容要点**

- 📖 极限、导数
- 📖 积分
- 📖 积分变换
- 📖 复杂函数

## 9.1　极限、导数

在工程计算中，经常会研究某一函数随自变量的变化趋势与相应的变化率，也就是要研究函数的极限与导数问题。

本节将主要讲述如何用 MATLAB 来解决这些问题。

### 9.1.1　极限

极限思想方法是数学分析乃至全部高等数学必不可少的一种重要方法，也是数学分析与初等数学的本质区别之处。采用极限的思想方法，才能够解决许多初等数学无法解决的问题，如求瞬时速度、曲线弧长、曲边形面积、曲面体体积等。

极限是指变量在一定的变化过程中，总的来说逐渐稳定的一种变化趋势以及所趋向的数值，也就是极限值。

极限在数学计算中用英文 limit 表示，在 MATLAB 中使用 limit 命令来表示。

若 $\{X_n\}$ 为一无穷实数数列，如果存在实数 $a$，使得对于任意正数 $\varepsilon$（不论它多么小），总存在正整数 $N$，使得当 $n > N$ 时均有不等式 $|X_n - a| < \varepsilon$ 成立，那么就称常数 $a$ 是数列 $\{X_n\}$ 的极限。表示为

$\lim X_n = a$ 或 $X_n \to a$（$n \to \infty$）。

limit 命令的调用格式见表 9-1。

**例 9-1**：计算 $\lim\limits_{x\to 0}\dfrac{1-\cos x}{x}$。

**解**：MATLAB 程序如下：

```
>> clear
>> syms x;
```

```
>> f=(1-cos(x))/x;
>> limit(f)      % 计算函数 f(x) 当 x 趋近于 0 时的极限
ans =
     0
```

**表 9-1　limit 命令**

| 调用格式 | 说　明 |
| --- | --- |
| limit (*f*,*x* ,*a*) 或 limit (*f*,*a*) | 求解 $\lim_{x\to a} f(x)$ |
| limit (*f*) | 求解 $\lim_{x\to 0} f(x)$ |
| limit (*f*,*x*,*a*, ‘right’) | 求解 $\lim_{x\to a+} f(x)$ |
| limit (*f*,*x*,*a*, ‘left’) | 求解 $\lim_{x\to a-} f(x)$ |

**例 9-2：** 计算 $\lim_{x\to\infty}\frac{\sqrt{x^2+1}-3x}{x+\sin x}$。

**解：** MATLAB 程序如下：

```
>> clear
>> syms x
>> limit((sqrt(1+x^2)-3*x)/(x+sin(x)),inf)    % 计算函数当 x 趋近于无穷大时的极限
 ans =
      -2
```

## 9.1.2　导数

导数是数学中的名词，即对函数进行求导，用 $f'(x)$ 表示。物理学、几何学、经济学等学科中的一些重要概念都可以用导数来表示。导数在工程应用中用来描述各种各样的变化率。

可以根据导数的定义，利用 limit 命令来求解已知函数的导数。事实上，MATLAB 提供了专门的函数求导命令 diff。

diff 命令的调用格式见表 9-2。

**表 9-2　diff 命令**

| 调用格式 | 说　明 |
| --- | --- |
| diff(f) | 求函数 $f(x)$ 的导数 |
| diff(f,n) | 求函数 $f(x)$ 的 $n$ 阶导数 |
| diff(f,n,dim) | 求沿 dim 指定的维计算的 $n$ 阶导数 |

**例 9-3：** 计算 $y=x^3-2x^2+\sin x$ 的导数。

**解：** MATLAB 程序如下：

```
>> clear
>> syms x
>> f=x^3-2*x^2+sin(x);
>> diff(f)      % 计算函数 f 的导数
```

```
ans =
cos(x) - 4*x + 3*x^2
```

**例 9-4：** 计算 $y = \mathrm{e}^x + \sqrt{x}\sin x$ 的导数。

**解：** MATLAB 程序如下：

```
>> clear
>> syms x
>> f=exp(x)+x^(1/2)*sin(x);
>> diff(f)   % 计算函数 f 的导数
ans =
exp(x) + x^(1/2)*cos(x) + sin(x)/(2*x^(1/2))
```

**例 9-5：** 计算 $y=x+\sin(2x+3)$ 的 3 阶导数。

**解：** MATLAB 程序如下：

```
>> clear
>> syms x
>> f=x+sin(2*x+3);
>> diff(f,3)     % 计算函数 f 的导数
ans =
-8*cos(2*x+3)
```

# 9.2 积分

积分与微分不同，它是研究函数整体形态的，因此它在工程中的作用不言而喻。理论上可以用牛顿 – 莱布尼茨公式求解对已知函数的积分，但在工程中这并不可取，因为实际中遇到的大多数函数都不能找到其积分函数，有些函数的表达式非常复杂，用牛顿 – 莱布尼茨公式求解会相当复杂。因此，在工程中大多数情况下都使用 MATLAB 提供的积分运算函数计算，少数情况也可通过利用 MATLAB 编程实现。

## 9.2.1 定积分与广义积分

定积分是工程中用得最多的积分运算，利用 MATLAB 提供的 int 命令可以很容易地求已知函数在已知区间的积分值。

int 命令求定积分的调用格式见表 9-3。

**表 9-3 int 命令**

| 调用格式 | 说　明 |
|---|---|
| int (f,a,b) | 计算函数 $f$ 在区间 $[a,b]$ 上的定积分 |
| int (f,x,a,b) | 计算函数 $f$ 关于 $x$ 在区间 $[a,b]$ 上的定积分 |
| int(⋯,Name,Value) | 使用名称 – 值对参数指定选项设置定积分。设置的选项包括下面几种：<br>'IgnoreAnalyticConstraints'：将纯代数简化应用于被积函数的指示符，false (default)、true<br>'IgnoreSpecialCases'：忽略特殊情况，false (default)、true<br>'PrincipalValue'：返回主体值，false (default)、true<br>'Hold'：未评估集成，false (default)、true |

int 命令还可以求广义积分，方法是只要将相应的积分限改为正（负）无穷即可。

利用 MATLAB 提供的 vpa 命令可以很容易地求变精度算法。该命令求定积分与不定积分的调用格式见表 9-4。

**表 9-4　vpa 调用格式**

| 命令 | 说　明 |
| --- | --- |
| vpa(x) | 使用可变精度浮点算法 (vpa) 将符号输入 $x$ 的每个元素计算为至少 $d$ 有效位数。其中 $d$ 是 digits 函数的值。digits 的默认值为 32 |
| vpa(x,d) | 使用至少 $d$ 有效数字，而不是 digits 的值 |

**例 9-6：** 求 $\int_0^1 \frac{\sin x}{x}$。

**解：** MATLAB 程序如下：

```
>> sym x;     % 声明符号变量 x
>> v= int(sin(x)/x,0,1)      % 计算函数在区间 [0,1] 上的定积分
v =
sinint(1)
>> vpa(v,5)     % 将符号表达式转换为数值近似值
ans =
0.94608
```

被积函数有很多软件都无法求解，用 MATLAB 则很容易求解。

**例 9-7：** 求函数关于 $x$、$y$ 的定积分 $\int_0^1 e^{x^2-2x+y}dx$、$\int_0^1 e^{x^2-2x+y}dy$。

**解：** MATLAB 程序如下：

```
>> clear
>> syms x y;
>> v=int(exp(x^2-2*x+y),x,0,1)   % 计算函数在区间 [0,1] 上的定积分
 v =
-(pi^(1/2)*erf(1i)*exp(-1)*exp(y)*1i)/2
>> vpa(v)   % 计算定积分表达式 v 的数值近似值，并显示结果
ans =
0.53807950691276841913638742040756*exp(y)
>> v=int(exp(x^2-2*x+y),y,0,1)   % 计算函数 f 在区间 [a, b] 上的定积分
v =
exp(x^2 - 2*x)*(exp(1) - 1)
>> vpa(v)    % 计算定积分表达式 v 的数值近似值，并显示结果
ans =
 1.7182818284590452353602874713527*exp(x^2 - 2.0*x)
```

**例 9-8：** 求广义积分 $\int_{-\infty}^{+\infty} \frac{3}{x^2+2x+3}dx$。

**解：** MATLAB 程序如下：

```
>> syms x;
>> f=3/(x^2+2*x+3);
>> v= int(f,-inf,inf)     % 计算函数的不定积分
```

```
v =
(3*pi*2^(1/2))/2
>> vpa(v,5)
ans =
6.6643
```

### 9.2.2 不定积分

在实际的工程计算中，有时也会用到求不定积分的问题。利用 int 命令，同样可以求不定积分，它的调用形式也非常简单。其调用格式见表 9-5。

**表 9-5 int 命令**

| 调用格式 | 说 明 |
| --- | --- |
| int (f) | 计算函数 $f$ 的不定积分 |
| int (f,x) | 计算函数 $f$ 关于变量 $x$ 的不定积分 |

**例 9-9：** 求不定积分 $\int \frac{\sin x}{x}+\frac{\cos y}{y}\mathrm{d}x$、$\int \frac{\sin x}{x}+\frac{\cos y}{y}\mathrm{d}y$。

**解：** MATLAB 程序如下：

```
>> syms x y
>> f=sin(x)/x+cos(y)/y;
>> int(f,x)
ans =
sinint(x) + (x*cos(y))/y
>> int(f,y)
ans =
cosint(y) + (y*sin(x))/x
```

**例 9-10：** 求 $\int \sin(x^2+xz+yz+1)\mathrm{d}x$ 的不定积分。

**解：** MATLAB 程序如下：

```
>> syms x y z
>> f=sin(x^2+x*z+y*z+1);
>> int(f)
ans =
(2^(1/2)*pi^(1/2)*cos(- z^2/4 + y*z + 1)*fresnels((2^(1/2)*(x + z/2))/pi^(1/2)))/2 + (2^(1/2)*pi^(1/2)*sin(- z^2/4 + y*z + 1)*fresnelc((2^(1/2)*(x + z/2))/pi^(1/2)))/2
```

**例 9-11：** 求 $\int \sin(xy+xz)\mathrm{d}z$ 的不定积分。

**解：** MATLAB 程序如下：

```
>> clear
>> syms x y z
>> int(sin(x*y+x*z),z)
  ans =
-cos(x*y + x*z)/x
```

### 9.2.3　多重积分

多重积分与一重积分在本质上是相通的，只是多重积分的积分区域更复杂。可以利用前面讲过的 int 命令，结合对积分区域的分析进行多重积分计算，也可以利用 MATLAB 自带的专门多重积分命令进行计算。

1. 二重积分

MATLAB 用来进行二重积分数值计算的专门命令是 integral2，这是一个在矩形范围内计算二重积分的命令。其调用格式见表 9-6。

**表 9-6　integral2 命令**

| 调用格式 | 说　明 |
| --- | --- |
| q= integral2 (fun,xmin,xmax,ymin,ymax) | 在 xmin $\leqslant x \leqslant$ xmax，ymin $\leqslant y \leqslant$ ymax 的矩形内计算 fun(*x*,*y*) 的二重积分，此时默认的求解积分的数值方法为 quad，默认的公差为 $10^{-6}$ |
| q= integral2 (fun,xmin,xmax,ymin,ymax, Name,Value) | 在 xmin $\leqslant x \leqslant$ xmax，ymin $\leqslant y \leqslant$ ymax 的矩形内计算 fun(*x*,*y*) 的二重积分 |

2. 三重积分

计算三重积分的过程与计算二重积分类似，但是由于三重积分的积分区域更加复杂，所以计算三重积分的过程也更加繁琐。

MATLAB 使用 integral3 命令进行三重积分数值计算，其调用格式见表 9-7。

**表 9-7　integral3 命令**

| 调用格式 | 说　明 |
| --- | --- |
| q= integral3 (fun,xmin,xmax,ymin,ymax,zmin,zmax) | 在 xmin $\leqslant x \leqslant$ xmax，ymin $\leqslant y \leqslant$ ymax, zmin $\leqslant z \leqslant$ zmax 的矩形内计算 fun(*x*,*y*) 的三重积分，此时默认的求解积分的数值方法为 quad，默认的公差为 $10^{-6}$ |
| q= integral3 (fun,xmin,xmax,ymin,ymax,zmin,zmax ,Name,Value) | 在 xmin $\leqslant x \leqslant$ xmax，ymin $\leqslant y \leqslant$ ymax, zmin $\leqslant z \leqslant$ zmax 的矩形内计算 fun(*x*,*y*) 的三重积分 |

**例 9-12：** 计算 $\int_0^{\pi}\mathrm{d}y\int_{\pi}^{2\pi}(y\sin x + x\cos y)\mathrm{d}y$。

**解：** MATLAB 程序如下：

```
>> clear
>> fun = @(x,y) y.*sin(x)+x.*cos(y);     % 定义函数
>> q = integral2(fun,pi,2*pi,0,pi)     %求二重积分
q =
-9.8696
```

**例 9-13：** 计算 $\iint\limits_D x\mathrm{d}x\mathrm{d}y$，其中 $D$ 是由直线 $y=2x$，$y=0.5x$，$y=3-x$ 所围成的平面区域。

**解：** MATLAB 程序如下：

```
> clear
>> syms x y
>> f=x;      % 创建以 x 为自变量的符号表达式 f
>> f1=2*x;
```

```
>> f2=0.5*x;
>> f3=3-x;
>> fplot(f1);   % 绘制符号函数的二维曲线 f1
>> gtext('y=2x')   % 使用光标在图形的任意位置添加直线 1 的文本标注
>> hold on   % 打开图形叠加显示命令
>> fplot(f2);
>> gtext('y=0.5x')   % 使用光标在图形的任意位置添加直线 2 的文本标注
>> fplot(f3);
>> gtext('y=3-x')   % 使用光标在图形的任意位置添加直线 3 的文本标注
>> axis([-2 3 -2 6]);   % 在 x 取值区间 [-2,3]、y 取值区间 [-2,6] 内显示图形
```

积分区域就是图 9-1 中所围成的区域。

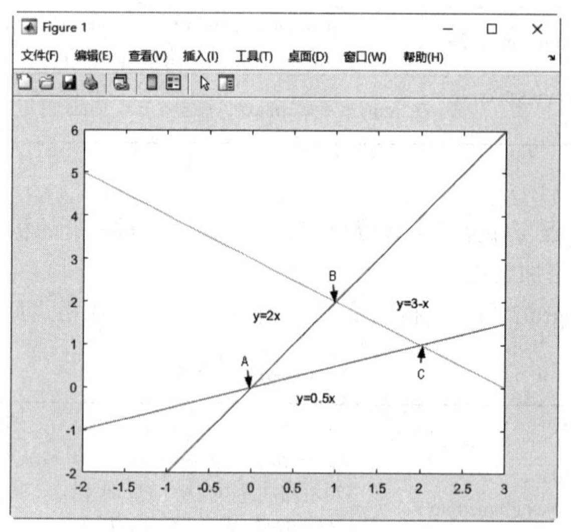


图 9-1　积分区域

下面确定积分限：

```
>> A=fzero('2*x-0.5*x',0)      % fzero 函数用于求性方程的根，求出 fun(x) = 0 在
点 x0=0 附近处的零点值
A =
    0
>> B= fzero('2*x-(3-x)',4)   % 求出 fun(x) = 0 在点 x0=4 附近处的零点值
B =
    1
>> C= fzero('3-x-0.5*x',8)   % 求出 fun(x) = 0 在点 x0=8 附近处的零点值
C =
    2
```

即 $A$=0，$B$=2，$C$=1，找到积分限。下面进行积分计算。

根据图可以将积分区域分成两个部分，计算过程如下：

```
>> ff1=int(f,y,0.5*x,2*x)      % 求函数 f 对 y 在直线 1、2 内的定积分
ff1 =
(3*x^2)/2
```

```
>> ff11=int(ff1,x,x,0,1)        % 求函数 f 对 x 在积分限 [0 1] 内的定积分
ff11 =
1/2
>> ff2=int(f,0.5*x,3-x)   % 求函数 f 在直线 2、3 范围内的定积分
ff2 =
-(3*x*(x - 2))/2
>> ff22=int(ff2,x,1,2)    % 求函数 f 在积分限 [1 2] 内的定积分
ff22 =
1
>> ff11+ff22    % 计算两个部分之和，得到完整积分限的面积
ans =
3/2
```

计算结果就是 3/2。

# 9.3　积分变换

积分变换是一个非常重要的工程计算手段。它通过参变量积分将一个已知函数变为另一个函数，使函数的求解更为简单。常用的积分变换有傅里叶（Fourier）变换、拉普拉斯（Laplace）变换等。

## 9.3.1　傅里叶（Fourier）积分变换

傅里叶变换是将函数表示成一簇具有不同幅值的正弦函数的和或者积分，在物理学、数论、信号处理、概率论等领域都有着广泛的应用。

MATLAB 提供的傅里叶变换命令是 fourier。

fourier 命令的调用格式见表 9-8。

**表 9-8　fourier 命令**

| 调用格式 | 说　明 |
| --- | --- |
| fourier (f) | 返回 $f$ 的符号傅里叶变换 $F(w)$，默认变换变量为 $w$，即 $f=f(x)\Rightarrow F=F(w)$。表达式 $f$=$f(x)$ 在点 $w$ 处相对于变量 $x$ 的傅里叶变换为：$f(w)=c\int_{-\infty}^{\infty}f(x)\mathrm{e}^{\mathrm{i}swx}\mathrm{d}x$，<br>$c$ 和 $s$ 是傅里叶变换的参数。这里 $c$=1，$s$=−1。得到简化形式：$F(w)=\int_{-\infty}^{\infty}f(x)\mathrm{e}^{-\mathrm{i}wx}\mathrm{d}x$ |
| fourier (f,v) | 返回的傅里叶变换以 $v$ 代替 $w$ 为默认变换变量，即求 $F(v)=\int_{-\infty}^{\infty}f(x)\mathrm{e}^{-\mathrm{i}vx}\mathrm{d}x$ |
| fourier (f,u,v) | 返回的傅里叶变换，变换变量以 $v$ 代替 $w$，自变量以 $u$ 替代 $x$，即求 $F(v)=\int_{-\infty}^{\infty}f(u)\mathrm{e}^{-\mathrm{i}vu}\mathrm{d}u$ |

**例 9-14：** 计算 $f(x)=\mathrm{e}^{x-x^2}$ 的傅里叶变换。

**解：** MATLAB 程序如下：

```
>> clear
>> syms x
```

```
>> f = exp(x-x^2);
>> fourier(f)
ans =
pi^(1/2)*exp(-(w + 1i)^2/4)
```

**例 9-15：** 计算 $f(w)=\sin(w^2+w)$ 的傅里叶变换。

**解：** MATLAB 程序如下：

```
>> clear
>> syms  w
>> f = sin(w.^2+w);
>> fourier(f)
ans =
(2^(1/2)*pi^(1/2)*cos(1/4)*exp((v*1i)/2)*(cos(v^2/4) - sin(v^2/4)))/2-
(2^(1/2)*pi^(1/2)*exp((v*1i)/2)*sin(1/4)*(cos(v^2/4) + sin(v^2/4)))/2
```

**例 9-16：** 计算 $f(x)=x\mathrm{e}^{-(x)}$ 的傅里叶变换。

**解：** MATLAB 程序如下：

```
>> clear
>> syms  x  u
>> f = x*exp(-abs(x));
>> fourier(f,u)
ans =
-(u*4i)/(u^2 + 1)^2
```

## 9.3.2 傅里叶（Fourier）逆变换

MATLAB 提供的傅里叶逆变换命令是 ifourier。其调用格式见表 9-9。

**表 9-9 ifourier 命令**

| 调用格式 | 说明 |
| --- | --- |
| ifourier(F) | 返回 $F$ 的符号傅里叶逆变换，默认自变量为 $w$，变换变量为 $x$，默认的返回形式是 $f(x)$，即 $F=F(w)\Rightarrow f=f(x)$；表达式 $F=F(w)$ 相对于点 $x$ 处的变量 $w$ 的傅里叶逆变换为：$f(x)=\frac{\lvert s\rvert}{2\pi c}\int_{-\infty}^{\infty}F(w)\mathrm{e}^{-\mathrm{i}swx}\mathrm{d}w$<br>$c$ 和 $s$ 是傅里叶变换的参数。这里 $c$=1，$s$=−1。得到简化形式：$f(x)=\frac{1}{2\pi}\int_{-\infty}^{\infty}F(w)\mathrm{e}^{\mathrm{i}wx}\mathrm{d}w$ |
| ifourier(F,u) | 返回的傅里叶逆变换以 $u$ 代替 $x$ 为自变量，即求 $f(u)=\frac{1}{2\pi}\int_{-\infty}^{\infty}F(w)\mathrm{e}^{\mathrm{i}wu}\mathrm{d}w$ |
| ifourier(F,v,u) | 返回以 $v$ 代替 $w$ 为变换变量，$u$ 代替 $x$ 为自变量的傅里叶逆变换，即求 $f(u)=\frac{1}{2\pi}\int_{-\infty}^{\infty}F(v)\mathrm{e}^{\mathrm{i}vu}\mathrm{d}v$ |

**例 9-17：** 计算 $f(w)=\mathrm{e}^{-\frac{w^2}{4a^2}}$ 的傅里叶逆变换。

**解：** MATLAB 程序如下：

```
>> clear
>> syms a w real
>> f=exp(-w^2/(4*a^2));
```

```
>> ifourier(f)
ans =
exp(-a^2*x^2)/(2*pi^(1/2)*(1/(4*a^2))^(1/2))
```

**例 9-18**：计算 $g(w)=\sin w-1$ 的傅里叶逆变换。

**解**：MATLAB 程序如下：

```
>> clear
>> syms w real
>> g= sin(w)-1;
>> ifourier(g)
ans =
-(2*pi*dirac(x) - pi*(dirac(x - 1) - dirac(x + 1))*1i)/(2*pi)
```

**例 9-19**：计算 $f(w)=2\mathrm{e}^{-|w|}-1$ 的傅里叶逆变换。

**解**：MATLAB 程序如下：

```
>> clear
>> syms w t real
>> f = 2*exp(-abs(w)) - 1;
>> ifourier(f,t)
ans =
-(2*pi*dirac(t) - 4/(t^2 + 1))/(2*pi)
```

### 9.3.3 快速傅里叶（Fourier）变换

快速 Fourier 变换（FFT）是离散傅里叶变换的快速算法，它是根据离散傅里叶变换的奇、偶、虚、实等特性，对离散傅里叶变换的算法进行改进获得的。

MATLAB 提供了多种快速傅里叶变换的命令，具体请参见第 8 章的表 8-14 和表 8-15。

**例 9-20**：傅里叶变换经常被用来计算存在噪声的时域信号的频谱。假设数据采样频率为 1000Hz，一个信号包含频率为 50Hz、振幅为 0.7 的正弦波和频率为 120Hz、振幅为 1 的正弦波，噪声为零平均值的随机噪声。试采用 FFT 方法分析其频谱。

**解**：MATLAB 程序如下：

```
>> clear
>> Fs = 1000;                        % 采样频率
>> T = 1/Fs;                         % 采样时间
>> L = 1000;                         % 信号长度
>> t = (0:L-1)*T;                    % 时间向量
>> x = 0.7*sin(2*pi*50*t) + sin(2*pi*120*t);
>> y = x + 2*randn(size(t));         % 加噪声正弦信号
>> plot(Fs*t(1:50),y(1:50))
>> title('零平均值噪声信号');
>> xlabel('time (milliseconds)')
>> NFFT = 2^nextpow2(L); % 将信号长度变换为 2 的幂次方
>> Y = fft(y,NFFT)/L;
>> f = Fs/2*linspace(0,1,NFFT/2);
>> plot(f,2*abs(Y(1:NFFT/2)))
```

```
>> title('y(t) 单边振幅频谱')
>> xlabel('Frequency (Hz)')
>> ylabel('|Y(f)|')
```

运行结果如图 9-2 和图 9-3 所示。

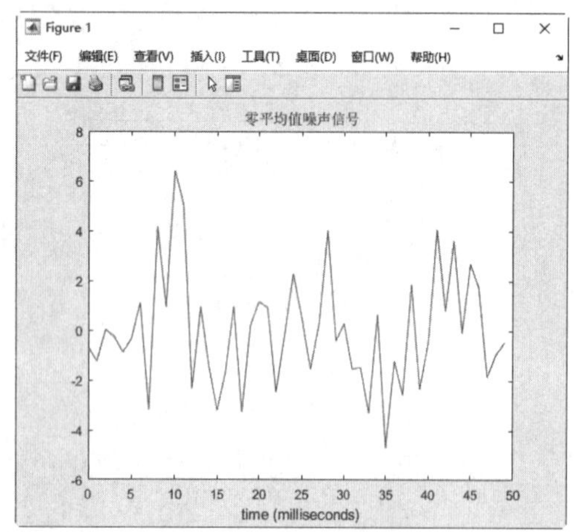


图 9-2　加零平均值噪声信号

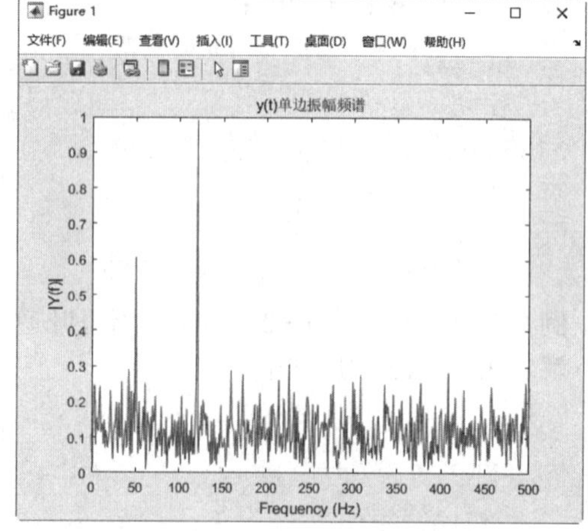


图 9-3　$y(t)$ 单边振幅频谱

**例 9-21**：计算 MATLAB 路径中 \toolbox\images\imdemos\ saturn2.png 图像文件（见图 9-4）的二维傅里叶变换。

**解**：MATLAB 程序如下：

```
>> clear
>> load imdemos saturn2;
>> imshow(saturn2);                     % 如图 9-4 所示
>> b=fftshift(fft2(saturn2));
>> figure,imshow(log(abs(b)),[]);
>> colormap(jet(64));
>> colorbar;
```

变换结果如图 9-5 所示。

图 9-4　saturn2.png

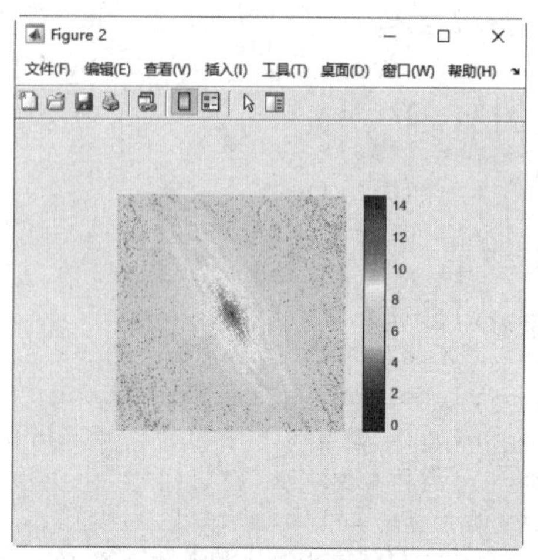


图 9-5　变换结果

### 9.3.4　拉普拉斯（Laplace）变换

MATLAB 提供的拉普拉斯变换命令是 laplace。其调用格式见表 9-10。

**表 9-10　laplace 命令**

| 调用格式 | 说　明 |
| --- | --- |
| laplace(F) | 计算默认自变量 $t$ 的符号拉普拉斯变换，默认的转换变量为 $s$，默认的返回形式是 $L(s)$，即 $F=F(t)\Rightarrow L=L(s)$。如果 $F$=$F(s)$，则返回 $L$=$L(t)$，即求 $L(s)=\int_0^\infty F(t)\mathrm{e}^{-st}\mathrm{d}t$ |
| laplace(F,z) | 计算结果以 $z$ 替换 $s$ 为新的转换变量，即求 $L(t)=\int_0^\infty F(t)\mathrm{e}^{-zt}\mathrm{d}t$ |
| laplace(F,w,z) | 转换变量以 $z$ 代替 $s$，自变量以 $w$ 代替 $t$ 并进行拉普拉斯变换，即求 $L(z)=\int_0^\infty F(w)\mathrm{e}^{-zw}\mathrm{d}w$ |

**例 9-22：** 计算 $f(t)=\sin^4 t$ 的拉普拉斯变换。

**解：** MATLAB 程序如下：

```
>> clear
>> syms t
>> f=sin(t)^4;
>> laplace(f)
ans =
24/(s*(s^2 + 4)*(s^2 + 16))
```

**例 9-23：** 计算 $g(s)=\dfrac{1}{\sqrt{s}}$ 的拉普拉斯变换。

**解：** MATLAB 程序如下：

```
>> clear
>> syms s
>> g=1/sqrt(s);
>> laplace(g)
ans =
pi^(1/2)/t^(1/2)
```

**例 9-24：** 计算 $f(t)=\mathrm{e}^{-at}$ 的拉普拉斯变换。

**解：** MATLAB 程序如下：

```
>> clear
>> syms t a x
>> f=exp(-a*t);
>> laplace(f,x)
ans =
1/(a + x)
```

### 9.3.5　拉普拉斯（laplace）逆变换

MATLAB 提供的拉普拉斯逆变换命令是 ilaplace。其调用格式见表 9-11。

**表 9-11　ilaplace 命令**

| 调用格式 | 说　明 |
| --- | --- |
| ilaplace(L) | 计算对默认自变量 s 的符号拉普拉斯逆变换，默认转换变量为 t，默认的返回形式是 $F(t)$，即$L=L(s)\Rightarrow F=F(t)$。如果 $L=L(s)$，则返回 $F=F(t)$，即求 $F(t)=\frac{1}{2\pi i}\int_{c-iw}^{c+iw}L(s)\mathrm{e}^{st}\mathrm{d}s$ |
| ilaplace(L,y) | 计算结果以 $y$ 代替 $t$ 为新的转换变量，即求 $F(y)=\frac{1}{2\pi i}\int_{c-iw}^{c+iw}L(s)\mathrm{e}^{sy}\mathrm{d}s$ |
| ilaplace(L,x,y) | 计算转换变量以 $y$ 代替 $t$，自变量以 $x$ 代替 $s$ 的拉普拉斯逆变换，即求 $F(y)=\frac{1}{2\pi i}\int_{c-iw}^{c+iw}L(x)\mathrm{e}^{xy}\mathrm{d}x$ |

**例 9-25：** 计算 $f(t)=\dfrac{1}{s^2+1}$ 的拉普拉斯逆变换。

**解：** MATLAB 程序如下：

```
>> clear
>> syms s
>> f=1/(s^2+1);
>> ilaplace(f)
ans =
sin(t)
```

**例 9-26：** 计算单位脉冲函数和单位阶跃函数的拉普拉斯逆变换。

**解：** MATLAB 程序如下：

```
>> clear
>> syms s t
>> ilaplace(1,s,t)
ans =
dirac(t)
>> F = exp(-2*s)/(s^2+1);
>> ilaplace(F,s,t)
ans =
heaviside(t - 2)*sin(t - 2)
```

**例 9-27：** 计算 $f(u)=\dfrac{1}{u^2-a^2}$ 的拉普拉斯逆变换。

**解：** MATLAB 程序如下：

```
>> clear
>> syms x u a
>> f=1/(u^2-a^2);
>> ilaplace(f,x)
ans =
exp(a*x)/(2*a) - exp(-a*x)/(2*a)
```

# 9.4　复杂函数

用简单函数逼近（近似表示）复杂函数是数学中的一种基本思想方法，也是工程中常常要用到的技术手段。本节将主要介绍如何用 MATLAB 来实现泰勒展开的操作。

## 9.4.1　泰勒（Taylor）展开

1. 泰勒定理

为了更好地说明下面的内容，也为了读者更易理解本节内容，先列出著名的泰勒定理：

若函数 $f(x)$ 在 $x_0$ 处 $n$ 阶可微，则

$$f(x)=\sum_{k=0}^{n}\frac{f^{(k)}(x)}{k!}(x-x_0)^k+R_n(x)$$

式中，$R_n(x)$ 称为 $f(x)$ 的余项。

常用的余项公式有：

- 佩亚诺 (Peano) 型余项：$R_n(x)=o((x-x_0)^n)$。
- 拉格朗日 (Lagrange) 型余项：$R_n(x)=\dfrac{f^{(n+1)}(\xi)}{(n+1)!}(x-x_0)^{n+1}$，其中 $\xi$ 介于 $x$ 与 $x_0$ 之间。
- 特别地，当 $x_0$=0 时的带拉格朗日型余项的泰勒公式：

$$f(x)=f(0)+f'(0)x+\frac{f''(0)}{2!}x^2+\cdots+\frac{f^{(n)}(0)}{n!}x^n+\frac{f^{(n+1)}(\xi)}{(n+1)!}x^{n+1},(0<\xi<x)$$

称为麦克劳林 (Maclaurin) 公式。

2. 泰勒展开

麦克劳林公式实际上是要将函数 $f(x)$ 表示成 $x^n$（$n$ 从 0 到无穷大）的和的形式。在 MATLAB 中，可以用 taylor 命令来实现这种泰勒展开。其调用格式见表 9-12。

**表 9-12　taylor 命令**

| 调用格式 | 说　明 |
| --- | --- |
| T=taylor(f, var) | 在点 var=0 处用 f 的泰勒级数展开到五阶来近似 f。即 $\sum_{n=0}^{5}\frac{f^{(n)}(0)}{n!}x^n$ |
| T=taylor(f,var,a) | 在点 var=$a$ 处用 f 的泰勒级数展开近似 f，即 $\sum_{n=0}^{5}(x-a)^n\frac{f^{(n)}(a)}{n!}x^n$，这里的 $a$ 要求为一个实数 |
| T=taylor（…，Name，Value） | 使用一个或多个名称 – 值参数指定选项，可以指定泰勒级数展开的展开点（ExpansionPoint）、截断顺序（Order）或顺序（OrderModer）<br>其中，$x$=0 附近的泰勒级数展开称为麦克劳林级数展开 |

**例 9-28：** 求 $e^{x^2-x}$ 的 6 阶麦克劳林型近似展开。

**解：** MATLAB 程序如下：

```
>> syms x
>> f=exp(x^2-x);
>> f6=taylor(f)
f6 =
- (27*x^5)/40 + (25*x^4)/24 - (7*x^3)/6 + (3*x^2)/2 - x + 1
```

**例 9-29：** 求 $\cos x+x^2$ 的 6 阶麦克劳林型近似展开。

**解：** MATLAB 程序如下：

```
>> syms x
>> f=cos(x)+x^2;
>> f6=taylor(f)
f6 =
x^4/24 + x^2/2 + 1
```

**例 9-30：** 求 $f(x,y)=x^2$ 关于 $y$ 在 0 处的 4 阶展开，关于 $x$ 在 1.5 处的 4 阶泰勒展开。

**解：** MATLAB 程序如下：

```
>> syms x y
>> f=x^y;
>> f1=taylor(f,y,4)
f1 =
1+log(x)*y+1/2*log(x)^2*y^2+1/6*log(x)^3*y^3
>> f2=taylor(f,4,x,1.5)
f2 =
(3/2)^y+2/3*(3/2)^y*y*(x-3/2)+2/9*(3/2)^y*y*(y-1)*(x-
3/2)^2+4/81*(3/2)^y*y*(y-1)*(y-2)*(x-3/2)^3
```

**注意：**

当 $a$ 为正整数，求函数 $f(x)$ 在 $a$ 处的 6 阶麦克劳林型近似展开时，不要用 taylor(f,a)，否则 MATLAB 得出的结果将是 $f(x)$ 在 0 处的 6 阶麦克劳林型近似展开。

### 9.4.2 傅里叶（Fourier）展开

MATLAB 中不存在现成的傅里叶级数展开命令，可以根据傅里叶级数的定义编写一个函数文件来完成这个计算。

傅里叶级数的定义如下：

设函数 $f(x)$ 在区间 [0, 2π] 上绝对可积，且令

$$\begin{cases} a_n = \dfrac{1}{\pi}\displaystyle\int_0^{2\pi} f(x)\cos nx\mathrm{d}x & (n=0,1,2,\cdots) \\ b_n = \dfrac{1}{\pi}\displaystyle\int_0^{2\pi} f(x)\sin nx\mathrm{d}x & (n=1,2,\cdots) \end{cases}$$

以 $a_n$，$b_n$ 为系数作三角级数

$$\frac{a_0}{2}+\sum_{n=1}^{\infty}(a_n\cos nx+b_n\sin nx)$$

它称为 $f(x)$ 的傅里叶级数，$a_n$、$b_n$ 称为 $f(x)$ 的傅里叶系数。

**例 9-31：** 计算 $f(x)=x^2+3x+2$ 的区间 [0, 2π] 上的傅里叶系数。

**解：** MATLAB 程序如下：

1）编写计算区间 [0, 2π] 上傅里叶系数的 Fourierzpi.m 文件如下：

```
function [a0,an,bn]=Fourierzpi(f)
% 本实例计算一个周期函数的傅里叶级数系数
% 函数接受一个周期函数 f 作为输入，返回三个输出：a0（直流分量系数），an（正弦分量系数）和 bn（余弦分量系数）
syms x n                    % 定义符号变量 x 和 n
a0=int(f,0,2*pi)/pi;        % 计算直流分量系数 a0，即在区间 [0, 2π] 上的积分值除以 π
an=int(f*cos(n*x),0,2*pi)/pi;      % 计算正弦分量系数 an，即在区间 [0, 2π] 上对 fcos(nx) 进行积分值除以 π
bn=int(f*sin(n*x),0,2*pi)/pi;     % 计算余弦分量系数 bn，即在区间 [0, 2π] 上对 fsin(nx) 进行积分值除以 π
```

2）在命令行窗口中输入程序：

```
>> clear
>> syms x
>> f=x^2+3*x+2;
>> [a0,an,bn]=Fourierzpi(f)
a0 =
6*pi + (8*pi^2)/3 + 4
an =
-((3*(2*sin(pi*n)^2 - 2*n*pi*sin(2*pi*n)))/n^2 + (2*sin(2*pi*n) - 4*n^2*pi^2*sin(2*pi*n) + 4*n*pi*(2*sin(pi*n)^2 - 1))/n^3 - (2*sin(2*pi*n))/n)/pi
bn =
(cos(2*pi*n)*(2/n^3 - (4*pi^2)/n) - (4*(cos(2*pi*n)/2 - 1/2))/n + (3*(sin(2*pi*n) - 2*n*pi*cos(2*pi*n)))/n^2 - 2/n^3 + (4*pi*sin(2*pi*n))/n^2)/pi
```

**例 9-32：** 计算 $f(x)=x^2+3x+2$ 的区间 $[-\pi, \pi]$ 上的傅里叶系数。

**解：** MATLAB 程序如下：

1）编写计算区间 $[-\pi, \pi]$ 上傅里叶系数的 Fourierzpi1.m 文件如下：

```
function [a0,an,bn]=Fourierzpi1(f)
syms x n
a0=int(f,-pi,pi)/pi;
an=int(f*cos(n*x),-pi,pi)/pi;
bn=int(f*sin(n*x),-pi,pi)/pi;
```

2）在命令行窗口中输入程序：

```
>> clear
>> syms x
>> f=x^2+3*x+2;
>> [a0,an,bn]=Fourierzpi1(f)
a0 =
(2*pi^2)/3 + 4
an =
((2*(n^2*pi^2*sin(pi*n) - 2*sin(pi*n) + 2*n*pi*cos(pi*n)))/n^3 + (4*sin(pi*n))/n)/pi
bn =
(6*(sin(pi*n) - n*pi*cos(pi*n)))/(n^2*pi)
```

# 第 10 章　微分方程

**内容指南**

微分方程在物理学和力学中有着重要应用。本章将重点对常微分方程的常用数值解法进行介绍，主要包括欧拉（Euler）方法和龙格 – 库塔（Runge-Kutta）方法等，同时还将介绍偏微分方程的解法和 PDE 模型的创建。

**内容要点**

- 常微分方程的数值解法
- 时滞微分方程的数值解法
- PDE 模型方法
- 求解偏微分方程

## 10.1　常微分方程的数值解法

常微分方程的常用数值解法主要是欧拉（Euler）方法和龙格 – 库塔（Runge-Kutta，简称 R-K）方法等。

### 10.1.1　欧拉（Euler）方法

从积分曲线的几何解释出发，推导出了欧拉公式 $y_{n+1}=y_n+hf(x_n,y_n)$。MATLAB 没有专门的使用欧拉方法进行常微分方程求解的函数，下面是根据欧拉公式编写的 M 函数文件：

```
function [x,y]=euler(f,x0,y0,xf,h)
% 返回两个向量 x 和 y，分别表示在给定区间内的 x 值和对应的 y 值
% x0：初始点的 x 坐标
% y0：初始点的 y 坐标
% xf：终止点的 x 坐标
% h：步长，即每次迭代时 x 的增量
n=fix((xf-x0)/h);  % 定义一个函数句柄 f，表示微分方程的右侧部分
y(1)=y0;
x(1)=x0;
for i=1:n
    x(i+1)=x0+i*h;
    y(i+1)=y(i)+h*feval(f,x(i),y(i));
end
```

将该文件保存到搜索路径下，方便调用。

**例 10-1**：用欧拉方法求解初值问题 $\begin{cases} y'=y-\dfrac{2x}{y} \\ y(0)=1 \end{cases}$ $(0<x<1)$。

**解**：MATLAB 程序如下：

1）将方程建立为一个 M 文件 qj.m：

```
function f=qj(x,y)                  % 声明函数
f=y-2*x/y;                          % 创建以 x、y 为自变量的符号表达式 f
```

2）在命令行窗口中，输入以下命令：

```
>> close all          % 关闭当前已打开的文件
>> clear              % 清除工作区的变量
>> [x,y]=euler(@qj,0,1,1,0.1)      % 调用自定义的函数计算微分方程数值解
x =
          0    0.1000    0.2000    0.3000    0.4000    0.5000    0.6000
0.7000    0.8000    0.9000    1.0000
y =
     1.0000    1.1000    1.1918    1.2774    1.3582    1.4351    1.5090
1.5803    1.6498    1.7178    1.7848
```

3）为了验证该方法的精度，求出该方程的解析解为 $y=\sqrt{1+2x}$，在 MATLAB 中求解结果如下：

```
>> y1=(1+2*x).^0.5          % 计算方程的解析解 y1
y1 =
     1.0000    1.0954    1.1832    1.2649    1.3416    1.4142    1.4832
1.5492    1.6125    1.6733    1.7321
```

4）通过图像来显示精度：

```
>> plot(x,y,x,y1,'--')                  % 使用默认的蓝色实线绘制方程数值解的曲线，
使用虚线绘制方程解析解的曲线
```

结果如图 10-1 所示。

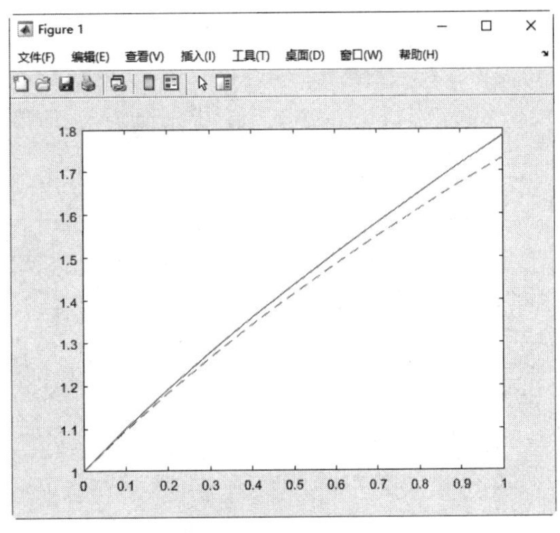


图 10-1　绘制曲线

从图 10-1 可以看出，欧拉方法的精度还不够高。

为了提高精度，人们建立了一个预测－校正系统，也就是所谓改进的欧拉公式：

$$y_p = y_n + hf(x_n, y_n)$$
$$y_c = y_n + hf(x_{n+1}, y_n)$$
$$y_{n+1} = \frac{1}{2}(y_p + y_c)$$

利用改进的欧拉公式，可以编写以下的 M 函数文件 adeuler.m：

```
function [x,y]=adeuler(f,x0,y0,xf,h)
n=fix((xf-x0)/h);
x(1)=x0;
y(1)=y0;
for i=1:n
    x(i+1)=x0+h*i;
    yp=y(i)+h*feval(f,x(i),y(i));
    yc=y(i)+h*feval(f,x(i+1),yp);
    y(i+1)=(yp+yc)/2;
end
```

**例 10-2**：利用改进的欧拉公式求解初值问题 $\begin{cases} y' = y - \dfrac{2x}{y} \\ y(0) = 1 \end{cases}$ $(0 < x < 1)$。

**解**：MATLAB 程序如下：

1）建立一个 M 文件 qj2.m：

```
function f=qj2(x,y)              % 声明函数
f=y-2*x/y;                       % 创建以 x、y 为自变量的符号表达式 f
```

2）在命令行窗口中输入以下命令：

```
>> close all        % 关闭当前已打开的文件
>> clear            % 清除工作区的变量
>> [x,y]=adeuler(@qj2,0,1,1,0.1)        % 求积分曲线上的数值解
x =
          0    0.1000    0.2000    0.3000    0.4000    0.5000    0.6000
0.7000    0.8000    0.9000    1.0000
y =
     1.0000    1.0959    1.1841    1.2662    1.3434    1.4164    1.4860
1.5525    1.6165    1.6782    1.7379
>> y1=(1+2*x).^0.5              % 求解析值
y1 =
     1.0000    1.0954    1.1832    1.2649    1.3416    1.4142    1.4832
1.5492    1.6125    1.6733    1.7321
```

通过图像来显示精度：

```
>> plot(x,y,x,y1,'--')              % 绘制积分曲线与解析曲线
```

结果如图 10-2 所示。从图 10-2 中可以看到，改进的欧拉方法比欧拉方法要精确，数值解曲线和解析解曲线基本能够重合。

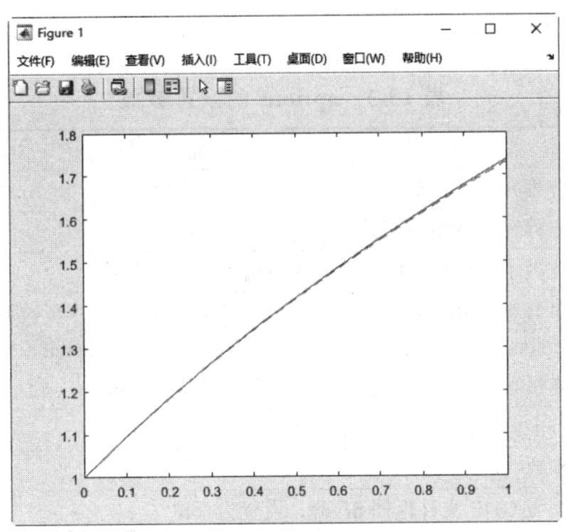


图 10-2　改进的欧拉方法精度

### 10.1.2　龙格－库塔（Runge-Kutta）方法

龙格－库塔方法是求解常微分方程的经典方法。MATLAB 提供了多个采用了该方法的函数命令，见表 10-1。

**表 10-1　Runge-Kutta 命令**

| 求解器命令 | 问题类型 | 说　明 |
| --- | --- | --- |
| ode23 | 非刚性 | 二阶、三阶 R-K 函数，求解非刚性微分方程的低阶方法 |
| ode45 | | 四阶、五阶 R-K 函数，求解非刚性微分方程的中阶方法 |
| ode78 | | 求解非刚性微分方程的高阶方法 |
| ode89 | | 求解非刚性微分方程的高阶方法 |
| ode113 | | 求解更高阶或大的标量计算 |
| ode15s | 刚性 | 采用多步法求解刚性方程，精度较低 |
| ode23s | | 采用单步法求解刚性方程，速度比较快 |
| ode23t | | 用于解决难度适中的问题 |
| ode23tb | | 用于解决难度较大的问题，对于系统中存在常量矩阵的情况很有用 |
| ode15i | 完全隐式 | 用于解决完全隐式问题 $f(t,y,y')=0$ 和微分指数为 1 的微分代数方程(DAE) |
| decic | | 为 ode15i 计算一致的初始条件 |

odeset 命令为 ODE 和 PDE 求解器创建或修改 options 结构体，其调用格式见表 10-2。

**表 10-2　odeset 命令**

| 调用格式 | 说　明 |
| --- | --- |
| options = odeset(name1,value1,name2,value2,...) | 创建一个参数结构，对指定的参数名进行设置，未设置的参数将使用默认值 |
| options = odeset(oldopts,name1,value1,...) | 对已有的参数结构 oldopts 进行修改 |
| options = odeset(oldopts,newopts) | 将已有的参数结构 oldopts 完整转换为 newopts |
| odeset | 显示所有参数的可能值与默认值 |

options 的设置参数见表 10-3。

**表 10-3　options 的设置参数**

| 参　　数 | 说　　明 |
|---|---|
| RelTol | 求解方程允许的相对误差 |
| AbsTol | 求解方程允许的绝对误差 |
| Refine | 解细化因子。该因子决定每步中应增加的输出点数 |
| OutputFcn | 一个带有输入函数名的字符串，将在求解函数的每一步被调用，包括 odephas2（二维相位图）、odephas3（三维相位图）、odeplot（解图形）、odeprint（中间结果） |
| OutputSel | 整型变量，定义应传递的元素，尤其是传递给 OutputFcn 的元素 |
| Stats | 若为 ‘on’，统计并显示计算过程中的资源消耗 |
| Events | 事件函数 |
| Jacobian | 若要编写 ODE 文件返回 d*F*/d*y*，设置为 ‘on’ |
| Jpattern | 若要编写 ODE 文件返回带零的稀疏矩阵并输出 d*F*/d*y*，设置为 ‘on’ |
| Vectorized | 若要编写 ODE 文件返回 [*F*(*t*,*y*1) *F*(*t*,*y*2)⋯]，设置为 ‘on’ |
| Mass | 若要编写 ODE 文件返回 *M* 和 *M*(*t*)，设置为 ‘on’ |
| MaxStep | 定义算法使用的区间长度上限 |
| MStateDependence | 质量矩阵的状态依赖性，包括 ‘weak’（默认）、‘none’、‘strong’ |
| MassSingular | 奇异质量矩阵切换，包括 ‘maybe’（默认）、‘yes’、‘no’ |
| MvPattern | 质量矩阵的稀疏模式 |
| InitialSlope | 一致初始斜率 |
| MaxOrder | 定义 ode15s、ode15i 的最高阶数，应为 1 ~ 5 的整数 |
| BDF | 若要倒推微分公式，设置为 ‘on’。仅用于 ode15s |
| NormControl | 根据范数控制误差 |
| NonNegative | |

**例 10-3**：利用 R-K 方法求解方程 $\begin{cases} y' = 2t \\ y(0) = 0 \end{cases}$ $(0 < x < 5)$。

**解**：MATLAB 程序如下：

```
>> close all    % 关闭当前已打开的文件
>> clear        % 清除工作区的变量
>> tspan = [0 5];   %定义积分区间
>> y0 = 0;
>> [t,y] = ode45(@(t,y) 2*t, tspan, y0)%求微分方程在积分区间上的积分，初始条件为0
t =            %求值点
        0
   0.1250
   0.2500
   0.3750
   0.5000
   ……
   4.5000
   4.6250
   4.7500
```

```
    4.8750
    5.0000
y =              % 解数组
         0
    0.0156
    0.0625
    0.1406
    0.2500
   ……
   20.2500
   21.3906
   22.5625
   23.7656
   25.0000
```

画图观察解的图形：

```
>> plot(t,y,'-o')    % 使用带圆圈标记的蓝色实线绘制解 y 中的数据在对应求值点 t 的二维线图
```

用方程组的解绘制的图形如图 10-3 所示。

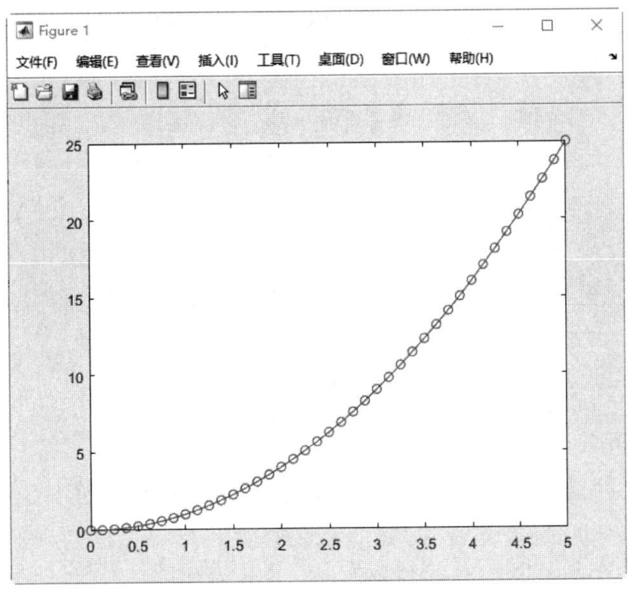


图 10-3　方程组的解

**例 10-4**：利用 R-K 方法对方程 $\begin{cases} y' = y - \dfrac{2x}{y} \\ y(0) = 1 \end{cases}$ $(0 < x < 1)$ 进行求解。

**解**：首先将方程建立为一个 M 文件 rk2.m：

```
function   f=rk2(x,y)         % 声明函数
f=y-2*x/y;                    % 定义微分方程的表达式
```

计算数值解：

```
>> close all     % 关闭当前已打开的文件
>> clear         % 清除工作区的变量
>> [t,x]=ode45(@rk2,[0,1],1)% 求微分方程在积分区间 [0,1] 上的积分，初始条件为 1
t =              % 求值点
        0
   0.0250
   0.0500
   …
   0.9500
   0.9750
   1.0000
x =            % 解数组
   1.0000
   1.0247
   1.0488
   …
   1.7029
   1.7176
   1.7321
```

计算解析解：

```
>> y1=(1+2*t).^0.5               % 计算方程的解析解
y1 =
   1.0000
   1.0247
   1.0488
   …
   1.7029
   1.7176
   1.7321
```

画图观察其计算精度：

```
>> plot(t,x,t,y1,'ro')  % 在求值点分别绘制数值解（默认蓝色实线）和解析解（红色圆圈
标记）
```

结果和图 10-4 所示。从图 10-4 中可以看到，R-K 方法的计算精度很高，数值解和解析解完全重合。

**例 10-5**：在 [0,12] 内求解下列方程：

$$\begin{cases} y_1' = y_2 y_3 & y_1(0)=0 \\ y_2' = -y_1 y_3 & y_2(0)=1 \\ y_3' = -0.51 y_1 y_2 & y_3(0)=1 \end{cases}$$

**解**：创建要求解的方程的 M 文件 rigid.m：

```
function dy = rigid(t,y)                % 声明函数
dy = zeros(3,1);                      % 创建一个 3 行 1 列的全零矩阵，用于存储方程组
```

```
    dy(1) = y(2) * y(3);                  %定义第一个方程
    dy(2) = -y(1) * y(3);                 %定义第二个方程
    dy(3) = -0.51 * y(1) * y(2);              %定义第三个方程
```

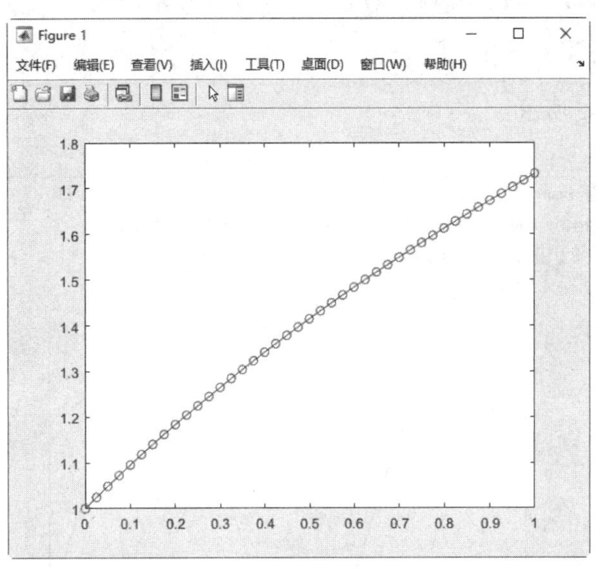


图 10-4　绘制数值解和解析解

在 MATLAB 命令行窗口中对计算用的求解器的误差限进行设置：

```
    >> close all     %关闭当前已打开的文件
    >> clear         %清除工作区的变量
    >> options = odeset('RelTol',1e-4,'AbsTol',[1e-4 1e-4 1e-5]);              %设置
相对误差容限为正标量 1e-4，绝对误差容限为向量 [1e-4 1e-4 1e-5]
    >> [T,Y] = ode45('rigid',[0 12],[0 1 1],options)      %在指定的误差阈值内
求微分方程组在积分区间 [0,12] 上的积分，初始条件为 [0 1 1]
    T =                  %求值点
             0
        0.0317
        0.0634
        0.0951
       ……
       11.7710
       11.8473
       11.9237
       12.0000
    Y =                  %解数组
             0    1.0000    1.0000
        0.0317    0.9995    0.9997
        0.0633    0.9980    0.9990
        0.0949    0.9955    0.9977
      ……
       -0.5472   -0.8373    0.9207
```

```
    -0.6041    -0.7972     0.9024
    -0.6570    -0.7542     0.8833
    -0.7058    -0.7087     0.8639
>> plot(T,Y(:,1),'b-',T,Y(:,2),'r-.',T,Y(:,3),'m.')        %在求值点绘制方程组解的曲线
>> legend('y_1','y_2','y_3')
```

结果图像如图 10-5 所示。

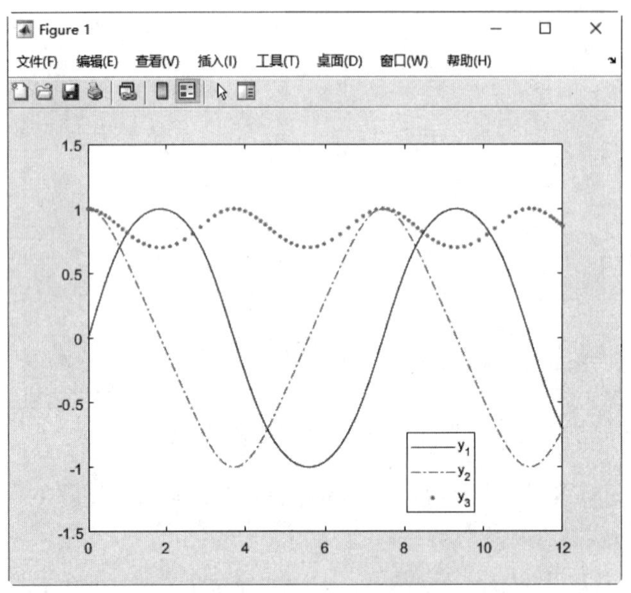


图 10-5　绘制方程组解的曲线

### 10.1.3　龙格 – 库塔 (Runge-Kutta) 方法解刚性问题

在求解常微分方程组的时候，经常出现解的分量数量级别差别很大的情形，给数值求解带来很大的困难。这种问题称为刚性问题，常见于化学反应、自动控制等领域。

**例 10-6：** 求解方程 $y''+1000(y^2-1)y'+y=0$，初值为 $y(0)=0, y'(0)=1$。

**解：** 这是一个处在松弛振荡的范德波尔 (Van Der Pol) 方程。首先要将该方程进行标准化处理，令 $y_1=y, y_2=y'$，有：

$$\begin{cases} y_1' = y_2 & y_1(0)=0 \\ y_2' = 1000(1-y_1^2)y_2 - y_1 & y_2(0)=1 \end{cases}$$

建立该方程组的 M 文件 vdp1000.m：

```
function dy = vdp1000(t,y)        %声明函数
dy = zeros(2,1);            %创建一个 2 行 1 列的全零矩阵，用于存储微分方程组
dy(1) = y(2);          %定义第一个方程
dy(2) =1000*(1 - y(1)^2)*y(2) - y(1);        %定义第二个方程
```

使用 ode15s 函数进行求解：

```
>> close all      % 关闭当前已打开的文件
>> clear          % 清除工作区的变量
>> [T,Y] = ode15s(@vdp1000,[0 3000],[0 1]);          % 求微分方程组在积分区间
[0 3000] 上的积分，初始条件为 [0 1]
>> plot(T,Y(:,1),'-o')  % 使用带圆圈标记的线条绘制解的图像
```

方程的解如图 10-6 所示。

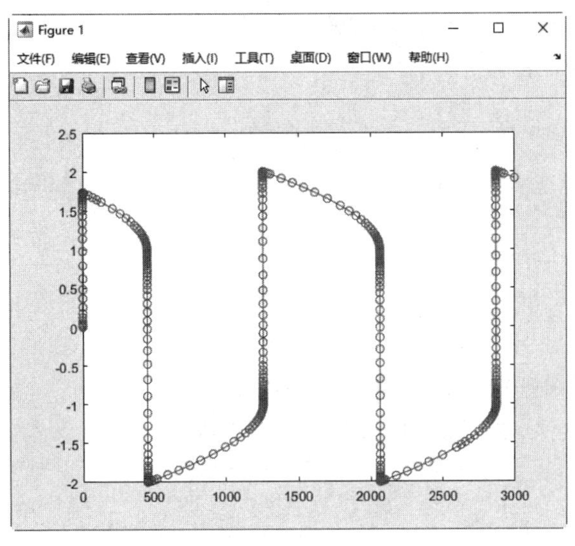


图 10-6　刚性方程解

# 10.2　时滞微分方程的数值解法

时滞微分方程的形式如下：

$$y'(t) = f(t, y(t), y(t-\tau_1), \cdots, y(t-\tau_n))$$

在 MATLAB 中可使用函数 dde23() 来解时滞微分方程。其调用格式如下：

◆ sol=dde23(ddefun,lags,history,tspan) 。ddefun 是代表时滞微分方程的 M 文件函数，ddefun 的格式为 dydt=ddefun(t,y,Z)，其中，$t$ 是当前时间值，$y$ 是列向量，$Z(:,j)$ 代表 $y(t-\tau_n)$，而 $\tau_n$ 值在第二个输入变量 lags($k$) 中存储。history 为 $y$ 在时间 $t_0$ 之前的值，可以有 3 种方式来指定 history：第 1 种是用一个函数 $y(t)$ 来指定 $y$ 在时间 $t_0$ 之前的值；第 2 种是用一个常数向量来指定 $y$ 在时间 $t_0$ 之前的值，这时 $y$ 在时间 $t_0$ 之前的值被认为是常量；第 3 种是以前一时刻的方程解 sol 来指定时间 $t_0$ 之前的值。tspan 是两个元素的向量 $[t_0\ t_f]$，这时函数返回 $t_0 \sim t_f$ 时间范围内的时滞微分方程组的解。

◆ sol=dde23(ddefun,lags,history,tspan,option) option 结构体用于设置解法器的参数，option 结构体可以由函数 ddeset() 来获得。

函数 dde23() 的返回值是一个结构体，它有 7 个属性，其中重要的属性有如下 5 个：

- sol.x，dde23 选择计算的时间点。
- sol.y，在时间点 $x$ 上的解 $y(x)$；
- sol.yp，在时间点 $x$ 上的解的一阶导数 $y'(x)$。
- sol.history，方程初始值。
- sol.solver，解法器的名字‘dde23’。

其他两个属性为 sol.dat 和 sol.discont。

如果需要得到在 $t_0 \sim t_f$ 之间 tint 时刻的解，可以使用函数 deval，其用法为 yint=deval(sol,tint)。其中，yint 是在 tint 时刻的解。

**例 10-7：** 求解如下时滞微分方程组：

$$\begin{cases} y_1' = 2y_1(t-3) + y_2^2(t-1) \\ y_2' = y_1^2(t) + 2y_2(t-2) \end{cases}$$

初始值为

$$\begin{cases} y_1(t) = 2 \\ y_2(t) = t-1 \end{cases} \qquad (t<0)$$

**解：** 首先确定时滞向量 lags，在本例中 lags=[1 3 2]。

然后创建一个 M 文件形式的函数表示时滞微分方程组：

```
%ddefun.m
% 时滞微分方程
function dydt=ddefun(t,y,Z)
dydt=zeros(2,1);
dydt(1)=2*Z(1,2)+Z(2,1).^2;
dydt(2)=y(1).^2+2*Z(2,3);
```

接下来创建一个 M 文件形式的函数表示时滞微分方程组的初始值：

```
%ddefun_history.m
% 时滞微分方程的历史函数
function y=ddefun_history(t)
y=zeros(2,1);
y(1)=2;
y(2)=t-1;
```

最后用 dde23 解时滞微分方程组，并用图形显示解：

```
>> lags=[1 3 2];                                          % 时滞向量
>> sol=dde23(@ddefun, lags, @ddefun_history, [0,1]);    % 解时滞微分方程
>> hold on;
>> plot(sol.x, sol.y(1,:));                                 % 绘图
>> plot(sol.x, sol.y(2,:),'r-.');
>> title(' 时滞微分方程的数值解 ');
>> xlabel('t');
>> ylabel('y');
>> legend('y_1','y_2');
```

结果如图 10-7 所示。

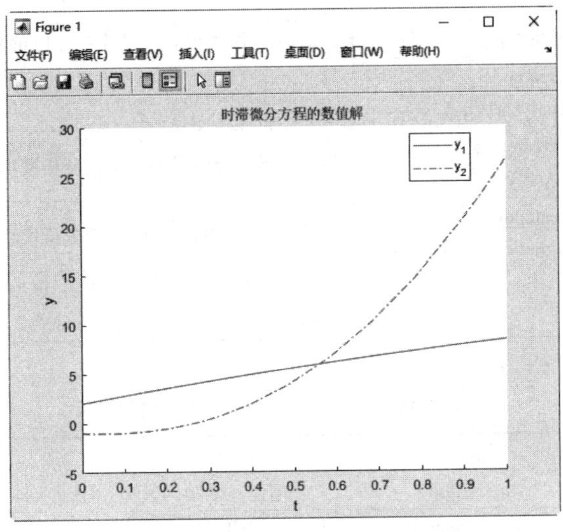


图 10-7　时滞微分方程的数值解

# 10.3　PDE 模型方法

系统自带的 PDEModel 对象文件保存在路径“X:\Program Files\MATLAB\R2022a\ toolbox\ pde”下。其中，X 为 MATLAB 的安装盘符。

PDEModel 对象函数见表 10-4。

**表 10-4　PDEModel 对象函数**

| 函数名称 | 说　明 |
|---|---|
| applyBoundaryCondition | 将边界条件添加到 PDEModel 容器中 |
| generateMesh | 生成三角形或四面体网格 |
| geometryFromEdges | 创建二维几何图形 |
| geometryFromMesh | 从网格创建几何图形 |
| importGeometry | 从 STL 数据导入几何图形 |
| setInitialConditions | 给出初始条件或初始解 |
| specifyCoefficients | 指定 PDE 模型中的特定系数 |
| solvepde | 求解 PDE 模型中指定的 PDE |
| solvepdeeig | 求解 PDEModel 中指定的 PDE 特征值问题 |

## 10.3.1　PDE 模型函数

可通过 createpde 命令创建 PDE 模型。其调用格式见表 10-5。structural 分析类型属性见表 10-6。

表 10-5　createpde 命令

| 调用格式 | 含　　义 |
|---|---|
| model = createpde(N) | 返回一个由 $N$ 个方程组成的 PDE 模型对象 |
| thermalmodel = createpde (“thermal”,ThermalAnalysisType) | 返回指定分析类型的热分析模型 |
| structuralmodel = createpde (“structural”,StructuralAnalysisType) | 返回指定分析类型的结构分析模型 |
| emagmodel = createpde (“electromagnetic”,ElectromagneticAnalysisType) | 返回指定分析类型的电磁分析模型 |
| model = createpde | 创建具有单个因变量的 PDE 模型对象，该语法等价于 model = createpde(1) 和 model = createpde() |

表 10-6　structural 分析类型属性

| 分析类型 | 属性名 | 说　　明 |
|---|---|---|
| static analysis 静态分析 | static-solid | 创建一个结构模型，用于实体（3D）问题的静态分析 |
| | static-planestress | 创建用于平面应力问题静态分析的结构模型 |
| | static-planestrain | 创建用于平面应变问题静态分析的结构模型 |
| | static-axisymmetric | 创建用于静态分析的轴对称（2-D）结构模型 |
| transient analysis 瞬态分析 | transient-solid | 创建用于固体（3D）问题瞬态分析的结构模型 |
| | transient-planestress | 创建用于平面应力问题瞬态分析的结构模型 |
| | transient-planestrain | 为平面应变问题的瞬态分析创建结构模型 |
| | transient-axisymmetric | 创建轴对称（2-D）结构模型以进行瞬态分析 |
| model-solid 模态分析 | model-solid | 创建用于实体（3D）问题模态分析的结构模型 |
| | model-planestress | 创建用于平面应力问题模态分析的结构模型 |
| | model-planestrain | 创建用于平面应变问题模态分析的结构模型 |
| | modal-axisymmetric | 创建轴对称（2-D）结构模型以进行模态分析 |
| frequency response 频率响应分析 | frequency-solid | 为实体（3-D）问题的频率响应分析创建结构模型 |
| | frequency-planestress | 为平面应力问题的频率响应分析创建结构模型 |
| | frequency-planestrain | 为平面应变问题的频率响应分析创建结构模型 |
| | frequency-axisymmetric | 创建用于频率响应分析的轴对称（2-D）结构模型 |

**例 10-8：** 为 3 个方程创建一个 PDE 模型。

**解：** 在命令行窗口输入下面命令：

```
>> close all    % 关闭当前已打开的文件
>> clear        % 清除工作区的变量
>> model = createpde(3)   % 创建一个由 3 个方程组成的 PDE 模型对象
model =
  PDEModel - 属性：
          PDESystemSize: 3
        IsTimeDependent: 0
               Geometry: []
   EquationCoefficients: []
     BoundaryConditions: []
      InitialConditions: []
```

```
                Mesh: []
       SolverOptions: [1×1 pde.PDESolverOptions]
```

**例 10-9**：创建用于求解平面应变（2D）问题的模态分析结构模型。

**解**：在命令行窗口输入下面的命令：

```
>> modalStructural = createpde('structural','modal-planestrain')% 创建用于
平面应变问题模态分析的结构模型
modalStructural =
  StructuralModel - 属性：
             AnalysisType: "modal-planestrain"
                 Geometry: []
       MaterialProperties: []
       BoundaryConditions: []
  SuperelementInterfaces: []
                     Mesh: []
            SolverOptions: [1×1 pde.PDESolverOptions]
```

## 10.3.2　几何图形

1. decsg 命令

使用 decsg 命令将构造性实体二维几何图形分解成最小区域，其调用格式见表 10-7。

**表 10-7　decsg 命令**

| 调用格式 | 说　　明 |
| --- | --- |
| dl = decsg(gd,sf,ns) | 将几何图形的描述矩阵 gd 分解成几何矩阵 dl，并返回满足集合公式 sf 的最小区域。名称空间矩阵 ns 是一个文本矩阵，它将 gd 中的列与 sf 中的变量名相关联 |
| dl = decsg(gd) | 返回所有最小区域几何矩阵 dl |
| [dl,bt] = decsg(⋯) | 创建一个将原始形状与最小区域相关联的布尔矩阵。bt 中的列对应于 gd 中具有相同索引的列。bt 中的一行对应于最小区域的索引。可以使用 bt 来移除子域之间的边界 |

2. geometryFromEdges 命令

使用 geometryFromEdges 命令可创建二维几何图形，其调用格式见表 10-8。

**表 10-8　geometryFromEdges 命令**

| 调用格式 | 含　　义 |
| --- | --- |
| geometryFromEdges(model,g) | 从 g 中的几何文件创建几何图形，并将几何包含在模型文件中 |
| pg = geometryFromEdges(model,g) | 将模型文件、几何图形返回到 MATLAB 工作区 |

3. pdegplot 命令

pdegplot 命令用于绘制 PDE 几何图形，其调用格式见表 10-9。

**表 10-9　pdegplot 命令**

| 调用格式 | 说　　明 |
| --- | --- |
| pdegplot(g) | 绘制 PDE 模型中的几何形状 |
| pdegplot(g,Name,Value) | 在上一语法格式基础上，指定几何形状的属性 |
| h = pdegplot(⋯) | 返回绘制的形状句柄 |

**例 10-10**：绘制热传导网格图。

**解**：在命令行窗口输入下面命令：

```
>> close all          % 关闭当前已打开的文件
>> clear              % 清除工作区的变量
>> thermalmodel = createpde('thermal','transient');   % 创建热分析模型，分析类型为瞬态分析
>> SQ1 = [3; 4; 0; 3; 3; 0; 0; 0; 3; 3];   % 创建一个矩形
>> D1 = [2; 4; 0.5; 1.5; 2.5; 1.5; 1.5; 0.5; 1.5; 2.5]; % 创建一个多边形
>> gd = [SQ1 D1];   % 将形状数组 SQ1 和 D1 作为矩阵中的列，创建几何描述矩阵
>> sf = 'SQ1+D1';   % 创建集合公式。该公司是一个包含形状名称的字符串，对两个集合进行并集运算
>> ns = char('SQ1','D1');   % 将输入的字符数组转换为单个字符数组中的行
>> ns = ns';    % 创建名字空间矩阵。该矩阵是一个将 gd 中的列与 sf 中的变量名相关联的文本矩阵
>> dl = decsg(gd,sf,ns);        % 将几何描述矩阵 gd 分解为几何矩阵 dl，并返回满足集合公式 sf 的最小区域
>> geometryFromEdges(thermalmodel,dl);% 将 dl 作为二维几何边界添加到模型中
>> pdegplot(thermalmodel,'EdgeLabels','on','FaceLabels','on')% 绘制模型网格图，并显示边界标签和面标签
>> xlim([-1.5 4.5])       % 设置 x 轴的范围
>> ylim([-0.5 3.5])       % 设置 y 轴的范围
>> axis equal             % 沿每个坐标轴使用相同的数据单位长度
```

运行结果如图 10-8 所示。

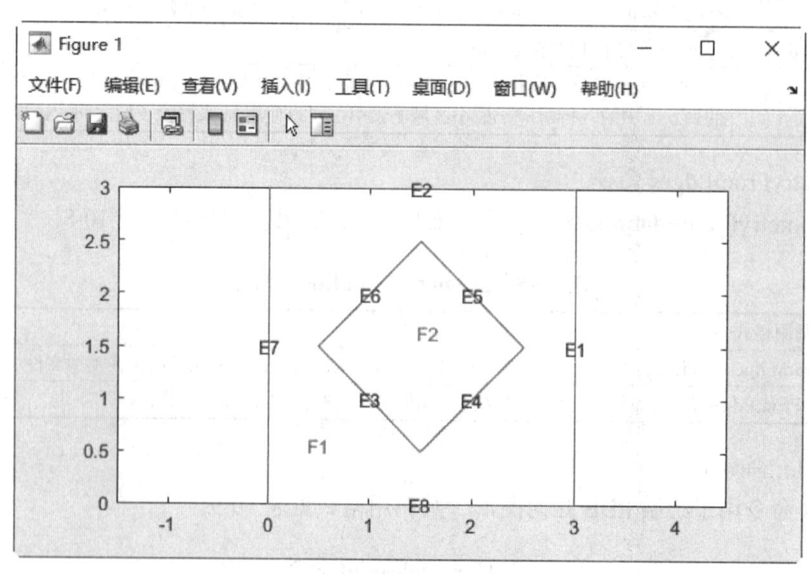


图 10-8　绘制热传导网格图

4. geometryFromMesh 命令

使用 geometryFromMesh 命令可从网格创建几何图形。其调用格式见表 10-10。

**表 10-10　geometryFromMesh 命令**

| 调用格式 | 说　明 |
| --- | --- |
| geometryFromMesh(model,nodes,elements) | 在模型中创建几何形状。elements，指定为具有 3、4、6 或 10 行的整数矩阵，列数为网格中的元素数量 |
| geometryFromMesh(model,nodes,elements, ElementIDToRegionID) | ElementIDToRegionID 为网格的每个元素指定子域 IDs |
| [G,mesh] = geometryFromMesh(model,nodes,elements) | 返回模型中的几何图形句柄 G 和网格句柄 mesh |

**例 10-11：** 绘制四面体网格模型。

**解：** 在命令行窗口输入下面命令：

```
>> close all      % 关闭当前已打开的文件
>> clear          % 清除工作区的变量
>> load tetmesh     % 加载四面体网格到工作区，包含数据 X、tet
>> nodes = X';      % 输入网格节点值
>> elements = tet';     % 输入网格元素值。elements 是一个整数矩阵
>> model = createpde();     % 创建模型文件
>> geometryFromMesh(model,nodes,elements);    % 从三角网格创建几何图形
>> pdegplot(model,'EdgeLabels','on')     % 绘制四面体，显示边标签
```

运行结果如图 10-9 所示。

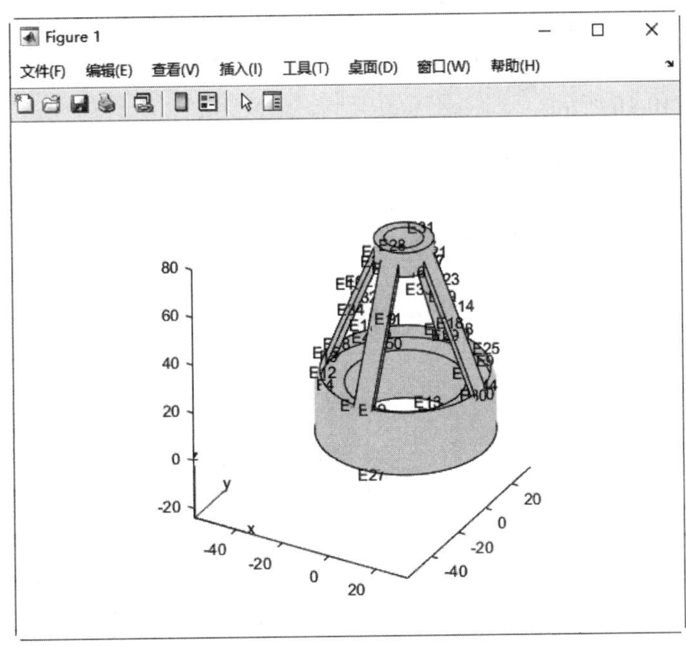


图 10-9　绘制四面体网格模型

5. importGeometry 命令

importGeometry 命令用于从 STL 文件创建几何图形，其调用格式见表 10-11。

表 10-11　importGeometry 命令

| 调用格式 | 说　明 |
| --- | --- |
| importGeometry(model,⋯) | 从指定的 STL 几何文件创建几何图形，并将几何包含在模型文件中 |
| gd = importGeometry(geometryfile) | 从指定的 STL 文件创建几何图形 |
| gd = importGeometry(model,geometryfile) | 在第一种调用格式的基础上返回几何图形 |
| ⋯ = importGeometry(⋯,Name=Value) | 使用一个或多个名称值参数创建几何体对象 |

**例 10-12：** 绘制四面体。

**解：** 在命令行窗口输入下面命令：

```
>> close all     % 关闭当前已打开的文件
>> clear         % 清除工作区的变量
>> model = createpde;  % 创建一个默认的 PDE 模型，方程数量为 1
>> importGeometry (model,'Tetrahedron.stl') % 创建几何图形
ans =

  DiscreteGeometry - 属性：

        NumCells: 1
        NumFaces: 4
        NumEdges: 6
     NumVertices: 4
        Vertices: [4×3 double]
>> pdegplot(model,'EdgeLabels','on')    %绘制四面体，显示边标签
```

运行结果如图 10-10 所示。

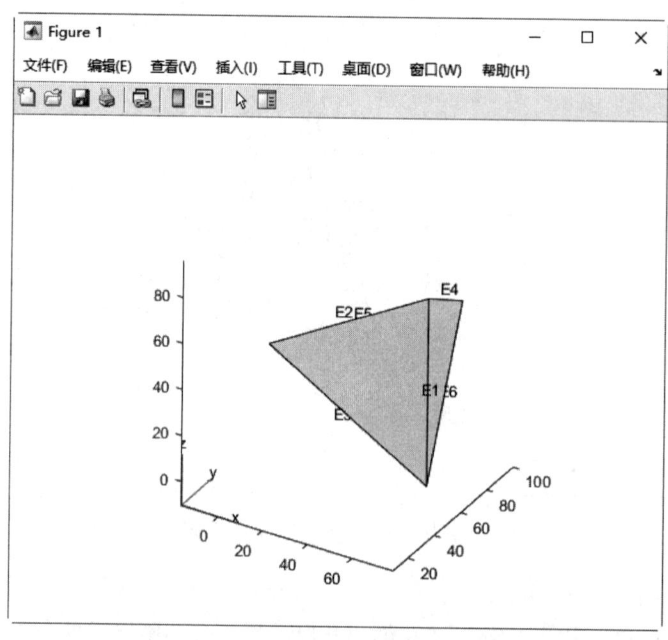


图 10-10　绘制四面体

### 10.3.3　网格图

本节将介绍创建网格数据、绘制网格图的命令。

1. generateMesh 命令

创建网格数据可以通过 generateMesh 命令来实现。利用 generateMesh 命令可以创建三角形或四面体网格，其调用格式见表 10-12。

**表 10-12　generateMesh 命令**

| 调用格式 | 说　明 |
|---|---|
| fegeometry = generateMesh(fegeometry) | 为存储在 fegeometry 对象中的几何体创建网格 |
| generateMesh(model) | 创建网格并将其存储在模型对象中，模型必须包含几何图形。其中 model 可以是一个分解几何矩阵，还可以是 M 文件 |
| generateMesh(model,Name,Value) | 在上面命令功能的基础上加上属性设置。表 10-13 给出了属性名及相应的属性值、默认值、说明 |
| mesh = generateMesh(···) | 使用前面的任何语法将网格返回到 MATLAB 工作区 |

**表 10-13　generateMesh 属性名及属性值**

| 属性名 | 属性值 | 默认值 | 说明 |
|---|---|---|---|
| GeometricOrder | quadratic\|linear | quadratic | 几何秩序 |
| Hmax | 正实数 | 估计值 | 边界的最大尺寸 |
| Hgrad | 数值 [1,2] | 1.5 | 网格增长比率 |
| Hmin | 非负实数 | 估计值 | 边界的最小尺寸 |
| Hface | 单元格数组 | | 选定面上的目标尺寸 |
| Hedge | 单元格数组 | | 选定边界周围的目标大小 |
| Hvertex | 单元格数组 | | 选定顶点周围的目标大小 |

2. pdemesh 命令

在得到网格数据后，可以利用 pdemesh 命令来绘制 PDE 网格图。其调用格式见表 10-14。

**表 10-14　pdemesh 命令**

| 调用格式 | 说　明 |
|---|---|
| pdemesh(model) | 绘制包含在 PDEModel 类型的二维或三维模型对象中的网格 |
| pdemesh(fegeometry) | 绘制由 fegeometry 对象的 mesh 属性表示的网格 |
| pdemesh(mesh) | 绘制定义为 PDEModel 类型的二维或三维模型对象的网格属性的网格 |
| pdemesh(nodes,elements) | 绘制由节点和元素定义的网格 |
| pdemesh(model,u) | 用网格图绘制模型或三角形数据 $u$。仅适用于二维几何图形 |
| pdemesh(···Name,Value) | 通过参数来绘制网格 |
| pdemesh(p,e,t) | 绘制由网格数据 $p$、$e$、$t$ 指定的网格图 |
| pdemesh(p,e,t,u) | 用网格图绘制节点或三角形数据 $u$。若 $u$ 是列向量，则组装节点数据；若 $u$ 是行向量，则组装三角形数据 |
| h= pdemesh(···) | 绘制网格数据，并返回一个轴对象句柄 |

**例 10-13**：绘制 L 形膜的网格图。

**解**：在命令行窗口输入下面的命令：

```
>> close all        % 关闭当前已打开的文件
>> clear            % 清除工作区的变量
>> model = createpde;   % 创建一个 PDE 模型对象，方程的数量为 1
>> geometryFromEdges(model,@lshapeg);   %  根据指定模型表示的二维几何创建模型对象的几何图形
>> mesh=generateMesh(model);   % 生成模型网格数据
>> subplot(2,2,1),pdemesh(mesh.Nodes,mesh.Elements),title('元素节点网格图')   % 使用网格的节点和元素绘制模型网格图
>> subplot(2,2,2), pdemesh(mesh),title('网格数据网格图')% 使用网格数据绘制网格图
>> subplot(2,2,3), pdemesh(model),title('模型网格图')
>> subplot(2,2,4),pdemesh(model,'ElementLabels','on') ,title('元素网格图')    % 显示元素标签
>> xlim([-0.4,0.4])  % 调整坐标轴范围，放大特定元素
>> ylim([-0.4,0.4])
```

运行结果如图 10-11 所示。

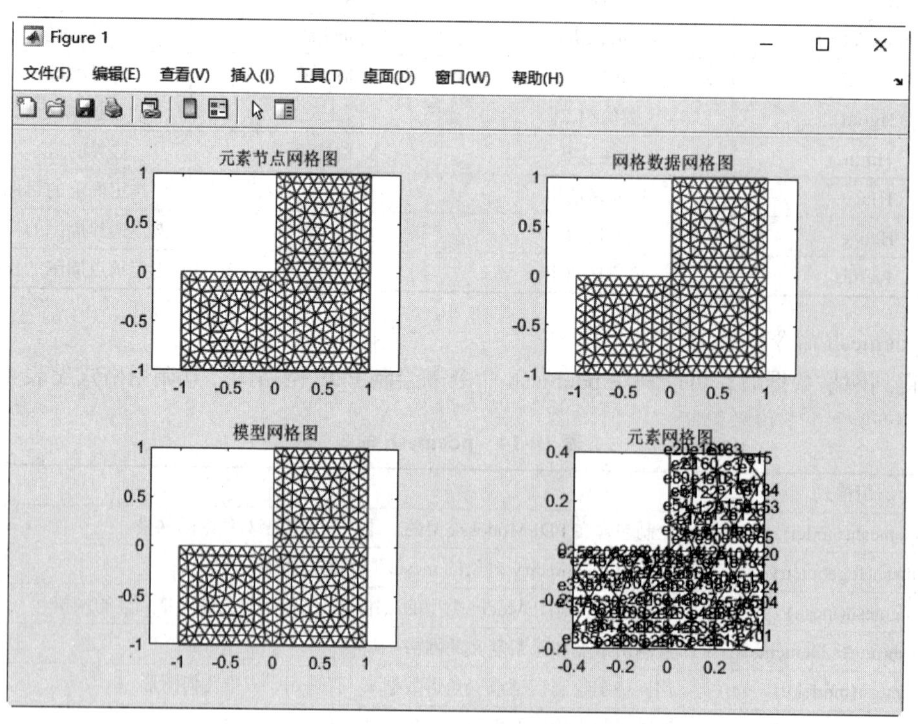


图 10-11　绘制 L 形膜的网格图

3. pdeplot 与 pdeplot3D 命令

这两个命令分别用于绘制二维和三维 PDE 网格或结果，调用格式基本相同，pdeplot 命令的调用格式见表 10-15。

表 10-15　pdeplot 命令

| 调用格式 | 说　明 |
|---|---|
| pdeplot(model,“XYData”,results.NodalSolution) | 使用默认的颜色图 jet 将模型 model 的节点解绘制为彩色曲面图 |
| pdeplot(model,“XYData”,results.Temperature,“ColorMap”,“hot”) | 使用 hot 颜色图将 2-D 热分析模型在节点处的温度绘制为有色曲面 |
| pdeplot(model,“XYData”,results.VonMisesStress,“Deformation”,results.Displacement) | 绘制 2D 结构分析模型的范式等效应力并显示变形图 |
| pdeplot(model,“XYData”,results.ModeShapes.ux) | 绘制 2D 结构分析模型模态位移的 $x$ 分量 |
| pdeplot(model,“XYData”,results. ElectricPotential) | 绘制了二维静电分析问题节点位置的电势 |
| pdeplot(model) | 绘制模型中指定的网格 |
| pdeplot(mesh) | 绘制定义为 PDEModel 类型的二维模型对象的网格属性的网格 |
| pdeplot(nodes,elements) | 绘制由节点和元素定义的二维网格 |
| pdeplot(…,Name,Value ) | 通过参数来绘制网格 |
| pdeplot (p,e,t) | 绘制由网格数据 $p$、$e$、$t$ 指定的网格图 |
| h= pdeplot(…) | 在以上任一语法格式的基础上，返回图形句柄 |

**例 10-14：**绘制不同网格数的网格图。

**解：**在命令行窗口输入下面命令：

```
>> close all      % 关闭当前已打开的文件
>> clear          % 清除工作区的变量
>> model = createpde(1);    % 创建一个 PDE 模型对象，方程的数量为 1
>> importGeometry(model,'BracketTwoHoles.stl');    % 导入两孔托架模型
>> generateMesh(model) % 创建模型网格
ans =
  FEMesh - 属性:
              Nodes: [3×10003 double]
           Elements: [10×5774 double]
     MaxElementSize: 9.7980
     MinElementSize: 4.8990
      MeshGradation: 1.5000
     GeometricOrder: 'quadratic'

>> subplot(121),pdeplot3D(model),title('默认网格数网格图');% 绘制模型并添加
标题
>> generateMesh(model,'Hmax',5)      % 创建最大网格边长度为 5 的网格
ans =
  FEMesh - 属性:
              Nodes: [3×66965 double]
           Elements: [10×44080 double]
     MaxElementSize: 5
     MinElementSize: 2.5000
      MeshGradation: 1.5000
     GeometricOrder: 'quadratic'
```

```
>> subplot(122),pdeplot3D(model), title('最大网格边长度为 5 的网格图');% 绘制模型网格并添加标题
```

运行结果如图 10-12 所示。

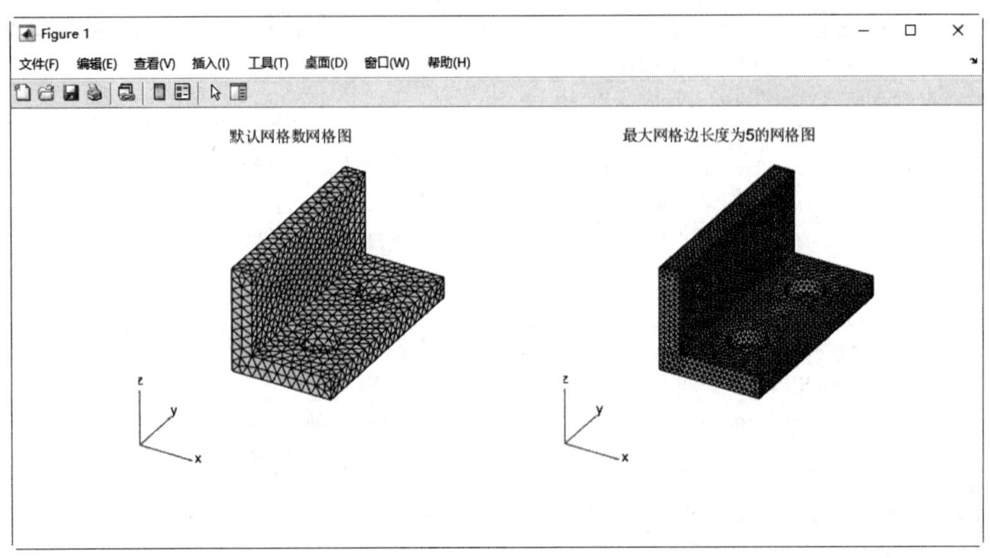


图 10-12　绘制网格图

# 10.4　求解偏微分方程

偏微分方程（PDE）在 19 世纪得到迅速发展，那时的许多数学家都对数学物理问题的解决做出了贡献。到现在，偏微分方程已经是工程及理论研究不可或缺的数学工具（尤其是在物理学中），因此解偏微分方程也成了工程计算中的一部分。本节将主要讲述如何利用 MATLAB 来求解一些常用的偏微分方程问题。

## 10.4.1　偏微分方程介绍

为了更加清楚地讲述后面的内容，这里先对偏微分方程做一个简单的介绍。MATLAB 可以求解的偏微分方程类型如下：

- 椭圆型：

$$-\nabla\cdot(c\nabla u)+au=f \quad (10\text{-}1)$$

式中，$u=u(x,y)$，$(x,y)\in\Omega$，$\Omega$ 是平面上的有界区域；$c$、$a$、$f$ 是标量复函数形式的系数。

- 抛物型：

$$d\frac{\partial u}{\partial t}-\nabla\cdot(c\nabla u)+au=f \quad (10\text{-}2)$$

式中，$u=u(x,y)$，$(x,y)\in\Omega$，$\Omega$ 是平面上的有界区域；$c$、$a$、$f$、$d$ 是标量复函数形式的系数。

- 双曲型：

$$d\frac{\partial^2 u}{\partial t^2}-\nabla\cdot(c\nabla u)+au=f \quad (10\text{-}3)$$

式中，$u=u(x,y)$，$(x,y)\in\Omega$，$\Omega$是平面上的有界区域；$c$、$a$、$f$、$d$ 是标量复函数形式的系数。

- 特征值方程：

$$-\nabla\cdot(c\nabla u)+au=\lambda du \quad (10\text{-}4)$$

式中，$u=u(x,y)$，$(x,y)\in\Omega$，$\Omega$是平面上的有界区域；$\lambda$是待求特征值；$c$、$a$、$d$是标量复函数形式的系数。

➘ 非线性椭圆型：

$$-\nabla\cdot(c(u)\nabla u)+a(u)u=f(u) \tag{10-5}$$

式中，$u=u(x,y)$，$(x,y)\in\Omega$，$\Omega$是平面上的有界区域；$c$、$a$、$f$是关于$u$的函数。

此外，MATLAB 还可以求解下面形式的偏微分方程组：

$$\begin{cases}-\nabla\cdot(c_{11}\nabla u_1)-\nabla\cdot(c_{12}\nabla u_2)+a_{11}u_1+a_{12}u_2=f_1\\-\nabla\cdot(c_{21}\nabla u_1)-\nabla\cdot(c_{22}\nabla u_2)+a_{21}u_1+a_{22}u_2=f_2\end{cases} \tag{10-6}$$

边界条件是解偏微分方程所不可缺少的，常用的边界条件有以下几种：

➘ 狄利克雷 (Dirichlet) 边界条件：$hu=r$。

➘ 诺依曼 (Neumann) 边界条件：$n\cdot(c\nabla u)+qu=g$。

其中，$n$为边界 $(\partial\Omega)$ 外法向单位向量，$g$、$q$、$h$、$r$是在边界 $(\partial\Omega)$ 上定义的函数。

在有的偏微分参考书中，狄利克雷边界条件也称为第一类边界条件，诺依曼边界条件也称为第三类边界条件，如果$q=0$，则称为第二类边界条件。对于特征值问题，仅限于齐次条件：$g=0$，$r=0$；对于非线性情况，系数$g$、$q$、$h$、$r$可以与$u$有关；对于抛物型与双曲型偏微分方程，系数可以是关于$t$的函数。

对于偏微分方程组，狄利克雷边界条件为：

$$\begin{cases}h_{11}u_1+h_{12}u_2=r_1\\h_{21}u_1+h_{22}u_2=r_2\end{cases}$$

诺依曼边界条件为

$$\begin{cases}n\cdot(c_{11}\nabla u_1)+n\cdot(c_{12}\nabla u_2)+q_{11}u_1+q_{12}u_2=g_1\\n\cdot(c_{21}\nabla u_1)+n\cdot(c_{22}\nabla u_2)+q_{21}u_1+q_{22}u_2=g_2\end{cases}$$

混合边界条件为

$$\begin{cases}n\cdot(c_{11}\nabla u_1)+n\cdot(c_{12}\nabla u_2)+q_{11}u_1+q_{12}u_2=g_1+h_{11}\mu\\n\cdot(c_{21}\nabla u_1)+n\cdot(c_{22}\nabla u_2)+q_{21}u_1+q_{22}u_2=g_2+h_{21}\mu\end{cases}$$

其中，$\mu$的计算要使得狄利克雷条件满足。

### 10.4.2　区域设置及网格化

在利用 MATLAB 求解偏微分方程时，可以利用 M 文件来创建偏微分方程定义的区域，如果该 M 文件名为 pdegeom，则它的编写要满足下面的法则。

1）该 M 文件必须能用下面的 3 种调用格式：

◆ ne=pdegeom

◆ d=pdegeom(bs)

◆ [x,y]=pdegeom(bs,s)

2）输入变量 *bs* 是指定的边界线段，*s* 是相应线段弧长的近似值。

3）输出变量 *ne* 表示几何区域边界的线段数。

4）输出变量 $d$ 是一个区域边界数据的矩阵。

5）$d$ 的第 1 行是每条线段起始点的值；第 2 行是每条线段结束点的值；第 3 行是沿线段方向左边区域的标识值，如果标识值为 1，则表示选定左边区域，如果标识值为 0，则表示不选左边区域；第 4 行是沿线段方向右边区域的值，其规则同上。

6）输出变量 $[x,y]$ 是每条线段的起点和终点所对应的坐标。

**例 10-15：** 定义心形线区域。

定义一个心形线所围区域的 M 文件，心形线的函数表达式为

$$r = 2(1 + \cos\phi)$$

**解：** 将这条心形线分为 4 段：第一段的起点为 $\phi = 0$，终点为 $\phi = \pi/2$；第 2 段的起点为 $\phi = \pi/2$，终点为 $\phi = \pi$；第 3 段的起点为 $\phi = \pi$，终点为 $\phi = 3\pi/2$；第 4 段起点为 $\phi = 3\pi/2$，终点为 $\phi = 2\pi$。

完整的 M 文件 cardg.m 如下：

```
function [x,y]=cardg(bs,s)
%此函数用来编写心形线所围成的区域
nbs=4;
if nargin==0                                                  %如果没有输入参数
  x=nbs;
  return
end
dl=[  0       pi/2    pi        3*pi/2
      pi/2    pi      3*pi/2    2*pi;
            1       1       1         1
            0       0       0         0];

if nargin==1                                                 %如果只有一个输入参数
  x=dl(:,bs);
  return
end

x=zeros(size(s));
y=zeros(size(s));
[m,n]=size(bs);
if m==1 & n==1,
  bs=bs*ones(size(s));                                       %扩展 bs
elseif m ~ =size(s,1) | n ~ =size(s,2),
  error('bs must be scalar or of same size as s');
end

nth=400;


th=linspace(0,2*pi,nth);
r=2*(1+cos(th));
```

```
xt=r.*cos(th);
yt=r.*sin(th);
th=pdearcl(th,[xt;yt],s,0,2*pi);
r=2*(1+cos(th));
x(:)=r.*cos(th);
y(:)=r.*sin(th);
```

为了验证所编 M 文件的正确性，可在 MATLAB 的命令行窗口输入以下命令：

```
>> nd=cardg
nd =
     4
>> d=cardg([1 2 3 4])
d =
         0    1.5708    3.1416    4.7124
    1.5708    3.1416    4.7124    6.2832
    1.0000    1.0000    1.0000    1.0000
         0         0         0         0
>> [x,y]=cardg([1 2 3 4],[2 1 1 2])
x =
    0.4506    2.8663    2.8663    0.4506
y =
    2.3358    2.1694    2.1694    2.3358
```

**例 10-16：** 绘制心形线网格区域。

绘制心形线所围区域，观察修改边界尺寸、几何秩序和增长率后与原网格的区别。

**解：** MATLAB 程序如下：

```
>> model = createpde;                           % 创建一个由 1 个方程组成的系统的 PDE
模型对象
>> geometryFromEdges(model,@cardg);             % 根据自定义函数 cardg 的几何形
状创建模型对象的几何图形
>> mesh1=generateMesh(model);                   % 创建模型对象的网格数据
>> subplot(2,2,1),pdemesh(mesh1)                % 根据模型数据绘制模型的网格图
>> title('初始网格图')
>> mesh2=generateMesh(model,'Hmax',2);          % 修改边界的最大尺寸
>> subplot(2,2,2),pdemesh(mesh2)                % 绘制网格图
>> title('修改网格边界最大值')
>> mesh3=generateMesh(model,'Hmin',2);          % 修改网格边界最小值
>> subplot(2,2,3),pdemesh(mesh3),title('修改网格边界最小值')
>> mesh4=generateMesh(model,
'Hmax',2,'GeometricOrder','linear','Hgrad',1);
% 修改网格边界最大尺寸、几何秩序和增长率
>> subplot(2,2,4),pdemesh(mesh4)                % 绘制网格图
>> title('修改边界最大尺寸、几何秩序和增长率')
```

运行结果如图 10-13 所示。

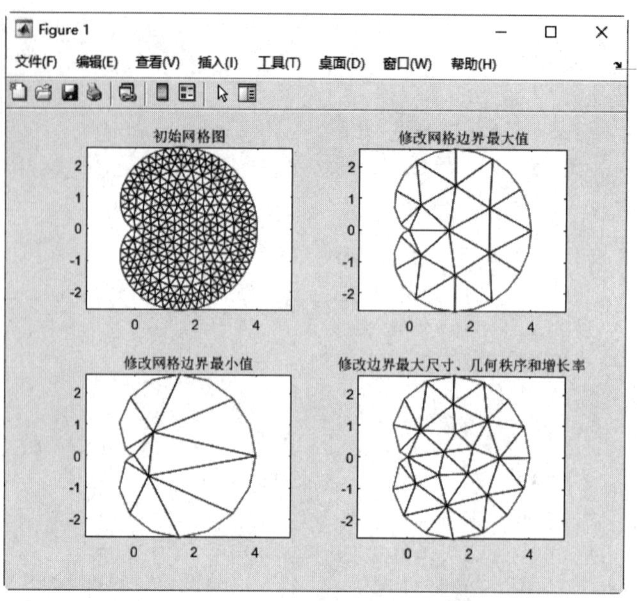


图 10-13　绘制心形线网格区域

### 10.4.3　设置边界条件

前面介绍了区域的 M 文件编写及网格化，本节讲解边界条件的设置。边界条件的一般形式为

$$hu = r$$

$$n \cdot (c \otimes \nabla u) + qu = g + h'\mu$$

其中，符号 $n \cdot (c \otimes \nabla u)$ 表示 $N \times 1$ 矩阵，其第 $i$ 行元素为：

$$\sum_{j=1}^{n}\left(\cos(\alpha)c_{i,j,1,1}\frac{\partial}{\partial x}+\cos(\alpha)c_{i,j,1,2}\frac{\partial}{\partial y}+\sin(\alpha)c_{i,j,2,1}\frac{\partial}{\partial x}+\sin(\alpha)c_{i,j,2,2}\frac{\partial}{\partial y}\right)u_j$$

$n = (\cos\alpha, \sin\alpha)$ 是外法线方向。

可以使用 applyBoundaryCondition 命令来创建边界条件。其调用格式见表 10-16。

**表 10-16　applyBoundaryCondition 命令**

| 调用格式 | 说　明 |
| --- | --- |
| applyBoundaryCondition(model,‘dirichlet’, RegionType,RegionID,Name,Value) | 向模型中添加一个 Dirichlet 边界条件 |
| applyBoundaryCondition(model,‘neumann’, RegionType,RegionID,Name,Value) | 将 Neumann 边界条件添加到模型中 |
| applyBoundaryCondition(model,‘mixed’, RegionType,RegionID,Name,Value) | 为 PDEs 系统中的每个方程添加一个单独的边界条件 |
| bc = applyBoundaryCondition(···) | 返回边界条件对象 |

**例 10-17：** 绘制阻尼挂载不同边界条件的网格图。

**解**：在命令行窗口输入下面的命令：

```
>> close all        % 关闭当前已打开的文件
>> clear            % 清除工作区的变量
>> model = createpde(1);   % 创建 PDE 模型
>> importGeometry(model,'DampingMounts.stl');      % 从指定的 STL 数据中导入几何形状
>> pdegplot(model,'FaceLabels','on','FaceAlpha',0.2)   % 绘制模型，并查看面标签，如图 10-14 所示
>> applyBoundaryCondition(model,'dirichlet','Face',1:4,'u',0);  % 在编号为 1 ~ 4 的面上设置零 Dirichlet 条件
>> applyBoundaryCondition(model,'neumann','Face',5:8,'g',1);%  在面 5~ 面 8 上设置 Neumann 边界条件
>> applyBoundaryCondition(model,'neumann','Face',9:12,'g',-1);%  在面 9~ 面 12 上设置符号相反的 Neumann 边界条件
>> applyBoundaryCondition(model,'dirichlet','Face',13:16,'r',1);  % 在面 13~ 面 16 上设置 Dirichlet 条件
>> specifyCoefficients(model,'m',0,'d',0,'c',1,'a',0,'f',0);  % 指定模型表示的微分方程的系数
>> generateMesh(model); % 生成模型网格数据
>> results = solvepde(model);       % 求解模型表示的微分方程的解
>> u = results.NodalSolution;       % 网格节点处的解向量或数组
>> pdeplot3D(model,'ColorMapData',u)     % 绘制解的三维表面网格图
```

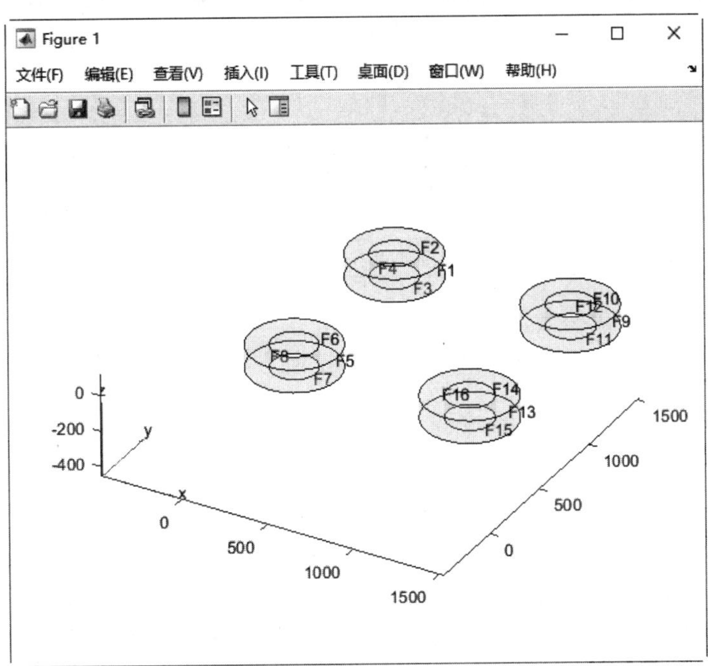


图 10-14　显示模型的面标签

运行结果如图 10-15 所示。

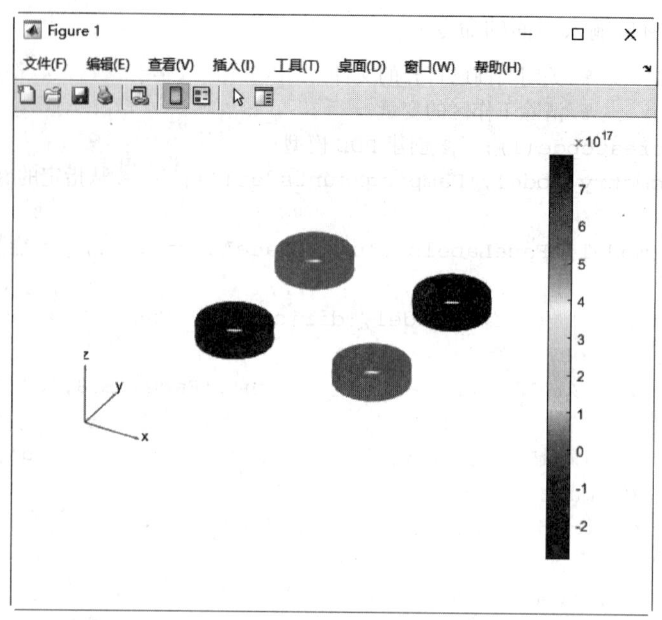


图 10-15　绘制不同边界条件的网格图

### 10.4.4　PDE 求解

对于椭圆型偏微分方程或相应方程组，可以利用 solvepde 命令进行求解。其调用格式见表 10-17。求解双曲线型和抛物线型偏微分方程或相应方程组也可以利用 solvepde 命令进行求解。

**表 10-17　solvepde 命令**

| 调用格式 | 说　明 |
|---|---|
| result = solvepde(model) | 返回模型表达的稳态偏微分方程的解 |
| result = solvepde(model,tlist) | 返回模型表达的时间相关的偏微分方程的解。tlist 必须是单调递增或递减的向量 |

**例 10-18**：求解拉普拉斯方程。

利用 solvepde 命令求解扇形区域上的拉普拉斯方程，其在弧上满足狄利克雷条件 $u = \cos\frac{2}{3} * a\tan 2(y,x)$，在直线上满足 $u = 0$。

**解**：MATLAB 程序如下：

```
>> model = createpde();
>> geometryFromEdges(model,@cirsg);        % 区域函数 cirsg() 是 MATLAB 偏微分方程工具箱自带的函数
>> specifyCoefficients(model,'m',0,'d',0,'c',0,'a',1,'f',0);          % 方程系数
>> rfun=@(location,state) cos(2/3*atan2(location.y,location.x));    % 初始条件
>> applyBoundaryCondition(model,'dirichlet','Edge',...
1:model.Geometry.NumEdges,'r',rfun,'h',1);
```

```
% 在所有边缘设置狄利克雷条件
>> generateMesh(model,'Hmax',0.25);                % 设置最大边界尺寸，生成模型
网格
>> results=solvepde(model);                        % 求解模型对应的偏微分方程
>> u=results.NodalSolution;                        % 返回节点处的解
>> pdeplot(model,'XYData',u,'ZData',u(:,1))        % 绘制解的三维表面图
>> hold on                                         % 保留当前图形窗口中的绘图
>> pdemesh(model,u)                                % 绘制解的三维网格图
>> title(' 解的网格表面图 ')
```

运行结果如图 10-16 所示。

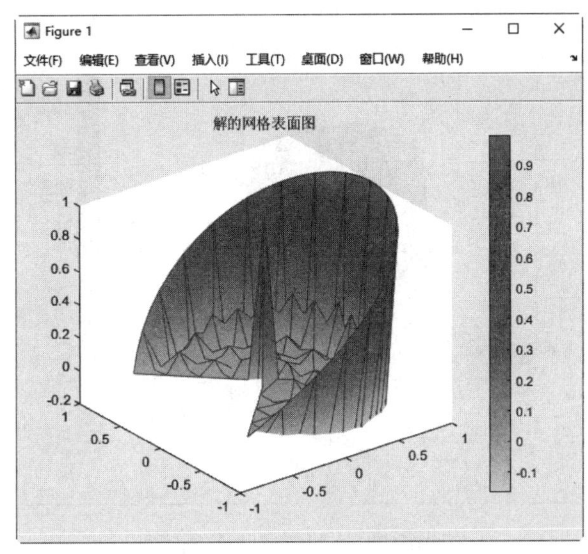


图 10-16　绘制解的网格表面图

**例 10-19**：求解热传导方程。

在几何区域 $-1\leqslant x,y\leqslant 1$ 上，当 $x^2+y^2<0.4$ 时 $u(0)=1$，其他区域上 $u(0)=0$，且满足 Dirichlet 边界条件 $u=0$，求在时刻 0, 0.005, 0.01, ⋯, 0.1 处热传导方程 $\dfrac{\partial u}{\partial t}=\Delta u$ 的解。

**解**：MATLAB 程序如下：

```
>> clear
>> model = createpde();                                    % 创建 PDE 模型对象
>> geometryFromEdges(model,@squareg);                      % 偏微分方程工具箱中
自带的正方形区域
>> applyBoundaryCondition(model,'dirichlet','Face',1:model.Geometry.Num-
Faces, 'u',1);                                             % 在所有面应用 dirich-
let 边界条件
>> specifyCoefficients(model,'m',0, 'd',1,'c',1,'a',0,'f',0);      % 方程
系数
>> u0=@(location) location.x.^2+location.y.^2<0.4;         % 定义初始条件
>> setInitialConditions(model,u0);                         % 设置初始条件
>> generateMesh(model,'Hmax',0.25);                        % 生成网格
```

```
>> tlist = linspace(0,0.1,20);                          % 时间列表
>> results = solvepde(model,tlist);                     % 求解带时序的偏微分方程
>> u=results.NodalSolution;                             % 返回节点处的解
>> pdeplot(model,'XYData',u,'ZData',u(:,1))             % 绘制解的三维表面图
>> hold on                                              % 保留当前图形窗口中的绘图
>> pdemesh(model,u)                                     % 绘制解的三维网格图
>> title('解的网格表面图')
```

运行结果如图 10-17 所示。

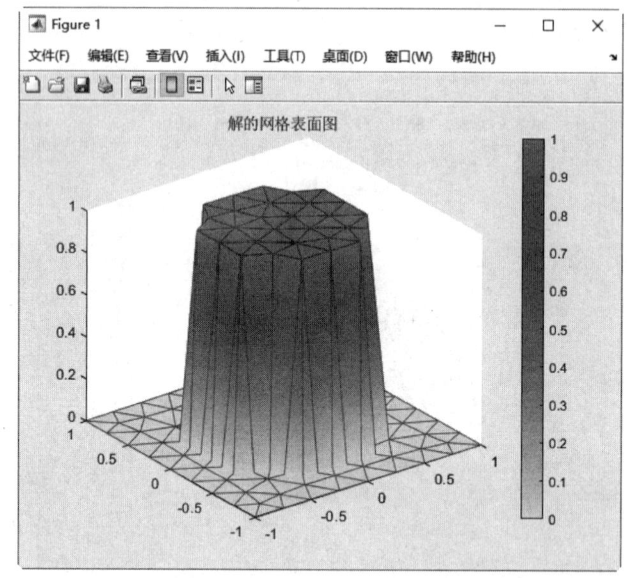


图 10-17　绘制解的网格表面图

**注意：**

在边界条件的表达式和偏微分方程的系数中，符号 $t$ 用来表示时间。变量 $t$ 通常用来存储网格的三角矩阵。事实上，可以用任何变量来存储三角矩阵，但在偏微分方程工具箱的表达式中，$t$ 总是表示时间。

**例 10-20**：求解波动方程。

已知在正方形区域 $-1\leqslant x,y\leqslant 1$ 上的波动方程为

$$\frac{\partial^2 u}{\partial t^2}=\Delta u$$

边界条件为：当$x=\pm 1$时，$u=0$；当$y=\pm 1$时，$\frac{\partial u}{\partial n}=0$。

初始条件为：$u(0)=\arctan\left(\cos\frac{\pi}{2}x\right)$，$\frac{\mathrm{d}u(0)}{\mathrm{d}t}=3\sin\pi x\mathrm{e}^{\cos\pi y}$。

求该方程在时间 $t=0,1/6,1/3,\cdots,29/6,5$ 时的值。

**解**：MATLAB 程序如下：

```
    >> model = createpde();                                          % 创建 PDE 模型对象
    >> geometryFromEdges(model,@squareg);                            % 偏微分方程工具箱中自带的正
方形区域
    >> applyBoundaryCondition(model,'dirichlet','Face',...
               1:model.Geometry.NumFaces,'u',@squareg);% 在所有面应用 dirich-
let 边界条件
    >> specifyCoefficients(model,'m',1, 'd',0,'c',1,'a',0,'f',0);    % 方程系数
    >> u0=@(location) atan(cos(pi/2.*location.x));
    >> ut0=@(location) 3*sin(pi.*location.x.*exp(cos(pi.*location.y)));  % 定
义初始条件
    >> setInitialConditions(model,u0,ut0);                           % 设置初始条件
    >> generateMesh(model,'Hmax',0.15);                              % 设置边界尺寸最大值，生成模
型网格
    >> tlist = linspace(0,1/6,5);                                    % 时间列表
    >> results = solvepde(model,tlist);                              % 求解带时序的偏微分方程
    >> u=results.NodalSolution;                                      % 返回节点处的解
    >> pdeplot(model,'XYData',u,'ZData',u(:,1))                      % 绘制解的三维表面图
    >> hold on                                                       % 保留当前图形窗口中的绘图
    >> pdemesh(model,u)                                              % 绘制解的三维网格图
    >> title('解的网格表面图')
```

运行结果如图 10-18 所示。

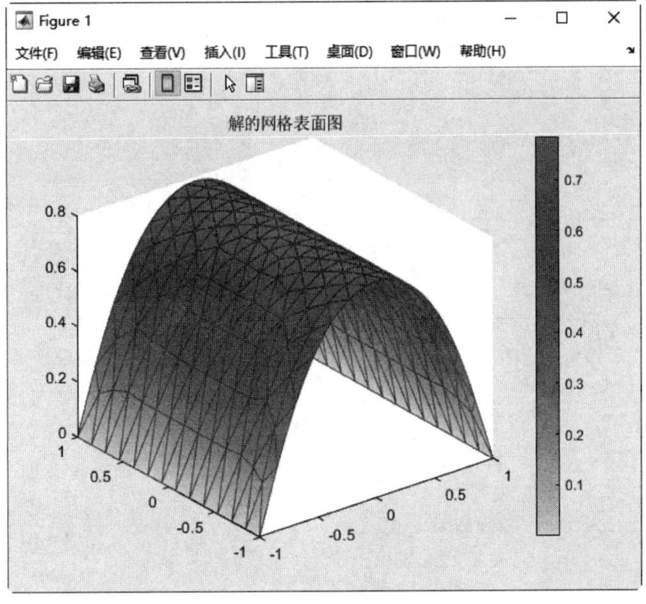


图 10-18　绘制解的网格表面图

## 10.4.5　解特征值方程

对于特征值偏微分方程或相应方程组，可以利用 solvepdeeig 命令求解，其调用格式见表 10-18。

表 10-18　solvepdeeig 命令

| 调用格式 | 说　明 |
| --- | --- |
| result = solvepdeeig (model,evr) | 解决模型中的 PDE 特征值问题，evr 表示特征值范围 |

**例 10-21**：计算特征值及特征模态。

在 L 形区域上，计算 $-\Delta u=\lambda u$ 小于 100 的特征值及其对应的特征模态，并显示第一个和第十六个特征模态。

**解**：MATLAB 程序如下：

```
>> clear
>> model = createpde();                                          % 创建 PDE 模型对象
>> geometryFromEdges(model,@lshapeg);
              % 创建模型，其中 lshapeg 为 MATLAB 偏微分方程工具箱中自带的 L 形区域文件
>> Mesh=generateMesh(model);                                     % 生成模型的网格
>> pdegplot(model,'FaceLabels','on','FaceAlpha',0.5)  % 绘制模型，显示面名称，
透明度为 0.5
>> applyBoundaryCondition(model,'dirichlet','Edge',...
              1:model.Geometry.NumEdges,'u',0);                  % 在所有边添
加边界条件
>> specifyCoefficients(model,'m',0,'d',1, 'c',1,'a',1,'f',0); % 指定方程系
数
>> evr = [-Inf,100];                                             % 指定区间
>> generateMesh(model,'Hmax',0.25);                              % 创建网格
>> results = solvepdeeig(model,evr);                             % 在区间范围内求
解特征值
              Basis= 10,  Time=   0.05,  New conv eig=  0
              Basis= 30,  Time=   0.05,  New conv eig=  6
              Basis= 50,  Time=   0.09,  New conv eig= 19
              Basis= 70,  Time=   0.09,  New conv eig= 35
End of sweep: Basis= 70,  Time=   0.09,  New conv eig= 35
              Basis= 45,  Time=   0.09,  New conv eig=  0
              Basis= 65,  Time=   0.22,  New conv eig=  1
End of sweep: Basis= 65,  Time=   0.22,  New conv eig=  1
>> results
results =
  EigenResults - 属性：
    Eigenvectors: [273×16 double]
     Eigenvalues: [16×1 double]
            Mesh: [1×1 FEMesh]
>> V = results.Eigenvectors;                                     % 特征值向量
>> pdeplot(model,'XYData',V,'ZData',V(:,1));                     % 绘制第一个特征模
态图
>> title('第一特征模态图')
```

结果如图 10-19 所示。

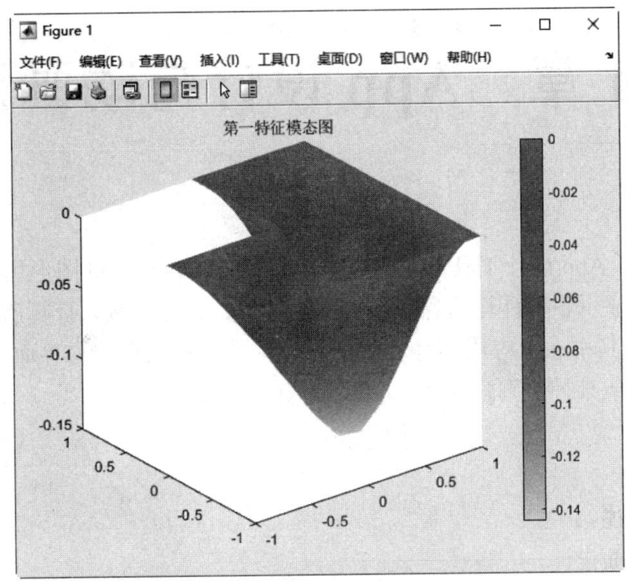


图 10-19　绘制第一特征模态图

```
>> figure                                                   % 新建一个图形窗口
>> pdeplot(model,'XYData',V,'ZData',V(:,16));               % 绘制第十六个特征模
态图
>> title('第十六特征模态图')
```

结果如图 10-20 所示。

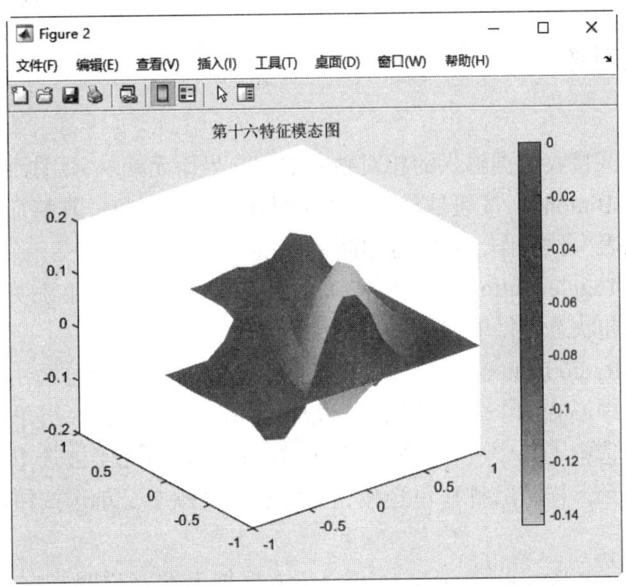


图 10-20　绘制第十六特征模态图

# 第 11 章　App 设计与动画演示

**内容指南**

MATLAB 提供了 App 设计工具，用户可以自行设计人机交互的图形用户界面（Graph User Interface，GUI），以显示各种计算信息、图形、声音等，或提示输入计算所需要的各种参数。

人机交互界面的其中一个应用便是动画演示，该应用在图形用户界面中动态地显示图形与图像，添加各种效果或某种仿真过程。

**内容要点**

- 用户界面概述
- 图形用户界面设计
- 组件编程

## 11.1　用户界面概述

用户界面是用户与计算机进行信息交流的界面，设定了如何观看和感知计算机、操作系统或应用程序，计算机在屏幕上显示图形和文本，用户通过输入设备与计算机进行通信。

图形用户界面由窗口、菜单、图标、光标、按键、对话框和文本等各种图形对象组成。

### 11.1.1　用户界面对象

1. 控件

控件是显示数据或接收数据输入的相对独立的用户界面元素。常用控件如下：

（1）按钮（Push Button）。按钮是对话框中最常用的控件对象，其特征是在矩形框上加上文字说明。一个按钮代表一种操作，有时也称命令按钮。

（2）双位按钮（Toggle Button）。双位按钮是在矩形框上加上文字说明。双位按钮有两个状态，即按下状态和弹起状态。每单击一次，其状态将改变一次。

（3）单选按钮（Radio Button）。单选按钮是一个圆圈加上文字说明。它是一种选择性按钮，当被选中时，圆圈的中心有一个实心的黑点，否则圆圈为空白。在一组单选按钮中，通常只能有一个被选中，如果选中了其中一个，则原来被选中的就不再处于被选中状态，这就像收音机一次只能选中一个电台一样，故称作单选按钮。在有些文献中，单选按钮也称作无线电按钮或收音机按钮。

（4）复选框（Check Box）。复选框是一个小方框加上文字说明。它的作用和单选按钮相似，也是一组选择项，被选中的项其小方框中有√。与单选按钮不同的是，复选框一次可以选择多项，这也是“复选框”名字的由来。

（5）列表框（List Box）。列表框列出可供选择的一些选项。当选项很多而列表框装不下时，可使用列表框右端的滚动条进行选择。

（6）弹出框（Pop-up Menu）。弹出框平时只显示当前选项。在单击其右端的向下箭头时将弹出一个列表框，列出全部选项。其作用与列表框类似。

（7）编辑框（Edit Box）。编辑框可供用户输入数据。在编辑框内可提供默认的输入值，用户可以对其进行修改。

（8）滑动条（Slider）。滑动条可以用图示的方式输入指定范围内的一个数量值。用户可以移动滑动条中间的游标来改变它对应的参数。

（9）静态文本（Static Text）。静态文本是在对话框中显示的说明性文字，一般用来给用户做必要的提示。因为用户不能在程序执行过程中改变文字说明，所以将其称为静态文本。

2. 菜单（Uimenu）

在 Windows 程序中，菜单是一个必不可少的程序元素。通过菜单，可以把对程序的各种操作命令非常规范有效地显示出来。单击菜单项，程序将执行相应的功能。菜单对象是图形窗口的子对象，所以菜单设计总是在某一个图形窗口中进行。MATLAB 的各个图形窗口有自己的菜单栏，包括 File、Edit、View、Insert、Tools、Windows 和 Help 共 7 个菜单项。

3. 快捷菜单（Uicontextmenu）

快捷菜单是用鼠标右键单击某对象时在屏幕上弹出的菜单。这种菜单出现的位置是不固定的，而且总是和某个图形对象相联系。

4. 按钮组（Uibuttongroup）

按钮组是一种“容器”，用于对图形窗口中的单选按钮和双位按钮集合进行逻辑分组。例如，将单选按钮分成若干组，在其中一组内选中一个单选按钮，不影响在其他组内继续选择其他单选按钮。按钮中的所有控件，其控制代码必须写在按钮组的 SelectionChangeFcn 响应函数中，而不是控件的回调函数中。按钮组会忽略其中控件的原有属性。

5. 面板（Uipanel）

面板对象用于对图形窗口中的控件和坐标轴进行分组，便于用户对一组相关的控件和坐标轴进行管理。面板可以包含各种控件，如按钮、坐标系及其他面板等。面板中的控件与面板之间的位置为相对位置，当移动面板时，这些控件在面板中的位置不改变。

6. 工具栏（Uitoolbar）

通常情况下，工具栏包含的按钮和窗口菜单中的菜单项相对应，以便提供对应用程序的常用功能和命令进行快速访问。

7. 表（Uitable）

用表格的形式显示数据。

### 11.1.2　图形用户界面

MATLAB 本身提供了很多的图形用户界面。MATLAB 的图形用户界面提供了新的设计分析工具，体现了新的设计分析理念，可进行某种技术、方法的演示。

1. 单输入单输出控制系统设计器

在命令行窗口输入 sisotool，弹出的图形用户界面为“控制系统设计器”对话框，如图 11-1 所示。

2. 滤波器设计和分析工具

在命令行窗口输入 filterDesigner，弹出的图形用户界面为“滤波器设计工具”对话框，如图 11-2 所示。

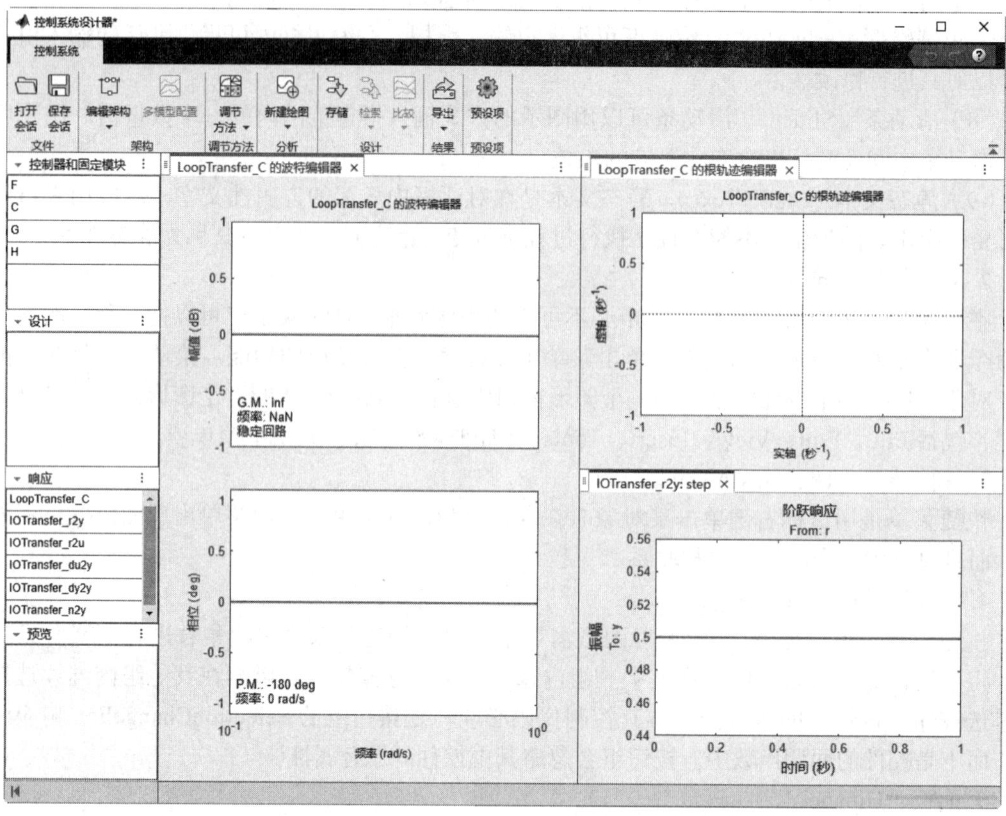


图 11-1 “控制系统设计器”对话框

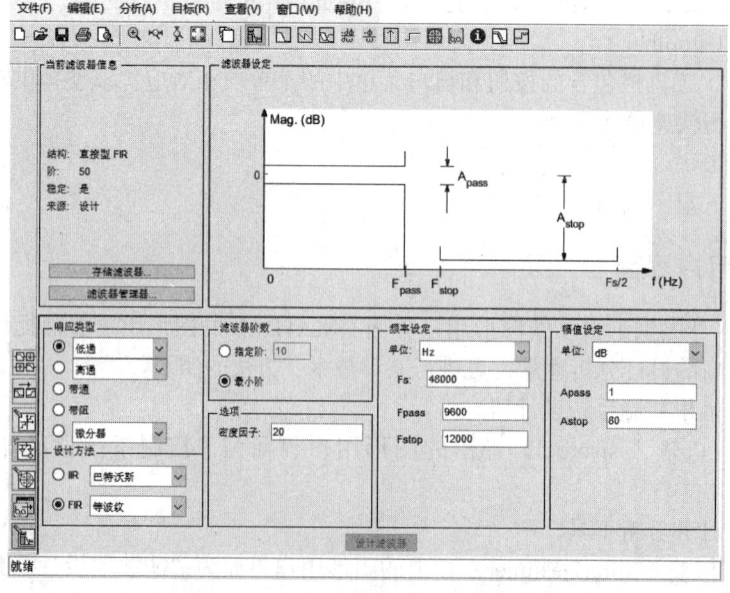


图 11-2 “滤波器设计工具”对话框

这些工具的出现不仅提高了设计和分析效率，而且改变原先的设计模式，引出了新的设计思想，改变了和正在改变着人们的设计、分析理念。

## 11.2　图形用户界面设计

MathWorks 公司在 MATLABR2016a 中正式推出了 GUIDE 的替代产品：App 设计工具。这是在 MATLAB 图形系统转向使用面向对象系统（MATLABR2014b）之后的一个重要的后续产品。它旨在顺应 Web 的潮流，帮助用户利用新的图形系统方便地设计更加美观的 GUI。

App 设计包括界面设计和控件编程两部分，主要步骤如下：

1）运行 appdesigner 启动 App 设计工具。

2）使用 App 设计工具进行界面设计。

3）编写控件行为相应控制代码（回调函数）。

### 11.2.1　App 设计工具概述

App 设计工具是一个功能丰富的开发环境，它提供了布局和代码视图、完整集成的 MATLAB 编辑器版本、大量的交互式组件、网格布局管理器和自动调整布局选项，使 App 能够检测和响应屏幕大小的变化。

App 设计工具可生成面向对象的代码，使用这种格式可以方便地在应用程序的各部分之间共享数据。精简的代码结构使理解和维护变得更加容易。应用程序存储为单个文件，其中包含布局和代码，使用该文件可以共享应用程序。App 设计完成后，可以直接从 App 设计工具的工具条打包 App 安装程序文件，也可以创建独立的桌面 App 或 Web App（需要 MATLAB Compiler）。

使用以下任一种方式，可启动 App 设计工具：

◆ 在命令行窗口键入 appdesigner 命令。

◆ 在功能区的“主页”选项卡中选择“新建”→“APP”命令。

◆ 在功能区的“APP”选项卡中单击“设计 App”按钮。

执行上述命令后，打开如图 11-3 所示的“APP 设计工具”对话框首页。该界面主要有两种功能：一是创建新的 App 文件，二是打开已有的以 .mlapp 为扩展名的 App 文件。

如果要编辑已有的 App 文件，也可在命令行窗口中键入 appdesigner(filename) 命令，其中 filename 为要打开的 .mlapp 文件。如果要打开的 .mlapp 文件不在 MATLAB 搜索路径中，需要指定完整路径。

**例 11-1**：打开现有应用程序文件。

本实例打开 MATLAB 预置的一个 App 文件。

**解**：在 MATLAB 命令窗口中输入如下命令：

```
>>
appdesigner("C:\ProgramData\MATLAB\SupportPackages\R2024a\examples\matlab\main\ImageHistogramsAppExample.mlapp")
% 通过指定文件的完整路径打开并显示现有的应用程序
```

运行结果如图 11-4 所示。

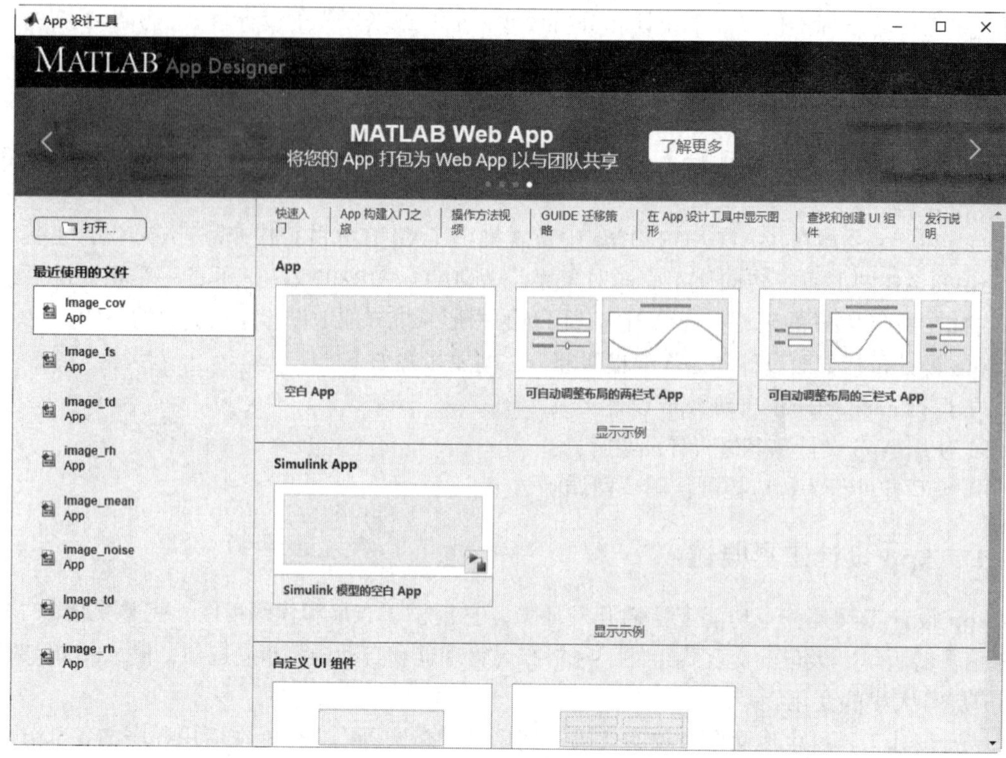


图 11-3 “App 设计工具”对话框首页

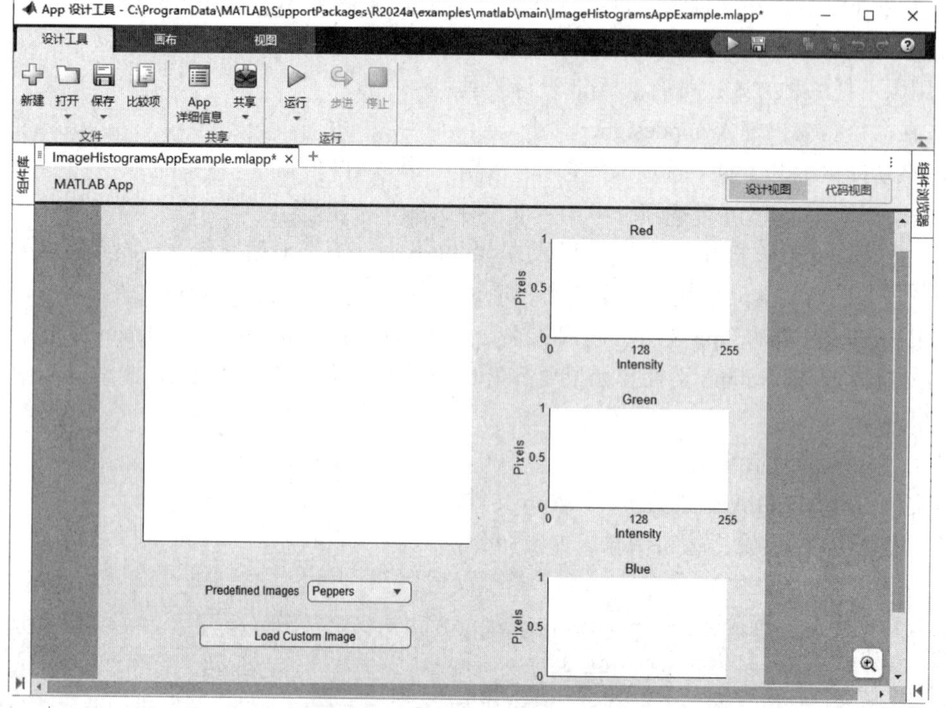


图 11-4 打开现有的应用程序文件

单击“运行”按钮▶，在设计画布中运行程序，结果如图 11-5 所示。

App 设计工具首页提供了 3 种 App 布局模板：空白 App、可自动调整布局的两栏式 App、可自动调整布局的三栏式 APP，基于后两种模板创建的 App 会根据不同设备屏幕大小自动对内容调整大小和布局。

单击任一种 App 模板，即可进入 GUI 的编辑界面，自动新建一个名为“app1.mlapp”的新文件，如图 11-6 所示。该文件包含了设计的图形界面和事件处理程序。

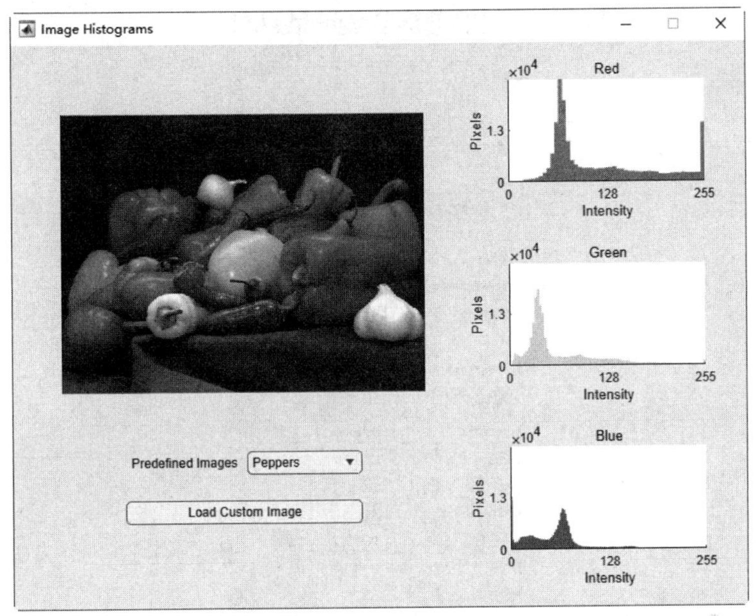


图 11-5　运行应用程序

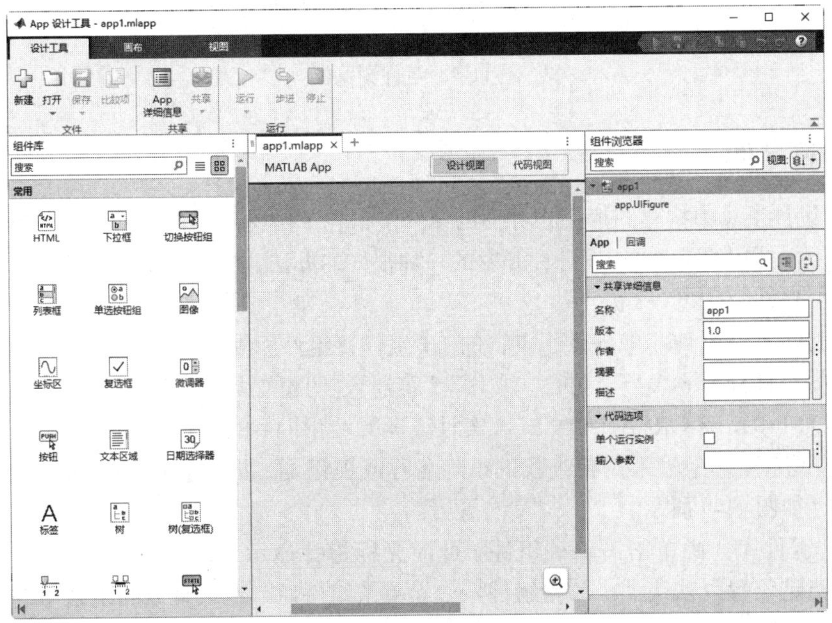


图 11-6　GUI 编辑界面

GUI 编辑界面类似于 Windows 的界面风格，主要包括标题栏、功能区、组件库、视图窗口、设计画布、组件浏览器 6 个部分。其中，组件库包含了丰富的标准用户界面组件；视图窗口包括“设计视图”与“代码视图”两种视图，在“设计视图”中显示设计画布，可以可视化方式布置组件，在“代码视图”中会自动生成相应的面向对象的代码；“组件浏览器”（见图 11-7）可以分为上、下两个窗格，上面的窗格可以查看组件的层次，修改组件名称，下面的窗格用于设置选中组件的属性。

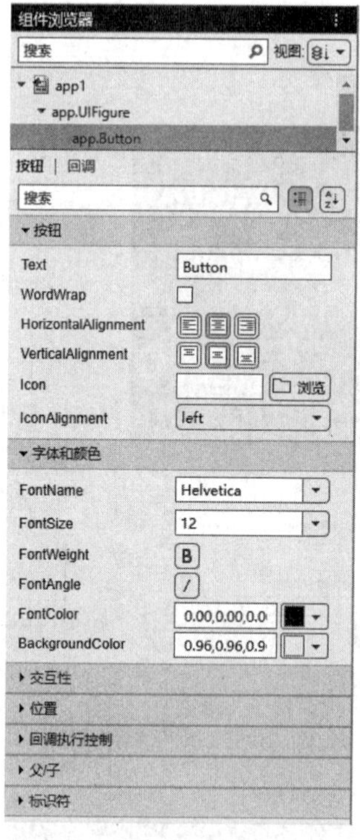


图 11-7　组件浏览器

## 11.2.2　放置组件

在 App 设计工具中构建图形用户界面的第一步是在“组件库”中选择组件，然后将其拖动到设计画布上。使用组件是 UI 设计和开发的一种很好的办法，使用较少的可重用的组件，即可很好地实现一致性。

App 设计工具在组件库中提供了丰富的 UI 组件，组件库默认位于 App 设计工具的界面左侧。组件库的组件分为 6 大类，包含“常用”“容器”“图窗工具”“仪器”“AEROSPACE”（航空航天）和“SIMULINK REAL-TIME”（实时仿真），如图 11-8 所示。

1）在“搜索”框中输入需要查找的组件名称或关键词，即可在组件显示区显示符合条件的搜索结果，如图 11-9 所示。

2）在“组件库”中单击需要的组件（此时光标指针显示为十字形状），在设计画布上单击，即可在指定位置以默认大小放置组件。如果单击组件后，在设计画布上按下左键拖动，可以添加一个指定大小的组件。

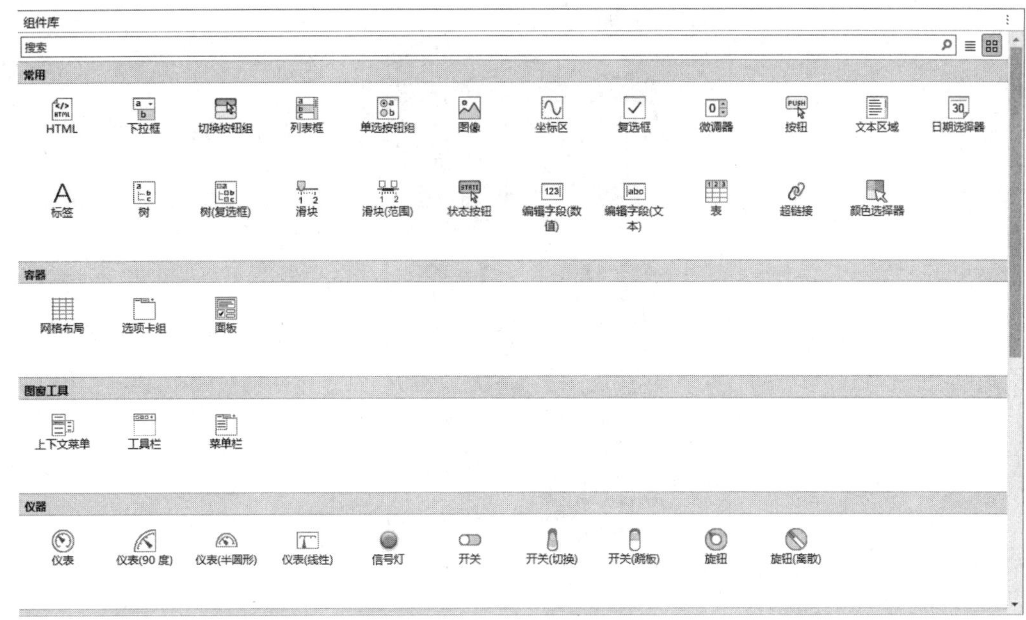


图 11-8　组件库

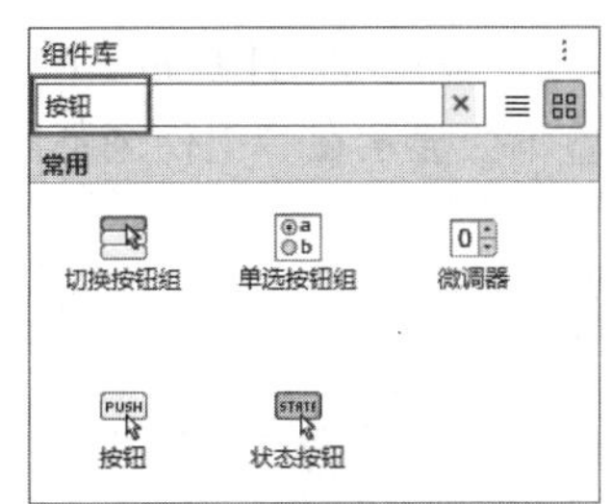


图 11-9　搜索组件

## 11.2.3　编辑组件属性

将组件添加到设计画布中后，在“组件浏览器”顶部可以看到添加的组件和组件结构。在设计画布或“组件浏览器”中单击选中一个组件，在“组件浏览器”中可查看、设置该组件的属性，如图 11-10 所示为 UIFigure 组件的属性。

不同的组件属性，参数也有所不同。下面简单介绍编辑组件的标签和名称的方法，其他组件属性的操作读者可自行练习。

（1）设置组件标签。在设计画布中双击需要编辑的组件或子组件标签，系统会在标签边界上自动添加蓝色编辑框，名称变为可编辑状态，如图 11-11 所示。在蓝色编辑框内输入标签内容，按 Enter 键即可。

也可以在选中组件后，在“组件浏览器”中设置组件的 Title 或 Text 属性，修改组件的标签。

设置组件标签后，还可以在“组件浏览器”中设置标签文本的对齐方式。“HorizontalAlignment”（水平对齐）用于设置标签文本在水平方向上的对齐方式，“VerticalAlignment”（垂直对齐）用于设置标签文本在垂直方向上的对齐方式。

图 11-10　UIFigure 组件的属性

要注意的是，某些组件（如滑块）添加到设计画布上时，系统会自动添加一个标签与之组合在一起，但默认情况下，这些标签不会显示在“组件浏览器”中，如图 11-12 所示。

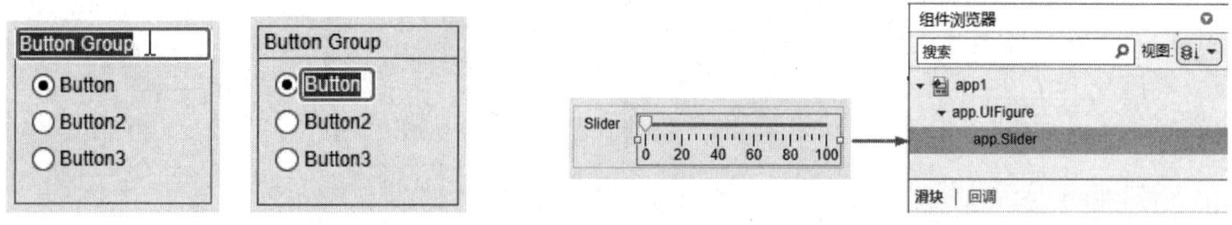


图 11-11　编辑参数　　　　图 11-12　添加滑块组件

在这种情况下，可以在“组件浏览器”中的任意位置单击鼠标右键，在弹出的快捷菜单中选中“在组件浏览器中包括组件标签”选项（见图 11-13），将组件标签添加到列表中，如图 11-14 所示。

图 11-13　选中“在组件浏览器中包括组件标签”选项

图 11-14　在“组件浏览器”中添加组件标签

如果组件有标签，并且在设计画布或“组件浏览器”中更改了标签文本，则“组件浏览器”中组件的名称会相应更改以匹配该文本，如图 11-15 所示。

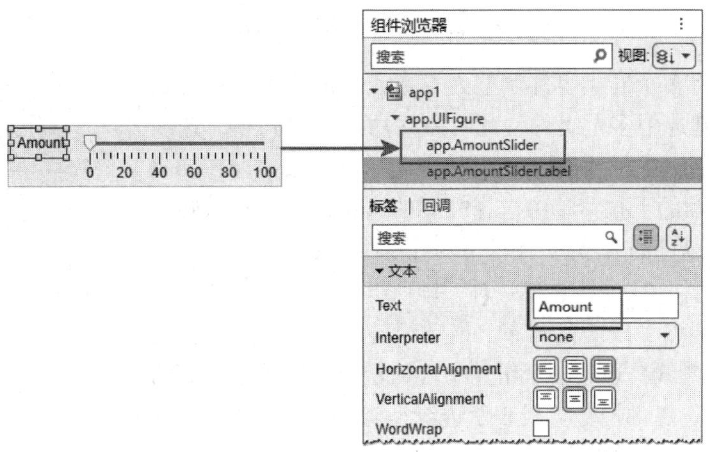


图 11-15　定义组件名称

（2）修改组件名称。

1）组件的层次关系在组件目录区域以树形结构显示。双击组件名称“app. 组件名”，使组件名称变为可编辑状态，即可修改组件名称，如图 11-16 所示。

2）在组件目录区域的组件名称“app. 组件名”单击鼠标右键，在弹出的如图 11-17 所示的快捷菜单中选择“重命名”命令，即可编辑组件名称。

图 11-16　组件浏览器

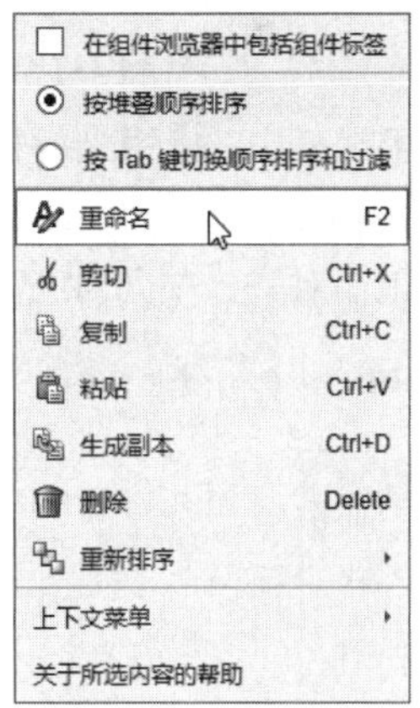


图 11-17　快捷菜单

在设计画布中放置组件后，通常还需要调整组件的大小，对组件进行对齐、分布，还可以根据需要将多个组件进行组合。

（3）调整组件大小。

1）选中某个组件，在该组件四周将会显示蓝色编辑框，将光标指针放置在编辑框上的控制手柄上，光标指针变为拉伸图标，此时按下并拖动鼠标左键，即可沿拖动的方向调整组件的大小，如图 11-18 所示。

图 11-18　调整组件大小

2）如果要将多个同类组件调整为等宽或等高，可以用光标框选或按 Shift 键选中多个组件，此时激活功能区“画布”选项卡“排列”选项组中的“相同大小”按钮。单击该按钮，在弹出的如图 11-19 所示的下拉菜单中选择需要的调整命令，即可同时调整选中的多个组件的大小。

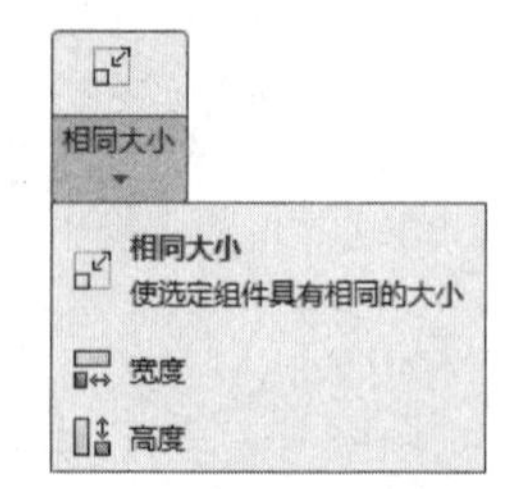


图 11-19　调整大小命令

（4）排列组件。在设计画布中对齐排列组件有多种方法。

1）利用智能参考线。在画布上拖动组件时，组件周围会显示橙色的智能参考线。通过多个组件中心的橙色虚线表示它们的中心是对齐的，边缘的橙色实线表示边缘是对齐的。如果组件在其父容器中水平居中或垂直居中，组件上也会显示一条穿过中心的垂直虚线或水平虚线，如图 11-20 所示。

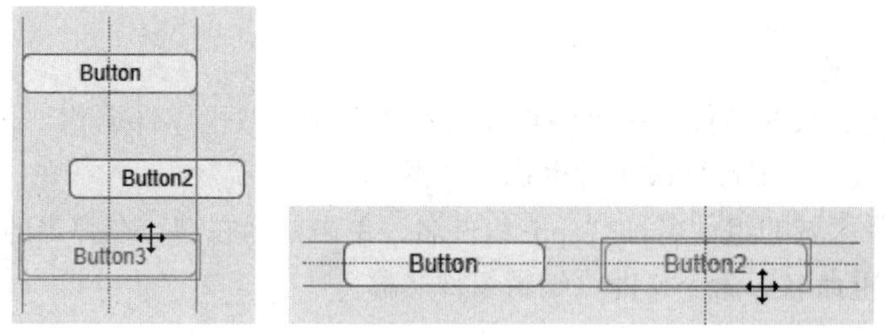


图 11-20　对齐线

2）使用对齐工具。使用光标框选需要对齐的多个组件，激活功能区“画布”选项卡“对齐”选项组中的命令，如图 11-21 所示。其中，从左至右，从上到下依次为：左对齐、居中对齐、右对齐、顶端对齐、中间对齐、底端对齐。多个组件右对齐前、后的效果如图 11-22 所示。

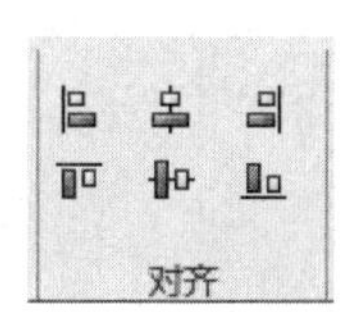


图 11-21　对齐命令

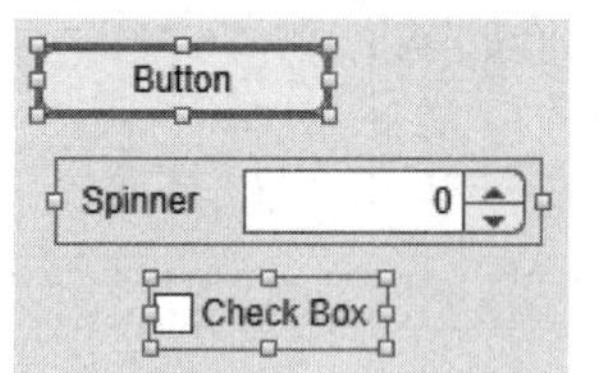


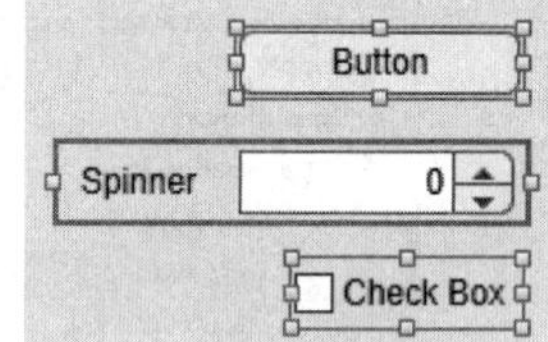


图 11-22　多个组件右对齐前、后的效果

（5）均匀分布多个组件。在排列组件时，如果要在水平方向或垂直方向等距分布多个组件，可以在选中多个组件后，在“画布”选项卡“间距”选项组中单击“水平应用”按钮或“垂直应用”按钮，如图 11-23 所示为多个组件在垂直方向等距分布。除了默认的等距分布，在下拉列表框中选择 20，如图 11-24 所示，可以指定组件之间的间距为 20。

（6）组合组件。在某些情况下，可以将两个或多个组件组合在一起，将它们作为一个单元进行修改。在确定组件的相对位置后对其进行分组，可以在不更改组件关系的情况下移动组件。

若要将多个组件组合在一起，需要在设计画布中选择组件，激活功能区内“画布”选项卡“排列”选项组中的“组合”按钮，然后在下拉菜单中选择“组合”命令。

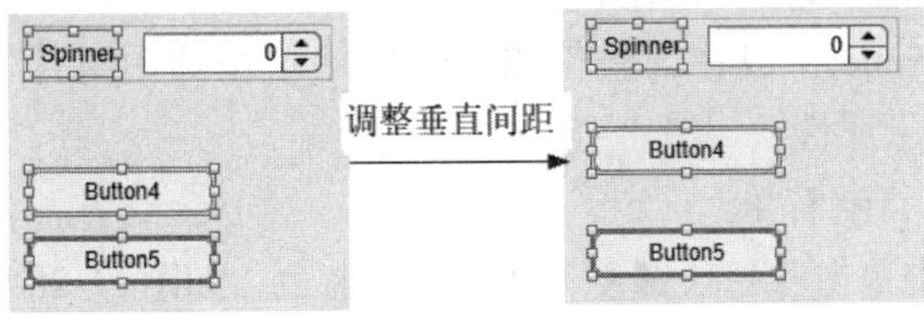


图 11-23　多个组件在垂直方向等矩分布

图 11-24　指定间距为 20

“组合”与“取消组合”是一组互逆运算，如图 11-25 所示。执行“组合”命令，将向组合中添加选中的组件；执行“取消组合”命令，将从组合中删除选中的组件。“添加到组”与“从组中删除”也是一组互逆运算，如图 11-26 所示。

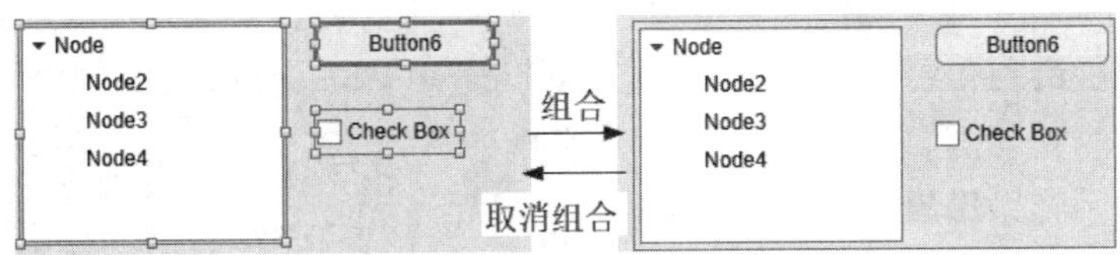


图 11-25　“组合”与“取消组合”

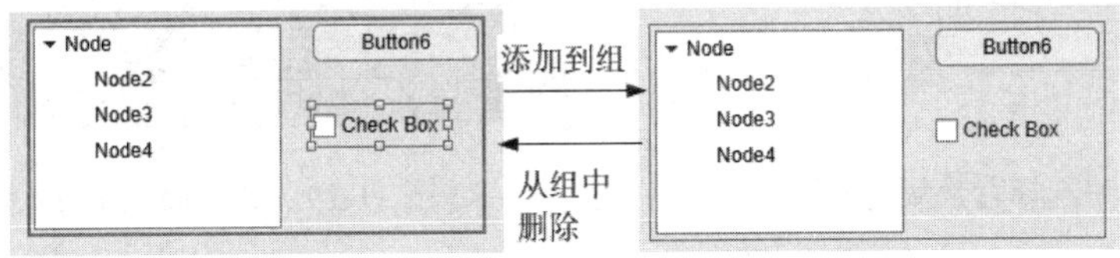


图 11-26　“添加到组”与“从组中删除”

**例 11-2：** 设计音响音乐系统。

本实例设计的音响音乐系统如图 11-27 所示。

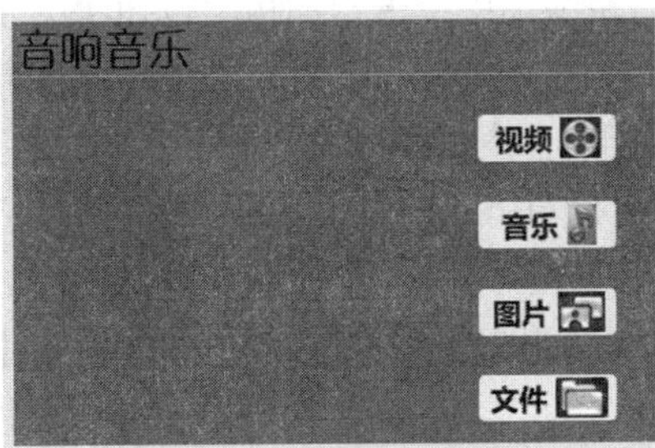


图 11-27　音响音乐系统

操作步骤如下：

1）在命令行窗口中输入下面的命令：

```
>> appdesigner
```

打开“App 设计工具”对话框首页，单击空白 App，进入 App 设计工具图形窗口进行界面设计。

2）在“组件库”的“容器”选项组选中面板组件，拖放到设计画布。

3）在设计画布中单击“面板”组件 Panel，或在“组件浏览器”中单击选中组件“app.Panel”，在“组件浏览器”中修改组件的如下属性：

◆ 在“Title”（标题）文本框中输入“音响音乐”。

◆ 在“BackgroundColor”（背景色）中单击颜色块，选择一种蓝色，如图 11-28 所示。

◆ 在“BorderType”（边框类型）下拉列表中选择“none（无边框）”。

◆ 在“FontName”（字体名称）下拉列表中选择“幼圆”。

◆ 在“FontSize”（字体大小）文本框中输入字体大小 30。

◆ 在“FontWeight”（字体粗细）中单击“加粗”按钮。

◆ 在设计画布中手动调整面板组件大小，结果如图 11-29 所示。

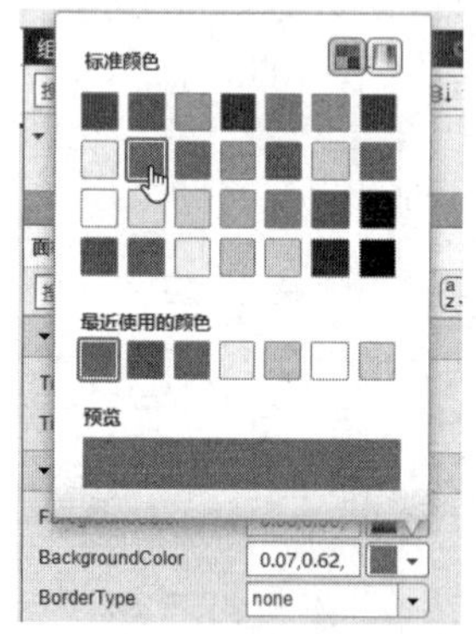


图 11-28 选择背景颜色

图 11-29 调整面板组件大小

4）在设计画布中添加“按钮”组件 Button，在“组件浏览器”中显示组件的属性，如图 11-30 所示。

◆ 在“Text”（文本）文本框中输入“视频”。

◆ 在“FontSize”（字体大小）文本框输入字体大小 20。

◆ 在“FontWeight”（字体粗细）中单击“加粗”按钮。

◆ 在“Icon”（图标）选项中单击“浏览”按钮，弹出“打开图像文件”对话框，选择“sp1.png”文件，在按钮组件上插入图标。

◆ 在“IconAlignment”（图标对齐方式）下拉列表中选择“right”（右侧）选项，将插入的图标放置在按钮右半部分。

同样的方法，创建按钮“音乐”“图片”“文件”，插入图标文件“sp2.png”“sp3.png”“sp4.png”，结果如图 11-31 所示。

***提示：***

*若创建相同的按钮组件，可选中要复制的按钮，按住 Ctrl 键，向下拖动组件（拖动过程中将自动激活定位线，使组件在垂直方向对齐），结果如图 11-32 所示。在设计画布中双击需要修改的按钮组件，可修改按钮名称。*

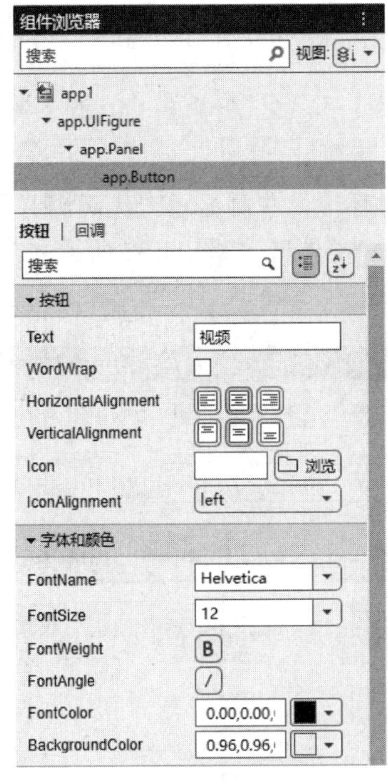


图 11-30　组件属性设置

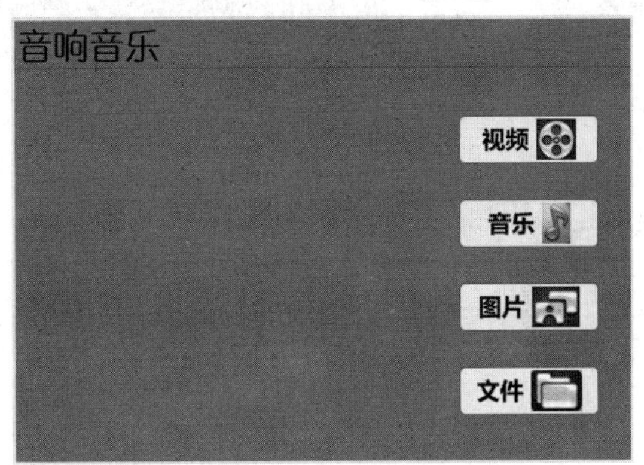


图 11-31　创建按钮

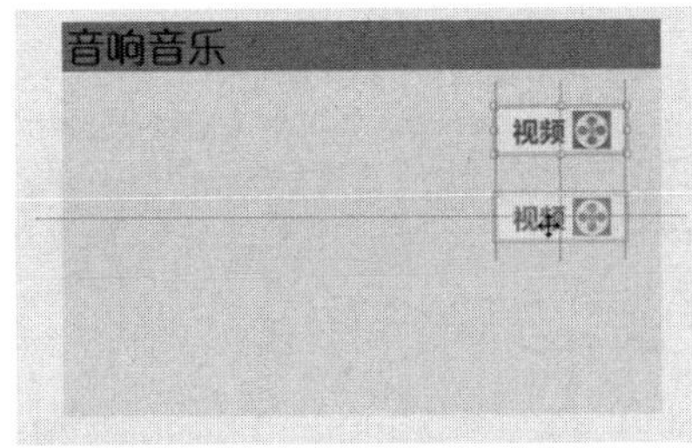


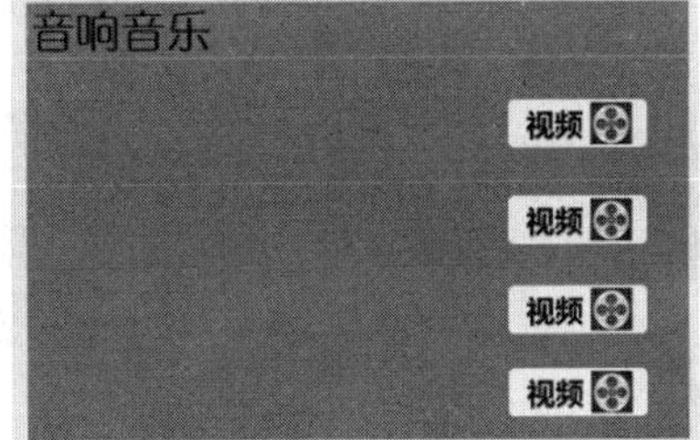


图 11-32　复制按钮组件

5）选中创建的所有按钮，在“画布”选项卡中依次单击“左对齐”按钮和“垂直应用”按钮，使组件左对齐，并在垂直方向上等距分布，结果如图 11-27 所示。

单击“保存”按钮，系统生成以“.mlapp”为扩展名的文件，在弹出的对话框中输入文件名称“yinxiangyinyue.mlapp”，保存文件。

## 11.3　组件编程

GUI 图形界面的功能主要通过一定的设计思路与计算方法，由特定的程序来实现。为了实现程序的功能，还需要在运行程序前编写代码，完成程序中变量的赋值、输入输出、计算及绘图功能。

为组件添加行为代码的操作在“App 设计工具”对话框的“代码视图”中完成。“代码视图”不但提供了 MATLAB 编辑器中的大多数编程功能，还可以浏览代码，避免许多繁琐的任务。

### 11.3.1 代码视图编辑环境

选择视图窗口中的“代码视图”，进入代码视图编辑环境，左侧显示“代码浏览器”与“APP 的布局”侧栏，中间为代码编辑区域，右侧为“组件浏览器”，如图 11-33 所示。

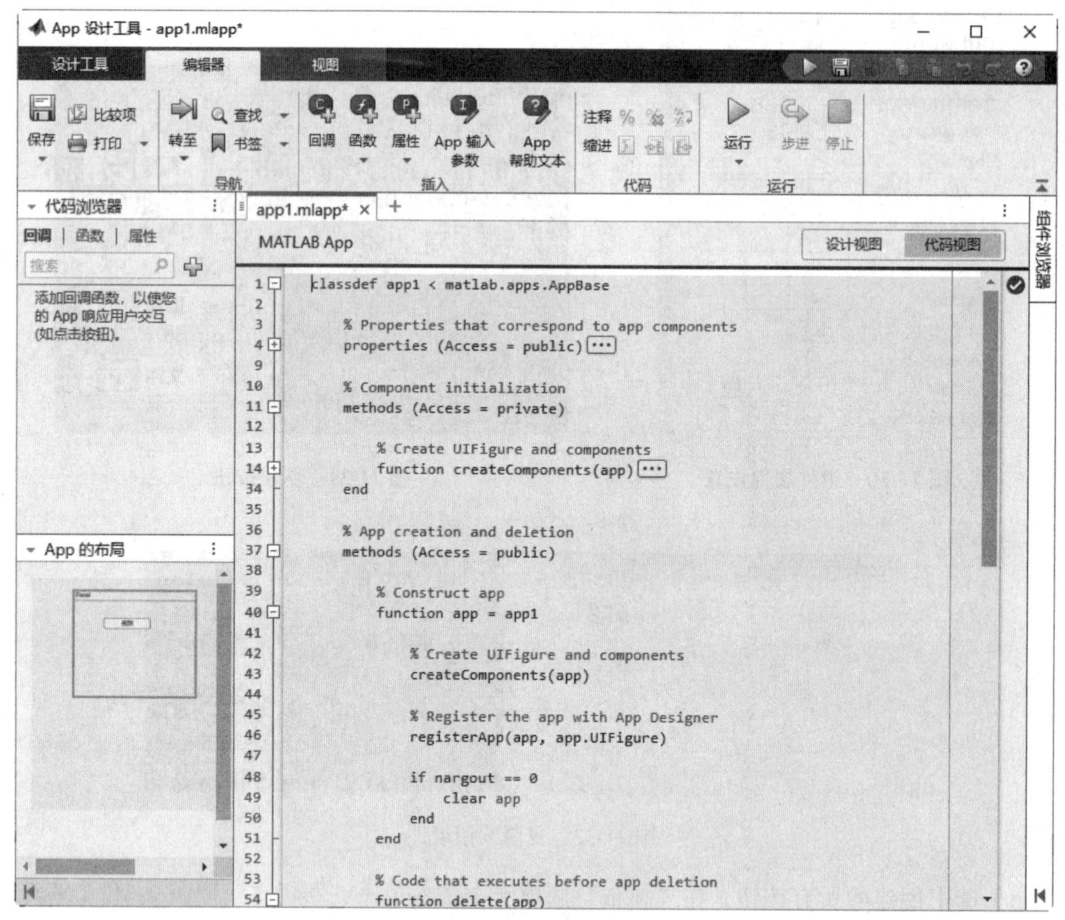


图 11-33 代码视图

“代码浏览器”包括“回调”“函数”“属性”三个选项卡，使用这些选项卡可添加、删除或重命名 App 中的任何回调、辅助函数或自定义属性。回调表示用户与应用程序中的 UI 组件交互时执行的函数；函数表示 MATLAB 中执行操作的辅助函数；属性表示存储数据并在回调和函数之间共享数据的变量，使用前缀 app. 指定属性名称来访问属性值。

单击“回调”或“函数”选项卡上的某个项目，编辑器将滚动到代码中的对应部分。通过选择要移动的回调，然后将回调拖放到列表中的新位置，可以重新排列回调的顺序。如果更改了某个回调的名称，App 设计工具会自动更新代码中对该回调的所有引用。

在“回调”选项卡中单击“添加”按钮✚，弹出如图 11-34 所示的“添加回调函数”对话框，在其中可以为特定组件或 UI 图窗添加回调函数。在“回调”选项卡中的回调函数上单击鼠标右键，利用弹出的快捷菜单可便捷地删除、重命名回调，或在光标处插入组件名称，将光标指针定位到回调位置。

在“函数”选项卡中单击“添加”按钮 ，可以添加私有属性或公共属性。私有属性用于存储仅在 App 中共享的数据，公共属性则用于存储在 App 内部和外部共享的数据。

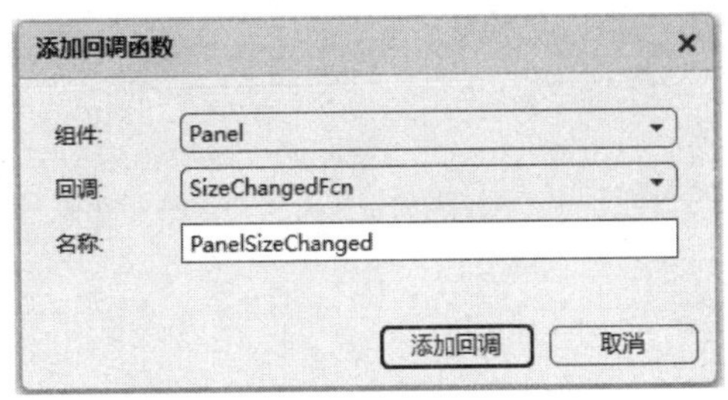


图 11-34　“添加回调函数”对话框

“APP 的布局”中显示了 App 缩略图，这便于在具有许多组件的复杂大型 App 中查找组件。在缩略图中选择某个组件，即可在“组件浏览器”中选中该组件。

## 11.3.2　回调管理

回调是用户与应用程序中的 UI 组件交互时执行的函数，大多数组件至少可以有一个回调。某些组件（如标签和灯具）没有回调，只显示信息。

选中一个组件，在“组件浏览器”的“回调”选项卡中可以查看该组件受支持的回调属性列表，如图 11-35 所示。

图 11-35　“回调”选项卡

回调属性右侧的文本字段显示出了对应的回调函数的名称。如果没有添加相应的回调函数，则显示为空。如果有多个 UI 组件需要执行相同的代码，可以从中选择一个现有回调。

（1）添加回调。如果要为选中的组中添加回调，有以下两种常用的方法：

1）在组件浏览器的“回调”选项卡中回调属性右侧的下拉列表中选择“< 添加（回调属性）回调 >”命令，如图 11-36 所示。

2）在设计画布或“组件浏览器”中要添加回调的组件单击鼠标右键，在弹出的快捷菜单中选择“回调”→“添加（回调属性）回调”命令，如图 11-37 所示。

为组件添加回调后，在代码视图中会自动添加相应的函数，如图 11-38 所示。

（2）删除回调。在 App 设计工具中删除回调有以下两种常用的方法：

图 11-36　添加回调方法 1

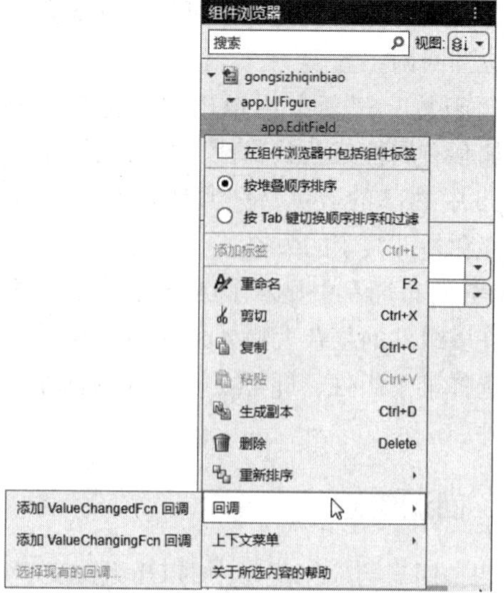


图 11-37　添加回调方法 2

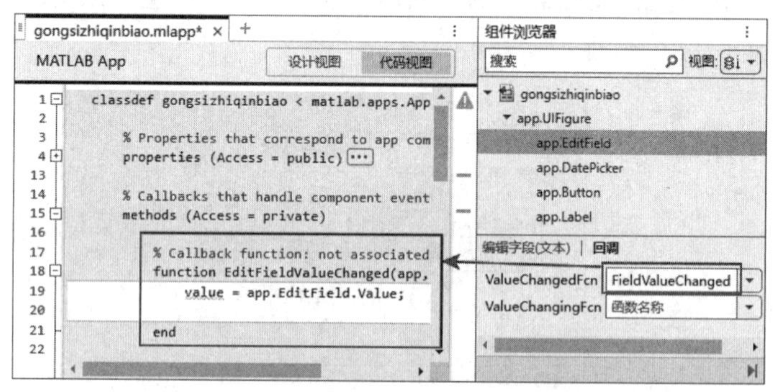


图 11-38　添加回调后自动添加相应的函数

1）在代码浏览器的“回调”选项卡中鼠标右键单击回调函数名称，在弹出的快捷菜单中选择“删除”命令，如图 11-39 所示，即可在代码中删除指定的回调。

2）在“组件浏览器”的“回调”选项卡中回调属性右侧的下拉列表中选择“<没有回调>”选项，如图 11-40 所示，即可删除指定组件的回调，但回调的代码并不会从代码中删除。

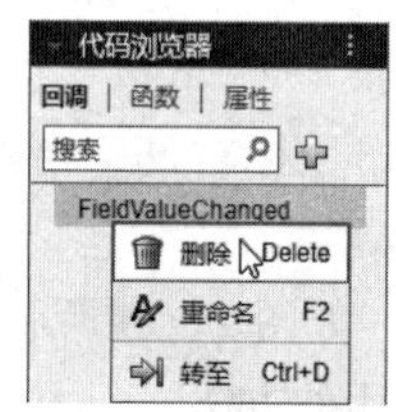


图 11-39　删除回调 1

图 11-40　删除回调 2

（3）指定回调参数。回调由回调函数与输入参数组成，App 参数为回调提供 App 对象。App 设计工具中的所有回调在函数签名中均包括下面输入参数：

1）app：app 对象，使用此对象访问 App 中的 UI 组件以及存储为属性的其他变量。可以使用圆点语法访问任何回调中的任何组件（以及特定于组件的所有属性），如 app.Component.Property，若定义仪表的名称为“PressureGauge，app.PressureGauge.Value = 50;”，则表示将仪表的 Value 属性设置为 50。

2）event：包含有关用户与 UI 组件交互的特定信息的对象。event 参数提供具有不同属性的对象，具体取决于正在执行的特定回调。对象属性包含与回调响应的交互类型相关的信息。例如，滑块的 ValueChangingFcn 回调中的 event 参数包含一个名为 Value 的属性，该属性在用户移动滑块（释放鼠标之前）时存储滑块值。

下面的程序定义了一个滑块回调函数，表示使用 event 参数使仪表跟踪滑块的值。

```
function SliderValueChanged(app, event)     % 定义回调函数
      latestvalue = event.Value; % 定义滑动组件的值
      app.PressureGauge.Value = latestvalue;     % 更新滑块值
end
% Switch 组件的值变化时的回调
        function SwitchValueChanged(app, event)
            value = app.Switch.Value; % 获取组件当前的值
            app.Lamp.Value = value;  %更新 Lamp 组件的值
        end
```

### 11.3.3　添加辅助函数

辅助函数是在应用程序中定义的函数，以便在代码中的不同位置调用。辅助函数包含两种类型：私有函数和公共函数。私有函数通常用于单窗口应用程序，而公共函数则通常用于多窗口应用程序。

1）在“代码浏览器”的“函数”选项卡中单击“添加”按钮（见图 11-41），或在功能区的“编辑器”选项卡中单击“函数”按钮（见图 11-42），在弹出的下拉菜单中选择“私有函数”或“公共函数”。

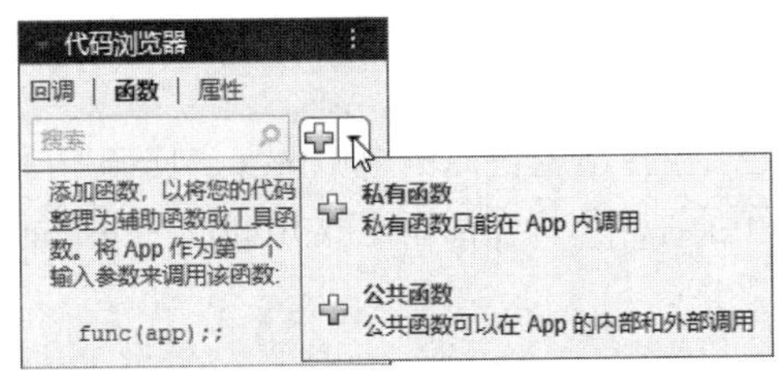


图 11-41　“函数”选项卡

图 11-42　下拉菜单

2）选择要添加的辅助函数类型后，App 设计工具将创建一个模板函数，并将光标放在该函数的正文中。用户可以根据需要更新函数名及其参数，并将代码添加到函数体中。

**例 11-3：**音响系统交互操作。

本实例为在设计的音响系统中为按钮组件添加交互代码。

**解：**

1）在设计画布中鼠标右键单击“视频”按钮，在弹出的快捷菜单中选择“回调”→“添加 ButtonPushedFcn 回调”命令，系统自动转至“代码视图”，添加回调函数 ButtonPushed。代码如下：

```
% Callbacks that handle component events
    methods (Access = private)
        % Button pushed function: Button
        function ButtonPushed(app, event)

        end
    end
```

2）在 function ButtonPushed（app, event）函数体中添加如下代码：

```
    % 当按下按钮时显示视频播放，打开视频显示器演示视频
            app.Label = uilabel(app.Panel,'Text',' 视频播放 ');   % 添加标签显示
            app.Label.FontSize = 50;      % 定义标签文字大小
app.Label.Position = [65 70 200 200]; % 定义标签位置
            implay('rhinos.avi');   % 打开视频显示器演示视频
```

3）在“代码浏览器”中选择“属性”选项卡，单击按钮，添加“私有属性”，系统自动在“代码视图”编辑区定义回调函数中添加的属性 Label，代码如下：

```
    properties (Access = private)
            Label % 定义属性
    end
```

4）在设计画布中鼠标右键单击“音乐”按钮，在弹出的快捷菜单中选择“回调”→“添加 ButtonPushedFcn 回调”命令，系统自动转至“代码视图”，在回调函数 Button_2Pushed 中添加如下代码：

```
% 当按下按钮时显示音频播放，播放一段蜂鸣音
            app.Label = uilabel(app.Panel,'Text',' 音频播放 '); % 添加标签显示
            app.Label.FontSize = 50;          % 定义标签文字大小
app.Label.Position = [65 10 200 200];        % 定义标签位置
beep    % 播放蜂鸣音
```

5）在设计画布中鼠标右键单击“图片”按钮，在弹出的快捷菜单中选择“回调”→“添加 ButtonPushedFcn 回调”命令，系统自动转至“代码视图”，在回调函数 Button_3Pushed 中添加代码如下：

```
    % 当按下按钮时显示图片
            app.image = uiimage(app.Panel);
            app.image.ImageSource = 'Angry bird.jpg';
            app.image.Position = [15 30 300 200];
```

6）在“代码浏览器”的“属性”选项卡中单击“添加”按钮，添加私有属性 image，代码如下：

```
properties (Access = private)
        Label % 定义属性
        image % 定义属性
end
```

7）单击工具栏中的“运行”按钮▶，在运行界面显示如图 11-43 所示的结果。

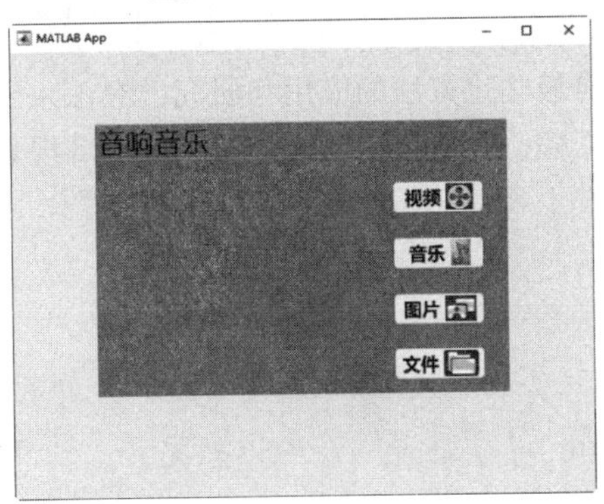


图 11-43　运行界面

单击“视频”按钮，打开影片播放器，单击“播放”按钮，即可播放视频，如图 11-44 所示。

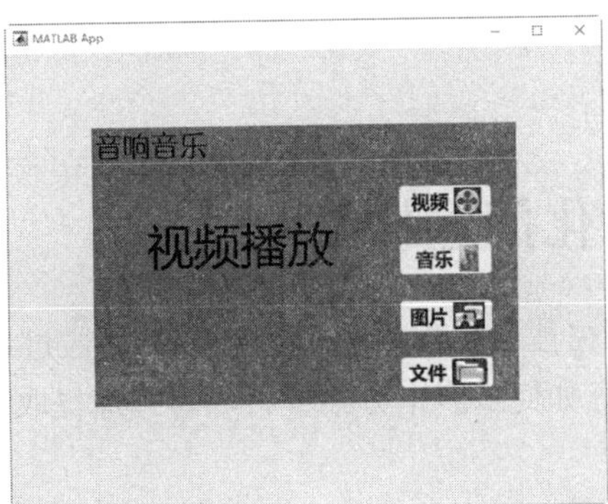

图 11-44　播放视频

单击“音乐”按钮，显示音频播放，播放一段蜂鸣音，如图 11-45 所示。

单击“图片”按钮，显示图片，如图 11-46 所示。

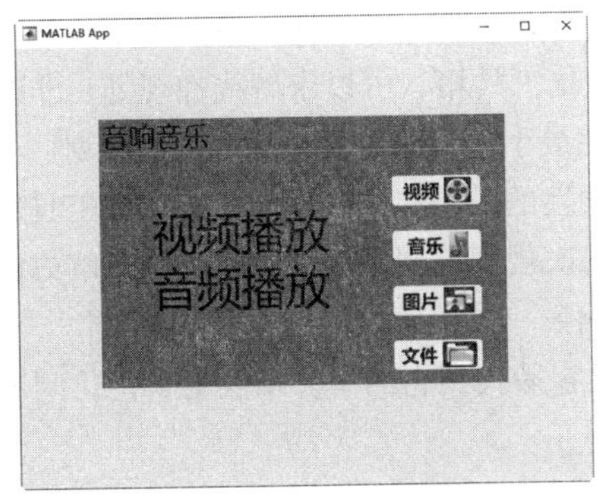


图 11-45　播放音频

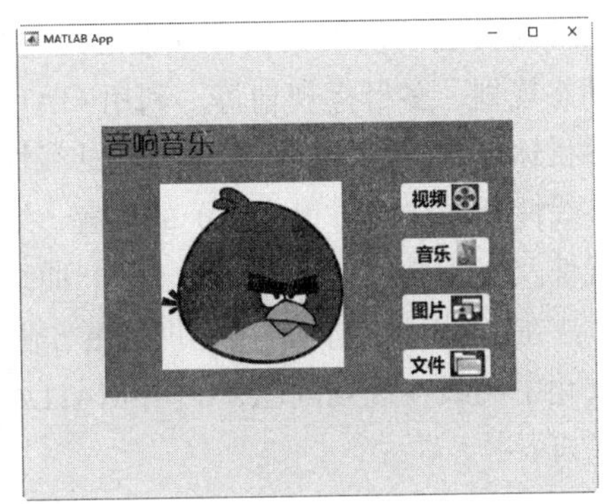


图 11-46　显示图片

# 第 12 章　优化设计

**内容指南**

优化问题无处不在，目前最优化方法的应用和研究已经深入到生产和科研的各个领域，如土木工程、机械工程、化学工程、运输调度、生产控制、经济规划、经济管理等，并取得了显著的经济效益和社会效益。

**内容要点**

- 优化问题概述
- MATLAB 中的工具箱
- 优化工具箱中的函数
- 优化函数的变量
- 参数设置
- 模型输入时需要注意的问题
- 句柄函数
- 优化算法介绍

## 12.1　优化问题概述

在生活和工作中，人们对于同一个问题往往会提出多个解决方案，并通过各方面的论证从中提取最佳方案。最优化方法就是专门研究如何从多个方案中科学合理地提取出最佳方案的科学。

用最优化方法解决最优化问题的技术称为最优化技术，它包含以下两个方面的内容：

（1）建立数学模型：即用数学语言来描述最优化问题。模型中的数学关系式反映了最优化问题所要达到的目标和各种约束条件。

（2）数学求解：数学模型建好以后，选择合理的最优化方法进行求解。

最优化方法的发展很快，现在已经包含有多个分支，如线性规划、整数规划、非线性规划、动态规划、多目标规划等。利用 MATLAB 的优化工具箱，可以求解线性规划、非线性规划和多目标规划问题，具体而言，包括线性及非线性最小化、最大最小化、二次规划、半无限问题、线性及非线性方程（组）的求解、线性及非线性的最小二乘问题。另外，该工具箱还提供了线性及非线性最小化、方程求解、曲线拟合、二次规划等问题中大型课题的求解方法，为优化方法在工程中的实际应用提供了更方便快捷的途径。

优化中的线性规划问题，利用 MATLAB 可以很容易找到它的解。事实上，优化问题的一般形式如下：

$$\begin{aligned}&\min \quad f(x)\\&\text{s.t.} \quad x\in X\end{aligned} \tag{12-1}$$

式中，$x$ 是决策变量；$f(x)$ 是目标函数；$X$ 为约束集或可行域。特别地，如果约束集 $x=R^n$，则上述优化问题称为无约束优化问题，即

$$\min_{x\in R^n} \quad f(x)$$

而约束最优化问题通常写为

$$\begin{aligned}&\min \quad f(x)\\&\text{s.t.} \quad \begin{array}{ll} c_i(x)=0, & i\in E\\ c_i(x)\geqslant 0, & i\in I\end{array}\end{aligned} \tag{12-2}$$

式中，$E$、$I$ 分别为等式约束指标集与不等式约束指标集；$c_i(x)$ 为约束函数。

式（12-1）中，如果对于某个 $x^*\in X$ 以及每个 $x\in X$ 都有 $f(x)\geqslant f(x^*)$ 成立，则称 $x^*$ 为式（12-1）中的最优解（全局最优解），相应的目标函数值称为最优值；若只是在 $X$ 的某个子集内有上述关系，则 $x^*$ 称为式（12-1）中的局部最优解。最优解并不是一定存在的，通常求出的解只是一个局部最优解。

对于优化问题式（12-2），当目标函数和约束函数均为线性函数时，式（12-2）就称为线性规划问题；当目标函数和约束函数中至少有一个是变量 $x$ 的非线性函数时，式（12-2）就称为非线性规划问题。此外，根据决策变量、目标函数和要求的不同，优化问题还可分为整数规划、动态规划、网络优化、非光滑规划、随机优化、几何规划、多目标规划等若干分支。下面将主要介绍如何利用 MATLAB 提供的优化工具箱来求解一些常见的优化问题。

## 12.2　MATLAB 中的工具箱

MATLAB 工具箱已经成为一个系列产品，MATLAB 主工具箱和其他工具箱（Toolbox）（功能型工具箱）主要用来扩充 MATLAB 的数值计算、符号运算功能、图形建模仿真功能、文字处理功能以及与硬件实时交互功能，能够用于多种学科。

领域型工具箱是学科专用工具箱，其专业性很强，如控制系统工具箱（Control System Toolbox）、信号处理工具箱（Signal Processing Toolbox）、财政金融工具箱（Financial Toolbox）和优化工具箱（Optimization Toolbox）等。

### 12.2.1　MATLAB 中常用的工具箱

MATLAB 中常用的工具箱有：

- MATLAB Main Toolbox——MATLAB 主工具箱。
- Control System Toolbox——控制系统工具箱。
- Communication Toolbox——通信工具箱。
- Financial Toolbox——财政金融工具箱。
- System Identification Toolbox——系统辨识工具箱。

- ◆ Fuzzy Logic Toolbox——模糊逻辑工具箱。
- ◆ Higher-Order Spectral Analysis Toolbox——高阶谱分析工具箱。
- ◆ Image Processing Toolbox——图像处理工具箱。
- ◆ LMI Control Toolbox——线性矩阵不等式工具箱。
- ◆ Model predictive Control Toolbox——模型预测控制工具箱。
- ◆ μ-Analysis and Synthesis Toolbox——μ 分析工具箱。
- ◆ Neural Network Toolbox——神经网络工具箱。
- ◆ Optimization Toolbox——优化工具箱。
- ◆ Partial Differential Toolbox——偏微分方程工具箱。
- ◆ Robust Control Toolbox——鲁棒控制工具箱。
- ◆ Signal Processing Toolbox——信号处理工具箱。
- ◆ Spline Toolbox——样条工具箱。
- ◆ Statistics Toolbox——统计工具箱。
- ◆ Symbolic Math Toolbox——符号数学工具箱。
- ◆ Simulink Toolbox——动态仿真工具箱。
- ◆ Wavelet Toolbox——小波工具箱。

### 12.2.2 工具箱和工具箱函数的查询

1. MATLAB 的目录结构

首先，简单介绍一下 MATLAB 的目录树。

C:\Program Files\MATLAB\R2024a\bin

C:\Program Files\MATLAB\R2024a\extern

C:\Program Files\MATLAB\R2024a\simulink

C:\Program Files\MATLAB\R2024a\toolbox\comm\

C:\Program Files\MATLAB\R2024a\toolbox\control\

C:\Program Files\MATLAB\R2024a\toolbox\symbolic\

◆ R2024a\bin —— 该目录包含 MATLAB 系统运行文件、MATLAB 帮助文件及一些必需的二进制文件。

◆ R2024a\extern —— 包含 MATLAB 与 C 语言、FORTRAN 语言交互所需的函数定义和连接库。

◆ R2024a\simulink —— 包含建立 simulink MEX 文件所必需的函数定义及接口软件。

◆ R2024a\toolbox —— 各种 MATLAB 工具箱。toolbox 目录下的子目录数量是随安装情况的不同而不同的。

2. 工具箱函数清单的获得

在 MATLAB 中，所有工具箱中都有函数清单文件 contents.m。可用各种方法得到工具箱函数清单。

◆ 执行在线帮助命令。

help 工具箱名称调用格式的功能是：列出指定工具箱中 contents.m 的内容，显示该工具箱中的所有函数清单。

**例 12-1**：列出优化工具箱的内容。

**解**：MATLAB 程序如下：

```
>> help optim
  Optimization Toolbox
  Version 24.1 (R2024a) 19-Nov-2023

  Nonlinear minimization of functions.
    fminbnd      - Scalar bounded nonlinear function minimization.
    fmincon      - Multidimensional constrained nonlinear minimization.
    fminsearch   - Multidimensional unconstrained nonlinear minimization,
                   by Nelder-Mead direct search method.
    fminunc      - Multidimensional unconstrained nonlinear minimization.
    fseminf      - Multidimensional constrained minimization, semi-infinite
                   constraints.

  Nonlinear minimization of multi-objective functions.
    fgoalattain  - Multidimensional goal attainment optimization
    fminimax     - Multidimensional minimax optimization.

  Linear least squares (of matrix problems).
    lsqlin       - Linear least squares with linear constraints.
    lsqnonneg    - Linear least squares with nonnegativity constraints.

  Nonlinear least squares (of functions).
     lsqcurvefit   - Nonlinear curvefitting via least squares (with
bounds).
    lsqnonlin    - Nonlinear least squares with upper and lower bounds.

  Nonlinear zero finding (equation solving).
    fzero        - Scalar nonlinear zero finding.
    fsolve       - Nonlinear system of equations solve (function solve).

  Minimization of matrix problems.
    coneprog     - Second-order cone programming.
    intlinprog   - Mixed integer linear programming.
    linprog      - Linear programming.
    quadprog     - Quadratic programming.

  Controlling defaults and options.
    optimoptions - Create or alter optimization options.

  Accelerate solver over multiple problems.
    optimwarmstart - Create a warm start object for solver acceleration.

  Problem-based workflow functions and class methods.
    eqnproblem   - Create EquationProblem object.
```

```
    optimconstr  - Create array of OptimizationConstraints.
    optimexpr    - Create array of OptimizationExpressions.
    optimproblem - Create OptimizationProblem object.
    optimvar     - Create array of OptimizationVariables.
    solve        - Solve problem contained in a given OptimizationProblem
                   or EquationProblem.

  Live Editor task and plot functions.
    Optimize                      - Optimization Toolbox Live Editor task
                                    (available in the Live Editor only).
    optimplotconstrviolation      - Plot max. constraint violation at each
                                    iteration.
    optimplotfirstorderopt        - Plot first-order optimality at each
                                    iteration.
    optimplotresnorm              - Plot value of the norm of residuals at
                                    each iteration.
    optimplotstepsize             - Plot step size at each iteration.

    Optimization Toolbox 文档
    名为 optim 的文件夹
```

上述内容即为 MATLAB 优化工具箱的全部函数内容。

**注意：**

优化工具箱的名称为 optim.m。

◆ 使用 type 命令得到工具箱函数的清单，显示工具箱函数所在文件的内容。

以下程序：

```
>> type    optim\contents
% Optimization Toolbox
% Version 24.1 (R2024a) 19-Nov-2023
%
% Nonlinear minimization of functions.
%   fminbnd      - Scalar bounded nonlinear function minimization.
%   fmincon      - Multidimensional constrained nonlinear minimization.
%   fminsearch   - Multidimensional unconstrained nonlinear minimization,
%                  by Nelder-Mead direct search method.
%   fminunc      - Multidimensional unconstrained nonlinear minimization.
%   fseminf      - Multidimensional constrained minimization, semi-infinite
%                  constraints.
%
% Nonlinear minimization of multi-objective functions.
%   fgoalattain  - Multidimensional goal attainment optimization
%   fminimax     - Multidimensional minimax optimization.
%
% Linear least squares (of matrix problems).
%   lsqlin       - Linear least squares with linear constraints.
```

```
%   lsqnonneg    - Linear least squares with nonnegativity constraints.
%
% Nonlinear least squares (of functions).
%   lsqcurvefit  - Nonlinear curvefitting via least squares (with bounds).
%   lsqnonlin    - Nonlinear least squares with upper and lower bounds.
%
% Nonlinear zero finding (equation solving).
%   fzero        - Scalar nonlinear zero finding.
%   fsolve       - Nonlinear system of equations solve (function solve).
%
% Minimization of matrix problems.
%   coneprog     - Second-order cone programming.
%   intlinprog   - Mixed integer linear programming.
%   linprog      - Linear programming.
%   quadprog     - Quadratic programming.
%
% Controlling defaults and options.
%   optimoptions - Create or alter optimization options.
%
% Accelerate solver over multiple problems.
%   optimwarmstart - Create a warm start object for solver acceleration.
%
% Problem-based workflow functions and class methods.
%   eqnproblem   - Create EquationProblem object.
%   optimconstr  - Create array of OptimizationConstraints.
%   optimexpr    - Create array of OptimizationExpressions.
%   optimproblem - Create OptimizationProblem object.
%   optimvar     - Create array of OptimizationVariables.
%   solve        - Solve problem contained in a given OptimizationProblem
%                  or EquationProblem.
%
% Live Editor task and plot functions.
%   Optimize                  - Optimization Toolbox Live Editor task
%                               (available in the Live Editor only).
%   optimplotconstrviolation  - Plot max. constraint violation at each
%                               iteration.
%   optimplotfirstorderopt    - Plot first-order optimality at each
%                               iteration.
%   optimplotresnorm          - Plot value of the norm of residuals at
%                               each iteration.
%   optimplotstepsize         - Plot step size at each iteration.

%   Copyright 1990-2023 The MathWorks, Inc.
```

**注意：**

这种方式得出的结果，内容与例 12-1 中的命令调用方式相同，输出的格式稍有不同。

# 12.3 优化工具箱中的函数

优化工具箱中的函数见表 12-1 ~ 表 12-3。

**表 12-1 最小化函数**

| 函数 | 描述 |
|---|---|
| fminsearch,fminunc | 无约束非线性最小化 |
| fminbnd | 有边界的标量非线性最小化 |
| fmincon | 有约束的非线性最小化 |
| linprog | 线性规划 |
| quadprog | 二次规划 |
| fgoalattain | 多目标规划 |
| fminimax | 极大极小约束 |
| fseminf | 半无限约束多变量非线性函数的最小值问题 |

**表 12-2 最小二乘问题函数**

| 函数 | 描述 |
|---|---|
| lsqnonlin | 非线性最小二乘 |
| lsqnonneg | 非负线性最小二乘 |
| lsqlin | 有约束线性最小二乘 |
| lsqcurvefit | 非线性曲线拟合 |

**表 12-3 方程求解函数**

| 函数 | 描述 |
|---|---|
| fzero | 标量非线性方程求解 |
| fsolve | 非线性方程求解 |

演示函数见表 12-4 和表 12-5。

**表 12-4 中型问题方法演示函数**

| 函数 | 描述 |
|---|---|
| tutdemo | 教程演示 |
| optdemo | 演示过程菜单 |
| OfficeAssignmentsBinaryInteger<br>ProgrammingProblemBasedExample | 求解整数规划 |
| goaldemo | 目标达到举例 |
| dfildemo | 过滤器设计的有限精度 |

**表 12-5 大型问题方法演示函数**

| 函数 | 描述 |
|---|---|
| molecule | 用无约束非线性最小化进行分子组成求解 |
| circustent | 马戏团帐篷问题—二次规划问题 |
| optdeblur | 用有边界线性最小二乘法进行图形处理 |

# 12.4　优化函数的变量

在 MATLAB 的优化工具箱中定义了一系列的标准变量，通过使用这些标准变量可以使用 MATLAB 来求解在工作中碰到的问题。

MATLAB 优化工具箱中的变量主要有三类：输入变量、输出变量和优化参数中的变量。

（1）输入变量。调用 MATLAB 优化工具箱需要首先给出一些输入变量，优化工具箱函数通过对这些输入变量的处理得到需要的结果。

优化工具箱中的输入变量大体上分成输入系数和输入参数两类，分别见表 12-6 和表 12-7。

**表 12-6　输入系数**

| 变量名 | 作用和含义 | 主要的调用函数 |
| --- | --- | --- |
| A,b | 矩阵 $A$ 和向量 $b$ 分别为线性不等式约束的系数矩阵和右端项 | fgoalattain,fmincon,fminimax,<br>fseminf,linprog,lsqlin,quadprog |
| Aeq,beq | 矩阵 Aeq 和向量 beq 分别为线性方程约束的系数矩阵和右端项 | fgoalattain,fmincon,fminimax,<br>fseminf,linprog,lsqlin,quadprog |
| C,d | 矩阵 $C$ 和向量 $d$ 分别为超定或不定线性系统方程组的系数和进行求解的右端项 | lsqlin,lsqnonneg |
| f | 线性方程或二次方程中线性项的系数向量 | linprog,quadprog |
| H | 二次方程中二次项的系数 | quadprog |
| lb,ub | 变量的上、下界 | fgoalattain,fmincon,fminimax<br>fseminf,linprog,quadprog,lsqlin<br>lsqcurvefit,lsqnonlin |
| fun | 待优化的函数 | fgoalattain,fminbnd,fmincon,fminimax<br>fminsearch,fminunc,fseminf,fsolve,fzero<br>lsqcurvefit,lsqnonlin |
| nonlcon | 计算非线性不等式和等式 | fgoalattain,fmincon,fminimax |
| seminfcon | 计算非线性不等式约束、等式约束和半无限约束的函数 | fseminf |

**表 12-7　输入参数**

| 变量名 | 作用和含义 | 主要的调用函数 |
| --- | --- | --- |
| goal | 目标试图达到的值 | fgoalattain |
| ntheta | 半无限约束的个数 | fseminf |
| options | 优化选项参数结构 | 所有 |
| P1,P2,… | 传给函数 fun、变量 nonlcon、变量 seminfcon 的其他变量 | fgoalattain,fminbnd,fmincon,<br>fminimax,fsearch,fminunc,fseminf,<br>fsolve,fzero,lsqcurvefit,lsqnonlin |
| weight | 控制对象未达到或超过的加权向量 | fgoalattain |
| xdata,ydata | 拟合方程的输入数据和测量数据 | lsqcurvefit |
| x0 | 初始点 | 除 fminbnd 所有 |
| x1,x2 | 函数最小化的区间 | fminbnd |

（2）输出变量。调用 MATLAB 优化工具箱的函数后，函数将给出一系列的输出变量，提供给用户相应的输出信息，见表 12-8。

**表 12-8　输出变量**

| 变量名 | 作用和含义 |
|---|---|
| x | 由优化函数求得的解 |
| fval | 解 *x* 处的目标函数值 |
| exitflag | 退出条件 |
| output | 包含优化结果信息的输出结构 |
| lambda | 解 *x* 处的拉格朗日乘子 |
| grad | 解 *x* 处函数 fun 的梯度值 |
| hessian | 解 *x* 处函数 fun 的海森矩阵 |
| jacobian | 解 *x* 处函数 fun 的雅克比矩阵 |
| maxfval | 解 *x* 处函数的最大值 |
| attainfactor | 解 *x* 处的达到因子 |
| residual | 解 *x* 处的残差值 |
| resnorm | 解 *x* 处残差的平方范数 |

（3）优化参数（见表 12-9）。

**表 12-9　优化参数**

| 参数名 | 含　义 |
|---|---|
| DerivativeCheck | 对自定义的解析导数与有限差分导数进行比较 |
| Diagnostics | 打印进行最小化或求解的诊断信息 |
| DiffMaxChange | 有限差分求导的变量最大变化 |
| DiffMinChange | 有限差分求导的变量最小变化 |
| Display | 值为 off 时，不显示输出；值为 iter 时，显示迭代信息；值为 final 时，只显示结果，值为 notify 时，函数不收敛时输出 |
| GoalsExactAchieve | 精确达到的目标个数 |
| GradConstr | 用户定义的非线性约束的梯度 |
| GradObj | 用户定义的目标函数的梯度 |
| Hessian | 用户定义的目标函数的海森矩阵 |
| HessPattern | 有限差分的海森矩阵的稀疏模式 |
| HessUpdate | 海森矩阵修正结构 |
| Jacobian | 用户定义的目标函数的雅克比矩阵 |
| JacobPattern | 有限差分的雅克比矩阵的稀疏模式 |
| LargeScale | 使用大型算法（如果可能的话） |
| Levenberg-Marquardt | 用 Levenberg-Marquardt 方法代替 Gauss-Newton 法 |
| LineSearchType | 一维搜索算法的选择 |
| MaxFunEvals | 允许进行函数评价的最大次数 |
| MaxIter | 允许进行迭代的最大次数 |
| MaxPCGIter | 允许进行 PCG 迭代的最大次数 |
| MeritFunction | 使用多目标函数 |
| MinAbsMax | 最小化最坏个案例绝对值的 $f(x)$ 的个数 |
| PrecondBandWidth | PCG 前提的上带宽 |
| TolCon | 违背约束的终止容限 |
| TolFun | 函数值的终止容限 |
| TolPCG | PCG 迭代的终止容限 |
| TolX | *X* 处的终止容限 |
| TypicalX | 典型 *X* 值 |

（4）在 MATLAB 中，optimvar 命令用于创建优化变量，优化变量是一个符号对象，根据变量为目标函数和问题约束创建表达式。它的调用格式也非常简单，见表 12-10。

**表 12-10　optimvar 命令**

| 调用格式 | 说　明 |
| --- | --- |
| x = optimvar(name) | 创建变量名称为 name 的标量优化变量 $x$ |
| x = optimvar(name,n) | 创建优化变量 $x$，$x$ 是 $n\times 1$ 向量 |
| x = optimvar(name,cstr) | 创建优化变量向量 $x$，使用 cstr 进行索引。$x$ 的元素数量与 cstr 向量的长度相同。$x$ 的方向与 cstr 的方向相同：当 cstr 是行向量时，$x$ 是行向量；当 cstr 是列向量时，$x$ 是列向量 |
| x = optimvar(name,cstr1,n2,...,cstrk)<br>x = optimvar(name,{cstr1,cstr2,...,cstrk})<br>x = optimvar(name,[n1,n2,...,nk]) | 对于正整数 nj 和名称 cstrk 的任意组合，创建一个优化变量数组，其维数等于整数 nj 和条目 cstrk 的长度 |
| x = optimvar(⋯,Name,Value) | 一个或多个名称 – 值对参数指定优化变量 $x$ 的属性 |

**例 12-2：** 创建优化变量向量。

**解：** MATLAB 程序如下：

```
>> x = optimvar('x',5)    % 创建一个名为 x 的 5×1 的优化变量向量
x =
  5×1 OptimizationVariable 数组 - 属性：
  Array-wide properties:
          Name: 'x'
          Type: 'continuous'
    IndexNames: {{}  {}}
  Elementwise properties:
    LowerBound: [5×1 double]
    UpperBound: [5×1 double]
  See variables with show.
  See bounds with showbounds.
```

# 12.5　参数设置

对于优化控制，利用 optimset 命令可以创建和编辑参数结构，利用 optimget 命令可以获得优化参数。

## 12.5.1　optimoptions 命令

Optimoptions 命令的功能是创建优化选项，为 Optimization Toolbox 或 Global Optimization Toolbox 求解器设置选项，其调用格式见表 12-11。

表 12-11　optimoptions 命令

| 调用格式 | 说　　明 |
| --- | --- |
| options = optimoptions (SolverName) | 返回 solvername 解算器的默认优化选项 |
| options = optimoptions (SolverName,Name,Value) | 利用名称 – 值对参数设置优化选项属性 |
| options = optimoptions (oldoptions,Name,Value) | 返回 oldoptions 的副本，利用名称 – 值对参数设置优化选项属性 |
| options = optimoptions (SolverName,oldoptions) | 返回 solvername 解算器的默认选项，并将 oldoptions 中适用的选项复制到 options 中 |
| options = optimoptions(prob) | 返回 prob 优化问题或方程问题的一组默认优化选项 |
| options = optimoptions (prob,Name,Value) | 利用名称 – 值对参数设置优化选项属性 |

**例 12-3**：创建非默认优化选项。

**解**：MATLAB 程序如下：

```
>> options = optimoptions(@fminimax,'ConstraintTolerance',1e7,
'DiffMaxChange',15000)     % 为 fminimax 解算器创建优化选项。不同的解算器可以设置的属性不同，设置约束冲突的终止容差默认值为 1e6，有限差分梯度变量默认值是 inf
options =
fminimax 选项：

   设置属性：
           ConstraintTolerance: 10000000

   默认属性：
    AbsoluteMaxObjectiveCount: 0
                      Display: 'final'
     FiniteDifferenceStepSize: 'sqrt(eps)'
         FiniteDifferenceType: 'forward'
            FunctionTolerance: 1.0000e-06
      MaxFunctionEvaluations: '100*numberOfVariables'
                MaxIterations: 400
          OptimalityTolerance: 1.0000e-06
                    OutputFcn: []
                      PlotFcn: []
  SpecifyConstraintGradient: 0
   SpecifyObjectiveGradient: 0
                StepTolerance: 1.0000e-06
                     TypicalX: 'ones(numberOfVariables,1)'
                  UseParallel: 0
```

## 12.5.2　optimset 命令

optimset 命令的功能是创建或编辑优化选项参数结构，其调用格式见表 12-12。

**表 12-12　optimset 命令**

| 调用格式 | 说　明 |
|---|---|
| options = optimset(param,value) | 创建一个称为 options 的优化选项参数，其中指定的参数具有指定值。所有未指定的参数都设置为空矩阵 [ ]（将参数设置为 [ ] 表示当 options 传递给优化函数时给参数赋默认值） |
| optimset | 没有任何输入输出参数，将显示一张完整的带有有效值的参数列表 |
| options = optimset | 创建一个优化选项结构体 options，其中所有的元素被设置为 [ ] |
| options = optimset(optimfun) | 创建一个包含与优化函数 optimfun 相关的所有参数名称及其默认值的选项结构体 options |
| options = optimset(oldopts,param1,value1) | 复制一个 oldopts，用指定的数值修改参数 |
| options = optimset(oldopts,newopts) | 将已经存在的选项结构 oldopts 与新的选项结构 newopts 进行合并。newopts 参数中的所有元素将覆盖 oldopts 参数中的所有对应元素 |

optimset 可为 fminbnd、fminsearch、fzero 和 lsqnonneg 四个 MATLAB 优化求解器设置选项。optimset 不能设置 Global Optimization Toolbox 求解器的大多数选项。

**例 12-4：** 查看优化参数列表。

**解：** MATLAB 程序如下：

```
  >> optimset   % 没有任何输入输出参数，显示一张完整的带有有效值的参数列表。
                  Display: [ off | iter | iter-detailed | notify | notify-
detailed | final | final-detailed ]
              MaxFunEvals: [ positive scalar ]
                  MaxIter: [ positive scalar ]
                   TolFun: [ positive scalar ]
                     TolX: [ positive scalar ]
              FunValCheck: [ on | {off} ]
                OutputFcn: [ function | {[]} ]
                 PlotFcns: [ function | {[]} ]
                Algorithm: [ active-set | interior-point | interior-point-
convex | levenberg-marquardt | ...
                             sqp | trust-region-dogleg | trust-region-re-
flective ]
    AlwaysHonorConstraints: [ none | {bounds} ]
          DerivativeCheck: [ on | {off} ]
              Diagnostics: [ on | {off} ]
            DiffMaxChange: [ positive scalar | {Inf} ]
            DiffMinChange: [ positive scalar | {0} ]
           FinDiffRelStep: [ positive vector | positive scalar | {[]} ]
              FinDiffType: [ {forward} | central ]
        GoalsExactAchieve: [ positive scalar | {0} ]
               GradConstr: [ on | {off} ]
                  GradObj: [ on | {off} ]
                  HessFcn: [ function | {[]} ]
                  Hessian: [ user-supplied | bfgs | lbfgs | fin-diff-grads
| on | off ]
```

```
                  HessMult: [ function | {[]} ]
               HessPattern: [ sparse matrix | {sparse(ones(numberOfVariabl
es))} ]
                HessUpdate: [ dfp | steepdesc | {bfgs} ]
          InitBarrierParam: [ positive scalar | {0.1} ]
     InitTrustRegionRadius: [ positive scalar | {sqrt(numberOfVariables)} ]
                  Jacobian: [ on | {off} ]
                 JacobMult: [ function | {[]} ]
              JacobPattern: [ sparse matrix | {sparse(ones(Jrows,Jcols))} ]
                LargeScale: [ on | off ]
                  MaxNodes: [ positive scalar | {1000*numberOfVariables} ]
                MaxPCGIter: [ positive scalar | {max(1,floor(numberOfVaria
bles/2))} ]
             MaxProjCGIter: [ positive scalar |
    {2*(numberOfVariables-numberOfEqualities)} ]
                MaxSQPIter: [ positive scalar |
    {10*max(numberOfVariables,numberOfInequalities+numberOfBounds)} ]
                   MaxTime: [ positive scalar | {7200} ]
             MeritFunction: [ singleobj | {multiobj} ]
                 MinAbsMax: [ positive scalar | {0} ]
            ObjectiveLimit: [ scalar | {-1e20} ]
         PrecondBandWidth: [ positive scalar | 0 | Inf ]
           RelLineSrchBnd: [ positive scalar | {[]} ]
   RelLineSrchBndDuration: [ positive scalar | {1} ]
             ScaleProblem: [ none | obj-and-constr | jacobian ]
      SubproblemAlgorithm: [ cg | {ldl-factorization} ]
                   TolCon: [ positive scalar ]
                TolConSQP: [ positive scalar | {1e-6} ]
                   TolPCG: [ positive scalar | {0.1} ]
                TolProjCG: [ positive scalar | {1e-2} ]
             TolProjCGAbs: [ positive scalar | {1e-10} ]
                 TypicalX: [ vector | {ones(numberOfVariables,1)} ]
              UseParallel: [ logical scalar | true | {false} ]
```

**例 12-5：**optimset 使用举例。

**解：**MATLAB 程序如下：

```
>> options = optimset('Display','iter','TolFun',1e-8)    % 创建一个名为 op-
tions 的优化选项结构体，其中显示参数设为 'iter'，TolFun 参数设置为 1e-8
    包含以下字段的 struct:

                   Display: 'iter'
               MaxFunEvals: []
                   MaxIter: []
                    TolFun: 1.0000e-08
                      TolX: []
               FunValCheck: []
```

```
                OutputFcn: []
                 PlotFcns: []
          ActiveConstrTol: []
                Algorithm: []
   AlwaysHonorConstraints: []
          DerivativeCheck: []
              Diagnostics: []
            DiffMaxChange: []
            DiffMinChange: []
           FinDiffRelStep: []
              FinDiffType: []
        GoalsExactAchieve: []
               GradConstr: []
                  GradObj: []
                  HessFcn: []
                  Hessian: []
                 HessMult: []
              HessPattern: []
               HessUpdate: []
          InitBarrierParam: []
    InitTrustRegionRadius: []
                 Jacobian: []
                JacobMult: []
             JacobPattern: []
               LargeScale: []
                 MaxNodes: []
               MaxPCGIter: []
            MaxProjCGIter: []
               MaxSQPIter: []
                  MaxTime: []
            MeritFunction: []
                MinAbsMax: []
       NoStopIfFlatInfeas: []
           ObjectiveLimit: []
     PhaseOneTotalScaling: []
           Preconditioner: []
         PrecondBandWidth: []
           RelLineSrchBnd: []
   RelLineSrchBndDuration: []
             ScaleProblem: []
      SubproblemAlgorithm: []
                   TolCon: []
                TolConSQP: []
               TolGradCon: []
                   TolPCG: []
                TolProjCG: []
```

```
                TolProjCGAbs: []
                    TypicalX: []
                 UseParallel: []
```

### 12.5.3　optimget 命令

在 MATLAB 中，optimget 命令的功能是获得优化选项值，其调用格式见表 12-13。

设置了参数 options 后才可以用上述调用格式完成指定任务。

**例 12-6：**optimget 命令应用举例 1。

**解：**MATLAB 程序如下：

```
>> options = optimset('Display','iter','TolFun',1e-8);
>> val = optimget(options,'Display') % 显示优化选项结构体options的'Display'
参数值
val =
         'iter'
```

**表 12-13　optimget 命令**

| 调用格式 | 说　明 |
| --- | --- |
| val = optimget(options,'param') | 返回优化选项结构体 options 中指定的参数值。输入参数名称时，只需要输入参数开头的几个前导字母即可。参数名称忽略大小写 |
| val = optimget(options,'param',default) | 如果优化选项结构体 options 中没有定义指定参数，则返回默认值。注意，这种形式的函数主要用于其他优化函数 |

**例 12-7：**optimget 命令应用举例 2。

**解：**MATLAB 程序如下：

```
>> options = optimset('Display','iter','TolFun',1e-8);
>> optnew = optimget(options,'MaxPCGIter','final')% 返回显示优化参数 op-
tions 到 my_options 结构中，如果参数 'MaxPCGIter' 没有定义，则返回值 'final'
optnew
          'final'
```

## 12.6　模型输入时需要注意的问题

使用优化工具箱时，由于优化函数要求目标函数和约束条件满足一定的格式，所以需要用户在进行模型输入时注意以下几个问题。

1. 目标函数最小化

优化函数 fminbnd、fminsearch、fminunc、fmincon、fgoalattain、fminmax 和 lsqnonlin 都要求目标函数最小化，如果优化问题要求目标函数最大化，可以通过使该目标函数的负值最小化即 $-f(x)$ 最小化来实现。类似地，对于 quadprog 函数提供 $-H$ 和 $-f$，对于 linprog 函数提供 $-f$。

2. 约束非正

优化工具箱要求非线性不等式约束的形式为 $C_i(x) \leqslant 0$，通过对不等式取负可以达到使大于零的约束形式变为小于零的不等式约束形式的目的，如 $C_i(x) \geqslant 0$ 形式的约束等价于

$-C_i(x) \leqslant 0$，$C_i(x) \geqslant b$ 形式的约束等价于 $-C_i(x) + b \leqslant 0$。

3. 避免使用全局变量

在 MATLAB 中，函数内部定义的变量除特殊声明外均为局部变量，即不加载到工作空间中。如果需要使用全局变量，则应当使用关键字 global 定义，而且在任何时候使用该全局变量的函数中都应该加以定义，在命令行窗口中也不例外。当程序规模比较大时，难免会在无意中修改全局变量的值，因而导致错误。更糟糕的是，这样的错误很难查找。因此，在编程时应尽量避免使用全局变量。

## 12.7　句柄函数

MATLAB 中可以用 @ 符号调用句柄函数，@ 函数返回指定 MATLAB 函数的句柄，其调用格式如下。

handle = @function

这类似于 C++ 语言中的引用。

利用 @ 函数进行函数调用有下面几点好处：

◆ 用句柄将一个函数传递给另一个函数。

◆ 减少定义函数的文件个数。

◆ 改进重复操作。

◆ 保证函数计算的可靠性。

**例 12-8：** 利用句柄传递数据。

**解：** MATLAB 程序如下：

1）为 humps 函数创建一个函数句柄，并将它指定为 fhandle 变量。

```
>> fhandle = @humps;    % humps 是非线性函数，使用该函数构造函数句柄，也将传递函数内所有变量
>> x= fminbnd (fhandle, 0,1)  % 将刚创建的函数句柄传递给 fminbnd 函数，然后在区间[0,1] 上进行最小化
x =
     0.6370
```

2）用句柄将一个函数传递给另一个函数。

```
>> x = fminbnd (@humps, 0,1)  % 将刚创建的函数句柄传递给 fminbnd 函数，然后在区间[0,1] 上进行最小化
x =
     0.6370
```

## 12.8　优化算法介绍

利用 MATLAB 的优化工具箱，可以求解线性规划、非线性规划和多目标规划问题。具体而言，包括线性和非线性最小化、最大最小化、二次规划、半无限问题、线性和非线性方程（组）的求解、线性和非线性的最小二乘问题等课题的求解方法，为优化方法在工程中的实际应用提供了更方便快捷的途径。

### 12.8.1 参数优化问题

参数优化就是求一组设计参数 $x=(x_1,x_2,\cdots,x_n)$，以满足在某种意义下最优。一个简单的情况就是对某关于 $x$ 的问题求极大值或极小值。复杂一点的情况是要进行优化的目标函数 $f(x)$ 受到以下限定条件：

1）等式约束条件：

$$c_i(x)=0, i=1,2,\cdots,m_e$$

2）不等式约束条件：

$$c_i(x)\leqslant 0, i=m_e+1,\cdots,m$$

3）参数有界约束。这类问题的一般数学模型如下：

$$\min_{x\in R^n} f(x)$$

$$\text{s.t.}\begin{cases} c_i(x)=0, i=1,2,\cdots,m_e \\ c_i(x)\leqslant 0, i=m_e+1,\cdots,m \\ lb\leqslant x\leqslant ub \end{cases}$$

式中，$x$ 是变量；$f(x)$ 是目标函数；$c(x)$ 是约束条件向量；$lb$、$ub$ 分别是变量 $x$ 的下界和上界。

要有效而且精确地解决这类问题，不仅依赖于问题的大小（即约束条件和设计变量的数目），而且依赖目标函数和约束条件的性质。当目标函数和约束条件都是变量 $x$ 的线性函数时，这类问题被称为线性规划问题；在线性约束条件下，最大化或最小化二次目标函数被称为二次规划问题。对于线性规划问题和二次规划问题都能得到可靠的解，而解决非线性规划问题要困难得多，此时的目标函数和限定条件可能是设计变量的非线性函数。非线性规划问题的求解一般通过求解线性规划、二次规划或者没有约束条件的子问题来解决。

### 12.8.2 无约束优化问题

无约束优化问题是在上述参数有界约束数学模型中没有约束条件的情况。无约束最优化是一个十分古老的课题，至少可以追溯到牛顿发明微积分的时代。无约束优化问题在实际应用中也非常常见。

搜索法是对非线性或不连续问题求解的合适方法。当要优化的函数具有连续一阶导数时，梯度法一般说来更为有效。高阶法（如牛顿法）仅适用于目标函数的二阶信息能计算出来的情况。

梯度法使用函数的斜率信息给出搜索的方向。一个简单的方法是沿负梯度方向 $-\nabla f(x)$ 搜索（其中 $\nabla f(x)$ 是目标函数的梯度）。当欲最小化的函数具有窄长形的谷值时，这一方法的收敛速度极慢。

1. 拟牛顿法（Quasi-Newton Method）

在使用梯度信息的方法中，最为有效的方法是拟牛顿方法。此方法的实质是建立每次迭代的曲率信息，以此来解决如下形式的二次模型问题

$$\min_{x\in R^n} f(x)=\frac{1}{2}x^{\mathrm{T}}H_x+b^{\mathrm{T}}x+c$$

式中，$H$ 为目标函数的海森矩阵（Hessian），$H$ 对称正定；$b$ 为常数向量；$c$ 为常数。这个问题的最优解在 $x$ 的梯度为零的点处，即

$$\nabla f(x^*)=H_x^*+b=0$$

从而最优解为

$$x^*=-H^{-1}b$$

对应于拟牛顿法，牛顿法直接计算 $H$，并使用线搜索策略沿下降方向经过一定次数的迭代后确定最小值，为了得到矩阵 $H$ 需要经过大量的计算，而拟牛顿法则不同，它通过使用 $f(x)$ 和它的梯度来修正 $H$ 的近似值。

拟牛顿法发展到现在已经出现了很多经典实用的海森矩阵修正方法。目前，Broyden、Fletcher、Goldfarb 和 Shanno 等人提出的 BFGS 方法被认为是解决一般问题最为有效的方法，这种方法的修正公式如下

$$H_{k+1}=H_k+\frac{qkq_k^{\mathrm{T}}}{q_k^{\mathrm{T}}s_k}-\frac{H_k^{\mathrm{T}}s_k^{\mathrm{T}}s_kH_k}{s_k^{\mathrm{T}}H_ks_k}$$

式中，

$$s_k=x_{k+1}-x_k$$

$$q_k=\nabla f(x_{k+1})-\nabla f(x_k)$$

另外一个比较著名的构造海森矩阵的方法是由 Davidon、Fletcher 和 Powell 提出的 DFP 方法，这种方法的计算公式如下

$$H_{k+1}=H_k+\frac{s_ks_k^{\mathrm{T}}}{s_k^{\mathrm{T}}qk}-\frac{H_k^{\mathrm{T}}q_k^{\mathrm{T}}q_kH_k}{s_k^{\mathrm{T}}H_kS_k}$$

2. 多项式近似

该法用于目标函数比较复杂的情况。在这种情况下，寻找一个与它近似的函数来代替目标函数并用近似函数的极小点作为原函数极小点的近似。常用的近似函数为二次多项式和三次多项式。

（1）二次插值法。二次插值法涉及用数据来满足如下形式的单变量函数问题

$$f(x)=ax^2+bx+c$$

其中，步长极值为

$$x^*=\frac{b}{2a}$$

此值可能是最小值或者最大值。当执行内插或 $a$ 为正时是最小值。只要利用三个梯度或者函数方程组即可确定系数 $a$ 和 $b$，从而可以确定 $x^*$。得到该值以后，便可进行搜索区间的收缩。

在定义域空间给定三个点 $x_1$，$x_2$，$x_3$ 和它们所对应的函数值 $f(x_1)$，$f(x_2)$，$f(x_3)$ 由二阶匹配得出最小值如下

$$x^k+1=\frac{1}{2}\frac{\beta_{23}f(x_1)+\beta_{13}f(x_2)+\beta_{12}f(x_3)}{\gamma_{23}f(x_1)+\gamma_{31}f(x_2)+\gamma_{12}f(x_3)}$$

式中，

$$\beta_{ij}=x_i^2-x_j^2$$
$$\gamma_{ij}=x_i-x_j$$

二次插值法的计算速度比黄金分割法快，但是对于一些强烈扭曲或者可能多峰的函数，这种方法的收敛速度变得很慢，甚至失败。

（2）三次插值法。三次插值法需要计算目标函数的导数，优点是计算速度快。同类的方法还有牛顿切线法、对分法、割线法等。优化工具箱中使用的比较多的是三次插值法。

三次插值法的基本思想和二次插值法一致，它是用四个已知点构造一个三次多项式来逼近目标函数，同时以三次多项式的极小点作为目标函数极小点的近似。一般来讲，三次插值法比二次插值法的收敛速度快，但是每次迭代需要计算两个导数值。

三次插值法的迭代公式如下

$$x_{k+1}=x_2-(x_2-x_1)\frac{\nabla f(x_2)+\beta_1-\beta_2}{\nabla f(x_2)-\nabla f(x_1)+2\beta_2}$$

式中，

$$\beta_1=\nabla f(x_1)+\nabla f(x_2)-3\frac{f(x_1)-f(x_2)}{x_1-x_2}$$

$$\beta_2=(\beta_1^2-\nabla f(x_1)\nabla f(x_2))^{\frac{1}{2}}$$

如果导数容易求得，一般来说首先考虑使用三次插值法，因为它具有较高的效率。在只需要计算函数值的方法中，二次插值法是一个很好的方法，它的收敛速度较快，在极小点所在的区间较小时尤其如此。黄金分割法是一种十分稳定的方法并且计算简单。由于上述原因，MATLAB 优化工具箱中较多使用二次插值法、三次插值法以及二次三次混合插值法和黄金分割法。

### 12.8.3 拟牛顿法实现

在函数 fminunc 中使用拟牛顿法，算法的实现过程包括两个阶段：

1. 确定搜索方向

要确定搜索方向首先必须完成对海森矩阵的修正。牛顿法由于需要多次计算海森矩阵，所以计算量很大。拟牛顿法则可通过构建一个海森矩阵的近似矩阵来避开大量计算的问题。

搜索方向由选择 BFGS 方法还是选择 DFP 方法来决定，在优化工具箱中，通过将优化参数 HessUpdate 设置为 BFGS 或 DFP 来确定搜索方向。海森矩阵 $H$ 总是保持正定的，使得搜索方向总是保持为下降方向。这意味着，对于任意小的步长，在上述搜索方向上目标函数值总是减

小的。只要 $H$ 的初始值为正定并且计算出的$q_k^{\mathrm{T}} s_k$总是正的，则 $H$ 的正定性得到保证。并且只要执行足够精度的线性搜索，$q_k^{\mathrm{T}} s_k$为正的条件总能得到满足。

2. 一维搜索过程

在优化工具箱中有两种线性搜索方法可以使用，这取决于梯度信息是否可以得到。当梯度值可以直接得到时，默认情况下使用三次多项式方法；当梯度值不能直接得到时，默认情况下，采用二次混合和三次插值法。

另外，在三次插值法中，每一个迭代周期都要进行梯度和函数的计算。

### 12.8.4　最小二乘优化

前面介绍了函数 fminunc 中使用的是在拟牛顿法中介绍的线性搜索法，在最小二乘优化函数 lsqnonlin 中也部分地使用了这一方法。最小二乘问题的优化描述如下

$$\min_{x \in R^n} f(x)=\frac{1}{2} \gamma(x)^{\mathrm{T}} \gamma(x)$$

在实际应用中，特别是在数据拟合时存在大量这种类型的问题，如非线性参数估计等。控制系统中也经常会遇见这类问题，如希望系统输出的 $y(x,t)$ 跟踪某一个连续的期望轨迹，这个问题可以表示为

$$\min \int_{t_1}^{t_2} (y(x,t)-\phi(t))^2 \mathrm{d}t$$

将问题离散化得到

$$\min F(x)=\sum_{i=1}^{m} \bar{y}\left(x,t_i\right)-\bar{\phi}(t_i)$$

最小二乘问题的梯度和海森矩阵具有特殊的结构，定义 $f(x)$ 的雅克比矩阵，则 $f(x)$ 的梯度和 $f(x)$ 的海森矩阵定义如下

$$\nabla f(x)=2J(x)^{\mathrm{T}} f(x)$$

$$H(x)=4J(x)^{\mathrm{T}} J(x)+Q(x)$$

式中，

$$Q(x)=\sum_{i=1}^{m} \sqrt{2 f_i(x) H_i(x)}$$

1. Gauss-Newton 法

在 Gauss-Newton 法中，每个迭代周期均会得到搜索方向 $d$。它是最小二乘问题的一个解。Gauss-Newton 法用来求解如下问题：

$$\min \| J(x_k)d_k - f(x_k) \|$$

当 $Q(x)$ 有意义时，Gauss-Newton 法经常会碰到一些问题，而这些问题可以用下面的 Levenberg-Marquadt 方法来克服。

2. Levenberg-Marquadt 法

Levenberg-Marquadt 法使用的搜索方向是一组线性等式的解：

$$J(x_k)^{\mathrm{T}}J(x_k)+\lambda_k Id_k=-J(x_k)f(x_k)$$

### 12.8.5 非线性最小二乘实现

1. Gauss-Newton 法实现

Gauss-Newton 法是用前面求无约束问题中讨论过的多项式线性搜索策略来实现的。使用雅克比矩阵的 QR 分解，可以避免在求解线性最小二乘问题中等式条件恶化的问题。

这种方法中包含一项鲁棒性检测技术，这种技术步长低于限定值或当雅克比矩阵的条件数很小时，将改为使用 Levenberg-Marquadt 法。

2. Levenberg-Marquadt 法实现

实现 Levenberg-Marquadt 法的主要困难是在每一次迭代中如何控制 $\lambda$ 的大小的策略问题，这种控制可以使它对于宽谱问题有效。这种实现的方法是使用线性预测平方总和与最小函数值的三次插值估计，来估计目标函数的相对非线性，用这种方法，$\lambda$ 的大小在每一次迭代中都能确定。

这种实现方法在大量的非线性问题中得到了成功的应用，并被证明比 Gauss-Newton 法具有更好的鲁棒性，无约束条件方法具有更好的迭代效率。在使用 lsqnonlin 函数时，函数所使用的默认算法是 Levenberg-Marquadt 法。当 options(5)=1 时，使用 Gauss-Newton 法。

### 12.8.6 约束优化

在约束最优化问题中，一般方法是先将问题变换为较容易的子问题，然后再求解。前面所述方法的一个特点是可以用约束条件的函数将约束优化问题转化为基本的无约束优化问题，按照这种方法，条件极值问题可以通过参数化无约束优化序列来求解。但这些方法效率不高，目前已经被求解 Kuhn-Tucker 方程的方法所取代。Kuhn-Tucker 方程是条件极值问题的必要条件。如果要解决的问题是所谓的凸规划问题，那么 Kuhn-Tucker 方程有解是极值问题有全局解的充分必要条件。

求解 Kuhn-Tucker 方程是很多非线性规划算法的基础，这些方法试图直接计算拉格朗日乘子。因为在每一次迭代中都要求解一次 QP 子问题，这些方法一般又被称为逐次二次规划方法。

给定一个约束最优化问题，求解的基本思想是基于拉格朗日函数的二次近似求解二次规划子问题

$$L(x,\lambda)=f(x)+\sum_{i=1}^{m}\lambda_i c_i(x)$$

从而得到二次规划子问题

$$\min\frac{1}{2}d^{\mathrm{T}}H_k d+\nabla f(x_k)^{\mathrm{T}}d$$

这个问题可以通过任何求解二次规划问题的算法来解。

使用序列二次规划方法，非线性约束条件的极值问题经常可以比无约束优化问题用更少的

迭代得到解。造成这种现象的一个原因是：对于在可变域的限制，考虑搜索方向和步长后，优化算法可以有更好的决策。

## 12.8.7　SQP 实现

MATLAB 工具箱的 SQP 实现由以下三个部分组成。

1. 修正海森矩阵

在每一次迭代中，均做拉格朗日函数的海森矩阵的正定拟牛顿近似，通过 BFGS 法进行计算，其中 $\lambda$ 是拉格朗日乘子的估计。

用 BFGS 公式修正海森矩阵

$$H_{k+1}=H_k+\frac{q_k q_k^{\mathrm{T}}}{q_k^{\mathrm{T}} s_k}-\frac{H_k^{\mathrm{T}} s_k^{\mathrm{T}} s_k H_k}{s_k^{\mathrm{T}} H_k s_k}$$

式中，

$$s_k=x_{k+1}-x_k$$

$$q_k=\nabla f(x_{k+1})-\sum_{i=1}^{m}\lambda_i\nabla g_i(x_k+1)-(\nabla f(x_k)+\sum_{i=1}^{m}\lambda_i\nabla g_i(x_k))$$

2. 求解二次规划问题

在逐次二次规划方法中，每一次迭代都要解一个二次规划问题

$$\min_x \frac{1}{2}x^{\mathrm{T}}Hx+f^{\mathrm{T}}x$$

$$\text{s.t.}\begin{cases}Ax\leqslant b\\ Aeqx=beq\end{cases}$$

3. 初始化

此算法要求有一个合适的初始值，如果由逐次二次规划方法得到的当前计算点是不合适的，则通过求解线性规划问题可以得到合适的计算点

$$\min_{\gamma\in R,x\in R^n}\gamma$$

$$\text{s.t.}\begin{cases}Ax=b\\ Aeqx-\gamma\leqslant beq\end{cases}$$

如果上述问题存在要求的点，就可以通过将 $x$ 赋值为满足等式条件的值来得到。

# 第 13 章　概率统计分析

**内容指南**

概率统计需要大量的反复试验，由此造成了大量的数值需要进行计算。MATLAB 具有强大的数值计算记录和卓越的数据可视化能力，为概率统计中的数值计算提供了良好的基础。本章将详细讲解概率统计过程中需要解决的问题和使用的功能函数。

**内容要点**

- 概率问题
- 数据可视化
- 正交试验分析
- MATLAB 数理统计基础
- 特殊图形
- 回归分析

## 13.1　概率问题

设 E 是随机试验，S 是它的样本空间，对于 E 的每一事件 A 赋予一个实数，记为 $p(A)$，称为事件 A 的概率，如果集合函数 p(.) 满足下列条件：

非负性：对于每一个事件 A，有 $p(A)\geqslant 0$。

规范性：对于必然事件 S，有 $p(s)=1$。

可列可加性：设 $A_1A_2,\cdots$ 是两两互不相容的事件，即对于 $A_1A_2\neq\varnothing,i\neq j,i,j=1,2,\cdots$，有$p(A_1\cup A_2\cup\ldots)=p(A_1)+p(A_2)+\ldots$

当 $n\to\infty$ 时，$f_n(A)$ 在一定意义下接近于 $p(A)$，基于这一事实，可将概率 $p(A)$ 用来表征事件 A 在一次实验中发生的可能性的大小。

## 13.2　数据可视化

在工程计算中，往往会遇到大量的数据。单从这些数据表面是看不出事物内在关系的，这时便会用到数据可视化。

数据可视化字面意思就是将用户所收集或通过某些实验得到的数据反映到图像上，以此来观察数据所反映的各种内在关系。

### 13.2.1　离散情况

有些随机变量，它全部可能取到的值是有限个或可列无限多个，这种随机变量称为离散型随机变量。要掌握一个离散型随机变量 $X$ 的统计规律，必须且只需要 $X$ 的所有可能取值以及取每一个可能值的概率。

设离散型随机变量 $X$ 所有可能取的值为 $x_k(k=1,2,\cdots)$，$X$ 取各个可能值的概率，即事件（$X=x_k$）的概率为

$$P(X=x_k)=p_k,k=1,2,\cdots \tag{13-1}$$

由概率的定义，$p_k$ 满足如下两个条件

$$p_k \geqslant 0,k=1,2,\cdots \tag{13-2}$$

$$\sum_{k=1}^{\infty} p_k = 1 \tag{13-3}$$

由于 $(X=x_1)\cup(X=x_2)\cup\ldots$ 是必然事件，且 $(X=x_j)\cap(X=x_k)=\varnothing,k\neq j$，故 $1=P\left[\bigcup_{k=1}^{\infty}\{X=x_k\}\right]=\sum_{k=1}^{\infty}p\{X=x_k\}$，即$\sum_{k=1}^{\infty}p_k=1$

式 13-1 为离散型随机变量 $X$ 的分布律，分布律也可以用下面的形式来表示

$$\begin{matrix} X & x_1 & x_2\cdots x_n\cdots \\ p_k & p_1 & p_2\cdots p_n\cdots \end{matrix} \tag{13-4}$$

这种形式直观地表示了随机变量 $X$ 取各个值的概率的规律，$X$ 取各个值各占一些概率，这些概率合起来是 1，可以想象成：概率 1 以一定的规律分布在各个可能值上，这就是式 13-4 称为分布律的缘故。

在实际中，得到的数据往往是一些有限的离散数据，如用最小二乘法估计某一函数，需要将它们以点的形式描述在图上，以此来反映一定的函数关系。

**例 13-1**：观察使用游标卡尺对同一零件不同次数测量结果的变化关系。

进行 12 次独立测量，测得次数 $t$ 与测量结果 $L$ 的数据见表 13-1。

**表 13-1　次数 $t$ 与测量结果 $L$**

| 次数 $t$ | 1 | 2 | 3 | 4 | 5 | 6 | 7 | 8 | 9 | 10 | 11 | 12 |
|---|---|---|---|---|---|---|---|---|---|---|---|---|
| 测量结果 $L$/mm | 6.24 | 6.28 | 6.28 | 6.20 | 6.22 | 6.24 | 6.24 | 6.26 | 6.28 | 6.20 | 6.20 | 6.24 |

**解**：MATLAB 程序如下：

```
>> t=1:12;                  % 输入次数 t 的数据
>> L=[6.24 6.28 6.28 6.20 6.22 6.24 6.24 6.26 6.28 6.20 6.20 6.24]; %输入测量结果 L 的数据
>> plot(t,L,'ro')           % 用红色的圆圈标记描绘相应的数据点
>> title('游标卡尺测量数据')
>> grid on                  % 显示网格线
```

运行结果如图 13-1 所示。

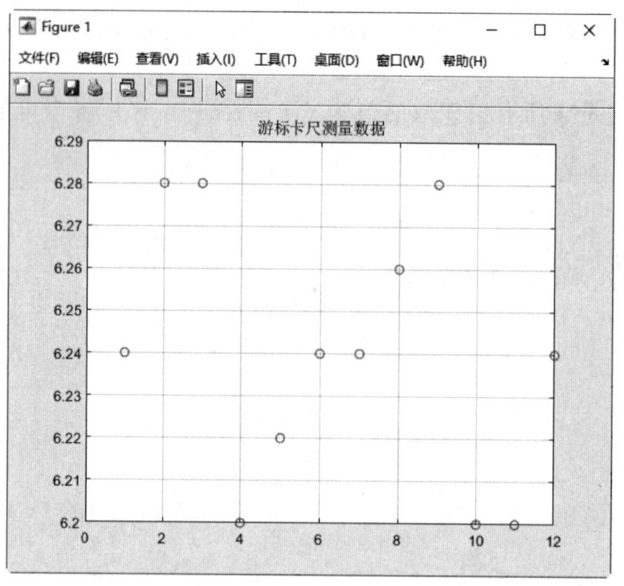


图 13-1　游标卡尺测量数据

### 13.2.2　连续情况

一般对于随机变量 $X$ 的分布函数 $F(X)$，如果存在非负函数 $f(x)$，使对于任意实数 $X$ 有

$$F(x)=\int_{\infty}^{x} f(t)\mathrm{d}t \tag{13-5}$$

则称 $X$ 为连续型随机变量，其中函数 $f(x)$ 称为 $X$ 的概率密度函数，简称概率密度。

据数学分析的知识可知，连续型随机变量的分布函数是连续函数，在实际应用中遇到的基本上是离散型或连续型随机变量。

由定义知道，概率密度 $f(x)$ 具有以下性质：

$$f(x)\geqslant 0$$

$$\int_{-\infty}^{x} f(t)\mathrm{d}x=1$$

对于任意实数 $x_1, x_2(x_1\leqslant x_2)$

$$P(x_1(X\leqslant x_2)=F(x_1)-F(x_2)=\int_{x_1}^{x_2} f(x)\mathrm{d}x$$

若 $f(x)$ 在点 $x$ 处连续，则有 $F'(x)=f(x)$。

用 MATLAB 可以画出连续函数的图像，不过此时自变量的取值间隔要足够小，否则所画出的图像可能会与实际情况有很大的偏差。

**例 13-2**：用图形表示连续函数 $y=\sin x$ 在 $[0,2\pi]$ 区间 20 等分点处的值。

**解**：MATLAB 程序如下：

```
>> x=0:0.1*pi:2*pi;     % 创建了一个从 0 到 2π 的 x 值数组，步长为 0.1π。
>> y=sin(x);            % 计算了对应的 y 值
```

```
>> plot(x,y,'b*')        % 使用plot 函数绘制了数据点，其中 'b*' 表示蓝色星形标记。
>> title(' 连续函数 ')   % 设置了图表的标题
>> grid on               % 打开了网格线
```

运行结果如图 13-2 所示。

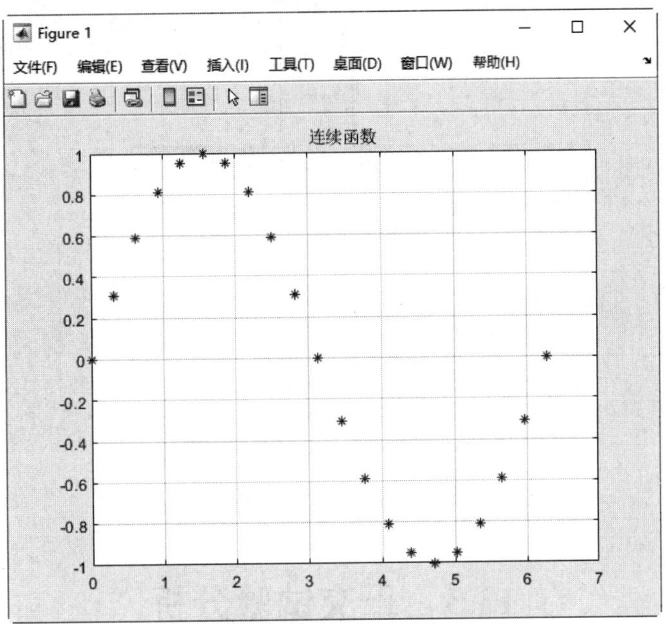


图 13-2　绘制连续函数 20 等分点

**例 13-3：** 画出下面含参数方程的图形。

$$\begin{cases} x = t\ln t \\ y = te^{t} \end{cases} \quad t \in [0, 4\pi]$$

**解：** MATLAB 程序如下：

```
>> t1=0:pi/4:4*pi;
>> t2=0:pi/20:4*pi;
>> x1=t1.*log(t1);
>> y1=t1.*exp(t1);
>> x2=t2.*log(t2);
>> y2=t2.*exp(t2);
>> subplot(2,2,1),plot(x1,y1,'r.'),title(' 图 1')
>> subplot(2,2,2),plot(x2,y2,'r.'),title(' 图 2')
>> subplot(2,2,3),plot(x1,y1),title(' 图 3')
>> subplot(2,2,4),plot(x2,y2),title(' 图 4')
```

运行结果如图 13-3 所示。

**说明：**

可以看出图 4 的曲线要比图 3 光滑得多，因此要使图形更精确，一定要多选一些数据点。

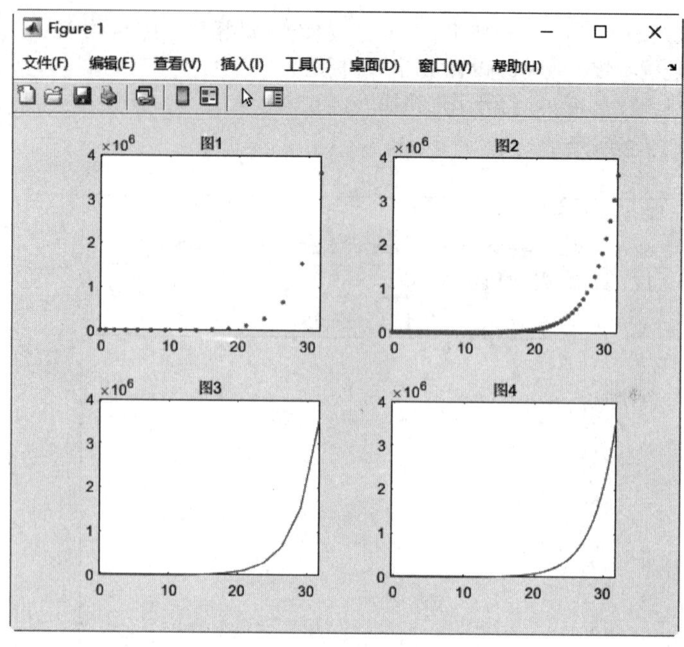


图 13-3　绘制连续函数图形

# 13.3　正交试验分析

在科学研究和生产中，经常要做很多试验，这就存在着如何安排试验和如何分析试验结果的问题。试验安排得好，试验次数不多，就能得到满意的结果；试验安排得不好，试验次数多，结果还往往不能让人满意。因此，合理安排试验是一个很值得研究的问题。正交设计法就是一种科学安排与分析多因素试验的方法。它主要是利用一套现成的规格化表——正交表，来科学地挑选试验条件。正交试验方法的基础理论这里不做介绍，感兴趣的读者可以参考相关书籍。

## 13.3.1　正交试验的极差分析

极差分析又叫直观分析法，它是通过计算每个因素水平下的指标最大值和指标最小值之差（极差）的大小，说明该因素对试验指标影响的大小，极差越大说明影响越大。MATLAB 没有专门进行正交极差分析的函数命令，下面的 M 文件是编者编写的进行正交试验极差分析的函数。

```
function [result,sum0]=zjjc(s,opt)
% 对正交试验进行极差分析，s 是输入矩阵，opt 是最优参数。其中，opt=1，表示最优取最大；opt=2，表示最优取最小
%s=[  1     1    1    1   857;
%     1     2    2    2   951;
%     1     3    3    3   909;
%     2     1    2    3   878;
%     2     2    3    1   973;
%     2     3    1    2   899;
```

```
%       3      1    3    2   803;
%       3      2    1    3   1030;
%       3      3    2    1    927];
% s 的最后一列是各个正交组合的试验测量值，前几列是正交表
  [m,n]=size(s);
   p=max(s(:,1));% 取水平数
   q=n-1;% 取列数
   sum0=zeros(p,q);
   for i=1:q
      for k=1:m
           for j=1:p
            if(s(k,i)==j)
                sum0(j,i)=sum0(j,i)+s(k,n);% 求和
            end
         end
      end
 end
maxdiff=max(sum0)-min(sum0);% 求极差
result(1,:)=maxdiff;
if(opt==1)
    maxsum0=max(sum0);
    for kk=1:q
        modmax=mod(find(sum0==maxsum0(kk)),p);% 求最大水平
        if modmax==0
            modmax=p;
        end
        result(2,kk)=(modmax);
    end
else
   minsum0=min(sum0);
    for kk=1:q
        modmin=mod(find(sum0==minsum0(kk)),p);% 求最小水平
        if modmin==0
            modmin=p;
        end
        result(2,kk)=(modmin);
    end
end
```

**例 13-4：** 对影响油泵柱塞组合件质量原因的试验结果进行极差分析。

某厂生产的油泵柱塞组合件存在质量不稳定、拉脱力波动大的问题。该组合件要求满足承受拉脱力大于 900kgf。为了寻找最优工艺条件，提高产品质量，决定进行试验。根据经验，认为柱塞头的外径、高度、倒角、收口油压（分别记为 A、B、C、D）等四个因素对拉脱力可能有影响，因此决定在试验中考查这四个因素，并根据经验确定了各个因素的三种水平，试验方案采用 $L_9(3^4)$ 正交表，试验数据见表 13-2。

**解：** MATLAB 程序如下：

```
>> clear
>> s=[  1     1  1    1  857;
     1     2   2   2  951;
     1     3   3   3  909;
     2     1   2   3  878;
     2     2   3   1  973;
     2     3   1   2  899;
     3     1   3   2  803;
     3     2   1   3  1030;
     3     3   2   1   927];
>> [result,sum0]=zjjc(s,1)    % 调用函数文件 zjjc.m，对正交试验进行极差分析，s 是
输入矩阵，opt=1，表示最优取最大
result =
    43   416   101   164
     3    2     1     3
sum0 =
        2717        2538        2786        2757
        2750        2954        2756        2653
        2760        2735        2685        2817
```

**表 13-2　试验数据**

| | A | B | C | D | 拉脱力 /kgf |
|---|---|---|---|---|---|
| 1 | 1 | 1 | 1 | 1 | 857 |
| 2 | 1 | 2 | 2 | 2 | 951 |
| 3 | 1 | 3 | 3 | 3 | 909 |
| 4 | 2 | 1 | 2 | 3 | 878 |
| 5 | 2 | 2 | 3 | 1 | 973 |
| 6 | 2 | 3 | 1 | 2 | 899 |
| 7 | 3 | 1 | 3 | 2 | 803 |
| 8 | 3 | 2 | 1 | 3 | 1030 |
| 9 | 3 | 3 | 2 | 1 | 927 |

result 的第一行是每个因素的极差，反映的是该因素波动对整体质量波动的影响大小。从结果可以看出，影响整体质量的大小顺序为 B、D、C、A。result 的第二行是相应因素的最优生产条件，在本例中选择的是最大为最优，所以最优的生产条件是 $B_3D2C_1A_3$。sum0 的每一行是相应因素每个水平的数据和。

## 13.3.2　正交试验的方差分析

极差分析简单易行，但其却不能把试验中由于试验条件的改变引起的数据波动与试验误差引起的数据波动区别开来，也就是说，不能区分因素各水平间对应的试验结果的差异究竟是由于因素水平不同引起的，还是由于试验误差引起的，因此不能知道试验的精度。同时，各因素对试验结果影响的重要程度，也不能给予精确的数量估计。为了弥补这种不足，需要对正交试验结果进行方差分析。

下面的 M 文件 zjfc.m 就是进行方差分析的程序：

```
function [result,error,errorDim]=zjfc(s,opt)
对正交试验进行方差分析。s 是输入矩阵，opt 是空列参数向量，给出 s 中是空白列的列序号
s=[  1  1   1   1  1 1 1 83.4;
     1  1   1   2  2 2 2 84;
     1  2   2   1  1 2 2 87.3;
     1  2   2   2  2 1 1 84.8;
     2  1   2   1  2 1 2 87.3;
     2  1   2   2  1 2 1 88;
     2  2   1   1  2 2 1 92.3;
     2  2   1   2  1 1 2 90.4;
];
%opt=[3,7];
% s 的最后一列是各个正交组合的试验测量值，前几列是正交表
[m,n]=size(s);
 p=max(s(:,1)); %取水平数
 q=n-1;% 取列数
 sum0=zeros(p,q);
 for i=1:q
     for k=1:m
          for j=1:p
           if(s(k,i)==j)
               sum0(j,i)=sum0(j,i)+s(k,n);% 求和
           end
         end
     end
 end
totalsum=sum(s(:,n));
ss=sum0.*sum0;
levelsum=m/p; %水平重复数
ss=sum(ss./levelsum)-totalsum^2/m; %每一列的 S
ssError=sum(ss(opt));
for i=1:q
    f(i)=p-1;     %自由度
end
fError=sum(f(opt));  %误差自由度
ssbar=ss./f;
Errorbar=ssError/fError;
index=find(ssbar<Errorbar);
index1=find(index==opt);
index(index==index(index1))=[];% 剔除重复
ssErrorNew=ssError+sum(ss(index));  %并入误差
fErrorNew=fError+sum(f(index));  %新误差自由度
F=(ss./f)/(ssErrorNew./fErrorNew);   % F 值
errorDim=[opt,index];
 errorDim=sort(errorDim);% 误差列的序号
result=[ss',f',ssbar',F'];
error=[ssError,fError;ssErrorNew,fErrorNew];
```

**例 13-5：** 对提高苯酚生产率的因素进行极方差分析。

某化工厂为提高苯酚的生产率，选了合成工艺条件中的五个因素进行研究，分别记为 A、B、C、D、E，每个因素选取两种水平，试验方案采用 $L_8(2^7)$ 正交表，试验数据见表 13-3。

**表 13-3　试验数据**

| | A<br>1 | B<br>2 | 3 | C<br>4 | D<br>5 | E<br>6 | 7 | 数据 |
|---|---|---|---|---|---|---|---|---|
| 1 | 1 | 1 | 1 | 1 | 1 | 1 | 1 | 83.4 |
| 2 | 1 | 1 | 1 | 2 | 2 | 2 | 2 | 84 |
| 3 | 1 | 2 | 2 | 1 | 1 | 2 | 2 | 87.3 |
| 4 | 1 | 2 | 2 | 2 | 2 | 1 | 1 | 84.8 |
| 5 | 2 | 1 | 2 | 1 | 2 | 1 | 2 | 87.3 |
| 6 | 2 | 1 | 2 | 2 | 1 | 2 | 1 | 88 |
| 7 | 2 | 2 | 1 | 1 | 2 | 2 | 1 | 92.3 |
| 6 | 2 | 2 | 1 | 2 | 1 | 1 | 2 | 90.4 |

**解：**MATLAB 程序如下：

```
>> clear
>> s=[  1  1   1   1  1 1 1 83.4;
      1  1   1   2   2 2 2 84;
      1  2   2   1   1 2 2 87.3;
      1  2   2   2   2 1 1 84.8;
      2  1   2   1   2 1 2 87.3;
      2  1   2   2   1 2 1 88;
      2  2   1   1   2 2 1 92.3;
      2  2   1   2   1 1 2 90.4;
];
>> opt=[3,7];
>> [result,error,errorDim]=zjfc(s,opt)      % 调用函数文件 zjfc.m，对正交试验进
行方差分析，s 是输入矩阵，opt 是空列参数向量
result =
   42.7813    1.0000   42.7813  127.8643
   18.3013    1.0000   18.3013   54.6986
    0.9113    1.0000    0.9113    2.7235
    1.2013    1.0000    1.2013    3.5903
    0.0613    1.0000    0.0613    0.1831
    4.0613    1.0000    4.0613   12.1382
    0.0313    1.0000    0.0313    0.0934
error =
    0.9425    2.0000
    1.0038    3.0000
errorDim =
     3     5     7
```

result 中每列的含义分别是 $S$、$f$、$\hat{S}$、$F$（分别为各因素水平引起的偏差平方和、自由度、均方和、F 值），error 的两行分别为初始误差的 $S$、$f$ 以及最终误差的 $S$、$f$，errorDim 给出的是

正交表中误差列的序号。

由于 $F_{0.95}(1,3) = 10.13$，$F_{0.990}(1,3) = 34.12$，而 127.8643 > 34.12，54.6986 > 34.12，12.1382 > 10.13，所以 A、B 因素高度显著，E 因素显著，C、D 不显著。

**注意：**

正交试验的数据分析还有几种方法，如重复试验、重复取样的方差分析、交互作用分析等，这些方法都可以在简单修改前面定义的 zjfc 函数之后完成数据分析。

# 13.4　MATLAB 数理统计基础

MATLAB 的数理统计工具箱是 MATLAB 工具箱中较为简单的一个，其涉及的数学知识是大家都很熟悉的数理统计，如求均值与方差等。因此，下面将对 MATLAB 数理统计工具箱中的一些函数进行简单介绍。

## 13.4.1　样本均值

MATLAB 中计算样本均值的命令为 mean，其调用格式见表 13-4。

**表 13-4　mean 命令**

| 调用格式 | 说　明 |
|---|---|
| M = mean(A) | 如果 *A* 为向量，则输出 *M* 为 *A* 中所有参数的平均值；如果 *A* 为矩阵，则输出 *M* 是一个行向量，其每一个元素是对应列的元素的平均值 |
| M = mean(A,dim) | 按指定的维数求平均值 |
| M =  mean(A,‘all’) | 计算 *A* 的所有元素的均值 |
| M = mean(A,vecdim) | 计算 *A* 中向量 vecdim 所指定的维度上的均值 |
| M = mean(⋯,outtype) | 使用前面语法中的任何输入参数返回指定的数据类型的均值。outtype 可以是 ‘default’、‘double’ 或 ‘native’ |
| M = mean(⋯,,nanflag) | 指定在上述任意语法的计算中包括还是忽略 NaN 值 |
| M = mean(⋯,Weights=W) | 指定加权方案 W 并返回加权平均值 |

MATLAB 还提供了表 13-5 中列出的其他几个求平均数的命令，调用格式与 mean 函数相似。

**表 13-5　mean 命令**

| 函数 | 说　明 |
|---|---|
| geomean | 求几何平均 |
| harmmean | 求调和平均 |
| trimmean | 求调整平均 |

**例 13-6：** 样本均值分析。

表 13-6 为 10 位 25 ~ 34 岁健康女性的测量数据，试求解这些测量数据的样本均值。

表 13-6 测量数据

| 受试验者 $i$ | 1 | 2 | 3 | 4 | 5 | 6 | 7 | 8 | 9 | 10 |
|---|---|---|---|---|---|---|---|---|---|---|
| 三头肌皮褶厚度 $x_1$ | 19.5 | 24.7 | 30.7 | 29.8 | 19.1 | 25.6 | 31.4 | 27.9 | 22.1 | 25.5 |
| 大腿围长 $x_2$ | 43.1 | 49.8 | 51.9 | 54.3 | 42.2 | 53.9 | 58.6 | 52.1 | 49.9 | 53.5 |
| 中臂围长 $x_3$ | 29.1 | 28.2 | 37 | 31.1 | 30.9 | 23.7 | 27.6 | 30.6 | 23.2 | 24.8 |
| 身体脂肪 $x_4$ | 11.9 | 22.8 | 18.7 | 20.1 | 12.9 | 21.7 | 27.1 | 25.4 | 21.3 | 19.3 |

**解：** MATLAB 程序如下：

1）创建所有测试数据矩阵。

```
>> x1=[19.5 24.7 30.7 29.8 19.1 25.6 31.4 27.9 22.1 25.5];    %三头肌皮褶厚度
>> x2=[43.1 49.8 51.9 54.3 42.2 53.9 58.6 52.1 49.9 53.5];    %大腿围长
>> x3=[29.1 28.2 37 31.1 30.9 23.7 27.6 30.6 23.2 24.8];    %中臂围长
>> x4=[11.9 22.8 18.7 20.1 12.9 21.7 27.1 25.4 21.3 19.3]; %身体脂肪
>> A=zeros(4,10)
>> A(1,:)=x1; A(2,:)=x2; A(3,:)=x3; A(4,:)=x4
A =
  列 1 至 5
   19.5000   24.7000   30.7000   29.8000   19.1000
   43.1000   49.8000   51.9000   54.3000   42.2000
   29.1000   28.2000   37.0000   31.1000   30.9000
   11.9000   22.8000   18.7000   20.1000   12.9000

  列 6 至 10
   25.6000   31.4000   27.9000   22.1000   25.5000
   53.9000   58.6000   52.1000   49.9000   53.5000
   23.7000   27.6000   30.6000   23.2000   24.8000
   21.7000   27.1000   25.4000   21.3000   19.3000
```

2）求解均值。

```
>> A1=mean(A)                                        %每一位受试者的样本均值
A1 =
    列 1 至 5
   25.9000   31.3750   34.5750   33.8250   26.2750

  列 6 至 10
   31.2250   36.1750   34.0000   29.1250   30.7750
>> A2=geomean(A)                                             %几何平均
A2 =
  列 1 至 5
   23.2267   29.8214   32.4032   31.7134   23.8080
  列 6 至 10
   29.0241   34.2512   32.6024   27.1700   28.4267
>> A3=harmmean(A)                                            %调和平均
A3 =
  列 1 至 5
```

```
  20.7381    28.5946    30.2242    29.8778    21.5129
 列 6 至 10
  27.4175    32.7750    31.4748    25.7498    26.6590
>> A4=trimmean(A,1)                                            %调整平均
A4 =
 列 1 至 5
  25.9000    31.3750    34.5750    33.8250    26.2750
 列 6 至 10
  31.2250    36.1750    34.0000    29.1250    30.7750
```

3）绘制均值曲线。

```
>> plot(A1,'ro')
>> hold on
>> plot(A2,'b-')
>> plot(A3,'m--')
>> plot(A4,'k-.')
>> hold off
>> title('均值曲线')
>> xlabel('受试者编号');ylabel('测试数据均值')
>> legend('样本平均','几何平均','调和平均','调整平均')
```

运行结果如图 13-4 所示。

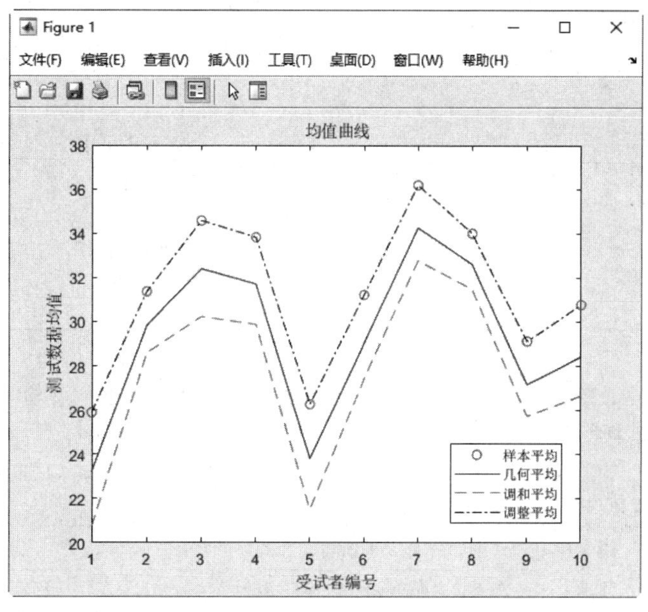


图 13-4 平均值对比图

### 13.4.2 样本方差与标准差

MATLAB 中计算样本方差的命令为 var，其调用格式见表 13-7。

表 13-7　var 命令

| 调用格式 | 说　明 |
| --- | --- |
| V = var(A) | 如果 $A$ 是向量，则输出 $A$ 中所有元素的样本方差；如果 $A$ 是矩阵，则输出 $V$ 是行向量，其每一个元素是对应列的元素的样本方差，按观测值数量 –1 实现归一化 |
| V = var(A,w) | $w$ 是权重向量，其元素必须为正，长度与 $A$ 匹配 |
| V = var(A,w,dim) | 返回沿 dim 指定的维度的方差 |
| V = var(A,w,'all') | 当 $w$ 为 0 或 1 时，计算 $A$ 的所有元素的方差 |
| V = var(A,w,vecdim) | 当 $w$ 为 0 或 1 时，计算向量 vecdim 中指定维度的方差 |
| V = var(…,nanflag) | 指定在上述任意语法的计算中包括（'includenan'）还是忽略（'omitnan'）NaN 值 |
| [V,M] = var(…) | 返回 A 中用于计算方差的元素的均值。如果 V 是加权方差，则 M 是加权均值 |

MATLAB 中计算样本标准差的命令为 std，其调用格式见表 13-8。

**例 13-7：** 已知某批电线的寿命服从正态分布 $N(\mu,\sigma_2)$，从中抽取 4 组进行寿命试验，测得数据为（单位：h）：2501、2253、2467、2650。试根据测得的数据估计参数 $\mu$ 和 $\sigma$。

**解：** MATLAB 程序如下：

```
>> clear
>> A=[2501,2253,2467,2650];
>> miu=mean(A)         % 遵从正态分布的随机变量的均值μ
miu =
   2.4678e+03
>> sigma=var(A,1)         % 随机变量的方差σ²
sigma =
   2.0110e+04
>> sigma^0.5
ans =
  141.8086
>> sigma2=std(A,1)
sigma2 =
  141.8086
```

表 13-8　std 命令

| 调用格式 | 说　明 |
| --- | --- |
| S = std(A) | 按照样本方差的无偏估计计算样本标准差。如果 $A$ 是向量，则输出 $S$ 是 $A$ 中所有元素的样本标准差；如果 $A$ 是矩阵，则输出 $S$ 是行向量，其每一个元素是对应列的元素的样本标准差 |
| S = std(A,w) | 为上述语法指定一个权重方案。$w = 0$ 时（默认值），$S$ 按 $N$-1 进行归一化；当 $w = 1$ 时，$S$ 按观测值数量 $N$ 进行归一化 |
| S = std(A,w,'all') | 当 $w$ 为 0 或 1 时，计算 $A$ 的所有元素的标准差 |
| S = std(A,w,dim) | 使用上述任意语法沿维度 dim 返回标准差 |
| S = std(A,w,vecdim) | 当 $w$ 为 0 或 1 时，计算向量 vecdim 中指定维度的标准差 |
| S = std(…,nanflag) | 指定在上述任意语法的计算中包括（'includenan'）还是忽略（'omitnan'）NaN 值 |
| [S,M] = std(…) | 返回 $A$ 中用于计算标准差的元素的均值。如果 $S$ 是加权标准差，则 $M$ 是加权均值 |

可以看出，两个估计值 $\mu$ 和 $\sigma$ 分别为 2467.8 和 141.8086，在这里使用的是二阶中心矩。

### 13.4.3　协方差和相关系数

MATLAB 中计算协方差的命令为 cov，其调用格式见表 13-9。

**表 13-9　cov 命令**

| 调用格式 | 说　明 |
| --- | --- |
| C = cov(A) | *A* 为向量时，计算其方差；*A* 为矩阵时，计算其协方差矩阵，其中协方差矩阵的对角元素是 *A* 矩阵的列向量的方差，按观测值数量 –1 实现归一化 |
| C = cov(A,B) | 返回两个随机变量 *A* 和 *B* 之间的协方差 |
| C = cov(⋯,w) | 为之前的任何语法指定归一化权重。$w = 0$（默认值）时，则 *C* 按观测值数量 –1 实现归一化；$w = 1$ 时，按观测值数量对它实现归一化 |
| C = cov(⋯,nanflag) | 指定一个条件，用于在之前的任何语法的计算中忽略 NaN 值。nanflag 的取值可为以下选项之一：<br>'includenan'：计算协方差之前包含输入中的所有 NaN 值<br>'omitrows'：计算协方差之前忽略包含一个或多个 NaN 值的任何输入行<br>'partialrows'：对于每个双列协方差计算结果，仅忽略那些成对的 NaN 行 |

MATLAB 中计算相关系数的命令为 corrcoef，其调用格式见表 13-10。

**表 13-10　corrcoef 命令**

| 调用格式 | 说　明 |
| --- | --- |
| R = corrcoef(A) | 返回 *A* 的相关系数的矩阵，其中 *A* 的列表示随机变量，行表示观测值 |
| R = corrcoef(A,B) | 返回两个随机变量 *A* 和 *B* 之间的相关系数矩阵 *R* |
| [R,P]=corrcoef(⋯) | 返回相关系数的矩阵和 *p* 值矩阵，用于测试观测到的现象之间没有关系的假设 |
| [R,P,RLO,RUP]=corrcoef(⋯) | RLO、RUP 分别是相关系数 95% 置信度的估计区间上、下限。如果 *R* 包含复数元素，则此语法无效 |
| ⋯=corrcoef(⋯,Name,Value) | 在上述语法的基础上，通过一个或多个名称 – 值对组参数指定其他选项 |

**例 13-8：** 表 13-11 中列出了钢材消耗量与国民收入，求数据的样本均值与协方差、相关系数。

**表 13-11　钢材消耗量与国民收入**

| 钢材消耗量 *x*/ 万吨 | 549 | 429 | 538 | 698 | 872 | 988 | 807 | 738 |
| --- | --- | --- | --- | --- | --- | --- | --- | --- |
| 国民收入 *y*/ 亿元 | 910 | 851 | 942 | 1097 | 1284 | 1502 | 1394 | 1303 |
| 钢材消耗量 *x*/ 万吨 | 1025 | 1316 | 1539 | 1561 | 1785 | 1762 | 1960 | 1902 |
| 国民收入 *y*/ 亿元 | 1555 | 1917 | 2051 | 2111 | 2286 | 2311 | 2003 | 2435 |

**解：** MATLAB 程序如下：

```
>> clear
>> x=[549 429  538   698  872  988  807  738 1025 1316  1539  1561
1785  1762  1960  1902];
>> y=[910 851  942  1097  1284  1502  1394 1303  1555  1917  2051
2111 2286 2311 2003 2435];
>> A1=mean(x)
A1 =
```

```
   1.1543e+03
>> A2=cov(x)
A2 =
   2.8089e+05
>> B1=mean(y)
B1 =
        1622
>> B2=cov(y)
B2 =
   2.9055e+05
>> C=corrcoef(x,y)      % 钢材消费量与国民收入之间的相关系数矩阵。有两个输入参数，C
是 2×2 矩阵，对角线元素为 1，非对角线元素为相关系数
C =
    1.0000    0.9682
    0.9682    1.0000
```

# 13.5 特殊图形

## 13.5.1 统计图形

MATLAB 提供了很多在统计中经常用到的图形绘制命令，下面主要介绍几个常用命令。

1. 条形图

条形图可分为二维条形图和三维条形图。绘制二维条形图的命令为 bar（竖直条形图）与 barh（水平条形图），绘制三维条形图的命令为 bar3（竖直条形图）与 bar3h（水平条形图）。它们的使用调用相同，在此只介绍 bar 命令的调用格式，见表 13-12。

表 13-12 bar 命令

| 调用格式 | 说　明 |
|---|---|
| bar(Y) | 若 *Y* 为向量，则分别显示每个分量的高度，横坐标为 1 ~ length（*Y*）；若 *Y* 为矩阵，则 bar 把 *Y* 分解成行向量，再分别画出，横坐标为 1 ~ size（*Y*，1），即矩阵的行数 |
| bar(X,Y) | 在指定的横坐标 *X* 上画出 *Y*，其中 *X* 为严格单增的向量。若 *Y* 为矩阵，则 bar 把矩阵分解成几个行向量，在指定的横坐标处分别画出 |
| bar(⋯,width) | 设置条形的相对宽度和控制在一组内条形的间距，默认值为 0.8。如果用户没有指定 *x*，则同一组内的条形有很小的间距，若设置 width 为 1，则同一组内的条形相互接触 |
| bar(Y,‘style’) | 指定条形的排列类型，类型有 ‘histc’、‘hist’、‘grouped’ 和 ‘stacked’，其中 ‘grouped’ 为默认的显示模式，它们的含义为：<br>‘histc’：显示直方图，其中条形紧挨在一起，每组的尾部边缘与对应的 *x* 值对齐<br>‘hist’：显示直方图，每组以对应的 *x* 值为中心<br>‘grouped’：若 Y 为 $n \times m$ 矩阵，则 bar 显示 *n* 组，每组有 *m* 个垂直条形图<br>‘stacked’：将矩阵 *Y* 的每一个行向量显示在一个条形中，条形的高度为该行向量中的分量和，其中同一条形中的每个分量用不同的颜色显示，从而可以显示每个分量在向量中的分布 |
| bar(⋯,Name,Value) | 使用一个或多个名称 – 值对组参数修改条形图的外观和行为 |
| bar(⋯,color) | 用指定的颜色 color 显示所有的条形 |
| bar(ax,⋯) | 将图形绘制到 ax 指定的坐标区中，而不是当前坐标区（gca）中 |
| h = bar(⋯) | 返回一个或多个 Bar 对象 |

**例 13-9：** 绘制火箭射程条形图。

火箭使用 4 种燃料和 3 种推进器进行射程试验，每种燃料和每种推进器的组合各进行了一次试验，得到的火箭射程数据见表 13-13（A 为燃料，B 为推进器），试绘制试验数据的条形图。

**解：** MATLAB 程序如下：

```
>> clear
>> X=[58.2    56.2    65.3;49.1    54.1    51.6;60.1    70.9    39.2;75.8
58.2   48.7];
>> bar(X)        % 每一组条形对应一种燃料的试验数据，每一种颜色的条形代表一种推进器的试验数据
```

**表 13-13　火箭射程数据**

| 燃料种类 | 推进器 | | |
|---|---|---|---|
| | $B_1$ | $B_2$ | $B_3$ |
| $A_1$ | 58.2 | 56.2 | 65.3 |
| $A_2$ | 49.1 | 54.1 | 51.6 |
| $A_3$ | 60.1 | 70.9 | 39.2 |
| $A_4$ | 75.8 | 58.2 | 48.7 |

运行结果如图 13-5 所示。

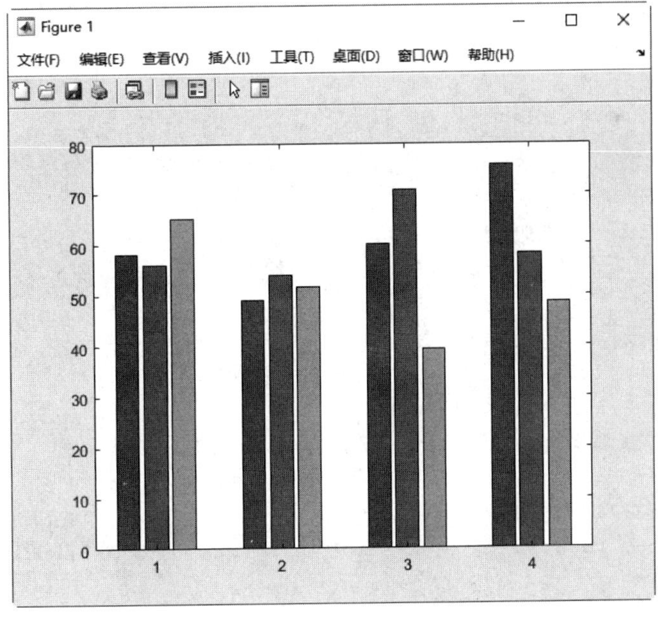


图 13-5　绘制火箭射程条形图

2. 面积图

面积图在实际中可以展现不同部分对整体的影响。MATLAB 中绘制面积图的命令是 area，其调用格式见表 13-14。

表 13-14 area 命令

| 调用格式 | 说明 |
|---|---|
| area(x) | 与 plot(x) 命令一样，但是将所得曲线下方的区域填充颜色 |
| area(x,y) | 其中 $y$ 为向量，与 plot(x,y) 命令一样，但将所得曲线下方的区域填充颜色 |
| area(x, basevalue) | 将填色部分改为由连线图到 $y$= basevalue 的水平线之间的部分，默认 basevalue 为 0 |
| area(...,Name,Value) | 使用一个或多个名称 – 值对组参数修改面积图 |
| area(ax,...) | 将图形绘制到 ax 坐标区中，而不是当前坐标区 (gca) 中 |
| ar = area(...) | 返回一个或多个 Area 对象 |

**例 13-10：** 绘制布的缩水率面积图。

为了考察染整工艺对布的缩水率是否有影响，选用了 5 种不同的染整工艺（分别用 $A_1$、$A_2$、$A_3$、$A_4$、$A_5$ 表示），每种工艺处理 4 块布样，测得的缩水率数据见表 13-15，试绘制数据的面积图。

表 13-15 缩水率数据

| 布样序号 | 染整工艺 | | | | |
|---|---|---|---|---|---|
| | $A_1$ | $A_2$ | $A_3$ | $A_4$ | $A_5$ |
| 1 | 4.3 | 6.1 | 6.5 | 9.3 | 9.5 |
| 2 | 7.8 | 7.3 | 8.3 | 8.7 | 8.8 |
| 3 | 3.2 | 4.2 | 8.6 | 7.2 | 11.4 |
| 4 | 6.5 | 4.1 | 8.2 | 10.1 | 7.8 |

**解：** MATLAB 程序如下：

```
>> clear
>> Y=[4.3  6.1  6.5  9.3  9.5; 7.8  7.3  8.3  8.7  8.8;3.2  4.2  8.6 7.2
11.4; 6.5  4.1  8.2  10.1  7.8]; % 每一行对应一块布样的测试数据，每一列对应一种染整工艺的测试数据
>> subplot(2,2,1)  % 将视图分割为 2×2 的窗口，显示视图 1
>> area(Y)  % 绘制矩阵 Y 的二维面积图，每一条曲线代表一种染整工艺的测试数据
>> title('图 1')
>> subplot(2,2,2)  % 显示视图 2
>> area(Y,10),title('图 2')  % 设置水平基线为 y=10
>> subplot(2,2,3)  % 显示视图 3
>> area (Y,'FaceColor',[.5 0 .3]);  % 设置面积图颜色
>> title('图 3')
>> subplot(2,2,4)  % 显示视图 4
>> b=area(Y, 'LineStyle',':', 'LineWidth',2); % 设置线型和线宽
>> title('图 4')
```

运行结果如图 13-6 所示。

3. 饼形图

饼形图用来显示向量或矩阵中各元素所占的比例，它可以用在一些统计数据可视化中。在二维情况下创建饼图的命令是 pie，三维情况下创建饼形图的命令是 pie3。二者的调用格式非常相似，这里只介绍 pie 的调用格式，见表 13-16。

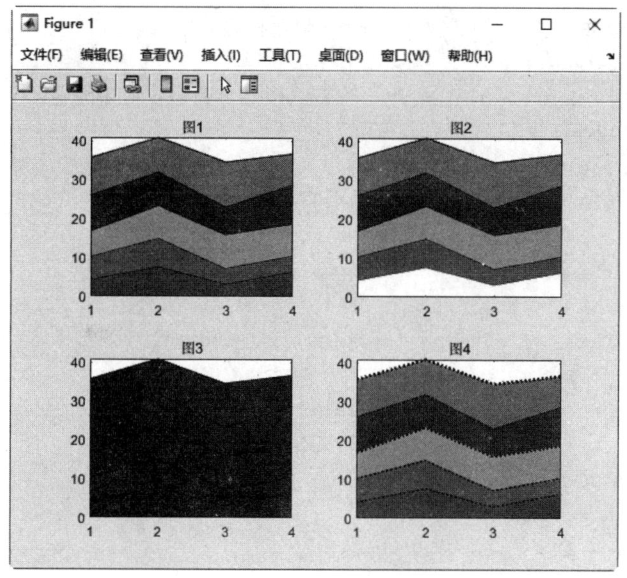


图 13-6　绘制缩水率面积图

**表 13-16　pie 命令**

| 调用格式 | 说　明 |
|---|---|
| pie(X) | 用 X 中的数据画一饼形图，X 中的每一元素代表饼形图中的一部分，X 中元素 X(i) 所代表的扇形大小通过 X(i)/sum(X) 的大小来决定。若 sum(X)=1，则 X 中元素就直接指定了所在部分的大小；若 sum(X) < 1，则画出一不完整的饼形图 |
| pie(X,explode) | 从饼形图中分离出一部分，explode 为与 X 同维的矩阵，当所有元素为零时，饼图的各个部分将连在一起组成一个圆，而其中存在非零元时，X 中相对应的元素在饼图中对应的扇形将向外移出一些来加以突出 |
| pie(X,labels) | 指定扇区的文本标签。X 必须是数值数据类型，标签数必须等于 X 中的元素数 |
| pie(ax,⋯) | 将图形绘制到 ax 指定的坐标区中，而不是当前坐标区（gca）中 |
| pie(X,explode,labels) | 偏移扇区并指定文本标签 |
| h = pie(⋯) | 返回一个由补片和文本图形对象组成的向量 h |

**例 13-11：** 某工厂对不同车间生产的某种零件进行抽样检查，测得的合格率见表 13-17，试绘制合格率的饼形图。

**表 13-17　合格率数据**

| 车间 | A | B | C | D | E |
|---|---|---|---|---|---|
| 合格率 | 95 | 90.4 | 97 | 92.3 | 94 |

**解：** 在命令行中输入以下命令：

```
>> clear
>> Y=[95  90.4   97   92.3  94];
>> subplot(2,2,1)
>> pie(Y)
>> subplot(2,2,2)
```

```
>> pie(Y,{,A','B','C','D','E'})   % 显示标签
>> subplot(2,2,3)
>> explode = [0 1 0 1 0];         % 偏移第 2 和第 4 块饼图扇区
>> pie(Y, explode)
>> subplot(2,2,4)
>> p = pie(Y,{,A','B','C','D','E'})
p =
  1×10 graphics 数组：
  列 1 至 5
    Patch    Text     Patch    Text     Patch
  列 6 至 10
    Text     Patch    Text     Patch    Text
>> t = p(6);        % 获取第 3 个扇区的文本对象
>> t.BackgroundColor = ,cyan';
>> t.EdgeColor = ,red';
>> t.FontSize = 14;
```

运行结果如图 13-7 所示。

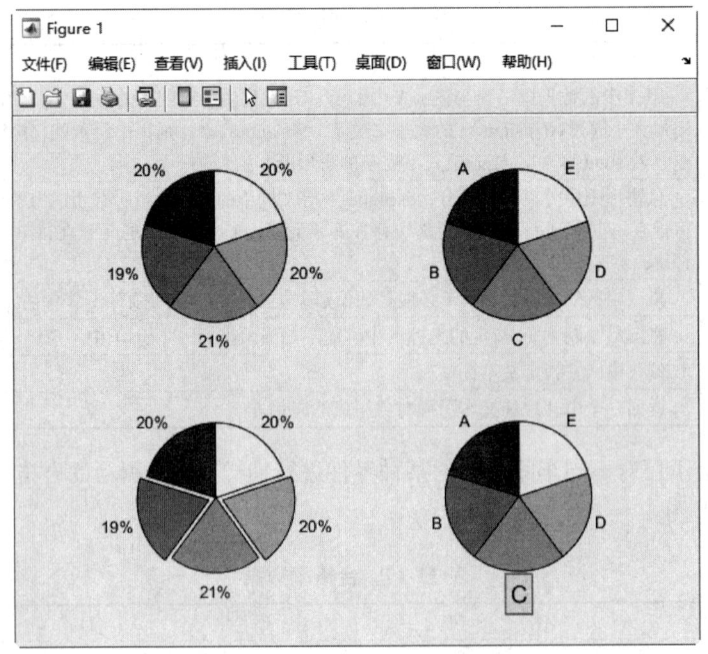


图 13-7　绘制合格率饼形图

4. 直方图

直方图是数据分析中用得较多的一种图形，如在一些预测彩票结果的网站，把各期中奖数字记录下来，然后绘制成直方图，这可以让彩民清楚地了解到各个数字在中奖号码中出现的概率。在 MATLAB 中，绘制直方图的命令有两个，histogram 命令和 polarhistogram 命令。

histogram 命令用来绘制直角坐标系下的直方图，其调用格式见表 13-18。

表 13-18　histogram 命令

| 调用格式 | 说　明 |
| --- | --- |
| histogram(x) | 基于 X 创建直方图，使用均匀宽度的 bin 涵盖 X 中的元素范围并显示分布的基本形状 |
| histogram(X,nbins) | 使用标量 nbins 指定 bin 的数量 |
| histogram(X,edges) | 将 X 划分到由向量 edges 指定 bin 边界的 bin 内。除了同时包含两个边界的最后一个 bin 外，每个 bin 都包含左边界，但不包含右边界 |
| histogram('BinEdges',edges,'BinCounts',counts) | 指定 bin 边界和关联的 bin 计数 |
| histogram(C) | 通过为分类数组 C 中的每个类别绘制一个条形来绘制直方图 |
| histogram(C,Categories) | 仅绘制 Categories 指定的类别的子集 |
| histogram('Categories',Categories,'BinCounts',counts) | 指定类别和关联的 bin 计数 |
| histogram(…,Name,Value) | 使用一个或多个名称 – 值对组参数设置柱形图的属性 |
| histogram(ax,…) | 将图形绘制到 ax 指定的坐标区中，而不是当前坐标区中 |
| h = histogram(…) | 返回 Histogram 对象。常用于检查并调整直方图的属性 |

**例 13-12：** 绘制直方图。

创建服从高斯分布的数据，分别绘制直角坐标系和极坐标系下的直方图。

**解：** MATLAB 程序如下：

1）直角坐标系下的直方图：

```
>> close all
>> Y=randn(10000,1);
>> subplot(1,2,1)
>> histogram(Y)
>> title('高斯分布直方图')
>> x=-3:0.1:3;      %bin 边界
>> subplot(1,2,2)
>> p=histogram(Y,x);    % 绘制一组数据 Y 的直方图，其中 x 参数定义了直方图的 bin
的范围
>> set(p,'FaceColor','r')                    %改变直方图的颜色为红色
>> title('指定范围的高斯分布直方图')
```

polarhistogram 命令用于绘制极坐标系下的直方图，其调用格式见表 13-19。

表 13-19　polarhistogram 命令

| 调用格式 | 说　明 |
| --- | --- |
| polarhistogram(theta) | 显示参数 theta 的数据在 20 个区间或更少的区间内的分布。向量 theta 中的角度单位为 rad，用于确定每一区间与原点的角度。每一区间的长度反映出输入参量的元素落入该区间的个数 |
| polarhistogram(theta,nbins) | 用正整数参量 nbins 指定 bin 数目 |
| polarhistogram(theta,edges) | 将 theta 划分为由向量 edges 指定 bin 边界的 bin。所有 bin 都有左边界，但只有最后一个 bin 有右边界 |
| polarhistogram('BinEdges',edges,'BinCounts',counts) | 使用指定的 bin 边界和关联的 bin 计数 |
| polarhistogram(…,Name,Value) | 使用指定的一个或多个名称 – 值对组参数设置图形属性 |
| polarhistogram(pax,…) | 在 pax 指定的极坐标区（而不是当前坐标区）中绘制图形 |
| h = polarhistogram(…) | 返回 Histogram 对象。常用于检查并调整图形的属性 |

运行结果如图 13-8 所示。

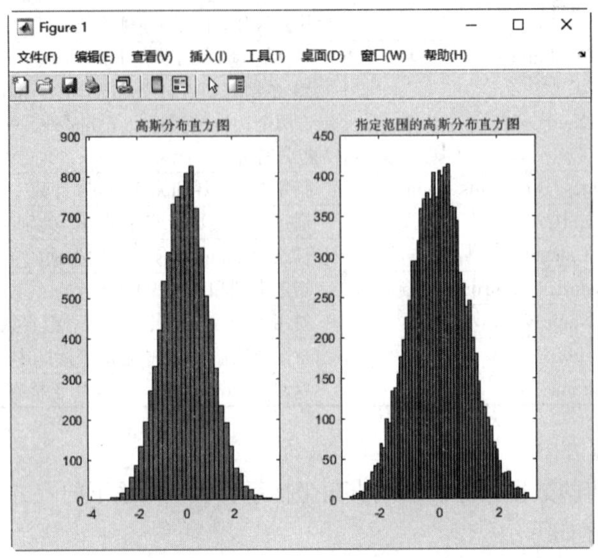


图 13-8　绘制直角坐标系下的直方图

2）极坐标系下的直方图。

```
>> figure
>> theta=Y*pi;      %要分配到各个 bin 的数据
>> polarhistogram(theta);
>> title('极坐标系下的直方图')
```

运行结果如图 13-9 所示。

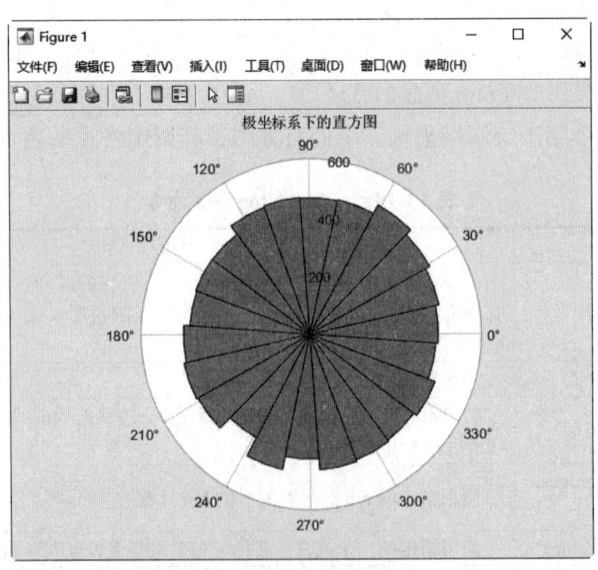


图 13-9　绘制极坐标系下的直方图

## 13.5.2　离散数据图形

除了上面提到的统计图形外，MATLAB 还提供了一些在工程计算中常用的离散数据图形，如误差棒图、火柴杆图与阶梯图等。

1. 误差棒图

MATLAB 中绘制误差棒图的命令为 errorbar，其调用格式见表 13-20。

**表 13-20　errorbar 命令**

| 调用格式 | 说　明 |
| --- | --- |
| errorbar(y,err) | 创建 y 中数据的线图，并在每个数据点处绘制一个垂直误差条。err 中的值确定数据点上方和下方的每个误差条的长度，因此，总误差条长度是 err 值的两倍 |
| errorbar(x,y,err) | 绘制 y 对 x 的图，并在每个数据点处绘制一个垂直误差条 |
| errorbar(x,y,neg,pos) | 在每个数据点处绘制一个垂直误差条。其中 neg 确定数据点下方的长度，pos 确定数据点上方的长度 |
| errorbar(⋯ornt) | 设置误差条的方向。ornt 的默认值为 ‘vertical’ 绘制垂直误差条，ornt 的值为 ‘horizontal’ 绘制水平误差条，ornt 的值为 ‘both’ 则绘制水平和垂直误差条 |
| errorbar(x,y,yneg,ypos,xneg,xpos) | 绘制 y 对 x 的图，并同时绘制水平和垂直误差条。yneg 和 ypos 别设置垂直误差条下部和上部的长度，xneg 和 xpos 分别设置水平误差条左侧和右侧的长度 |
| errorbar(⋯,LineSpec) | 画出用 LineSpec 指定线型、标记符、颜色等的误差棒图 |
| errorbar(⋯,Name,Value) | 使用一个或多个名称 – 值对组参数修改线和误差条的外观 |
| errorbar(ax,⋯) | 在由 ax 指定的坐标区（而不是当前坐标区）中创建绘图 |
| e = errorbar(⋯) | 当 y 为向量时，返回一个 ErrorBar 对象。如果 y 是矩阵，为 y 中的每一列返回一个 ErrorBar 对象 |

**例 13-13：** 绘制垂直和水平误差条。

**解：** MATLAB 程序如下：

```
>> close all
>> clear
>> x = 1:10:100;        % 创建 1 ~ 100 的向量 x，元素间隔为 10。
>> y=exp(cos(x));    % 定义函数表达式 y
>> err = [2 0.5 1 0.5 1 0.5 1 2 0.5 0.5];  % 定义对称误差条的误差条长度
>> subplot(221),errorbar(x,y,err)  %绘制带垂直误差条的线图
>> subplot(222),errorbar(x,y,err,'horizontal','-s','MarkerSize',10,...
    'MarkerEdgeColor','red','MarkerFaceColor','red')  %绘制带水平误差条的线图，在每个数据点处显示标记
>> subplot(223),errorbar(x,y,err,'both')  %绘制带垂直和水平误差条的线图
>> subplot(224),errorbar(x,y,err,'both','o')  %使用圆圈标记绘制数据点，在数据点绘制带垂直和水平误差条
```

运行结果如图 13-10 所示。

2. 火柴杆图

用线条显示数据点与 x 轴的距离，用圆圈（默认标记）或指定的其他标记符号与线条相连，并在 y 轴上标记数据点的值，这样的图形称为火柴杆图。在二维情况下，实现这种操作的命令是 stem，其调用格式见表 13-21。

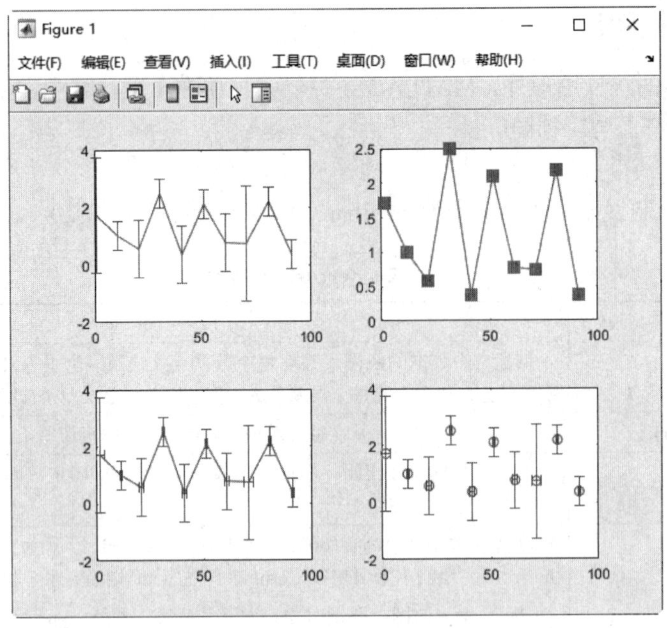

图 13-10　绘制误差条图形

**表 13-21　stem 命令**

| 调用格式 | 说　　明 |
| --- | --- |
| stem(Y) | 按 Y 元素的顺序画出火柴杆图。在 x 轴上，火柴杆之间的距离相等。若 Y 为矩阵，则把 Y 分成几个行向量，在同一横坐标的位置上画出一个行向量的火柴杆图 |
| stem(X,Y) | 在横坐标 x 上画出列向量 Y 的火柴杆图，其中 X 与 Y 为同型的向量或矩阵 |
| stem(…,'filled') | 指定是否对火柴杆末端的“火柴头”填充颜色 |
| stem(…,LineSpec) | 用参数 LineSpec 指定的线型，标记符号和火柴头的颜色画火柴杆图 |
| stem(…,Name,Value) | 使用一个或多个名称 – 值对组参数修改火柴杆图 |
| stem(ax,…) | 将图形绘制到 ax 指定的坐标区中，而不是当前坐标区 (gca) 中 |
| h = stem(…) | 返回火柴杆图的 line 图形对象句柄向量 |

**例 13-14：** 绘制 $y = \sin x$，$y = \cos x$ 的火柴杆图。

**解：** MATLAB 程序如下：

```
>> close all
>> clear
>> X = linspace(0,2*pi,50)'; % 创建 0~2π 的列向量 X，元素个数为 50
>> Y1 = sin(X);  % 定义函数表达式 Y1
>> Y2 = cos(X);  % 定义函数表达式 Y2
>> subplot(131),stem(X)   % 创建包含 50 个数据的向量 X 中火柴杆图
>> subplot(132),stem(X,Y1,'->')  % 创建正弦函数的火柴杆图，设置线型与“火柴头”的形状
>> subplot(133),stem(X,Y2,':p')  % 创建余弦函数的火柴杆图，设置线型与“火柴头”的形状
```

运行结果如图 13-11 所示。

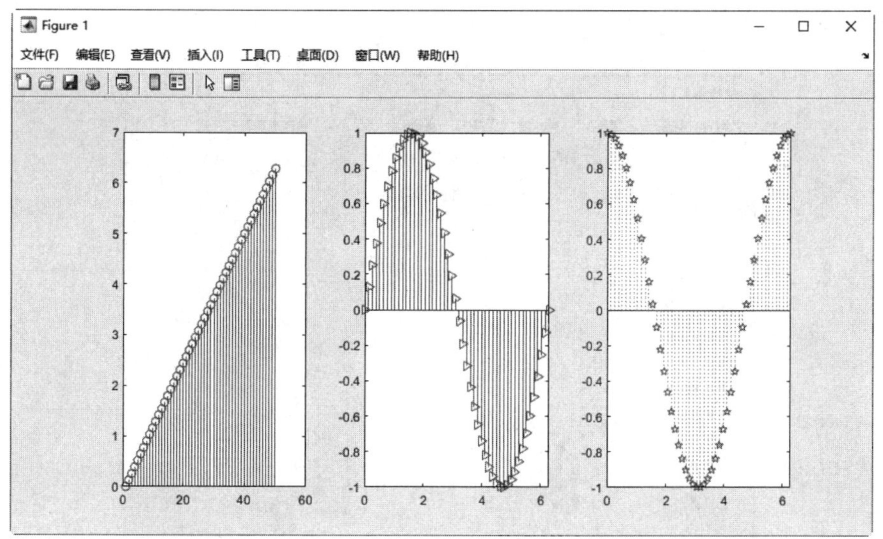

图 13-11　绘制火柴杆图

在三维情况下，也有相应的画火柴杆图的命令 stem3，其调用格式见表 13-22。

**表 13-22　stem3 命令**

| 调用格式 | 说　明 |
|---|---|
| stem3(Z) | 用火柴杆图显示 Z 中数据与 xy 平面的高度。若 Z 为行向量，则 x 与 y 将自动生成，stem3 将在与 x 轴平行的方向上等距的位置上画出 Z 的元素；若 Z 为列向量，stem3 将在与 y 轴平行的方向上等距的位置上画出 Z 的元素 |
| stem3(X,Y,Z) | 在参数 X 与 Y 指定的位置上画出 Z 的元素，其中 X、Y、Z 必须为同型的向量或矩阵 |
| stem3(…,'filled') | 填充火柴杆图末端的火柴头 |
| stem3(…,LineSpec) | 用指 LineSpec 定的线型、标记符号和"火柴头"的颜色 |
| stem3(…,Name,Value) | 使用一个或多个名称 – 值对组参数修改火柴杆图 |
| stem3(ax,…) | 在 ax 指定的坐标区中，而不是当前坐标区（gca）中绘制图形 |
| h = stem3(…) | 返回 Stem 对象 |

**例 13-15：** 绘制下面函数的火柴杆图。

$$\begin{cases} x = e^{\cos t} \\ y = e^{\sin t} \\ z = e^{-t} \end{cases} \quad t \in (-2\pi, 2\pi)$$

**解：** MATLAB 程序如下：

```
>> close all
>> t=-2*pi:pi/20:2*pi;     % 定义一个从 -2π 到 2π 的向量 t，步长为 pi/20
>> x=exp(cos(t));          % 计算 x、y 和 z 的值，分别对应于三个不同的函数
>> y=exp(sin(t));
>> z=exp(-t);
>> stem3(x,y,z,'fill','r')     % 绘制三维火柴杆图，并设置填充颜色为红色
>> title('三维火柴杆图')     % 设置图表标题
```

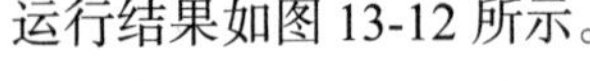

运行结果如图 13-12 所示。

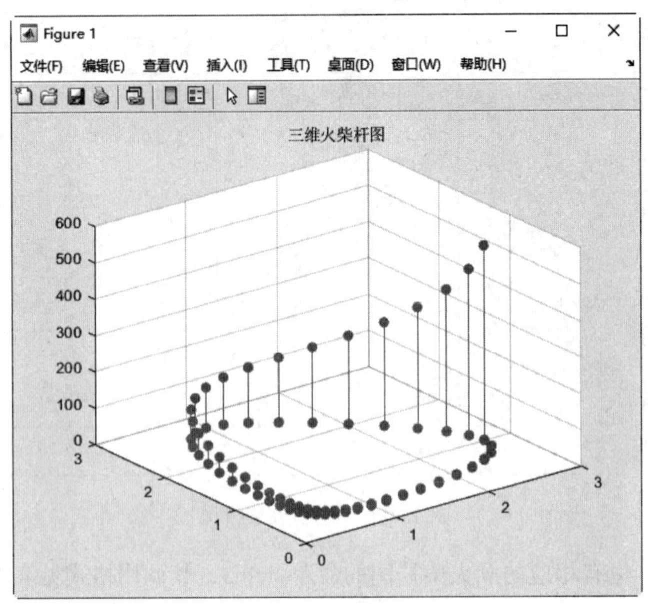


图 13-12　绘制三维火柴杆图

3. 阶梯图

阶梯图在电子信息工程以及控制理论中用得非常多。在 MATLAB 中，绘制阶梯图的命令是 stairs，其调用格式见表 13-23。

**表 13-23　stairs 命令**

| 调用格式 | 说　明 |
| --- | --- |
| stairs(Y) | 用参量 $Y$ 的元素画阶梯图。若 $Y$ 为向量，则横坐标 $x$ 的范围从 1 到 m=length(Y)；若 $Y$ 为 $m\times n$ 矩阵，则对 $Y$ 的每一列绘制一个线条，其中 $x$ 的范围从 1 到 $n$ |
| stairs(X,Y) | 结合 $X$ 与 $Y$ 画阶梯图（要求 $X$ 与 $Y$ 为同型的向量或矩阵）。此外，$X$ 可以为行向量或为列向量，且 $Y$ 为有 length（$X$）行的矩阵 |
| stairs(…,LineSpec) | 用参数 LineSpec 指定的线型、标记符号和颜色画阶梯图 |
| stairs(…,Name,Value) | 使用一个或多个名称 – 值对组参数修改阶梯图 |
| stairs(ax,…) | 在 ax 指定的坐标区绘制阶梯图 |
| h = stairs(…) | 返回一个或多个 Stair 对象 |
| [xb,yb] = stairs(X,Y) | 该命令不画图，而是返回可以用命令 plot 画出参量 $X$、$Y$ 的阶梯图上的坐标向量 xb 与 yb |

**例 13-16：** 画出正弦波的阶梯图。

**解：** MATLAB 程序如下：

```
>> close all
>> clear
>> x=-2*pi:0.1*pi:2*pi;   % 创建 -2π ~ 2π 的列向量 x，元素间隔为 0.1π
>> y=sin(x); % 定义函数 y
>> stairs(x,y,'Linewidth',2)   % 绘制正弦曲线的阶梯图
>> hold on              % 打开图形保持命令
```

```
>> fill(x,y,'--*')      % 根据 X 和 Y 中的数据创建填充的多边形，设置多边形线型为虚线，标记样式为星号
>> hold off             % 关闭图形保持命令
>> text(3,0.6,'正弦波的阶梯图','FontAngle','italic','FontWeight', 'bold','FontSize',10)   % 在图形中指定的位置添加字符串标注，设置字体为斜体，字体粗细为黑体字，字体大小为 10
```

运行结果如图 13-13 所示。

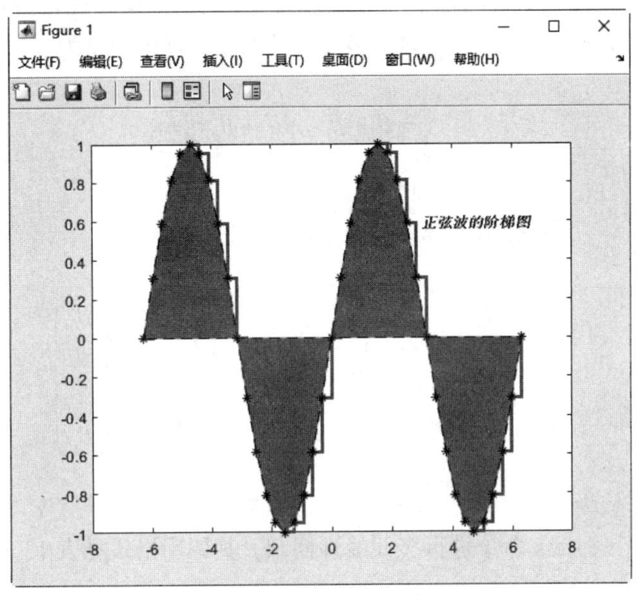


图 13-13　正弦波阶梯图

# 13.6　回归分析

在客观世界中，变量之间的关系可以分为两种：确定性函数关系与不确定性统计关系。统计分析是研究统计关系的一种数学方法，可以由一个变量的值去估计另外一个变量的值。无论是在经济管理还是在工程技术、医学和生物学中，回归分析都是一种普遍应用的统计分析和预测技术。本节主要针对目前应用最普遍的一元线性回归、多元线性回归和偏最小二乘回归的 MATLAB 实现进行介绍。

## 13.6.1　一元线性回归

如果在总体中，因变量 $y$ 与自变量 $x$ 的统计关系符合一元线性的正态误差模型，即对给定的 $x_i$ 有 $y_i = b_0 + b_1x_i + \varepsilon_i$，那么 $b_0$ 和 $b_1$ 的估计值可以由下列公式得到

$$\begin{cases} b_1 = \dfrac{\sum\limits_{i=1}^{n}(x_i - \overline{x})(y_i - \overline{y})}{\sum\limits_{i=1}^{n}(x_i - \overline{x})^2} \\ b_0 = \overline{y} - b_1\overline{x} \end{cases}$$

式中，$\bar{x}=\frac{1}{n}\sum_{i=1}^{n}x_i$，$\bar{y}=\frac{1}{n}\sum_{i=1}^{n}y_i$。这就是部分最小二乘法一元线性回归的公式。

MATLAB 提供的一元线性回归命令为 polyfit，因为一元线性回归其实就是一阶多项式拟合。polyfit 的用法在前面的章节中有详细的介绍，这里不再赘述。

### 13.6.2 多元线性回归

在大量的社会、经济、工程问题中，对于因变量 $y$ 的全面解释往往需要多个自变量的共同作用。当有 $p$ 个自变量 $x_1$，$x_2$，⋯，$x_p$ 时，多元线性回归的理论模型为

$$y=\beta_0+\beta_1x_1+\cdots+\beta_px_p+\varepsilon$$

式中，$\varepsilon$ 是随机误差，$E(\varepsilon)=0$。

若对 $y$ 和 $x_1$，$x_2$，⋯，$x_p$ 分别进行 $n$ 次独立观测，记

$$Y=\begin{pmatrix}y_1\\y_2\\\vdots\\y_n\end{pmatrix},\ X=\begin{pmatrix}1&x_{11}&\cdots&x_{1p}\\1&x_{21}&\cdots&x_{2p}\\\vdots&\vdots&&\vdots\\1&x_{n1}&\cdots&x_{np}\end{pmatrix},\ \beta=\begin{pmatrix}\beta_0\\\beta_1\\\vdots\\\beta_p\end{pmatrix}$$

则 $\beta$ 的最小二乘估计量为 $(X'X)^{-1}X'Y$，$Y$ 的最小二乘估计量为 $X(X'X)^{-1}X'Y$。

MATLAB 提供了 regress 命令进行多元线性回归，其调用格式见表 13-24。

**表 13-24 regress 调用格式**

| 调用格式 | 说明 |
|---|---|
| b = regress(y,X) | 对因变量 $y$ 和自变量 $X$ 进行多元线性回归，$b$ 是对回归系数的最小二乘估计 |
| [b,bint] = regress(y,X) | bint 是回归系数 $b$ 的 95% 置信度的置信区间 |
| [b,bint,r] = regress(y,X) | $r$ 为残差 |
| [b,bint,r,rint] = regress(y,X) | rint 为 $r$ 的置信区间 |
| [b,bint,r,rint,stats] = regress(y,X) | stats 是检验统计量，其中第一个值为回归方程的置信度，第二个值为 $F$ 统计量，第三个值为与 $F$ 统计量相应的 $p$ 值。如果 $F$ 很大而 $p$ 很小，说明回归系数不为 0 |
| [⋯] = regress(y,X,alpha) | 使用 100*(1–alpha)% 置信水平计算 bint 和 rint。alpha 默认值为 0.05 |

**注意：**

计算 $F$ 统计量及其 $p$ 值时，会假设回归方程含有常数项，因此在计算 stats 时，$X$ 矩阵应该包含一个全一的列。

**例 13-17：** 质量指标线性回归。

从 20 家工厂抽取同类产品，每个产品测量两个质量指标，得到的测量数据见表 13-25。试利用这些数据对两个指标的关系进行线性回归。

表 13-25　测量数据

| 工厂 $i$ | 1 | 2 | 3 | 4 | 5 | 6 | 7 | 8 | 9 | 10 |
|---|---|---|---|---|---|---|---|---|---|---|
| 指标 1$x_1$ | 0 | 0 | 2 | 2 | 4 | 4 | 5 | 6 | 6 | 7 |
| 指标 2$x_2$ | 6 | 5 | 5 | 3 | 4 | 3 | 4 | 2 | 1 | 0 |
| 工厂 $i$ | 11 | 12 | 13 | 14 | 15 | 16 | 17 | 18 | 19 | 20 |
| 指标 1$x_1$ | −2 | −3 | −4 | −5 | 1 | 0 | 0 | −1 | −1 | −3 |
| 指标 2$x_2$ | 2 | 2 | 0 | 2 | 1 | −2 | −1 | −1 | −3 | −5 |

**解**：MATLAB 程序如下：

```
>> clear
>> i=[1 2 3 4 5 6 7 8 9 10 11 12 13 14 15 16 17 18 19 20];
>> x=[0 0 2 2 4 4 5 6 6 7 -2 -3 -4 -5 1 0 0 -1 -1 -3;6 5 5 3 4 3 4 2 1 0
2 2 0 2 1 -2 -1 -1 -3 -5];
>> plot(i,x)
>> x=[ones(size(i));x];  % 在测量数据矩阵 x 中添加一个全一的行
>> [b,bint,r,rint,stats]=regress(i',x')
b =       % 多元线性回归的系数估计值
   13.3077
   -0.3617
   -1.7730
bint =          % 系数估计值的置信边界下限和置信边界上限
   12.1945   14.4209
   -0.6634   -0.0601
   -2.1452   -1.4007
r =       % 残差
   -1.6700
   -2.4429
   -0.7195
   -3.2654
    0.2311
   -0.5419
    2.5928
    0.4086
   -0.3644
   -0.7756
    0.5148
    1.1530
   -1.7546
    2.4296
    3.8270
   -0.8536
    1.9193
    2.5576
    0.0117
   -3.2577
```

```
rint =                %用于诊断离群值的区间
   -5.6230    2.2831
   -6.4450    1.5592
   -4.9650    3.5261
   -7.3352    0.8045
   -4.0760    4.5381
   -4.8876    3.8038
   -1.4273    6.6128
   -3.7761    4.5933
   -4.5099    3.7812
   -4.6778    3.1267
   -3.8278    4.8573
   -3.0722    5.3782
   -5.8684    2.3591
   -1.3873    6.2465
   -0.1467    7.8006
   -5.1137    3.4064
   -2.3369    6.1756
   -1.5911    6.7063
   -4.1475    4.1709
   -6.5989    0.0836
stats =         %模型统计量，依次为R^2统计量、F统计量及其p值，以及误差方差的估计值
    0.8877   67.1735    0.0000    4.3939
```

运行结果如图 13-14 所示。

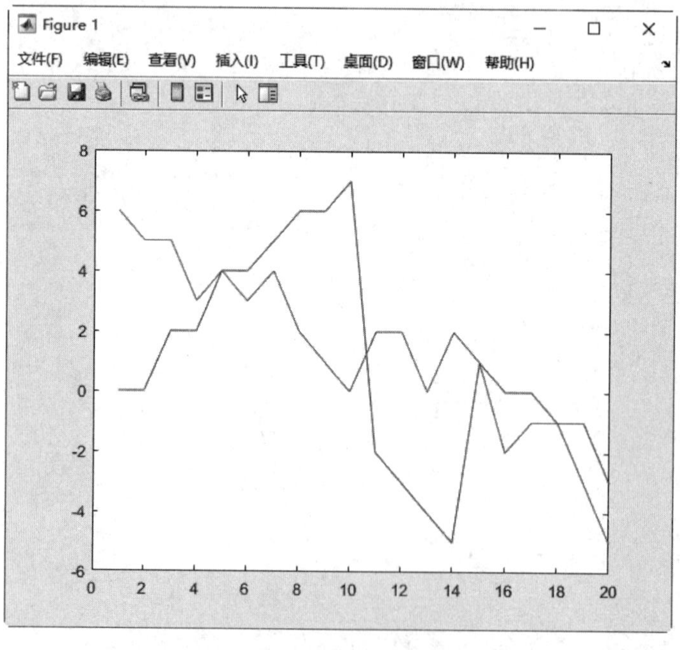


图 13-14 质量指标线性回归

### 13.6.3 偏最小二乘回归

在经典最小二乘多元线性回归中，$Y$ 的最小二乘估计量为 $X(X'X)^{-1}X'Y$，这就要求（$XX$）是可逆的，所以当 $X$ 中的变量存在严重的多重相关性，或者在 $X$ 样本点与变量个数相比明显过少时，经典最小二乘多元线性回归就失效了。针对这个问题，人们提出了偏最小二乘（PLS）方法。它产生于化学领域的光谱分析，可将回归建模、主成分分析及典型相关分析的基本功能有机地结合起来，主要适用于多因变量对多自变量的线性回归建模，可以有效地解决许多用普通多元性回归无法解决的问题，目前已被广泛应用于工程技术和经济管理的分析、预测研究中，被誉为“第二代多元统计分析技术”。限于篇幅的原因，这里对偏最小二乘回归方法的原理不做详细介绍，感兴趣的读者可以参考相关书籍。

设有 $q$ 个因变量 $\{y_1,\cdots,y_q\}$ 和 $p$ 个自变量 $\{x_1,\cdots,x_p\}$，为了研究因变量与自变量的统计关系，观测 $n$ 个样本点，构成了自变量与因变量的数据表 $X=[x_1,\cdots,x_p]_{n\times p}$ 和 $Y=[y_1,\cdots,y_q]_{n\times q}$。部分最小二乘回归分别在 $X$ 和 $Y$ 中提取成分 $t_1$ 和 $u_1$，它们分别是 $x_1,\cdots,x_p$ 和 $y_1,\cdots,y_q$ 的线性组合。提取这两个成分有以下要求：

- 两个成分尽可能多地携带它们各自数据表中的变异信息。
- 两个成分的相关程度达到最大。

也就是说，它们能够尽可能好地代表各自的数据表，同时自变量程分 $t_1$ 对因变量成份 $u_1$ 有最强的解释能力。

在第一个成分被提取之后，分别实施 $X$ 对 $t_1$ 的回归和 $Y$ 对 $u_1$ 的回归，如果回归方程达到满意的精度则终止算法，否则利用残余信息进行第二轮的成份提取，直到达到一个满意的精度。

MATLAB 提供了使用偏最小二乘回归算法计算回归模型的 plsregress 命令，其调用格式见表 13-26。

**表 13-26　plsregress 命令**

| 调用格式 | 说　明 |
| --- | --- |
| [XL,YL] = plsregress(X,Y,ncomp) | 利用 PLS 分量 ncomp、预测变量 $X$、响应变量 $Y$ 使用偏最小二乘（PLS）算法计算回归模型的的预测值 XL 和预测响应值 YL<br>在矩阵 $X$ 中添加一个列（一般使用全一矩阵），用于计算具有常数项（截距）的模型的系数估计 |
| [XL,YL,XS,YS,BETA,PCTVAR,MSE,stats] = plsregress(X,Y,ncomp) | 返回预测因子等级、响应因子等级 XS、YS，偏最小二乘回归模型系数估计的矩阵 Bata、方差百分比 PCTVAR、估计均方误差 MSE、统计量 stats（包含 PLS 权重、T2 统计量、预测值和响应值的残差） |
| [XL,YL,XS,YS,BETA,PCTVAR,MSE,stats] = plsregress(...,Name,Value) | 使用 Name、Value 参数对设置附加选项：<br>• cv：MSE（估计均方误差）计算方法<br>• mcreps：蒙特卡罗重复次数<br>• Options：在并行和设置随机流中运行的选项 |

**例 13-18：**员工工资最小二乘回归分析。

某企业基本开销支出数据见表 13-27，试分析员工工资与福利、税费和通信宽带费的关系。

表 13-27 企业基本开销支出数据

| 项目 | 员工工资 | 福利支出 | 税费 | 通讯宽带费 | 硬件软件费 | 房租水电 | 推广费 | 原料费 | 其他费用 |
|---|---|---|---|---|---|---|---|---|---|
| 一季度 | 172300 | 1141 | 1373 | 1316 | 1027 | 1297 | 1166 | 1047 | 1151 |
| 二季度 | 159700 | 1819 | 1272 | 1452 | 1795 | 1729 | 1210 | 1811 | 2000 |
| 三季度 | 113900 | 1746 | 1287 | 1870 | 1457 | 1478 | 1189 | 1361 | 1472 |
| 四季度 | 127000 | 1218 | 1574 | 1432 | 1025 | 1340 | 1668 | 1805 | 1995 |

**解：**员工工资与福利支出、税费和通信宽带费这三类费用有关，为了研究和分析企业员工的工资，需建立一个以员工工资为因变量、这三类费用为自变量的回归模型。

设福利支出、税费、通信宽带费为预测变量（自变量），员工工资为响应变量 $y$（因变量）。MATLAB 程序如下：

```
>> clear
% 定义员工工资与福利支出、税费、通信宽带费
>> data = [172300,159700,113900,127000;
          1141,1819,1746,1218;
          1373,1272,1287,1574;
          1316,1452,1870,1432];
>> X =[data(2,:)', data(3,:)', data(4,:)'];  % 定义多元自变量X，行对应观测项，列对应变量
>> Y = data(1,:)';% 定义因变量 Y
>> ncomp =3;     %因子个数
>> [XL,YL,XS,YS,BETA,PCTVAR,MSE,stats] = plsregress(X,Y,ncomp)% 使用偏最小二乘（PLS）算法计算 Y 在 X 上的回归
XL =            % 预测变量载荷矩阵，每行包含定义原始预测变量的线性组合系数

 -518.8084  307.5312  -74.1652
  136.5301 -156.1447 -122.1776
 -396.3716 -127.7677   54.9904


YL =       % 响应变量载荷矩阵，每行包含定义原始响应变量的线性组合系数

   1.0e+04 *

    3.1850    3.1820    1.4595


XS =      % 预测变量得分矩阵（是一个正交矩阵，行对应观测值，列对应因子），表示各项指标变量与提取的公因子之间的关系，在某一公因子上得分高，表明该指标与该公因子之间关系越密切

    0.5853    0.0355    0.6373
   -0.1348    0.7962   -0.3129
```

```
    -0.7438    -0.3186     0.3086
     0.2933    -0.5131    -0.6330


YS =          % 响应变量得分矩阵

   1.0e+08 *

     9.2605     3.3197     1.3575
     5.2473     6.6086    -0.6665
    -9.3401    -1.7931     0.6574
    -5.1677    -8.1352    -1.3485


BETA =          % 回归模型的系数。第一行为常数项，后三行为自变量系数

   1.0e+05 *

     5.5045
    -0.0002
    -0.0016
    -0.0011

PCTVAR =        % 方差百分比。第一行为自变量提取成分的贡献率，第二行为因变量提取成份的贡献率

     0.7370     0.2241     0.0389
     0.4529     0.4520     0.0951

MSE =          % 估计均方误差。第一行的第 j 个元素表示自变量与它的前 j-1 个提取成分之间回归方程的剩余标准差；第二行的第 j 个元素对应着因变量与它的前 j-1 个提取成份之间回归方程的剩余标准差

   1.0e+08 *

     0.0015     0.0004     0.0001     0.0000
     5.6000     3.0639     0.5325     0.0000

stats =          % 模型统计量

   包含以下字段的 struct:

             W: [3×3 double]          % PLS 权重
            T2: [4×1 double]          % XS 每一点的 T² 统计值
    Xresiduals: [4×3 double]          % 预测值残差
    Yresiduals: [4×1 double]          % 响应残差
```